高等学校公共课系列教材

高等数学

（下册）

主编　兰旺森

西安电子科技大学出版社

内 容 简 介

本书是编者自2013年主持建设山西省精品资源共享课高等数学以来，结合教学实践中积累的大量经验编著而成的. 本书结构严谨、逻辑清晰、叙述详细、通俗易懂. 书中配备了丰富的习题，习题难易结合，且许多习题来自学生的日常提问，契合学生的学习实际情况. 本书注重运用数学知识解决不同领域的实际问题，强化知识的应用性.

全书共12章，分上、下两册. 上册共7章，包括函数、极限与连续，导数与微分，微分中值定理与导数的应用，不定积分，定积分，定积分的应用，常微分方程与差分方程；下册共5章，包括向量代数与空间解析几何，多元函数微分法及其应用，重积分，曲线积分与曲面积分，无穷级数.

本书可作为理工科各专业及经济与管理类专业本科学生的教材，也可作为相关专业学生考研的参考资料.

图书在版编目(CIP)数据

高等数学. 下册 / 兰旺森主编. --西安：西安电子科技大学出版社，2024.7
ISBN 978-7-5606-7256-4

Ⅰ. ①高…　Ⅱ. ①兰…　Ⅲ. ①高等数学—高等学校—教材　Ⅳ. ①O13

中国国家版本馆CIP数据核字(2024)第103434号

策　　划　曹　攀
责任编辑　曹　攀
出版发行　西安电子科技大学出版社(西安市太白南路2号)
电　　话　(029)88202421　88201467　　邮　　编　710071
网　　址　www.xduph.com　　电子邮箱　xdupfxb001@163.com
经　　销　新华书店
印刷单位　咸阳华盛印务有限责任公司
版　　次　2024年7月第1版　2024年7月第1次印刷
开　　本　787毫米×1092毫米　1/16　印张　18
字　　数　426千字
定　　价　50.00元
ISBN 978-7-5606-7256-4 / O
XDUP 7558001-1

前 言

本书以教育部高等学校教学指导委员会公布的《工科类本科数学基础课程教学基本要求》为标准，兼顾《经济和管理类本科数学基础课程教学基本要求》而编写，涵盖了理工科类高等数学、经管类高等数学课程的全部内容.

全书共 12 章，分上、下两册. 上册以单变量微积分为主，包括第 1 章函数、极限与连续，第 2 章导数与微分，第 3 章微分中值定理与导数的应用，第 4 章不定积分，第 5 章定积分，第 6 章定积分的应用，第 7 章常微分方程与差分方程；下册以多变量微积分为主，包括第 8 章向量代数与空间解析几何，第 9 章多元函数微分法及其应用，第 10 章重积分，第 11 章曲线积分与曲面积分，第 12 章无穷级数.

本书从高等数学课程知识的结构和内在联系出发，科学组织教材内容，以第 1 章函数、极限与连续为基础展开讲解，全部 12 章内容的关系如下图(每章均含有类似的关系图)：

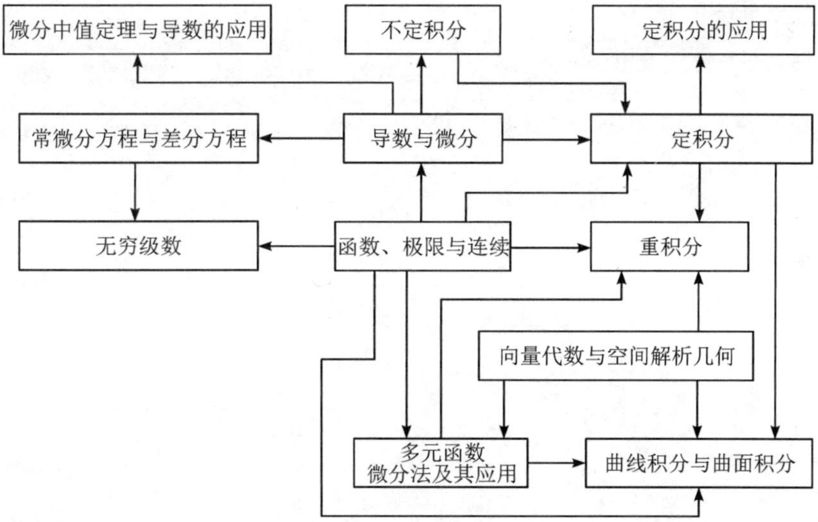

本书旨在通过教学提高学生归纳总结，演绎推理，提出、分析并解决问题，抽象和联想，创新思维，计算等方面的能力. 本书具有如下特色：

(1) 内容全面，可供不同专业灵活选择.

本书涵盖了理工、经管类专业所必需的数学基础，教学中可根据需要做必要的选择.

(2) 重视方法，解决生产生活实际问题.

从数学模型化思想出发，解决经济社会中涉及的物理、金融、经济管理等方面的实际问题，注重解决问题的方法.

(3) 题目丰富，兼顾基础以及考研复习.

本书设置了丰富的例题和习题，每章最后一节“巩固与提高”给出的例题和习题可供学生考研复习，其他节的例题和习题可供学生日常习作.

(4) 课程思政，从唯物主义观点看数学.

每章最后一节“巩固与提高”部分，从辩证唯物主义观点出发，认识并理解本章教学内容，教学中可作为课程思政的切入点.

(5) 回顾总结，揭示知识的结构与联系.

每章最后还给出了本章“知识图谱”，以框图的形式总结本章所学内容的结构与知识点之间的联系.

此外，本书还在附录中列出了常用符号表及一些重要的数学公式，以便读者随时查阅.

高等数学课程的信息量相比中学数学成倍增长，大学生要学好高等数学，必须将强烈的自主学习意识与学习过程紧密结合. 在学习中做到：一是提升上课的学习效率，养成课前预习，课后复习、练习的好习惯，多做作业，勤于练习；二是保持主动学习的精神，积极挖掘和探索概念、定理的内涵及与其他知识之间的关联；三是加强与老师、同学间的交流与合作，多提出问题、讨论问题.

本书可作为高等学校理工类及经济管理类专业本科生的教材，非理工类专业使用时略过带 # 号的内容即可，经济管理类专业使用时略过带 * 号的内容即可. 带▲号的内容通常不作要求，仅供热爱数学研究者以及硕士研究生入学考试的学生阅读.

本书虽经编者反复修改，但因编者水平有限，书中难免仍会存在不妥之处，望读者不吝指正，供再版时做出修订.

编　者

2024 年 1 月

目 录

第 8 章　向量代数与空间解析几何*

空间解析几何是用代数方法研究空间几何形态的学科. 正如平面解析几何对学习一元函数微积分是必需的，空间解析几何的知识对学习多元函数微积分也是必不可少的. 本章先介绍向量的基本知识，然后以向量为工具，简单地讨论平面、直线、曲面、曲线等空间解析几何的有关内容.

8.1　向量及其线性运算

8.1.1　向量的概念

在实际生活中，所遇到的量通常分为二类：一类是只有大小的量，称之为数量；一类是既有大小又有方向的量，例如位移、速度、加速度、力等，这一类的量叫作**向量**.

在几何上，常用一条有方向的线段，即有向线段来表示向量. 有向线段的长度表示向量的大小，有向线段的方向表示向量的方向. 以 A 为起点，B 为终点的有向线段所表示的向量记作 $\overrightarrow{AB}$(图 8.1.1)或用小写黑体字母 $\boldsymbol{a}$，$\boldsymbol{b}$，$\boldsymbol{c}$ 等表示，手写体也可表示为 $\vec{a}$，$\vec{b}$，$\vec{c}$ 等.

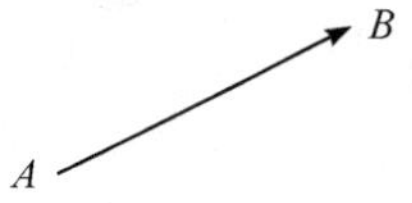

图 8.1.1

在实际问题中，有些向量与起点无关，由于向量的共性是都有大小和方向，因此在数学上只研究与起点无关的向量，并称这种向量为**自由向量**(简称向量). 由于只讨论自由向量，所以两个大小相等，方向相同的向量 $\boldsymbol{a}$，$\boldsymbol{b}$ 称之为**相等向量**，记作 $\boldsymbol{a}=\boldsymbol{b}$，这就是说，经过平移之后能重合的向量是相等的. 与向量 $\boldsymbol{a}$ 大小相等但方向相反的向量叫作向量 $\boldsymbol{a}$ 的**负向量(或反向量)**. 向量 $\boldsymbol{a}$ 的负向量记作 $-\boldsymbol{a}$.

向量的大小叫作向量的**模**. 向量 $\overrightarrow{AB}$，$\boldsymbol{a}$ 的模依次记作 $|\overrightarrow{AB}|$，$|\boldsymbol{a}|$. 模等于 1 的向量叫作**单位向量**，模等于 0 的向量叫作**零向量**，记作 $\mathbf{0}$ 或 $\vec{0}$. 零向量的起点和终点重合，其方向可看作是任意的.

两个非零向量 $\boldsymbol{a}$，$\boldsymbol{b}$，若其方向相同或者相反，则称两向量平行，记为 $\boldsymbol{a}/\!/\boldsymbol{b}$，零向量与任何向量都平行. 当两个平行向量起点重合时，其终点和公共起点应在同一直线上，此时称两向量共线. 若有 $k(k\geqslant3)$ 个向量，当把它们的起点放在一起时，若 k 个终点和公共起点在同一平面内，则称这 k 个向量共面.

8.1.2 向量的线性运算

1. 向量的加减法

对于向量 $\boldsymbol{a}$，$\boldsymbol{b}$，规定向量的加法 $\boldsymbol{a}+\boldsymbol{b}$ 运算如下：

将向量 $\boldsymbol{b}$ 平移，使其起点与向量 $\boldsymbol{a}$ 的终点重合，从向量 $\boldsymbol{a}$ 的起点到向量 $\boldsymbol{b}$ 的终点作向量 $\boldsymbol{c}$，则 $\boldsymbol{c}=\boldsymbol{a}+\boldsymbol{b}$. 将此运算称为向量加法的三角形法则，如图 8.1.2 所示.

还可以按照**平行四边形法则**进行向量加法运算. 如图 8.1.3 所示，将向量 $\boldsymbol{b}$ 平移，使 $\boldsymbol{b}$ 的起点与 $\boldsymbol{a}$ 的起点重合，以向量 $\boldsymbol{a}$，$\boldsymbol{b}$ 为邻边作平行四边形，过 $\boldsymbol{a}$，$\boldsymbol{b}$ 的公共起点作平行四边形对角线，那么以 $\boldsymbol{a}$，$\boldsymbol{b}$ 的公共起点为起点，对角线另一端点为终点的向量 $\boldsymbol{c}$ 就是向量 $\boldsymbol{a}$，$\boldsymbol{b}$ 的和，即 $\boldsymbol{c}=\boldsymbol{a}+\boldsymbol{b}$. 例如在力学中求合力，就用到平行四边形法则.

向量的减法定义为：$\boldsymbol{a}-\boldsymbol{b}=\boldsymbol{a}+(-\boldsymbol{b})$. 如图 8.1.4 所示，向量 $\boldsymbol{c}$ 就是向量 $\boldsymbol{a}$，$\boldsymbol{b}$ 的差. 即平移向量使 $\boldsymbol{b}$ 的起点与 $\boldsymbol{a}$ 的起点重合，以 $\boldsymbol{b}$ 的终点为起点，以 $\boldsymbol{a}$ 的终点为终点的向量就是 $\boldsymbol{a}-\boldsymbol{b}$.

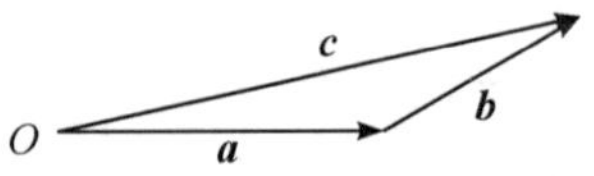

图 8.1.2

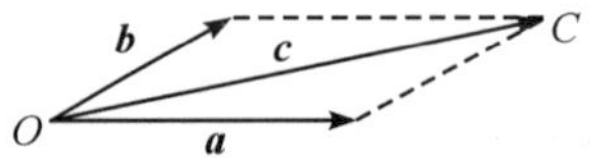

图 8.1.3

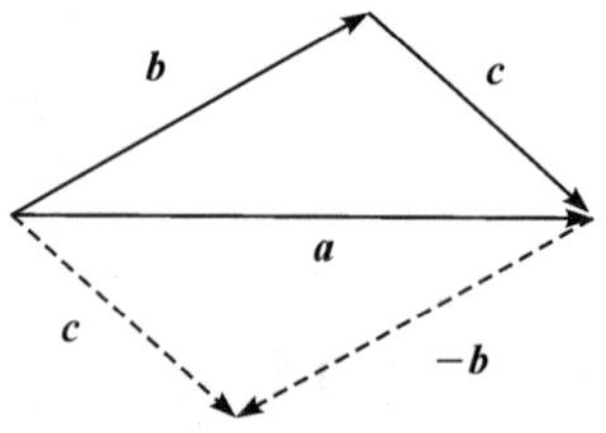

图 8.1.4

2. 向量与数的乘法

数量 λ 与向量 $\boldsymbol{a}$ 的乘积记作 $\lambda\boldsymbol{a}$，规定其模为 $|\lambda\boldsymbol{a}|=|\lambda||\boldsymbol{a}|$；当 $\lambda>0$ 时，$\lambda\boldsymbol{a}$ 与 $\boldsymbol{a}$ 的方向相同；当 $\lambda<0$ 时，$\lambda\boldsymbol{a}$ 与 $\boldsymbol{a}$ 的方向相反；当 $\lambda=0$ 时，$\lambda\boldsymbol{a}$ 为零向量，即 $\lambda\boldsymbol{a}=\boldsymbol{0}$.

向量的加法与数乘法符合下列运算规律：

(1) 交换律：$\boldsymbol{a}+\boldsymbol{b}=\boldsymbol{b}+\boldsymbol{a}$；

(2) 结合律：$\boldsymbol{a}+\boldsymbol{b}+\boldsymbol{c}=(\boldsymbol{a}+\boldsymbol{b})+\boldsymbol{c}=\boldsymbol{a}+(\boldsymbol{b}+\boldsymbol{c})$；$\lambda(\mu\boldsymbol{a})=(\lambda\mu)\boldsymbol{a}=\mu(\lambda\boldsymbol{a})$；

(3) 分配律：$(\lambda+\mu)\boldsymbol{a}=\lambda\boldsymbol{a}+\mu\boldsymbol{a}$；$\lambda(\boldsymbol{a}+\boldsymbol{b})=\lambda\boldsymbol{a}+\lambda\boldsymbol{b}$；特别地，$\boldsymbol{a}+(-\boldsymbol{a})=\boldsymbol{0}$.

设 $\boldsymbol{e}_a$ 表示与非零向量 $\boldsymbol{a}$ 同方向的单位向量，那么按照向量与数的乘积的规定，由于 $|\boldsymbol{a}|>0$，所以 $|\boldsymbol{a}|\boldsymbol{e}_a$ 与 $\boldsymbol{e}_a$ 的方向相同，即 $|\boldsymbol{a}|\boldsymbol{e}_a$ 与 $\boldsymbol{a}$ 的方向相同. 又因为 $|\boldsymbol{a}|\boldsymbol{e}_a$ 的模是 $|\boldsymbol{a}||\boldsymbol{e}_a|=|\boldsymbol{a}|$，即 $|\boldsymbol{a}|\boldsymbol{e}_a$ 与 $\boldsymbol{a}$ 的模也相同，因此 $\boldsymbol{a}=|\boldsymbol{a}|\boldsymbol{e}_a$.

规定当 $\lambda\neq0$ 时，$\dfrac{\boldsymbol{a}}{\lambda}=\dfrac{1}{\lambda}\boldsymbol{a}$，则 $\boldsymbol{a}=|\boldsymbol{a}|\boldsymbol{e}_a$ 又可写成 $\dfrac{\boldsymbol{a}}{|\boldsymbol{a}|}=\boldsymbol{e}_a$. 这表示一个非零向量除以它的模，其结果是一个与原向量同方向的单位向量. 由于向量 $\lambda\boldsymbol{a}$ 与 $\boldsymbol{a}$ 平行，因此常用向量与数的乘积来说明两个向量的平行关系.

定理 8.1.1 设向量 $\boldsymbol{a}\neq\boldsymbol{0}$，则向量 $\boldsymbol{b}$ 平行于 $\boldsymbol{a}$ 的充分必要条件是：存在唯一的实数 λ，使 $\boldsymbol{b}=\lambda\boldsymbol{a}$.

证 充分性是显然的，下面证明必要性. 设 $\boldsymbol{b}/\!/\boldsymbol{a}$，取 $|\lambda|=\dfrac{|\boldsymbol{b}|}{|\boldsymbol{a}|}$，当 $\boldsymbol{b}$ 与 $\boldsymbol{a}$ 同向时 λ 取

正值，当 $\boldsymbol{b}$ 与 $\boldsymbol{a}$ 反向时 λ 取负值，即有 $\boldsymbol{b}=\lambda\boldsymbol{a}$. 这是因为此时 $\boldsymbol{b}$ 与 $\lambda\boldsymbol{a}$ 同向，且

$$|\lambda\boldsymbol{a}|=|\lambda||\boldsymbol{a}|=\frac{|\boldsymbol{b}|}{|\boldsymbol{a}|}|\boldsymbol{a}|=|\boldsymbol{b}|$$

再证实数 λ 的唯一性. 设 $\boldsymbol{b}=\lambda\boldsymbol{a}$，又设 $\boldsymbol{b}=\mu\boldsymbol{a}$ 也成立，两式相减，便得 $(\lambda-\mu)\boldsymbol{a}=\boldsymbol{0}$，即 $|\lambda-\mu||\boldsymbol{a}|=0$. 因 $|\boldsymbol{a}|\neq 0$，故 $|\lambda-\mu|=0$，即 $\lambda=\mu$.

定理 8.1.1 是建立数轴的理论依据. 给定一个点、一个方向及单位长度，就确定了一条数轴. 由于一个单位向量既确定了方向，又确定了单位长度，因此给定一个点及一个单位向量就确定了一条数轴. 设点 O 及单位向量 $\boldsymbol{i}$ 确定了数轴 Ox(图 8.1.5)，对于数轴上任一点 P，对应一个向量 $\overrightarrow{OP}$，由于 $\overrightarrow{OP}/\!/\boldsymbol{i}$，根据定理 8.1.1，必有唯一的实数 x，使 $\overrightarrow{OP}=x\boldsymbol{i}$，并知 $\overrightarrow{OP}$ 与实数 x 一一对应. 即

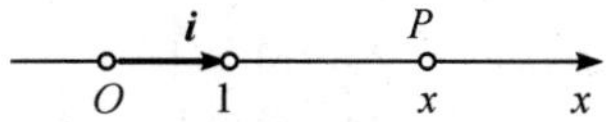

图 8.1.5

$$\text{点 } P \leftrightarrow \text{向量 } \overrightarrow{OP}=x\boldsymbol{i} \leftrightarrow \text{实数 } x$$

据此定义实数 x 为数轴上点 P 的坐标，且数轴上点 P 的坐标为 x 的充分必要条件是 $\overrightarrow{OP}=x\boldsymbol{i}$.

8.1.3　空间直角坐标系

过空间定点 O，由三条互相垂直的数轴按右手规则，组成一个**空间直角坐标系**. 这样构成的空间直角坐标系也称为右手系. 将右手自然伸展，保持大拇指与其余四指垂直，接着以右手握住 z 轴，当右手的四个手指从正向 x 轴以 $\frac{\pi}{2}$ 角度转向正向 y 轴时，大拇指的指向就是 z 轴的正向，如图 8.1.6 所示.

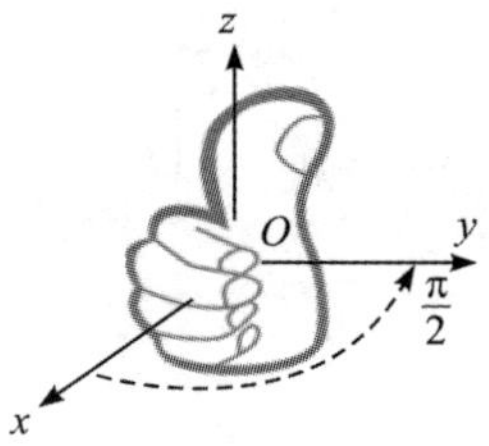

图 8.1.6

三条坐标轴中任意两条可以确定一个平面，这样定义出的三个平面统称为坐标平面. x 轴与 y 轴确定的坐标平面叫作 xOy 面，另两个平面分别是 xOz 面和 yOz 面. 三个坐标平面把空间分成八个**卦限**. 在 xOy 面上方，yOz 面前方，xOz 面右方的那个卦限叫作第一卦限(即含有三个正半轴的卦限). 从上方看，在 xOy 面上方，按逆时针方向，依次为第二、三、四卦限；在 xOy 面下方，分别与第一、二、三、四卦限上下相邻的为第五、六、七、八卦限，八个卦限分别用字母Ⅰ、Ⅱ、Ⅲ、Ⅳ、Ⅴ、Ⅵ、Ⅶ、Ⅷ表示(见图 8.1.7).

有了空间直角坐标系，就可以建立空间上的点与有序数组之间的一一对应关系. 设 M 为空间一点，过点 M 作三个平面分别垂直于 x 轴，y 轴和 z 轴，并与三个坐标轴分别交于点 P，Q，R (图 8.1.8). 设这三点在 x 轴，y 轴和 z 轴的坐标依次取为 x，y，z，从而空间一点 M 就唯一确定了一个有序数组 (x, y, z)；反过来，已知一个有序数组 (x, y, z)，在 x 轴上取坐标为 x 的点 P，在 y 轴上取坐标为 y 的点 Q，在 z 轴上取坐标为 z 的点 R，然后通过 P，Q，R 分别作垂直于 x 轴，y 轴和 z 轴的平面. 这三个平面的交点 M 便是有序数组 (x, y, z) 所唯一确定的点. 这样，就建立了空间上的点 M 与有序数组 (x, y, z) 之间的一一对应关系. 有序数组 (x, y, z) 称为点 M 的坐标. 坐标原点 O 的坐标为 $(0, 0, 0)$；坐标轴上的点 P，Q，R 的坐标分别为 $(x, 0, 0)$，$(0, y, 0)$，$(0, 0, z)$；坐标面上的点 A，B，C 的坐标分别为 $(x, y, 0)$，$(0, y, z)$，$(x, 0, z)$.

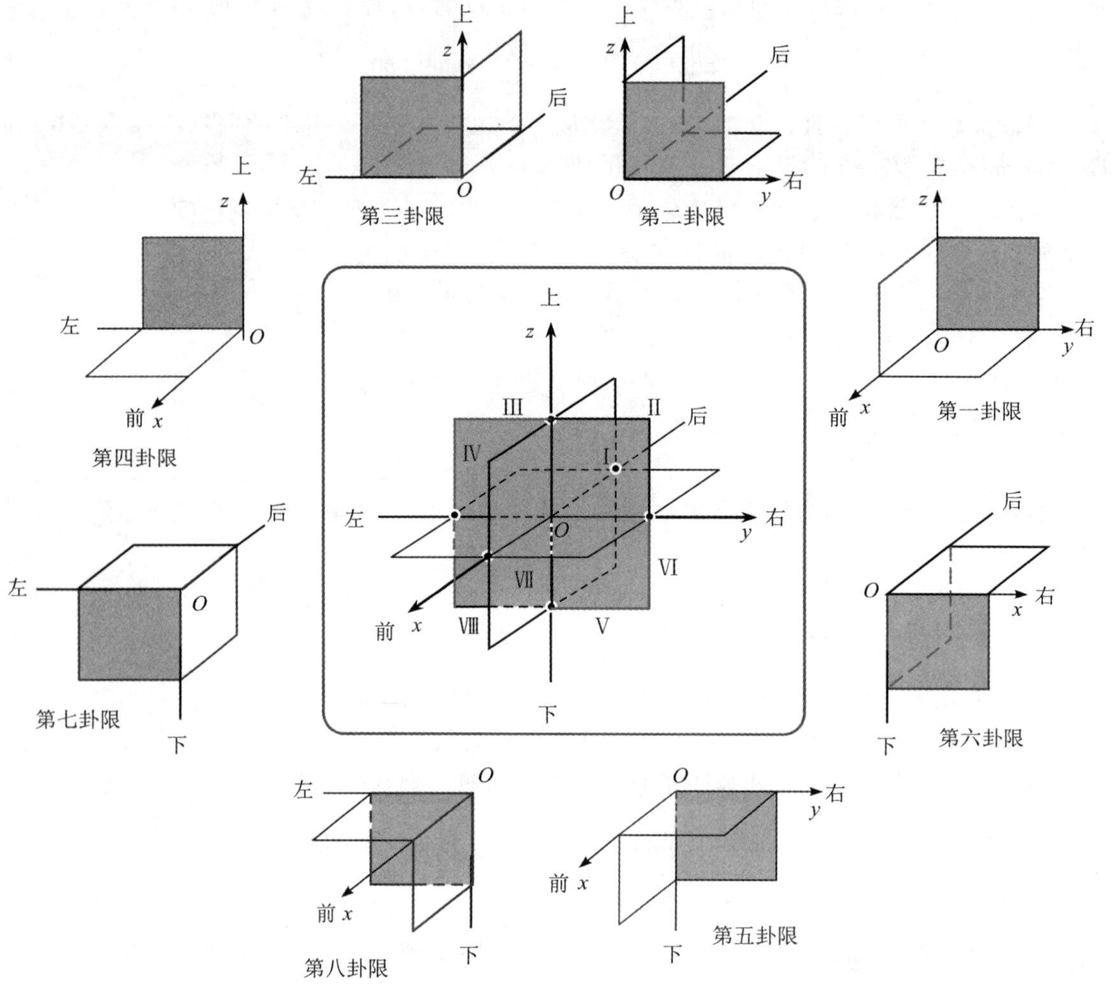

图 8.1.7

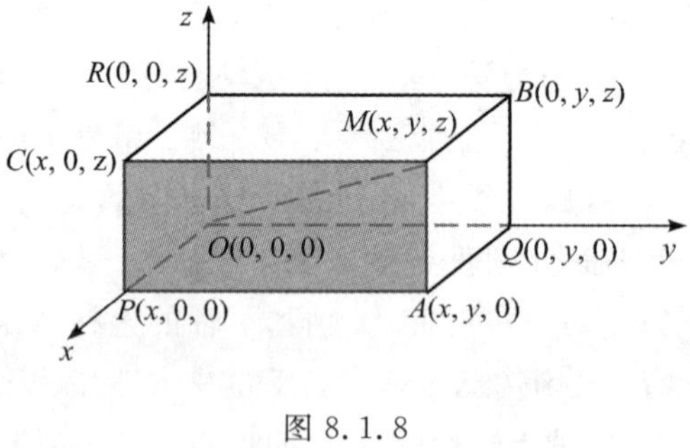

图 8.1.8

例 8.1.1 在空间直角坐标系中，指出下列点在哪个卦限.

$A(1, 3, -1)$； $B(-2, 2, -1)$； $C(2, -3, -4)$； $D(-2, -3, -1)$.

解 因为 $A(1, 3, -1)$点的坐标 $z=-1$，所以在 xOy 面下方，且 $x=1$，$y=3$ 均在 x，y 轴的正半轴，故该点在第五卦限，同理 $B(-2, 2, -1)$在第六卦限，$C(2, -3, -4)$在第八卦限，$D(-2, -3, -1)$在第七卦限.

例 8.1.2　指出下列各点在哪个坐标面上或坐标轴上.

$A(3, 2, 0)$；　$B(3, 0, 0)$；　$C(0, 4, 3)$；　$D(0, -1, 0)$.

解　因为 $A(3, 2, 0)$的坐标 $z=0$，所以点 A 在 xOy 面上；$B(3, 0, 0)$的坐标 $y=0$，$z=0$，横坐标 $x>0$，所以点 B 在 x 轴正半轴上. 同理 $C(0, 4, 3)$在 yOz 面上，$D(0, -1, 0)$在 y 轴负半轴上.

习题 8.1

1. 在空间直角坐标系中，指出下列点在哪个卦限.

$A(1, -3, 3)$；　$B(1, 2, -4)$；　$C(2, -1, -5)$；　$D(-1, -3, 1)$.

2. 指出下列各点在哪个坐标面上或坐标轴上.

$A(5, 4, 0)$；　$B(0, 4, 3)$；　$C(6, 0, 0)$；　$D(0, -1, 0)$.

3. 求点(a, b, c)满足下列条件的对称点的坐标.

(1) 关于坐标面；　(2) 关于各坐标轴；　(3) 关于坐标原点.

8.2　向量的坐标

8.2.1　向量在轴上的投影与投影定理

设有一轴 u，$\overrightarrow{AB}$ 是轴 u 上的有向线段(图 8.2.1). 如果数 λ 满足 $|\lambda|=|\overrightarrow{AB}|$，且当 $\overrightarrow{AB}$ 与 u 轴同向时 λ 是正的，当 $\overrightarrow{AB}$ 与 u 轴反向时 λ 是负的，那么 λ 叫作轴 u 上有向线段 $\overrightarrow{AB}$ 的值，记作 AB，即 $\lambda=AB$. 设 $\boldsymbol{e}$ 是与 u 轴同向的单位向量，则 $\overrightarrow{AB}=\lambda\boldsymbol{e}$.

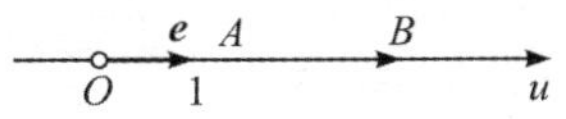

图 8.2.1

例 8.2.1　在 u 轴上取定一点 O 作为坐标原点，设 A，B 是 u 轴上坐标依次为 u_1，u_2 的两个点(图 8.2.2)，$\boldsymbol{e}$ 是与 u 轴同方向的单位向量，证明 $\overrightarrow{AB}=(u_2-u_1)\boldsymbol{e}$.

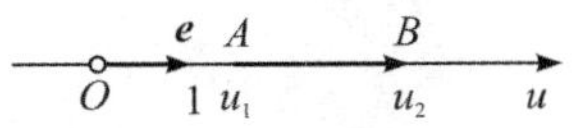

图 8.2.2

证　因为 $OA=u_1$，所以 $\overrightarrow{OA}=u_1\boldsymbol{e}$，同理 $\overrightarrow{OB}=u_2\boldsymbol{e}$. 于是由向量的减法，得

$$\overrightarrow{AB}=\overrightarrow{OB}-\overrightarrow{OA}=u_2\boldsymbol{e}-u_1\boldsymbol{e}=(u_2-u_1)\boldsymbol{e}$$

1. 空间两向量的夹角

首先引入空间两向量夹角的概念. 设有两个非零向量 $\boldsymbol{a}$，$\boldsymbol{b}$，规定不超过 π 的角 φ 称为**向量 $\boldsymbol{a}$，$\boldsymbol{b}$ 的夹角**(图 8.2.3)，记为$\langle\boldsymbol{a}, \boldsymbol{b}\rangle$或$\langle\boldsymbol{b}, \boldsymbol{a}\rangle$，即$\langle\boldsymbol{a}, \boldsymbol{b}\rangle=\varphi$. 如果向量 $\boldsymbol{a}$，$\boldsymbol{b}$ 中有一个是零向量，规定它们的夹角可以在 0 到 π 中任意取值. 类似地，可定义向量与一轴或空间两轴的夹角.

2. 空间一点在轴上的投影

过点 A 作轴 u 的垂直平面，交点 A' 即为点 A 在轴 u 上的投影(图 8.2.4).

3. 空间向量在轴上的投影

已知向量的起点 A 和终点 B 在轴 u 上的投影分别为 A'，B'，那么轴 u 上的向量 $\overrightarrow{A'B'}$ 称为向量 $\overrightarrow{AB}$ 在轴 u 上的投影(图 8.2.5). 向量 $\overrightarrow{AB}$ 在轴 u 上的投影记为

$$\mathrm{Prj}_u\overrightarrow{AB}=\begin{cases}|\overrightarrow{A'B'}|, & \overrightarrow{A'B'}\text{与 }u\text{ 同向}\\ -|\overrightarrow{A'B'}|, & \overrightarrow{A'B'}\text{与 }u\text{ 反向}\end{cases}$$

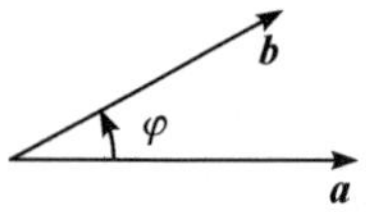

图 2.2.3

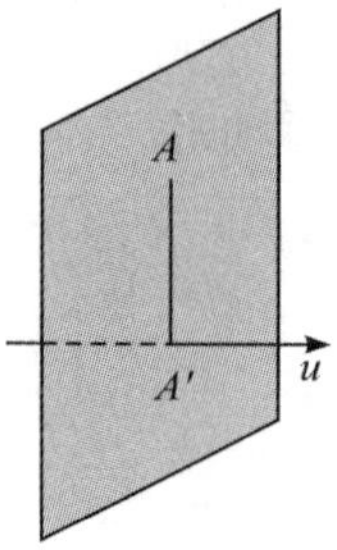

图 2.2.4

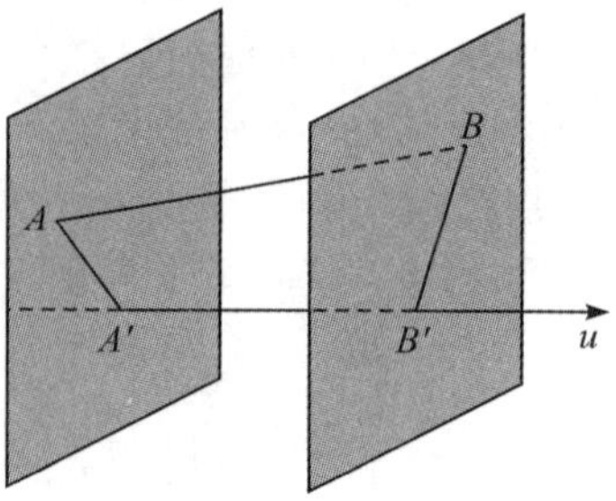

图 2.2.5

定理 8.2.1 向量 $\overrightarrow{AB}$ 在轴 u 上的投影等于向量的模乘以轴与向量的夹角 φ 的余弦，即

$$\mathrm{Prj}_u\overrightarrow{AB}=|\overrightarrow{AB}|\cos\varphi$$

证 作平行于轴 u 的轴 u'，轴 u' 与向量 $\overrightarrow{AB}$ 的夹角记为 φ，如图 8.2.6 所示. 由题可知，轴 u' 垂直于两平面，故在直角三角形 ABB'' 中，有

$$\mathrm{Prj}_u\overrightarrow{AB}=\mathrm{Prj}_{u'}\overrightarrow{AB}=|\overrightarrow{AB}|\cos\varphi$$

当 $0\leqslant\varphi<\frac{\pi}{2}$ 时，投影为正；当 $\frac{\pi}{2}<\varphi\leqslant\pi$ 时，投影为负；当 $\varphi=\frac{\pi}{2}$ 时，投影为零；相等向量在同一轴上投影相等.

定理 8.2.2 给定向量 $\boldsymbol{a}$，$\boldsymbol{b}$ 和 u 轴，如图 8.2.7 所示，有：

(1) $\mathrm{Prj}_u(\boldsymbol{a}+\boldsymbol{b})=\mathrm{Prj}_u\boldsymbol{a}+\mathrm{Prj}_u\boldsymbol{b}$；

(2) $\mathrm{Prj}_u(\lambda\boldsymbol{a})=\lambda\,\mathrm{Prj}_u\boldsymbol{a}$.

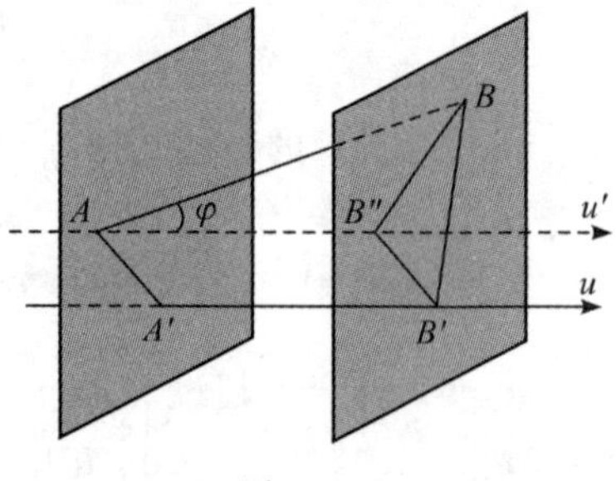

图 8.2.6

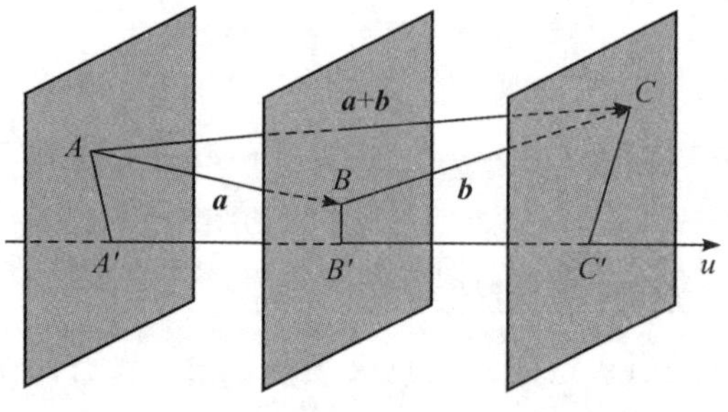

图 8.2.7

8.2.2 向量在坐标轴上的分量与向量的坐标

设 $\boldsymbol{a}=\overrightarrow{M_1M_2}$ 为一向量，u 为数轴，点 M_1，M_2 在数轴 u 上的投影分别是 P_1，P_2. 又设 P_1，P_2 在数轴 u 上的坐标依次为 u_1，u_2(见图 8.2.8). 记 $\text{Prj}_u\overrightarrow{M_1M_2}=a_u$，由于

$$\overline{P_1P_2}=\overline{OP_2}-\overline{OP_1}=u_2-u_1$$

因此，有 $a_u=u_2-u_1$. 如果 $\boldsymbol{e}$ 是与 u 轴正向一致的单位向量，则

$$\overrightarrow{P_1P_2}=a_u\boldsymbol{e}=(u_2-u_1)\boldsymbol{e}$$

下面用坐标来表示向量. 设 $\boldsymbol{a}=\overrightarrow{M_1M_2}$，如图 8.2.9，过点 $M_1(x_1, y_1, z_1)$，$M_2(x_2, y_2, z_2)$ 各作垂直于三个坐标轴的平面，这六个平面围成一个以线段 M_1M_2 为对角线的长方体，以 $\boldsymbol{i}$，$\boldsymbol{j}$，$\boldsymbol{k}$ 分别表示沿 x，y，z 轴正向的单位向量，则有

$$\boldsymbol{a}=a_x\boldsymbol{i}+a_y\boldsymbol{j}+a_z\boldsymbol{k}$$

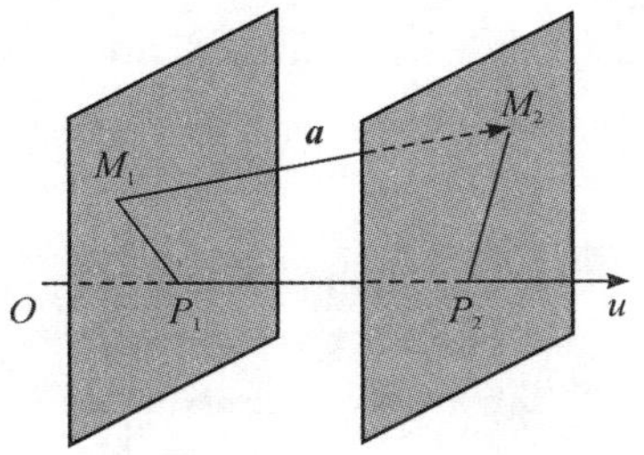

图 8.2.8

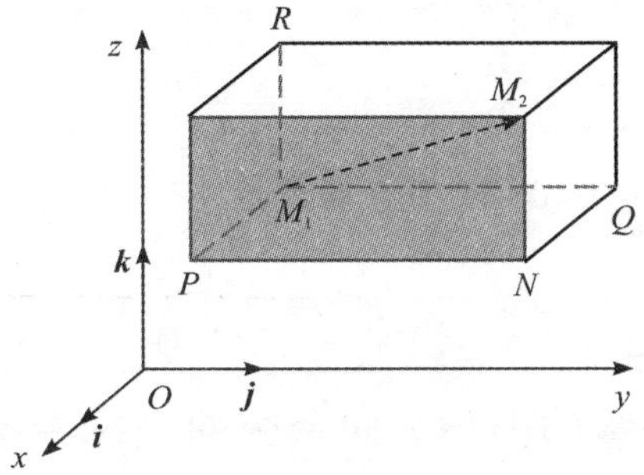

图 8.2.9

上式称为向量 $\boldsymbol{a}$ 的**坐标分解式**. 其中 a_x，a_y，a_z 称为向量 $\boldsymbol{a}$ 的**坐标**；$a_x\boldsymbol{i}$，$a_y\boldsymbol{j}$，$a_z\boldsymbol{k}$ 称为向量 $\boldsymbol{a}$ 沿三个坐标轴方向的**分向量**. 由向量在轴上的投影知，a_x，a_y，a_z 分别表示向量 $\boldsymbol{a}$ 在 x，y，z 坐标轴上的投影，即

$$a_x=\text{Prj}_x\boldsymbol{a},\ a_y=\text{Prj}_y\boldsymbol{a},\ a_z=\text{Prj}_z\boldsymbol{a}$$

$$a_x=x_2-x_1,\ a_y=y_2-y_1,\ a_z=z_2-z_1$$

则向量 $\boldsymbol{a}$ 按基本单位向量的坐标分解式为

$$\overrightarrow{M_1M_2}=(x_2-x_1)\boldsymbol{i}+(y_2-y_1)\boldsymbol{j}+(z_2-z_1)\boldsymbol{k}$$

记为 $\overrightarrow{M_1M_2}=\{a_x, a_y, a_z\}=\{x_2-x_1, y_2-y_1, z_2-z_1\}$，称其为向量的**坐标表达式**. 显然，空间任意向量的坐标等于其终点和起点的相应坐标之差. 特别地，若 O 为坐标原点，对于点 $M(x, y, z)$，有 $\overrightarrow{OM}=\{x, y, z\}$.

接下来利用向量的坐标表达式，给出向量的加减法和向量数乘运算的坐标表达式. 设 $\boldsymbol{a}=\{a_x, a_y, a_z\}$，$\boldsymbol{b}=\{b_x, b_y, b_z\}$，则有

(1) $\boldsymbol{a}+\boldsymbol{b}=\{a_x+b_x, a_y+b_y, a_z+b_z\}=(a_x+b_x)\boldsymbol{i}+(a_y+b_y)\boldsymbol{j}+(a_z+b_z)\boldsymbol{k}$；

(2) $\boldsymbol{a}-\boldsymbol{b}=\{a_x-b_x, a_y-b_y, a_z-b_z\}=(a_x-b_x)\boldsymbol{i}+(a_y-b_y)\boldsymbol{j}+(a_z-b_z)\boldsymbol{k}$；

(3) $\lambda\boldsymbol{a}=\{\lambda a_x, \lambda a_y, \lambda a_z\}=(\lambda a_x)\boldsymbol{i}+(\lambda a_y)\boldsymbol{j}+(\lambda a_z)\boldsymbol{k}$.

由此可见，对向量进行代数和及数乘运算，只需对其坐标做相应的运算即可.

设 $\boldsymbol{a}$，$\boldsymbol{b}$ 是共线向量，定义

$$\frac{\boldsymbol{a}}{\boldsymbol{b}}=\begin{cases}\dfrac{|\boldsymbol{a}|}{|\boldsymbol{b}|}, & \boldsymbol{a}\text{ 与 }\boldsymbol{b}\text{ 同向}\\ -\dfrac{|\boldsymbol{a}|}{|\boldsymbol{b}|}, & \boldsymbol{a}\text{ 与 }\boldsymbol{b}\text{ 反向}\end{cases}$$

例 8.2.2 设 $A(x_1, y_1, z_1)$ 和 $B(x_2, y_2, z_2)$ 为两个已知点，而在 AB 直线上的点 M 将有向线段 $\overrightarrow{AB}$ 分为两部分 $\overrightarrow{AM}$，$\overrightarrow{MB}$，使它们的值的比等于某数 $\lambda(\lambda\neq-1)$，即 $\dfrac{\overrightarrow{AM}}{\overrightarrow{MB}}=\lambda$，求分点 M 的坐标.

解 设 $M(x, y, z)$ 为直线 AB 上的点，由于

$$\overrightarrow{AM}=\overrightarrow{OM}-\overrightarrow{OA}=\{x-x_1, y-y_1, z-z_1\}$$

$$\overrightarrow{MB}=\overrightarrow{OB}-\overrightarrow{OM}=\{x_2-x, y_2-y, z_2-z\}$$

由题意，$\overrightarrow{AM}=\lambda\overrightarrow{MB}$，则

$$x-x_1=\lambda(x_2-x),\ y-y_1=\lambda(y_2-y),\ z-z_1=\lambda(z_2-z)$$

$$\Rightarrow x=\frac{x_1+\lambda x_2}{1+\lambda},\ y=\frac{y_1+\lambda y_2}{1+\lambda},\ z=\frac{z_1+\lambda z_2}{1+\lambda}$$

称本例中的点 M 为**有向线段 $\overrightarrow{AB}$ 的 λ 分点**. 特别地，M 为中点时，有

$$x=\frac{x_1+x_2}{2},\ y=\frac{y_1+y_2}{2},\ z=\frac{z_1+z_2}{2}$$

8.2.3 向量的模与方向余弦的坐标表示式

设非零向量 $\boldsymbol{a}=\overrightarrow{M_1M_2}$ 与三条坐标轴的夹角分别为 α，β，γ，它们可以唯一确定向量的方向，因此称为向量 $\boldsymbol{a}$ 的**方向角**(见图 8.2.10)，并规定 $0\leqslant\alpha\leqslant\pi$，$0\leqslant\beta\leqslant\pi$，$0\leqslant\gamma\leqslant\pi$. 则

$$a_x=|\boldsymbol{a}|\cos\alpha,\ a_y=|\boldsymbol{a}|\cos\beta,\ a_z=|\boldsymbol{a}|\cos\gamma$$

$$\cos\alpha=\frac{a_x}{|\boldsymbol{a}|},\ \cos\beta=\frac{a_y}{|\boldsymbol{a}|},\ \cos\gamma=\frac{a_z}{|\boldsymbol{a}|}$$

$\cos\alpha$，$\cos\beta$，$\cos\gamma$ 称为向量 $\boldsymbol{a}$ 的**方向余弦**.

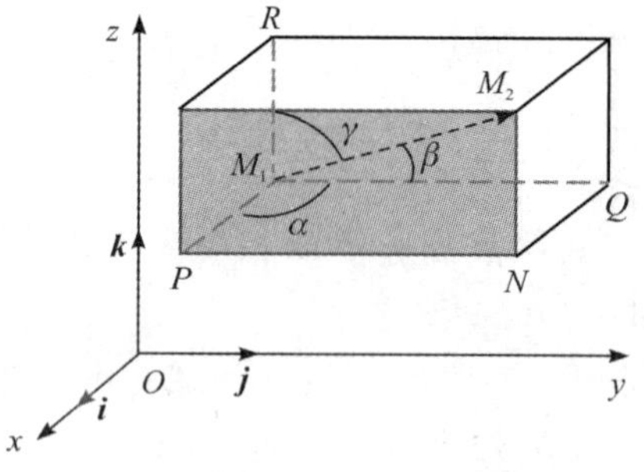

图 8.2.10

由勾股定理，得

$$|\overrightarrow{M_1M_2}|=\sqrt{|M_1P|^2+|M_1Q|^2+|M_1R|^2}$$

其中 $|\overrightarrow{M_1P}|=a_x$，$|\overrightarrow{M_1Q}|=a_y$，$|\overrightarrow{M_1R}|=a_z$，于是得**向量模的坐标表达式**

$$|\boldsymbol{a}|=|\overrightarrow{M_1M_2}|=\sqrt{a_x^2+a_y^2+a_z^2}=\sqrt{(x_2-x_1)^2+(y_2-y_1)^2+(z_2-z_1)^2}$$

上式称为**空间两点间的距离公式**. 若两点分别为 $M(x, y, z)$，$O(0, 0, 0)$，则

$$d=|OM|=\sqrt{x^2+y^2+z^2}$$

当$\sqrt{a_x^2+a_y^2+a_z^2}\neq 0$时，得**向量方向余弦的坐标表达式**

$$\cos\alpha=\frac{a_x}{\sqrt{a_x^2+a_y^2+a_z^2}},\quad \cos\beta=\frac{a_y}{\sqrt{a_x^2+a_y^2+a_z^2}},\quad \cos\gamma=\frac{a_z}{\sqrt{a_x^2+a_y^2+a_z^2}}$$

显然，$\cos^2\alpha+\cos^2\beta+\cos^2\gamma=1$.

特别地，非零向量的单位向量为

$$\boldsymbol{a}^\circ=\frac{\boldsymbol{a}}{|\boldsymbol{a}|}=\{\cos\alpha, \cos\beta, \cos\gamma\}$$

这是非零向量的单位向量与其方向余弦间的重要关系.

例 8.2.3　已知 $\boldsymbol{a}=6\boldsymbol{i}+7\boldsymbol{j}-6\boldsymbol{k}$，求 $\boldsymbol{a}$ 的模，并求与 $\boldsymbol{a}$ 同方向的单位向量及方向余弦.

解　由向量模的计算公式，得$|\boldsymbol{a}|=\sqrt{6^2+7^2+(-6)^2}=11$，又由单位向量的定义知

$$\boldsymbol{a}^\circ=\frac{\boldsymbol{a}}{|\boldsymbol{a}|}=\frac{6}{11}\boldsymbol{i}+\frac{7}{11}\boldsymbol{j}-\frac{6}{11}\boldsymbol{k}$$

则由单位向量与方向余弦的关系，得 $\cos\alpha=\dfrac{6}{11}$，$\cos\beta=\dfrac{7}{11}$，$\cos\gamma=-\dfrac{6}{11}$.

例 8.2.4　设 $\boldsymbol{m}=3\boldsymbol{i}+5\boldsymbol{j}+8\boldsymbol{k}$，$\boldsymbol{n}=2\boldsymbol{i}-4\boldsymbol{j}-7\boldsymbol{k}$，$\boldsymbol{p}=5\boldsymbol{i}+\boldsymbol{j}-4\boldsymbol{k}$，求向量 $\boldsymbol{a}=4\boldsymbol{m}+3\boldsymbol{n}-\boldsymbol{p}$ 在 x 轴上的投影及在 y 轴上的分向量.

解　因为

$$\begin{aligned}\boldsymbol{a}&=4\boldsymbol{m}+3\boldsymbol{n}-\boldsymbol{p}\\&=4(3\boldsymbol{i}+5\boldsymbol{j}+8\boldsymbol{k})+3(2\boldsymbol{i}-4\boldsymbol{j}-7\boldsymbol{k})-(5\boldsymbol{i}+\boldsymbol{j}-4\boldsymbol{k})\\&=13\boldsymbol{i}+7\boldsymbol{j}+15\boldsymbol{k}\end{aligned}$$

所以 $\boldsymbol{a}$ 在 x 轴上的投影为 $a_x=13$，在 y 轴上的分向量为 $7\boldsymbol{j}$.

例 8.2.5　求证以 $M_1(4, 3, 1)$，$M_2(7, 1, 2)$，$M_3(5, 2, 3)$ 三点为顶点的三角形是等腰三角形.

证　由空间两点间的距离公式得

$$|\overrightarrow{M_1M_2}|^2=(7-4)^2+(1-3)^2+(2-1)^2=14$$
$$|\overrightarrow{M_2M_3}|^2=(5-7)^2+(2-1)^2+(3-2)^2=6$$
$$|\overrightarrow{M_3M_1}|^2=(4-5)^2+(3-2)^2+(1-3)^2=6$$

故$|\overrightarrow{M_2M_3}|=|\overrightarrow{M_3M_1}|$，$\Delta M_1M_2M_3$ 是等腰三角形.

例 8.2.6　设向量 $\boldsymbol{a}$ 的方向余弦 $\cos\alpha=\dfrac{1}{3}$，$\cos\beta=\dfrac{2}{3}$，且$|\boldsymbol{a}|=3$，求 $\boldsymbol{a}$.

解　由$\cos^2\alpha+\cos^2\beta+\cos^2\gamma=1$，得

$$\cos^2\gamma=1-\cos^2\alpha-\cos^2\beta=1-\frac{1}{9}-\frac{4}{9}=\frac{4}{9}$$

所以 $\cos\gamma=\pm\dfrac{2}{3}$. 设向量 $\boldsymbol{a}$ 的坐标为$\{x, y, z\}$，由于

$$x=|\boldsymbol{a}|\cos\alpha=3\times\frac{1}{3}=1$$

$$y=|\boldsymbol{a}|\cos\beta=3\times\frac{2}{3}=2$$

$$z=|\boldsymbol{a}|\cos\gamma=3\times\left(\pm\frac{2}{3}\right)=\pm 2$$

故所求向量 $\boldsymbol{a}=\{1, 2, 2\}$ 或 $\boldsymbol{a}=\{1, 2, -2\}$.

习题 8.2

1. 已知两点 $M_1(2, 3, 0)$ 和 $M_2(-1, 0, 1)$. 试用坐标表示向量 $\overrightarrow{M_1M_2}$ 及 $-2\overrightarrow{M_1M_2}$.
2. 设 $\boldsymbol{a}=3\boldsymbol{i}+5\boldsymbol{j}-4\boldsymbol{k}$, $\boldsymbol{b}=2\boldsymbol{i}+\boldsymbol{j}+8\boldsymbol{k}$, 求 $\boldsymbol{a}-\boldsymbol{b}$ 及 $3\boldsymbol{a}+2\boldsymbol{b}$.
3. 已知三个力 $\boldsymbol{F}_1=-\boldsymbol{i}+2\boldsymbol{k}$, $\boldsymbol{F}_2=\boldsymbol{i}+3\boldsymbol{j}-2\boldsymbol{k}$, $\boldsymbol{F}_3=3\boldsymbol{i}+\boldsymbol{j}$ 作用于同一点, 求合力 $\boldsymbol{F}$ 的大小及方向余弦.
4. 求平行于向量 $\boldsymbol{a}=\{6, 7, -6\}$ 的单位向量.
5. 在 y 轴上求到两定点 $A(1, -2, 1)$ 与 $B(2, 1, -2)$ 等距离的点.
6. 试证明以三点 $A(4, 1, 9)$, $B(10, -1, 6)$, $C(2, 4, 3)$ 为顶点的三角形是等腰三角形.
7. 设向量 $\boldsymbol{r}$ 的模是 4, 它与 u 轴的夹角为 $\frac{\pi}{3}$, 求 $\boldsymbol{r}$ 在 u 轴上的投影.
8. 设已知两点 $M_1(4, \sqrt{2}, 1)$ 和 $M_2(3, 0, 2)$, 计算向量 $\overrightarrow{M_1M_2}$ 的模、方向余弦和方向角.
9. 设向量 $\boldsymbol{a}$ 的方向角 $\alpha=45°$, $\beta=60°$, 且 $|\boldsymbol{a}|=6$, 求向量 $\boldsymbol{a}$.

8.3 向量的数量积、向量积与混合积

8.3.1 两向量的数量积

设物体在常力 $\boldsymbol{F}$ 作用下沿直线从点 M_1 移动到点 M_2, 以 $\boldsymbol{s}$ 表示位移, 由物理学知道, 力 $\boldsymbol{F}$ 所作的功为 $W=|\boldsymbol{F}||\boldsymbol{s}|\cos\theta$, 其中 θ 为 $\boldsymbol{F}$ 与 $\boldsymbol{s}$ 的夹角. 由此可以看到, 两向量做这样的运算, 结果是一个数量.

定义 8.3.1 两向量 $\boldsymbol{a}$ 与 $\boldsymbol{b}$ 的模及它们的夹角余弦的乘积, 称为向量 $\boldsymbol{a}$ 与 $\boldsymbol{b}$ 的**数量积**, 记作 $\boldsymbol{a}\cdot\boldsymbol{b}$, 即

$$\boldsymbol{a}\cdot\boldsymbol{b}=|\boldsymbol{a}||\boldsymbol{b}|\cos\theta$$

其中 θ 为 $\boldsymbol{a}$ 与 $\boldsymbol{b}$ 的夹角. 数量积也称为"**点积**"或"**内积**". 两向量间经过数量积的运算, 得到的是一个数量.

按此定义, 上述力所做的功 W 是力 $\boldsymbol{F}$ 和位移 $\boldsymbol{s}$ 的数量积, 即 $W=\boldsymbol{F}\cdot\boldsymbol{s}$.

由于

$$|\boldsymbol{b}|\cos\theta = \mathrm{Prj}_{\boldsymbol{a}}\boldsymbol{b},\ |\boldsymbol{a}|\cos\theta = \mathrm{Prj}_{\boldsymbol{b}}\boldsymbol{a}$$

因此

$$\boldsymbol{a}\cdot\boldsymbol{b} = |\boldsymbol{b}|\mathrm{Prj}_{\boldsymbol{b}}\boldsymbol{a} = |\boldsymbol{a}|\mathrm{Prj}_{\boldsymbol{a}}\boldsymbol{b}$$

这表明，两向量的数量积等于其中一个向量的模和另一个向量在该向量方向上投影的乘积.

由数量积的定义，有：

定理 8.3.1　(1) $\boldsymbol{a}\cdot\boldsymbol{a} = |\boldsymbol{a}|^2$；(2) $\boldsymbol{a}\cdot\boldsymbol{b} = 0 \Leftrightarrow \boldsymbol{a}\perp\boldsymbol{b}(\boldsymbol{a}\neq\boldsymbol{0},\ \boldsymbol{b}\neq\boldsymbol{0})$.

证　(1) 因为 $\theta=0$，所以 $\boldsymbol{a}\cdot\boldsymbol{a} = |\boldsymbol{a}||\boldsymbol{a}|\cos\theta = |\boldsymbol{a}|^2$.

(2) 必要性. 因为 $\boldsymbol{a}\cdot\boldsymbol{b}=0$，$|\boldsymbol{a}|\neq 0$，$|\boldsymbol{b}|\neq 0$，所以 $\cos\theta=0$，故 $\theta=\dfrac{\pi}{2}$，即 $\boldsymbol{a}\perp\boldsymbol{b}$.

充分性. 因为 $\boldsymbol{a}\perp\boldsymbol{b}$，即 $\theta=\dfrac{\pi}{2}$，所以 $\cos\theta=0$，故 $\boldsymbol{a}\cdot\boldsymbol{b} = |\boldsymbol{a}||\boldsymbol{b}|\cos\theta = 0$.

数量积符合下列运算规律.

(1) 交换律：$\boldsymbol{a}\cdot\boldsymbol{b} = \boldsymbol{b}\cdot\boldsymbol{a}$；

(2) 分配律：$(\boldsymbol{a}+\boldsymbol{b})\cdot\boldsymbol{c} = \boldsymbol{a}\cdot\boldsymbol{c}+\boldsymbol{b}\cdot\boldsymbol{c}$；

(3) 若 λ，μ 为数，则 $(\lambda\boldsymbol{a})\cdot\boldsymbol{b} = \boldsymbol{a}\cdot(\lambda\boldsymbol{b}) = \lambda(\boldsymbol{a}\cdot\boldsymbol{b})$，$(\lambda\boldsymbol{a})\cdot(\mu\boldsymbol{b}) = \lambda\mu(\boldsymbol{a}\cdot\boldsymbol{b})$.

下面推导数量积的坐标表达式. 设

$$\boldsymbol{a} = a_x\boldsymbol{i}+a_y\boldsymbol{j}+a_z\boldsymbol{k},\ \boldsymbol{b} = b_x\boldsymbol{i}+b_y\boldsymbol{j}+b_z\boldsymbol{k}$$

因为 $\boldsymbol{i}$，$\boldsymbol{j}$，$\boldsymbol{k}$ 两两垂直，且 $|\boldsymbol{i}|=|\boldsymbol{j}|=|\boldsymbol{k}|=1$，所以

$$\boldsymbol{i}\cdot\boldsymbol{j} = \boldsymbol{j}\cdot\boldsymbol{k} = \boldsymbol{k}\cdot\boldsymbol{i} = 0,\ \boldsymbol{i}\cdot\boldsymbol{i} = \boldsymbol{j}\cdot\boldsymbol{j} = \boldsymbol{k}\cdot\boldsymbol{k} = 1$$

则

$$\begin{aligned}\boldsymbol{a}\cdot\boldsymbol{b} &= (a_x\boldsymbol{i}+a_y\boldsymbol{j}+a_z\boldsymbol{k})\cdot(b_x\boldsymbol{i}+b_y\boldsymbol{j}+b_z\boldsymbol{k})\\ &= a_xb_x\boldsymbol{i}\cdot\boldsymbol{i}+a_xb_y\boldsymbol{i}\cdot\boldsymbol{j}+a_xb_z\boldsymbol{i}\cdot\boldsymbol{k}+a_yb_x\boldsymbol{j}\cdot\boldsymbol{i}+a_yb_y\boldsymbol{j}\cdot\boldsymbol{j}\\ &\quad +a_yb_z\boldsymbol{j}\cdot\boldsymbol{k}+a_zb_x\boldsymbol{k}\cdot\boldsymbol{i}+a_zb_y\boldsymbol{k}\cdot\boldsymbol{j}+a_zb_z\boldsymbol{k}\cdot\boldsymbol{k}\\ &= a_xb_x+a_yb_y+a_zb_z\end{aligned}$$

上式称为**数量积的坐标表达式**. 当 $\boldsymbol{a}$，$\boldsymbol{b}$ 是两个非零向量时，由数量积的定义式，有

$$\cos\theta = \frac{\boldsymbol{a}\cdot\boldsymbol{b}}{|\boldsymbol{a}||\boldsymbol{b}|} = \frac{a_xb_x+a_yb_y+a_zb_z}{\sqrt{a_x^2+a_y^2+a_z^2}\sqrt{b_x^2+b_y^2+b_z^2}}$$

上式是**两向量夹角余弦的坐标表达式**.

由此可知两向量垂直的充要条件为

$$\boldsymbol{a}\cdot\boldsymbol{b}=0 \Leftrightarrow \boldsymbol{a}\perp\boldsymbol{b} \Leftrightarrow a_xb_x+a_yb_y+a_zb_z=0$$

例 8.3.1　已知 $\boldsymbol{a}=\{1,\ 1,\ -4\}$，$\boldsymbol{b}=\{1,\ -2,\ 2\}$，求：

(1) $\boldsymbol{a}\cdot\boldsymbol{b}$；

(2) $\boldsymbol{a}$ 与 $\boldsymbol{b}$ 的夹角.

解　(1) $\boldsymbol{a}\cdot\boldsymbol{b} = 1\cdot 1+1\cdot(-2)+(-4)\cdot 2 = -9$；

(2) $\cos\theta = \dfrac{a_xb_x+a_yb_y+a_zb_z}{\sqrt{a_x^2+a_y^2+a_z^2}\sqrt{b_x^2+b_y^2+b_z^2}} = -\dfrac{1}{\sqrt{2}} \Rightarrow \theta = \dfrac{3\pi}{4}$.

例 8.3.2　证明向量 $\boldsymbol{c}$ 与向量 $(\boldsymbol{a}\cdot\boldsymbol{c})\boldsymbol{b}-(\boldsymbol{b}\cdot\boldsymbol{c})\boldsymbol{a}$ 垂直.

证　因为

$$[(\boldsymbol{a}\cdot\boldsymbol{c})\boldsymbol{b}-(\boldsymbol{b}\cdot\boldsymbol{c})\boldsymbol{a}]\cdot\boldsymbol{c}=(\boldsymbol{a}\cdot\boldsymbol{c})\boldsymbol{b}\cdot\boldsymbol{c}-(\boldsymbol{b}\cdot\boldsymbol{c})\boldsymbol{a}\cdot\boldsymbol{c}=(\boldsymbol{c}\cdot\boldsymbol{b})(\boldsymbol{a}\cdot\boldsymbol{c}-\boldsymbol{a}\cdot\boldsymbol{c})=0$$

所以

$$[(\boldsymbol{a}\cdot\boldsymbol{c})\boldsymbol{b}-(\boldsymbol{b}\cdot\boldsymbol{c})\boldsymbol{a}]\perp\boldsymbol{c}$$

例 8.3.3 设质点开始位于点 $P(1, 2, -1)$，有一方向角分别为 60°，60°，45°，大小为 100 N 的力 $\boldsymbol{F}$ 作用于该质点，求质点从点 P 做直线运动至点 $M(3, 5, -1+\sqrt{2})$ 时，力 $\boldsymbol{F}$ 所做的功(坐标轴的单位为 m).

解 由题可知，力 $\boldsymbol{F}$ 的方向角为 60°，60°，45°，所以与力 $\boldsymbol{F}$ 同向的单位向量为

$$\boldsymbol{F}^{\circ}=\{\cos 60^{\circ}, \cos 60^{\circ}, \cos 45^{\circ}\}=\left\{\frac{1}{2}, \frac{1}{2}, \frac{\sqrt{2}}{2}\right\}$$

则由单位向量与方向余弦的关系，得 $\boldsymbol{F}=\{50, 50, 50\sqrt{2}\}$. 又因为 $\overrightarrow{PM}=\{2, 3, \sqrt{2}\}$，所以有

$$W=\boldsymbol{F}\cdot\overrightarrow{PM}=\{50, 50, 50\sqrt{2}\}\cdot\{2, 3, \sqrt{2}\}=350\ \text{J}$$

8.3.2 两向量的向量积

设 O 为一根杠杆 L 的支点，有一力 $\boldsymbol{F}$ 作用于杠杆上 P 点处，力 $\boldsymbol{F}$ 与 $\overrightarrow{OP}$ 的夹角为 θ，力 $\boldsymbol{F}$ 对支点 O 的力矩是一向量 $\boldsymbol{M}$(图 8.3.1). 它的模 $|\boldsymbol{M}|=|OQ||\boldsymbol{F}|=|\overrightarrow{OP}||\boldsymbol{F}|\sin\theta$，$\boldsymbol{M}$ 的方向垂直于 $\overrightarrow{OP}$ 与 $\boldsymbol{F}$ 所决定的平面，$\boldsymbol{M}$ 指向符合右手系，即从 $\overrightarrow{OP}$ 以不超过 π 的角转向 $\boldsymbol{F}$ 来确定的，当右手的四个手指从 $\overrightarrow{OP}$ 以不超过 π 的角转向 $\boldsymbol{F}$ 握拳时，大拇指的指向就是力矩 $\boldsymbol{M}$ 的方向.

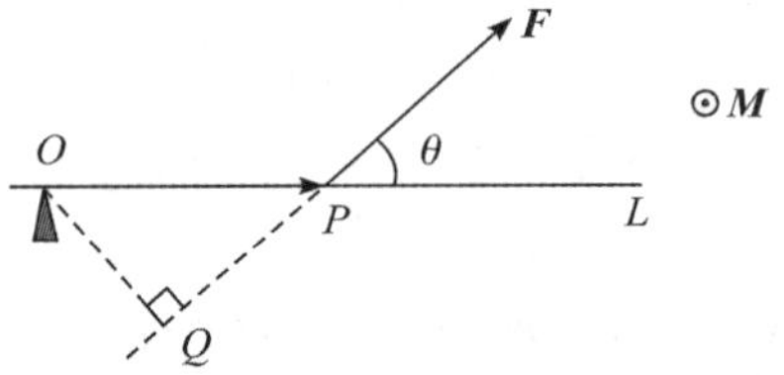

图 8.3.1

在实际问题中，经常遇到由两个向量确定另一个向量的问题，下面给出两向量的向量积的定义.

定义 8.3.2 由向量 $\boldsymbol{a}$ 与 $\boldsymbol{b}$ 确定新的向量 $\boldsymbol{c}$，满足：

(1) $|\boldsymbol{c}|=|\boldsymbol{a}||\boldsymbol{b}|\sin\theta$(其中 θ 为 $\boldsymbol{a}$ 与 $\boldsymbol{b}$ 的夹角)；

(2) $\boldsymbol{c}$ 的方向垂直于 $\boldsymbol{a}$，且垂直于 $\boldsymbol{b}$，其指向符合右手系，即伸出右手的四指为 $\boldsymbol{a}$ 的指向，当右手的四指以不超过 π 的角度向 $\boldsymbol{b}$ 旋转而握拳时，其大拇指的指向就是 $\boldsymbol{c}$ 的方向.

这样确定的向量 $\boldsymbol{c}$ 叫作向量 $\boldsymbol{a}$ 与 $\boldsymbol{b}$ 的**向量积**，记为

$$\boldsymbol{c}=\boldsymbol{a}\times\boldsymbol{b}$$

向量积也称为“**叉积**”或“**外积**”. 两向量间经过向量积的运算，得到的仍是一个向量.

按此定义，上述力矩 $\boldsymbol{M}$ 等于 $\overrightarrow{OP}$ 与 $\boldsymbol{F}$ 的向量积，即 $\boldsymbol{M}=\overrightarrow{OP}\times\boldsymbol{F}$.

由向量积的定义，有：

定理 8.3.2　(1) $\boldsymbol{a}\times\boldsymbol{a}=\boldsymbol{0}$；

(2) $\boldsymbol{a}/\!/\boldsymbol{b} \Leftrightarrow \boldsymbol{a}\times\boldsymbol{b}=\boldsymbol{0}(\boldsymbol{a}\neq\boldsymbol{0},\ \boldsymbol{b}\neq\boldsymbol{0})$.

证　(1) 因为 $\theta=0$，所以 $\boldsymbol{a}\times\boldsymbol{a}=|\boldsymbol{a}||\boldsymbol{a}|\sin\theta=\boldsymbol{0}$.

(2) 必要性. 因为 $\boldsymbol{a}/\!/\boldsymbol{b}$，所以 $\theta=0$ 或 π，即 $\sin\theta=0$，有

$$|\boldsymbol{a}\times\boldsymbol{b}|=|\boldsymbol{a}||\boldsymbol{b}|\sin\theta=0$$

所以 $\boldsymbol{a}\times\boldsymbol{b}=\boldsymbol{0}$.

充分性. 因为 $\boldsymbol{a}\times\boldsymbol{b}=\boldsymbol{0}$，$|\boldsymbol{a}|\neq 0$，$|\boldsymbol{b}|\neq 0$，所以 $\sin\theta=0$，即 $\theta=0$ 或 $\theta=\pi$. 所以 $\boldsymbol{a}/\!/\boldsymbol{b}$.

向量积符合下列运算规律.

(1) $\boldsymbol{a}\times\boldsymbol{b}=-\boldsymbol{b}\times\boldsymbol{a}$；

(2) $(\boldsymbol{a}+\boldsymbol{b})\times\boldsymbol{c}=\boldsymbol{a}\times\boldsymbol{c}+\boldsymbol{b}\times\boldsymbol{c}$；

(3) 若 λ 为数，则 $(\lambda\boldsymbol{a})\times\boldsymbol{b}=\boldsymbol{a}\times(\lambda\boldsymbol{b})=\lambda(\boldsymbol{a}\times\boldsymbol{b})$.

向量积也可以用坐标表示. 设 $\boldsymbol{a}=a_x\boldsymbol{i}+a_y\boldsymbol{j}+a_z\boldsymbol{k}$，$\boldsymbol{b}=b_x\boldsymbol{i}+b_y\boldsymbol{j}+b_z\boldsymbol{k}$，根据向量积的运算法则，得

$$\begin{aligned}\boldsymbol{a}\times\boldsymbol{b}&=(a_x\boldsymbol{i}+a_y\boldsymbol{j}+a_z\boldsymbol{k})\times(b_x\boldsymbol{i}+b_y\boldsymbol{j}+b_z\boldsymbol{k})\\&=a_xb_x(\boldsymbol{i}\times\boldsymbol{i})+a_xb_y(\boldsymbol{i}\times\boldsymbol{j})+a_xb_z(\boldsymbol{i}\times\boldsymbol{k})+a_yb_x(\boldsymbol{j}\times\boldsymbol{i})+a_yb_y(\boldsymbol{j}\times\boldsymbol{j})\\&\quad+a_yb_z(\boldsymbol{j}\times\boldsymbol{k})+a_zb_x(\boldsymbol{k}\times\boldsymbol{i})+a_zb_y(\boldsymbol{k}\times\boldsymbol{j})+a_zb_z(\boldsymbol{k}\times\boldsymbol{k})\end{aligned}$$

由于

$$\boldsymbol{i}\times\boldsymbol{i}=\boldsymbol{j}\times\boldsymbol{j}=\boldsymbol{k}\times\boldsymbol{k}=\boldsymbol{0}$$

$$\boldsymbol{i}\times\boldsymbol{j}=\boldsymbol{k},\ \boldsymbol{j}\times\boldsymbol{k}=\boldsymbol{i},\ \boldsymbol{k}\times\boldsymbol{i}=\boldsymbol{j},\ \boldsymbol{j}\times\boldsymbol{i}=-\boldsymbol{k},\ \boldsymbol{k}\times\boldsymbol{j}=-\boldsymbol{i},\ \boldsymbol{i}\times\boldsymbol{k}=-\boldsymbol{j}$$

因此

$$\boldsymbol{a}\times\boldsymbol{b}=(a_yb_z-a_zb_y)\boldsymbol{i}+(a_zb_x-a_xb_z)\boldsymbol{j}+(a_xb_y-a_yb_x)\boldsymbol{k}$$

上式称为**向量积的坐标表达式**.

为方便记忆，向量积还可用三阶行列式表示，即

$$\boldsymbol{a}\times\boldsymbol{b}=\begin{vmatrix}\boldsymbol{i}&\boldsymbol{j}&\boldsymbol{k}\\a_x&a_y&a_z\\b_x&b_y&b_z\end{vmatrix}$$

由上式可推出，两非零向量平行的充要条件为向量的分量对应成比例，即

$$\boldsymbol{a}/\!/\boldsymbol{b} \Leftrightarrow \frac{a_x}{b_x}=\frac{a_y}{b_y}=\frac{a_z}{b_z}$$

上式中 b_x，b_y，b_z 不能同时为零，但允许其中两个为零，例如，$b_x=b_y=0$，此时规定对应坐标 $a_x=0$，$a_y=0$.

两向量的向量积的模 $|\boldsymbol{a}\times\boldsymbol{b}|$ 表示以 $\boldsymbol{a}$ 和 $\boldsymbol{b}$ 为邻边的平行四边形的面积.

例 8.3.4　求与 $\boldsymbol{a}=3\boldsymbol{i}-2\boldsymbol{j}+4\boldsymbol{k}$，$\boldsymbol{b}=\boldsymbol{i}+\boldsymbol{j}-2\boldsymbol{k}$ 都垂直的单位向量.

解　由题意知

$$\boldsymbol{c}=\boldsymbol{a}\times\boldsymbol{b}=\begin{vmatrix}\boldsymbol{i}&\boldsymbol{j}&\boldsymbol{k}\\a_x&a_y&a_z\\b_x&b_y&b_z\end{vmatrix}=\begin{vmatrix}\boldsymbol{i}&\boldsymbol{j}&\boldsymbol{k}\\3&-2&4\\1&1&-2\end{vmatrix}=10\boldsymbol{j}+5\boldsymbol{k}$$

由非零向量的单位向量与其方向余弦的关系，得

$$|\boldsymbol{c}|=\sqrt{10^2+5^2}=5\sqrt{5}$$

因此

$$c^{\circ}=\pm\frac{c}{|c|}=\pm\left(\frac{2}{\sqrt{5}}j+\frac{1}{\sqrt{5}}k\right)$$

例 8.3.5 在顶点为 $A(1, -1, 2)$，$B(5, -6, 2)$ 和 $C(1, 3, -1)$ 的三角形中，求 AC 边上的高 BD.

解 由题可知 $\overrightarrow{AC}=\{0, 4, -3\}$，$\overrightarrow{AB}=\{4, -5, 0\}$. 三角形 ABC 的面积为

$$S=\frac{1}{2}|\overrightarrow{AB}\times\overrightarrow{AC}|=\frac{1}{2}\sqrt{15^2+12^2+16^2}=\frac{25}{2}$$

又 $|\overrightarrow{AC}|=\sqrt{4^2+(-3)^2}=5$，由 $S=\frac{1}{2}|\overrightarrow{AC}|\cdot|BD|$，得 $|BD|=5$.

例 8.3.6 设向量 $\boldsymbol{m}$，$\boldsymbol{n}$，$\boldsymbol{p}$ 两两垂直，符合右手规则，且 $|\boldsymbol{m}|=4$，$|\boldsymbol{n}|=2$，$|\boldsymbol{p}|=3$，计算 $(\boldsymbol{m}\times\boldsymbol{n})\cdot\boldsymbol{p}$.

解 由于

$$|\boldsymbol{m}\times\boldsymbol{n}|=|\boldsymbol{m}||\boldsymbol{n}|\sin\langle\boldsymbol{m}, \boldsymbol{n}\rangle=4\times2\times1=8$$

依题意知 $\boldsymbol{m}\times\boldsymbol{n}$ 与 $\boldsymbol{p}$ 同向，因此 $\theta=\langle\boldsymbol{m}\times\boldsymbol{n}, \boldsymbol{p}\rangle=0$，故

$$(\boldsymbol{m}\times\boldsymbol{n})\cdot\boldsymbol{p}=|\boldsymbol{m}\times\boldsymbol{n}|\cdot|\boldsymbol{p}|\cos\theta=8\times3=24$$

8.3.3 两向量的混合积

设已知三个向量 $\boldsymbol{a}$，$\boldsymbol{b}$ 和 $\boldsymbol{c}$，先作两向量 $\boldsymbol{a}$ 和 $\boldsymbol{b}$ 的向量积 $\boldsymbol{a}\times\boldsymbol{b}$，把所得到的向量与第三个向量 $\boldsymbol{c}$ 再作数量积 $(\boldsymbol{a}\times\boldsymbol{b})\cdot\boldsymbol{c}$，这样得到的数量叫作三向量 $\boldsymbol{a}$，$\boldsymbol{b}$，$\boldsymbol{c}$ 的混合积，记作 $[\boldsymbol{abc}]$.

下面推导三向量混合积的坐标表示式.

设 $\boldsymbol{a}=\{a_x, a_y, a_z\}$，$\boldsymbol{b}=\{b_x, b_y, b_z\}$，$\boldsymbol{c}=\{c_x, c_y, c_z\}$，因为

$$\boldsymbol{a}\times\boldsymbol{b}=\begin{vmatrix}\boldsymbol{i} & \boldsymbol{j} & \boldsymbol{k}\\ a_x & a_y & a_z\\ b_x & b_y & b_z\end{vmatrix}=\begin{vmatrix}a_y & a_z\\ b_y & b_z\end{vmatrix}\boldsymbol{i}-\begin{vmatrix}a_x & a_z\\ b_x & b_z\end{vmatrix}\boldsymbol{j}+\begin{vmatrix}a_x & a_y\\ b_x & b_y\end{vmatrix}\boldsymbol{k}$$

再按两向量的数量积的坐标表示式，便得

$$[\boldsymbol{abc}]=(\boldsymbol{a}\times\boldsymbol{b})\cdot\boldsymbol{c}=c_x\begin{vmatrix}a_y & a_z\\ b_y & b_z\end{vmatrix}-c_y\begin{vmatrix}a_x & a_z\\ b_x & b_z\end{vmatrix}+c_z\begin{vmatrix}a_x & a_y\\ b_x & b_y\end{vmatrix}=\begin{vmatrix}a_x & a_y & a_z\\ b_x & b_y & b_z\\ c_x & c_y & c_z\end{vmatrix}$$

向量混合积的几何意义：向量的混合积 $[\boldsymbol{abc}]=(\boldsymbol{a}\times\boldsymbol{b})\cdot\boldsymbol{c}$ 是这样一个数，它的绝对值表示以向量 $\boldsymbol{a}$，$\boldsymbol{b}$，$\boldsymbol{c}$ 为棱的平行六面体的体积. 如果向量 $\boldsymbol{a}$，$\boldsymbol{b}$，$\boldsymbol{c}$ 组成右手系(即 $\boldsymbol{c}$ 的指向按右手规则从 $\boldsymbol{a}$ 转向 $\boldsymbol{b}$ 来确定)，那么混合积的符号是正的；如果 $\boldsymbol{a}$，$\boldsymbol{b}$，$\boldsymbol{c}$ 组成左手系(即 $\boldsymbol{c}$ 的指向按左手规则从 $\boldsymbol{a}$ 转向 $\boldsymbol{b}$ 来确定)，那么混合积的符号是负的. 事实上，设 $\overrightarrow{OA}=\boldsymbol{a}$，$\overrightarrow{OB}=\boldsymbol{b}$，$\overrightarrow{OC}=\boldsymbol{c}$，按向量积的定义，向量积 $\boldsymbol{a}\times\boldsymbol{b}=\boldsymbol{f}$ 是一个向量，它的模在数值上等于以向量 $\boldsymbol{a}$ 和 $\boldsymbol{b}$ 为边所作平行四边形 $OADB$ 的面积，它的方向垂直于这平行四边形的平面，且当 $\boldsymbol{a}$，$\boldsymbol{b}$，$\boldsymbol{c}$ 组成右手系时，向量 $\boldsymbol{f}$ 与向量 $\boldsymbol{c}$ 朝着这平面的同侧；当 $\boldsymbol{a}$，$\boldsymbol{b}$，$\boldsymbol{c}$ 组成左手系时，向量 $\boldsymbol{f}$ 与向量 $\boldsymbol{c}$ 朝着这平面的异侧. 所以，如设 $\boldsymbol{f}$ 与 $\boldsymbol{c}$ 的夹角为 α，那么当 $\boldsymbol{a}$，$\boldsymbol{b}$，$\boldsymbol{c}$ 组成右手系时，α 为锐角；当 $\boldsymbol{a}$，$\boldsymbol{b}$，$\boldsymbol{c}$ 组成左手系时，α 为钝角. 由于

$$[\boldsymbol{abc}]=(\boldsymbol{a}\times\boldsymbol{b})\cdot\boldsymbol{c}=|\boldsymbol{a}\times\boldsymbol{b}||\boldsymbol{c}|\cos\alpha$$

所以当 $\boldsymbol{a}$，$\boldsymbol{b}$，$\boldsymbol{c}$ 组成右手系时，$[\boldsymbol{abc}]$为正；当 $\boldsymbol{a}$，$\boldsymbol{b}$，$\boldsymbol{c}$ 组成左手系时，$[\boldsymbol{abc}]$为负. 因为以向量 $\boldsymbol{a}$，$\boldsymbol{b}$，$\boldsymbol{c}$ 为棱的平行六面体的底(平行四边形 $OADB$)的面积 S 在数值上等于$|\boldsymbol{a}\times\boldsymbol{b}|$，它的高 h 等于向量 $\boldsymbol{c}$ 在向量 $\boldsymbol{f}$ 上的投影的绝对值，即

$$h=|\mathrm{Prj}_f\boldsymbol{c}|=|\boldsymbol{c}||\cos\alpha|$$

所以平行六面体的体积

$$V=Sh=|\boldsymbol{a}\times\boldsymbol{b}||\boldsymbol{c}||\cos\alpha|=|[\boldsymbol{abc}]|$$

由上述混合积的几何意义可知，若混合积$[\boldsymbol{abc}]\neq0$，则能以 $\boldsymbol{a}$，$\boldsymbol{b}$，$\boldsymbol{c}$ 三向量为棱构成平行六面体，从而 $\boldsymbol{a}$，$\boldsymbol{b}$，$\boldsymbol{c}$ 三向量不共面；反之，若 $\boldsymbol{a}$，$\boldsymbol{b}$，$\boldsymbol{c}$ 三向量不共面，则必能以 $\boldsymbol{a}$，$\boldsymbol{b}$，$\boldsymbol{c}$ 为棱构成平行六面体，从而$[\boldsymbol{abc}]\neq0$. 于是有下述结论.

三向量 $\boldsymbol{a}$，$\boldsymbol{b}$，$\boldsymbol{c}$ 共面的充分必要条件是它们的混合积$[\boldsymbol{abc}]=0$，即

$$\begin{vmatrix} a_x & a_y & a_z \\ b_x & b_y & b_z \\ c_x & c_y & c_z \end{vmatrix}=0$$

例 8.3.7　已知不共面的四点 $A(x_1, y_1, z_1)$，$B(x_2, y_2, z_2)$，$C(x_3, y_3, z_3)$，$D(x_4, y_4, z_4)$，求四面体 $ABCD$ 的体积.

解　由立体几何知道，四面体 $ABCD$ 的体积 V 等于以向量 $\overrightarrow{AB}$，$\overrightarrow{AC}$，$\overrightarrow{AD}$ 为棱的平行六面体的体积的六分之一. 因而

$$V=\frac{1}{6}\left|[\overrightarrow{AB}\,\overrightarrow{AC}\,\overrightarrow{AD}]\right|$$

由于

$$\overrightarrow{AB}=\{x_2-x_1, y_2-y_1, z_2-z_1\}$$
$$\overrightarrow{AC}=\{x_3-x_1, y_3-y_1, z_3-z_1\}$$
$$\overrightarrow{AD}=\{x_4-x_1, y_4-y_1, z_4-z_1\}$$

因此

$$V=\pm\frac{1}{6}\begin{vmatrix} x_2-x_1 & y_2-y_1 & z_2-z_1 \\ x_3-x_1 & y_3-y_1 & z_3-z_1 \\ x_4-x_1 & y_4-y_1 & z_4-z_1 \end{vmatrix}$$

上式中符号的选择必须和行列式的符号一致.

例 8.3.8　已知 $A(1, 2, 0)$，$B(2, 3, 1)$，$C(4, 2, 2)$，$M(x, y, z)$ 四点共面，求点 M 的坐标 x，y，z 所满足的关系式.

解　A，B，C，M 四点共面相当于 $\overrightarrow{AM}$，$\overrightarrow{AB}$，$\overrightarrow{AC}$ 三向量共面，这里

$$\overrightarrow{AM}=\{x-1, y-2, z\},\ \overrightarrow{AB}=\{1, 1, 1\},\ \overrightarrow{AC}=\{3, 0, 2\}$$

按三向量共面的充分必要条件，可得

$$\begin{vmatrix} x-1 & y-2 & z \\ 1 & 1 & 1 \\ 3 & 0 & 2 \end{vmatrix}=0 \Rightarrow 2x+y-3z-4=0$$

这就是点 M 的坐标所满足的关系式.

习题 8.3

1. 设 $\boldsymbol{a}=3\boldsymbol{i}-\boldsymbol{j}-2\boldsymbol{k}$，$\boldsymbol{b}=\boldsymbol{i}+2\boldsymbol{j}-\boldsymbol{k}$，求：

(1) $\boldsymbol{a}\cdot\boldsymbol{b}$；　　(2) $\boldsymbol{a}\times\boldsymbol{b}$；

(3) $(-2\boldsymbol{a})\cdot 3\boldsymbol{b}$；　　(4) $\boldsymbol{a}\times 2\boldsymbol{b}$.

2. 求 m 的值，使 $\boldsymbol{a}=2\boldsymbol{i}-3\boldsymbol{j}+5\boldsymbol{k}$ 与 $\boldsymbol{b}=3\boldsymbol{i}+m\boldsymbol{j}-2\boldsymbol{k}$ 互相垂直.

3. 设 $\boldsymbol{a}=\boldsymbol{i}+2\boldsymbol{j}-\boldsymbol{k}$，$\boldsymbol{b}=-\boldsymbol{i}+\boldsymbol{j}$，求 $\boldsymbol{a}$，$\boldsymbol{b}$ 夹角的正弦与余弦.

4. 求向量 $\boldsymbol{a}=\{4, -3, 4\}$在向量 $\boldsymbol{b}=\{2, 2, 1\}$上的投影.

5. 设质量为 100 kg 的物体从点 $M_1(3, 1, 8)$ 沿直线移动到点 $M_2(1, 4, 2)$，计算重力所做的功(长度单位为米，重力方向为 z 轴的负方向).

6. 已知$\triangle ABC$ 的顶点是$A(1, 2, 3)$，$B(3, 4, 5)$，$C(2, 4, 7)$，求此三角形的面积S.

7. 已知向量 $\boldsymbol{a}=2\boldsymbol{i}-3\boldsymbol{j}+\boldsymbol{k}$，$\boldsymbol{b}=\boldsymbol{i}-\boldsymbol{j}+3\boldsymbol{k}$ 和 $\boldsymbol{c}=\boldsymbol{i}-2\boldsymbol{j}$，计算：

(1) $(\boldsymbol{a}+\boldsymbol{b})\times(\boldsymbol{b}+\boldsymbol{c})$；

(2) $(\boldsymbol{a}\times\boldsymbol{b})\cdot\boldsymbol{c}$.

8. 已知$|\boldsymbol{a}|=3$，$|\boldsymbol{b}|=4$，$|\boldsymbol{c}|=5$，且满足 $\boldsymbol{a}+\boldsymbol{b}+\boldsymbol{c}=0$，求$|\boldsymbol{a}\times\boldsymbol{b}+\boldsymbol{b}\times\boldsymbol{c}+\boldsymbol{c}\times\boldsymbol{a}|$.

9. 试用向量证明直径所对的圆周角是直角.

10. 已知 $\boldsymbol{a}=\{a_x, a_y, a_z\}$，$\boldsymbol{b}=\{b_x, b_y, b_z\}$，$\boldsymbol{c}=\{c_x, c_y, c_z\}$，试利用行列式的性质证明

$$[\boldsymbol{abc}]=[\boldsymbol{bca}]=[\boldsymbol{cab}]$$

8.4 平面及其方程

空间几何图形是空间点在一定条件下的运动轨迹. 而空间点的坐标是用一组有序数组(x, y, z)来表示，那么点的运动轨迹就可用点的坐标所满足的方程或方程组来表示.

定义 8.4.1 一般地，如果空间曲面 S 与三元方程 $F(x, y, z)=0$ 满足如下关系：

(1) 曲面 S 上任一点的坐标都满足方程；

(2) 不在曲面 S 上的点的坐标都不满足方程，

那么，方程 $F(x, y, z)=0$ 就叫作**曲面 S 的方程**，而曲面 S 就叫作**方程的图形**.

空间曲线 C 可看作空间两曲面的交线. 设 S_1：$F(x, y, z)=0$ 和 S_2：$G(x, y, z)=0$ 是两个曲面的方程，它们相交于曲线 C，因为曲线 C 上任何点的坐标应同时满足这两个曲面的方程，即满足方程组$\begin{cases}F(x, y, z)=0\\G(x, y, z)=0\end{cases}$反之，不在曲线上的点不能同时满足两个方程，所以，曲线 C 可用该方程组表示. 该方程组叫作**空间曲线 C 的方程**，而曲线 C 叫作**方程组的图形**.

平面是曲面的特殊情形，而直线是曲线的特殊情形. 在本节和下一节，将以向量为工具，在空间直角坐标系中讨论平面和直线.

8.4.1　平面的点法式方程

若一个非零向量垂直于一个平面，该向量就叫作该**平面的法向量**. 法向量垂直于平面内任意向量.

过空间一点且垂直于一个已知非零向量，只能作一个平面. 所以已知平面上一点 $M_0(x_0, y_0, z_0)$ 和它的一个法线向量 $\boldsymbol{n}=\{A, B, C\}$ 即可建立平面方程.

设平面上的任一点为 $M(x, y, z)$（见图 8.4.1），则必有 $\overrightarrow{M_0M}\perp\boldsymbol{n}$，即 $\overrightarrow{M_0M}\cdot\boldsymbol{n}=0$. 由 $\overrightarrow{M_0M}=\{x-x_0, y-y_0, z-z_0\}$ 有

$$A(x-x_0)+B(y-y_0)+C(z-z_0)=0$$

称此方程为**平面的点法式方程**，其中 $\boldsymbol{n}=\{A, B, C\}$ 是平面法向量，$M_0(x_0, y_0, z_0)$ 是平面上的已知点.

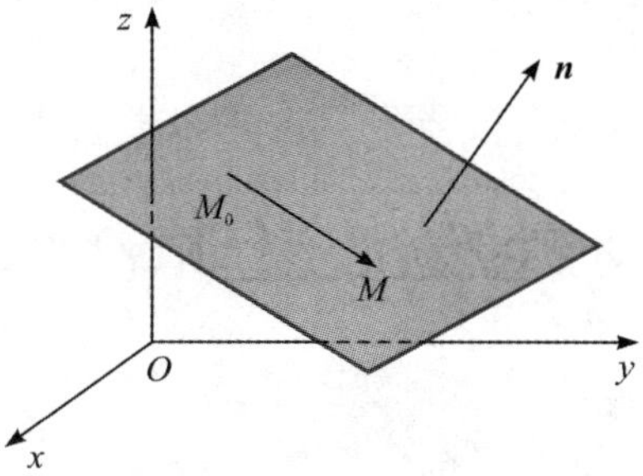

图 8.4.1

例 8.4.1　设有两点 $A(1, 1, 1)$，$B(2, -1, 3)$，求过点 A 且垂直于直线 AB 的平面方程.

解　因 $\overrightarrow{AB}=\{2-1, -1-1, 3-1\}=\{1, -2, 2\}$，则过点 A 且垂直于 $\overrightarrow{AB}$ 的平面方程为

$$(x-1)-2(y-1)+2(z-1)=0 \Rightarrow x-2y+2z-1=0$$

例 8.4.2　求过三点 $A(2, -1, 4)$，$B(-1, 3, -2)$ 和 $C(0, 2, 3)$ 的平面方程.

解　$\overrightarrow{AB}=\{-3, 4, -6\}$，$\overrightarrow{AC}=\{-2, 3, -1\}$，因为三个点在同一个平面上，所以平面法向量 $\boldsymbol{n}$ 与 $\overrightarrow{AB}$ 和 $\overrightarrow{AC}$ 都垂直，故

$$\boldsymbol{n}=\overrightarrow{AB}\times\overrightarrow{AC}=\begin{vmatrix} \boldsymbol{i} & \boldsymbol{j} & \boldsymbol{k} \\ -3 & 4 & -6 \\ -2 & 3 & -1 \end{vmatrix}=14\boldsymbol{i}+9\boldsymbol{j}-\boldsymbol{k}$$

根据平面的点法式方程，可得所求平面方程为

$$14(x-2)+9(y+1)-(z-4)=0 \Rightarrow 14x+9y-z-15=0$$

8.4.2　平面的一般式方程

平面的点法式方程是一个三元一次方程，任意一个平面都可以用平面上一点及它的法线确定，因此任意一个平面都可以用三元一次方程表示.

三元一次方程

$$Ax+By+Cz+D=0$$

称为**平面的一般式方程**. 在平面上任取点 $M_0(x_0, y_0, z_0)$，代入该方程，有

$$Ax_0+By_0+Cz_0+D=0$$

上述两式相减，得

$$A(x-x_0)+B(y-y_0)+C(z-z_0)=0$$

比较该方程与平面点法式方程，可知该方程是过点 $M_0(x_0, y_0, z_0)$ 且法线为 $\boldsymbol{n}=\{A, B, C\}$ 的平面方程. 显然，平面的一般式方程中，x，y，z 的系数 A，B，C 构成的向量是平面的法向量 $\boldsymbol{n}$.

平面的一般式方程的几种特殊情况：

(1) $D=0$，平面的一般式方程变为 $Ax+By+Cz=0$，表示过原点的平面.

(2) $A=0$，平面的一般式方程变为 $By+Cz+D=0$，表示平行于 x 轴的平面(当 $D=0$ 时，平面过 x 轴). $B=0$ 或 $C=0$ 时有类似结论.

(3) $A=B=0$，平面的一般式方程变为 $Cz+D=0$，表示平行于 xOy 面的平面. $A=C=0$ 或 $B=C=0$ 时有类似结论.

例 8.4.3 设平面过原点及点(6，−3，2)，且与平面 $4x-y+2z=8$ 垂直，求此平面方程.

解 设所求平面的法向量为 $\boldsymbol{n}=\{A, B, C\}$，由所求平面过原点知，所求平面方程为 $Ax+By+Cz=0$，又因为所求平面过点(6，−3，2)，将点的坐标代入平面方程 $Ax+By+Cz=0$，得 $6A-3B+2C=0$.

由题意可得，平面 $4x-y+2z=8$ 的法向量为 $\boldsymbol{l}=\{4, -1, 2\}$，因为 $\boldsymbol{n}\perp\boldsymbol{l}$，所以 $4A-B+2C=0$，联立解 $\begin{cases}6A-3B+2C=0\\4A-B+2C=0\end{cases}$，得 $A=B=-\dfrac{2}{3}C$. 故所求平面方程为

$$2x+2y-3z=0$$

8.4.3 平面的截距式方程

例 8.4.4 如图 8.4.2 所示，设平面与 x，y，z 轴分别交于 $P(a, 0, 0)$，$Q(0, b, 0)$，$R(0, 0, c)$点(其中 a、b、$c\neq0$)，求此平面方程.

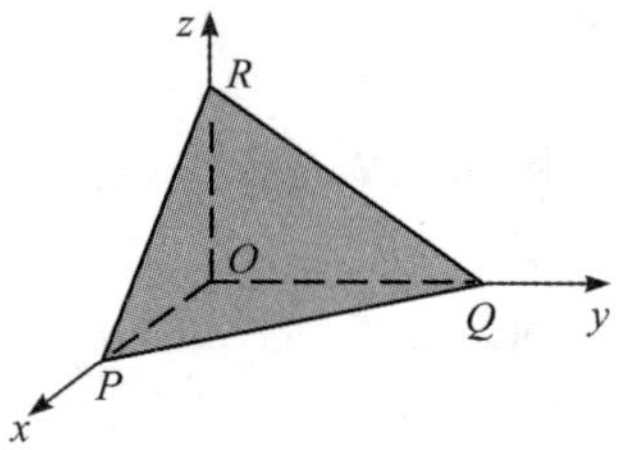

图 8.4.2

解 设平面为 $Ax+By+Cz+D=0$，因 $P(a, 0, 0)$，$Q(0, b, 0)$，$R(0, 0, c)$ 三点都在平面上，将三点坐标代入，得

$$aA+D=0,\ bB+D=0,\ cC+D=0$$

联立解得

$$A=\frac{D}{a},\quad B=\frac{D}{b},\quad C=\frac{D}{c}$$

故所求平面方程为

$$\frac{x}{a}+\frac{y}{b}+\frac{z}{c}=1$$

上式称为**平面的截距式方程**，其中 a，b，c 依次为平面在 x，y，z 轴上的截距.

8.4.4 点到平面的距离

例 8.4.5 设 $P_0(x_0, y_0, z_0)$ 是平面 $Ax+By+Cz+D=0$ 外一点，求 P_0 点到平面的距离.

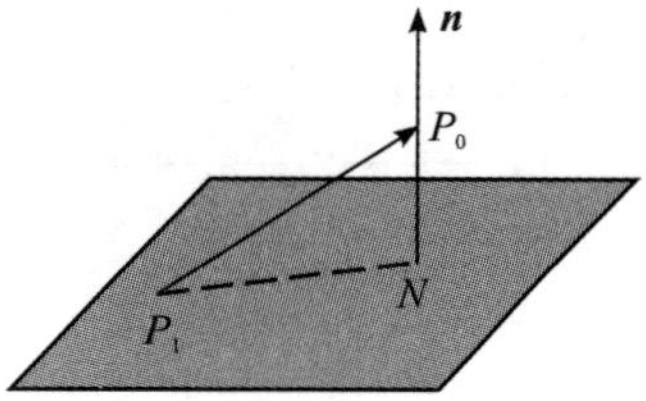

图 8.4.3

解 在平面上任取一点 $P_1(x_1, y_1, z_1)$，并作法向量 $\boldsymbol{n}$，如图 8.4.3 所示，所求的距离 $d=|\mathrm{Prj}_n\overrightarrow{P_1P_0}|$. 而

$$\overrightarrow{P_1P_0}=\{x_0-x_1, y_0-y_1, z_0-z_1\}$$

$$\boldsymbol{n}^\circ=\left\{\frac{A}{\sqrt{A^2+B^2+C^2}}, \frac{B}{\sqrt{A^2+B^2+C^2}}, \frac{C}{\sqrt{A^2+B^2+C^2}}\right\}$$

其中 $\boldsymbol{n}^\circ$为平面单位法向量. 由$\mathrm{Prj}_n\overrightarrow{P_1P_0}=\overrightarrow{P_1P_0}\cdot\boldsymbol{n}^\circ$，得

$$\overrightarrow{P_1P_0}\cdot\boldsymbol{n}^\circ=\frac{A(x_0-x_1)}{\sqrt{A^2+B^2+C^2}}+\frac{B(y_0-y_1)}{\sqrt{A^2+B^2+C^2}}+\frac{C(z_0-z_1)}{\sqrt{A^2+B^2+C^2}}$$
$$=\frac{Ax_0+By_0+Cz_0-(Ax_1+By_1+Cz_1)}{\sqrt{A^2+B^2+C^2}}$$

又 $Ax_1+By_1+Cz_1+D=0$，故

$$\mathrm{Prj}_n\overrightarrow{P_1P_0}=\frac{Ax_0+By_0+Cz_0+D}{\sqrt{A^2+B^2+C^2}}\Rightarrow d=\frac{|Ax_0+By_0+Cz_0+D|}{\sqrt{A^2+B^2+C^2}}$$

上式称为**点到平面的距离公式**.

例 8.4.6 求点(2, 1, 1) 到平面 $x+y-z+1=0$ 的距离.

解 由点到平面的距离公式，得

$$d=\frac{|1\times2+1\times1-1\times1+1|}{\sqrt{1^2+1^2+(-1)^2}}=\sqrt{3}$$

8.4.5 两平面的位置关系

两平面法向量之间的夹角(通常取锐角或直角) 称为**两平面的夹角**.

设两平面

$$\pi_1: A_1x+B_1y+C_1z+D_1=0$$
$$\pi_2: A_2x+B_2y+C_2z+D_2=0$$

的法向量依次为 $\boldsymbol{n}_1=\{A_1, B_1, C_1\}$，$\boldsymbol{n}_2=\{A_2, B_2, C_2\}$，则平面 π_1 和 π_2 的夹角 θ(图 8.4.4)应是两法向量的夹角，且取锐角或直角，因此 $\cos\theta=|\cos\langle\boldsymbol{n}_1, \boldsymbol{n}_2\rangle|$. 按照两向量夹角余弦的坐标表达式，平面 π_1 和 π_2 的夹角 θ 可表示为

$$\cos\theta=\frac{|A_1A_2+B_1B_2+C_1C_2|}{\sqrt{A_1^2+B_1^2+C_1^2}\cdot\sqrt{A_2^2+B_2^2+C_2^2}}$$

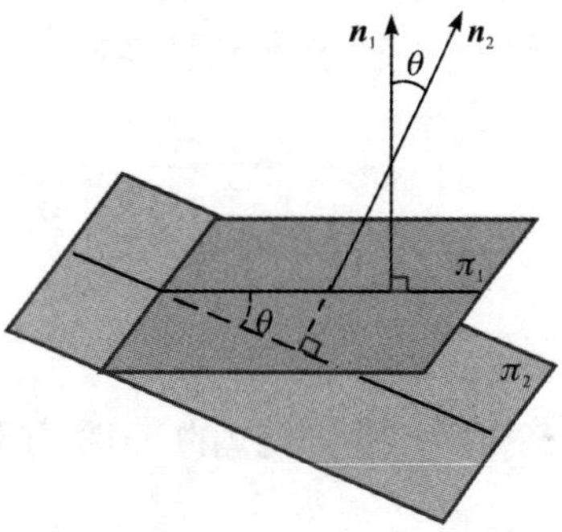

图 8.4.4

回顾两向量平行和垂直的充要条件，可得出以下结论：

(1) $\pi_1\perp\pi_2\Leftrightarrow A_1A_2+B_1B_2+C_1C_2=0$；

(2) $\pi_1 /\!/ \pi_2 \Leftrightarrow \dfrac{A_1}{A_2}=\dfrac{B_1}{B_2}=\dfrac{C_1}{C_2}$.

例 8.4.7 研究以下各组两平面的位置关系.

(1) $-x+2y-z+1=0$, $y+3z-1=0$;

(2) $2x-y+z-1=0$, $-4x+2y-2z-1=0$;

(3) $2x-y-z-1=0$, $-4x+2y+2z+2=0$.

解 (1) 因为两平面的法向量分别为 $\boldsymbol{n}_1=\{-1, 2, -1\}$, $\boldsymbol{n}_2=\{0, 1, 3\}$, 可得

$$\cos\theta=\frac{|-1\times 0+2\times 1-1\times 3|}{\sqrt{(-1)^2+2^2+(-1)^2}\cdot\sqrt{1^2+3^2}}=\frac{1}{\sqrt{60}}\Rightarrow\theta=\arccos\frac{1}{\sqrt{60}}$$

由此可知两平面相交.

(2) 因为两平面的法向量分别为 $\boldsymbol{n}_1=\{2, -1, 1\}$, $\boldsymbol{n}_2=\{-4, 2, -2\}$, 两向量分量对应成比例, 故两平面平行, 又因为 $M(1, 1, 0)\in\pi_1$, $M(1, 1, 0)\notin\pi_2$, 故两平面平行但不重合.

(3) 因为两平面的法向量分别为 $\boldsymbol{n}_1=\{2, -1, -1\}$, $\boldsymbol{n}_2=\{-4, 2, 2\}$, 两向量分量对应成比例, 故两平面平行, 又因为 $M(1, 1, 0)\in\pi_1$, $M(1, 1, 0)\in\pi_2$, 故两平面重合.

习题 8.4

1. 设平面经过原点及点$(6, -3, 2)$, 且与平面 $4x-y+2z=8$ 垂直, 求此平面方程.
2. 求过点$(3, 0, -1)$ 且与平面 $3x-7y+5z-12=0$ 平行的平面方程.
3. 求过点 $A(3, 0, 0)$ 和 $B(0, 0, 1)$ 且与 xOy 坐标面成$\dfrac{\pi}{3}$角的平面方程.
4. 求过 x 轴和点$M(4, -3, -1)$的平面方程.
5. 求过点 $M_1(1, 2, 3)$, $M_2(-1, 0, 0)$ 和 $M_3(3, 0, 1)$的平面方程.
6. 求平面 $2x-2y+z+5=0$ 与各坐标面的夹角的余弦.
7. 已知 $A(1, 2, 3)$, $B(2, -1, 4)$, 求线段 AB 的垂直平分面的方程.
8. 讨论下列平面在坐标系中的位置特征, 并画出各平面.

(1) $y+z=1$; (2) $x=0$; (3) $x-2z=0$; (4) $x-2y-6=0$.

9. 按下列条件求平面方程:

(1) 平行于 xOz 面且经过点$(2, -5, 3)$;

(2) 平行于 x 轴且经过两点$(4, 0, -2)$和$(5, 1, 7)$.

8.5 空间直线及其方程

8.5.1 空间直线的一般方程

空间直线 L 可看成两平面 π_1 和 π_2 的交线. 设两平面方程为

$$\pi_1: A_1x+B_1y+C_1z+D_1=0$$

$$\pi_2: A_2x+B_2y+C_2z+D_2=0$$

那么直线 L 上的任何点的坐标应同时满足这两个平面的方程，即满足方程组

$$\begin{cases}A_1x+B_1y+C_1z+D_1=0\\ A_2x+B_2y+C_2z+D_2=0\end{cases}$$

称此方程组为**空间直线的一般方程**.

通过空间直线 L 的平面有无限多个，只要在这无限多个平面中任意选取两个，把它们的方程联立起来，所得的方程组就表示空间直线 L. 因此空间直线的一般方程不是唯一的.

8.5.2　空间直线的对称式方程及参数方程

如果非零向量平行于一条已知直线，则该向量称为这条直线的**方向向量**.

过空间一点且与一条定直线平行的直线是唯一的，因此，当给一个定点及一个非零向量时，就可以建立直线方程.

已知直线 L 过一点 $M_0(x_0, y_0, z_0)$，且直线方向向量为 $\boldsymbol{s}=\{m, n, p\}$，设 $M(x, y, z)$ 是直线上任一点，即

$$\boldsymbol{s}=\{m, n, p\},\ \overrightarrow{M_0M}=\{x-x_0, y-y_0, z-z_0\}$$

向量 $\overrightarrow{M_0M}$ 与 L 的方向向量 $\boldsymbol{s}$ 平行. 所以两向量坐标成比例，有

$$\frac{x-x_0}{m}=\frac{y-y_0}{n}=\frac{z-z_0}{p}$$

该方程称为**直线的对称式方程**.

直线的任一方向向量 $\boldsymbol{s}$ 的坐标 m，n，p(不能同时为零)叫作直线的一组方向数，而方向向量的方向余弦称为直线的**方向余弦**.

由直线的对称式方程容易导出直线的参数方程. 引入参数 t，有

$$\frac{x-x_0}{m}=\frac{y-y_0}{n}=\frac{z-z_0}{p}=t \Rightarrow \begin{cases}x=x_0+mt\\ y=y_0+nt\\ z=z_0+pt\end{cases}$$

该方程组叫作**直线的参数方程**.

例 8.5.1　直线过点 $A(2, -3, 4)$，且和 y 轴垂直相交，求该直线的方程.

解　因为直线和 y 轴垂直相交，所以交点为 $B(0, -3, 0)$，取方向向量 $\boldsymbol{s}=\overrightarrow{BA}=\{2, 0, 4\}$，故所求直线的方程为

$$\begin{cases}\dfrac{x-2}{2}=\dfrac{z-4}{4}\\ y=-3\end{cases} \Rightarrow \begin{cases}2x-z=0\\ y=-3\end{cases}$$

例 8.5.2　用对称式方程及参数方程表示直线 $\begin{cases}3x+2y+4z-11=0\\ 2x+y-3z-1=0\end{cases}$.

解　设直线上一点的坐标为(x_0, y_0, z_0)，利用直线的一般方程，求出点的坐标. 如取 $x_0=1$，代入方程组，得 $\begin{cases}2y_0+4z_0-8=0\\ y_0-3z_0+1=0\end{cases}$. 解得 $y_0=2$，$z_0=1$，即点(1, 2, 1) 是直线上的一点. 下面求出直线的方向向量 $\boldsymbol{s}$.

因所求直线与两平面的法向量都垂直，故取

$$\boldsymbol{s}=\boldsymbol{n}_1\times\boldsymbol{n}_2=\begin{vmatrix}\boldsymbol{i} & \boldsymbol{j} & \boldsymbol{k}\\ 3 & 2 & 4\\ 2 & 1 & -3\end{vmatrix}=-10\boldsymbol{i}+17\boldsymbol{j}-\boldsymbol{k}$$

则对称式方程为

$$\frac{x-1}{-10}=\frac{y-2}{17}=\frac{z-1}{-1}$$

令

$$\frac{x-1}{-10}=\frac{y-2}{17}=\frac{z-1}{-1}=t$$

可得直线的参数方程为

$$\begin{cases}x=1-10t\\ y=2+17t\\ z=1-t\end{cases}$$

8.5.3 直线与直线的位置关系

两直线的方向向量的夹角(通常指锐角或直角)称为**两直线的夹角**.

设两直线的方程分别为

$$L_1:\ \frac{x-x_1}{m_1}=\frac{y-y_1}{n_1}=\frac{z-z_1}{p_1}$$

$$L_2:\ \frac{x-x_2}{m_2}=\frac{y-y_2}{n_2}=\frac{z-z_2}{p_2}$$

L_1 和 L_2 的夹角 φ 应是 $\langle \boldsymbol{s}_1, \boldsymbol{s}_2\rangle$ 和 $\pi-\langle \boldsymbol{s}_1, \boldsymbol{s}_2\rangle$ 两者中的锐角或直角，因此 $\cos\varphi=|\cos\langle \boldsymbol{s}_1, \boldsymbol{s}_2\rangle|$，按照两向量的夹角的余弦公式，直线 L_1 和 L_2 的夹角余弦应为

$$\cos\varphi=\frac{|m_1m_2+n_1n_2+p_1p_2|}{\sqrt{m_1^2+n_1^2+p_1^2}\sqrt{m_2^2+n_2^2+p_2^2}}$$

上式称为**两直线的夹角余弦公式**.

从两向量垂直和平行的充要条件可得到两直线的位置关系：

(1) $L_1\perp L_2\Leftrightarrow \boldsymbol{s}_1\perp \boldsymbol{s}_2\Leftrightarrow m_1m_2+n_1n_2+p_1p_2=0$.

(2) $L_1 /\!/ L_2\Leftrightarrow \boldsymbol{s}_1 /\!/ \boldsymbol{s}_2\Leftrightarrow \dfrac{m_1}{m_2}=\dfrac{n_1}{n_2}=\dfrac{p_1}{p_2}$.

例如，已知直线 L_1 的方向向量为 $\boldsymbol{s}_1=\{1, -4, 0\}$，直线 L_2 的方向向量为 $\boldsymbol{s}_2=\{0, 0, 1\}$，因为两向量点积 $\boldsymbol{s}_1\cdot\boldsymbol{s}_2=0$，所以 $\boldsymbol{s}_1\perp\boldsymbol{s}_2$，即 $L_1\perp L_2$.

例 8.5.3 已知直线

$$L_1:\ \frac{x+1}{1}=\frac{y-1}{-2}=\frac{z+4}{7}$$

$$L_2:\ \frac{x+1}{5}=\frac{y-3}{1}=\frac{z}{-1}$$

求两直线夹角的余弦.

解　两直线的方向向量可分别取 $\boldsymbol{s}_1=\{1, -2, 7\}$，$\boldsymbol{s}_2=\{5, 1, -1\}$，有

$$\cos\varphi=\frac{|1\times5+(-2)\times1+7\times(-1)|}{\sqrt{1^2+(-2)^2+7^2}\sqrt{5^2+1^2+(-1)^2}}=\frac{2\sqrt{2}}{27}$$

8.5.4　直线与平面的位置关系

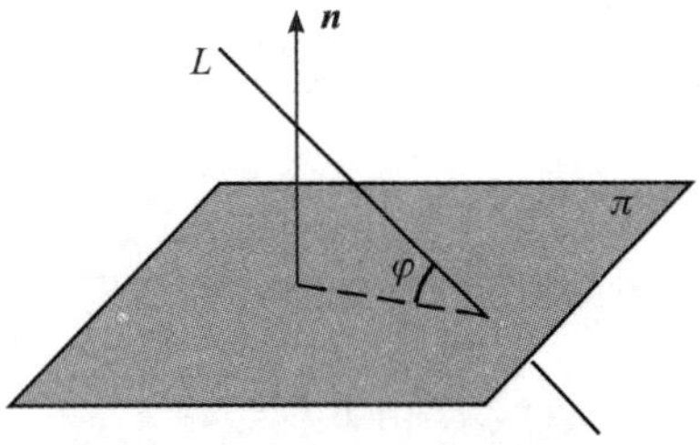

图 8.5.1

直线和它在平面上的投影直线的夹角称为**直线与平面的夹角**，通常取锐角或直角.

如图 8.5.1 所示，设直线 L 与平面 π 的方程分别为

$$L:\frac{x-x_0}{m}=\frac{y-y_0}{n}=\frac{z-z_0}{p},\ \boldsymbol{s}=\{m, n, p\}$$

$$\pi: Ax+By+Cz+D=0,\ \boldsymbol{n}=\{A, B, C\}$$

若直线与平面的夹角为 φ，那么 $\varphi=\left|\frac{\pi}{2}-\langle\boldsymbol{s}, \boldsymbol{n}\rangle\right|$，因此 $\sin\varphi=|\cos\langle\boldsymbol{s}, \boldsymbol{n}\rangle|$. 有

$$\sin\varphi=\frac{|Am+Bn+Cp|}{\sqrt{A^2+B^2+C^2}\sqrt{m^2+n^2+p^2}}$$

上式称为**直线与平面的夹角公式**.

由此可得，直线与平面的位置关系：

(1) $L\perp\pi \Leftrightarrow \boldsymbol{s}/\!/\boldsymbol{n} \Leftrightarrow \frac{A}{m}=\frac{B}{n}=\frac{C}{p}$.

(2) $L/\!/\pi \Leftrightarrow \boldsymbol{s}\perp\boldsymbol{n} \Leftrightarrow Am+Bn+Cp=0$.

例 8.5.4　设有直线 L 与平面 π，求直线与平面的夹角 φ. 其中

$$L:\frac{x-1}{2}=\frac{y}{-1}=\frac{z+1}{2},\ \pi: x-y+2z=3$$

解　由题知平面的法向量 $\boldsymbol{n}=\{1, -1, 2\}$，直线的方向向量 $\boldsymbol{s}=\{2, -1, 2\}$，得

$$\sin\varphi=\frac{|Am+Bn+Cp|}{\sqrt{A^2+B^2+C^2}\sqrt{m^2+n^2+p^2}}=\frac{|1\times2+(-1)\times(-1)+2\times2|}{\sqrt{6}\times\sqrt{9}}=\frac{7}{3\sqrt{6}}$$

故所求夹角为

$$\varphi=\arcsin\frac{7}{3\sqrt{6}}$$

例 8.5.5　求过点 $M(3, -1, 1)$ 且与直线 L 平行的直线方程. 其中

$$L:\frac{x+1}{3}=\frac{y-1}{2}=\frac{z}{-1}$$

解　直线 L 的方向向量可取 $\boldsymbol{s}=\{3, 2, -1\}$，又因所求直线过点 $M(3, -1, 1)$，故所求直线的方程为

$$\frac{x-3}{3}=\frac{y+1}{2}=\frac{z-1}{-1}$$

例 8.5.6　求过点 $P(-3, 2, 5)$，且与两平面 $x-4z=3$ 和 $2x-y-5z=1$ 的交线平行的直线方程.

解 设所求直线的方向向量为 $\boldsymbol{s}=\{m,n,p\}$，由题意知两平面的法向量分别为 $\boldsymbol{n}_1=\{1,0,-4\}$，$\boldsymbol{n}_2=\{2,-1,-5\}$，且 $\boldsymbol{s}\perp\boldsymbol{n}_1$，$\boldsymbol{s}\perp\boldsymbol{n}_2$，故取

$$\boldsymbol{s}=\boldsymbol{n}_1\times\boldsymbol{n}_2=\begin{vmatrix}\boldsymbol{i} & \boldsymbol{j} & \boldsymbol{k}\\ 1 & 0 & -4\\ 2 & -1 & -5\end{vmatrix}=\{-4,-3,-1\}$$

因此所求直线的方程为

$$\frac{x+3}{4}=\frac{y-2}{3}=\frac{z-5}{1}$$

有时用平面束的方程解题比较方便，现在我们来介绍它的方程.

设直线 L 由方程组 $\begin{cases}\pi_1: A_1x+B_1y+C_1z+D_1=0\\ \pi_2: A_2x+B_2y+C_2z+D_2=0\end{cases}$ 确定，其中系数 A_1，B_1，C_1 与 A_2，B_2，C_2 不对应成比例. 建立三元一次方程

$$A_1x+B_1y+C_1z+D_1+\lambda(A_2x+B_2y+C_2z+D_2)=0$$

上式称为由平面 π_1，π_2 确定的**平面束**，其中 λ 为任意常数. 对于任何一个 λ 值，平面束的系数 $A_1+\lambda A_2$，$B_1+\lambda B_2$，$C_1+\lambda C_2$ 不全为零. 若某点在直线 L 上，则该点的坐标必同时满足 π_1，π_2，因而也满足平面束. 故平面束表示通过直线 L 的平面，且对应于不同的 λ 值，平面束表示通过直线 L 的不同的平面. 反之，通过直线 L 的任何平面(除平面 π_2 外)都包含在平面束内.

例 8.5.7 求直线 L：$\begin{cases}x+y-z-1=0\\ x-y+z+1=0\end{cases}$ 在平面 $x+y+z=0$ 上的投影的直线方程.

解 设过直线 L 的平面束的方程为

$$(x+y-z-1)+\lambda(x-y+z+1)=0$$

即

$$(1+\lambda)x+(1-\lambda)y+(-1+\lambda)z+(-1+\lambda)=0$$

其中 λ 为待定常数. 该平面与平面 $x+y+z=0$ 垂直的条件是

$$(1+\lambda)\cdot 1+(1-\lambda)\cdot 1+(-1+\lambda)\cdot 1=0 \Rightarrow \lambda=-1$$

代入平面束方程，得投影平面的方程为

$$2y-2z-2=0 \Rightarrow y-z-1=0$$

所以投影直线的方程为

$$\begin{cases}y-z-1=0\\ x+y+z=0\end{cases}$$

习题 8.5

1. 用直线的对称式方程及参数方程表示直线 $\begin{cases}x-y+z-1=0\\ 2x+y+z-4=0\end{cases}$.

2. 求过点 $(2,0,-3)$ 且与直线 $\begin{cases}x-2y+4z-7=0\\ 3x+5y-2z+1=0\end{cases}$ 垂直的平面方程.

3. 求下列两直线的夹角 θ：

$$L_1: \frac{x-1}{1}=\frac{y-5}{-2}=\frac{z+8}{1}; \ L_2: \begin{cases} x-y=6 \\ 2y+z=3 \end{cases}$$

4. 求直线 $\begin{cases} x+y+3z=0 \\ x-y-z=0 \end{cases}$ 与平面 $x-y-z+1=0$ 的夹角 θ.

5. 试确定下列各组方程中直线与平面间的关系.

(1) $\dfrac{x+3}{-2}=\dfrac{y+4}{-7}=\dfrac{z}{3}$；$4x-2y-2z-3=0$.

(2) $\dfrac{x-2}{3}=\dfrac{y+2}{1}=\dfrac{z-3}{-4}$；$x+y+z-3=0$.

6. 求过点 $M(2, 1, 3)$ 且与直线 $\dfrac{x+1}{3}=\dfrac{y-1}{2}=\dfrac{z}{-1}$ 垂直相交的直线方程.

7. 求过点 $(-1, 0, 4)$ 且既与平面 $3x-4y+z-10=0$ 平行，又与直线 $\dfrac{x+1}{1}=\dfrac{y-3}{1}=\dfrac{z}{2}$ 相交的直线方程.

8. 求过点 $(0, 2, 4)$ 且与两平面 $x+2z=1$ 和 $y-3z=2$ 平行的直线方程.

9. 求过点 $(3, 1, -2)$ 且通过直线 $\dfrac{x-4}{5}=\dfrac{y+3}{2}=\dfrac{z}{1}$ 的平面方程.

10. 求过点 $(1, 2, 1)$ 而与两直线 $\begin{cases} x+2y-z+1=0 \\ x-y+z-1=0 \end{cases}$ 和 $\begin{cases} 2x-y+z=0 \\ x-y+z=0 \end{cases}$ 平行的平面方程.

11. 求点 $(-1, 2, 0)$ 在平面 $x+2y-z+1=0$ 上的投影.

12. 求点 $P(3, -1, 2)$ 到直线 $\begin{cases} x+y-z+1=0 \\ 2x-y+z-4=0 \end{cases}$ 的距离.

8.6　曲面及其方程

8.6.1　曲面的方程

在空间解析几何中，关于曲面，主要研究以下两个基本问题：

(1) 已知一个曲面作为动点的轨迹，建立这个曲面的方程；

(2) 已知一个曲面的方程，研究这个曲面的几何形状.

前面 8.4 节中已经讨论了一种最简单的曲面——平面方程的例子，就属于基本问题(1). 在实际生活中，还可以见到不同的曲面，如篮球的表面，水桶的表面，台灯罩的表面，沙漏的表面等. 下面先讨论另一种特殊的曲面——球面的方程.

例 8.6.1　建立球心在点 $M_0(x_0, y_0, z_0)$，半径为 R 的球面方程.

解　设 $M(x, y, z)$ 是球面上任一点，根据题意有 $|MM_0|=R$. 由两点间的距离公式知

$$|MM_0|=\sqrt{(x-x_0)^2+(y-y_0)^2+(z-z_0)^2}$$

故所求方程为

$$(x-x_0)^2+(y-y_0)^2+(z-z_0)^2=R^2$$

特别地，球心在原点时球面的方程为

$$x^2+y^2+z^2=R^2$$

例 8.6.2 求与原点 O 及 $M_0(2, 3, 4)$ 的距离之比为 $1:2$ 的点的全体所组成的曲面方程.

解 设 $M(x, y, z)$ 是所求曲面上的任一点，根据题意有 $|MO|:|MM_0|=1:2$，即

$$\frac{\sqrt{x^2+y^2+z^2}}{\sqrt{(x-2)^2+(y-3)^2+(z-4)^2}}=\frac{1}{2}$$

化简整理，得

$$\left(x+\frac{2}{3}\right)^2+(y+1)^2+\left(z+\frac{4}{3}\right)^2=\frac{116}{9}$$

它表示以 $\left(-\frac{2}{3}, -1, -\frac{4}{3}\right)$ 为球心，以 $\frac{2\sqrt{29}}{3}$ 为半径的球面.

一般地，三元二次方程

$$x^2+y^2+z^2+Dx+Ey+Fz+G=0$$

当 $D^2+E^2+F^2>4G$ 时，表示以 $\left(-\frac{D}{2}, -\frac{E}{2}, -\frac{F}{2}\right)$ 为球心，以 $\frac{1}{2}\sqrt{D^2+E^2+F^2-4G}$ 为半径的球面. 事实上，可将其配方，得

$$\left(x+\frac{D}{2}\right)^2+\left(y+\frac{E}{2}\right)^2+\left(z+\frac{F}{2}\right)^2=\frac{D^2+E^2+F^2}{4}-G$$

下面将讨论常见的曲面. 主要有柱面，旋转曲面，二次曲面，其中旋转曲面是基本问题(1)的例子，而柱面和二次曲面，则是基本问题(2)的例子.

8.6.2 柱面

定义 8.6.1 一般地，当一条动直线 L 沿定曲线 C 移动，且移动时始终保持与定直线 L_0 平行，则动直线 L 移动的轨迹所形成的曲面 S 称为**柱面**. 这条定曲线 C 叫柱面的**准线**，动直线 L 叫柱面的**母线**.

在平面内，$F(x, y)=0$ 表示一条曲线. 但在空间直角坐标系中，$F(x, y)=0$ 表示母线平行于 z 轴，其准线为 xOy 面上曲线 C 的柱面. 因为当空间的点 $M(x, y, z)$ 的坐标 x，y 满足方程 $F(x, y)=0$ 时，其 xOy 坐标面上的投影点 $M_0(x, y, 0)$ 一定在准线 C 上，则点 $M(x, y, z)$ 在过点 $M_0(x, y, 0)$ 的母线上，故点 $M(x, y, z)$ 在柱面上.

一般地，在空间直角坐标系中，$F(x, y)=0$，$G(x, z)=0$，$H(y, z)=0$ 分别表示母线平行于 z 轴，y 轴，x 轴的柱面.

下面是一些母线平行于 z 轴的柱面.

平面：$x-y=0$ (见图 8.6.1)；

抛物柱面：$x^2=2py\,(p>0)$(见图 8.6.2)；

椭圆柱面：$\frac{x^2}{a^2}+\frac{y^2}{b^2}=1$(见图 8.6.3)，特别当 $a^2=b^2=R^2$ 时，即为**圆柱面**：$x^2+y^2=R^2$.

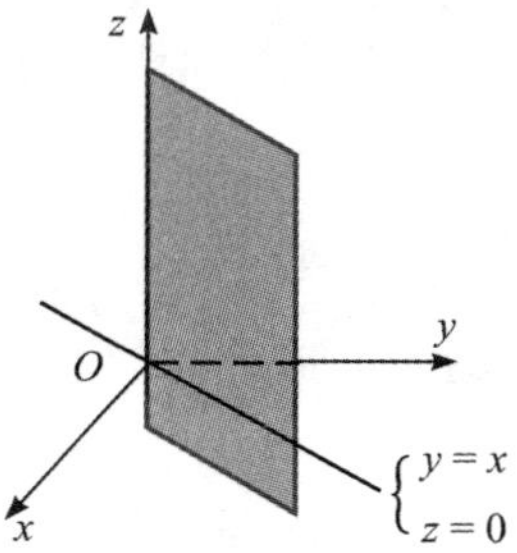

图 8.6.1

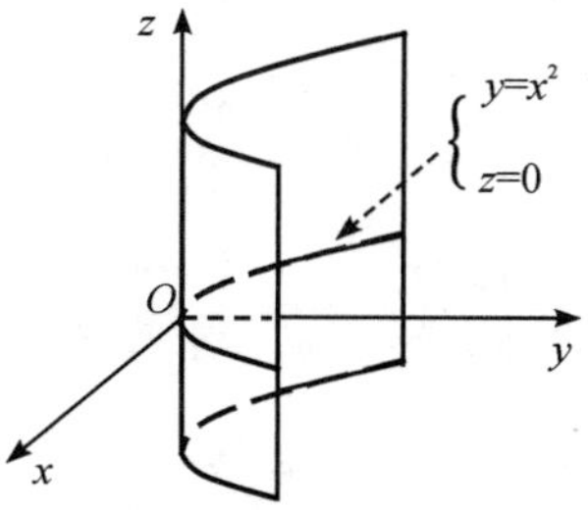

图 8.6.2

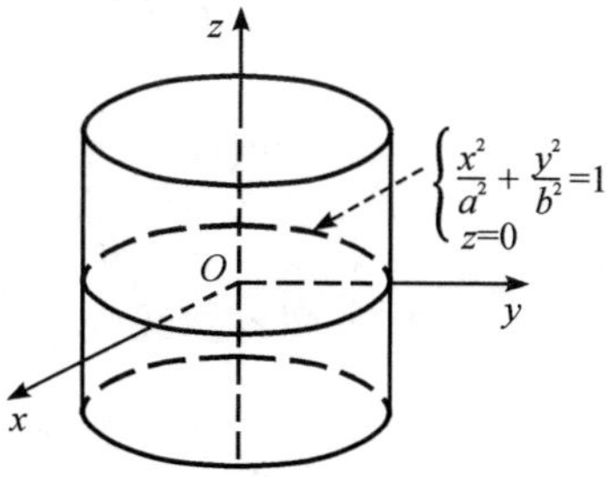

图 8.6.3

8.6.3　旋转曲面

定义 8.6.2　以一条平面曲线 C 绕该平面上的一条定直线旋转一周所形成的曲面称为**旋转曲面**. 这条定直线称为旋转曲面的**轴**，曲线 C 称为旋转曲面的**母线**.

讨论一种简单情形，旋转曲线在坐标面内，且旋转轴为同一坐标面内的坐标轴. 如图 8.6.4 所示，将 yOz 面上的已知曲线 C：$f(y,z)=0$ 绕 z 轴旋转一周，下面建立该旋转曲面的方程.

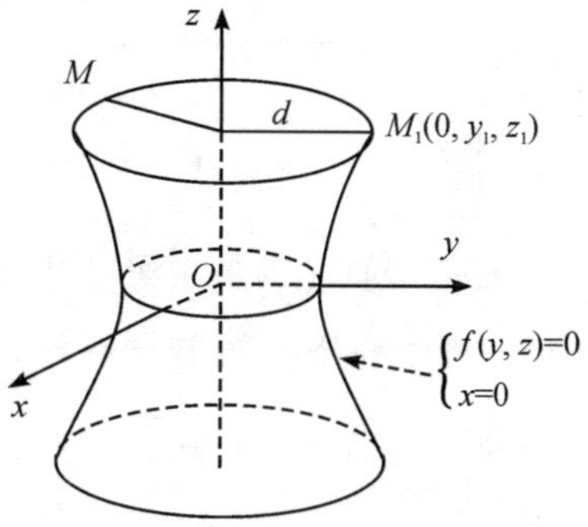

图 8.6.4

设 $M_1(0, y_1, z_1)$ 为曲线 C 上任一点，满足 $f(y_1, z_1)=0$，当曲线 C 绕 z 轴旋转时，点 M_1 绕 z 轴旋转到点 $M(x, y, z)$ 时，M_1 的轨迹是平面 $z=z_1$ 上的圆，点 M 到 z 轴的距离 $d=\sqrt{x^2+y^2}=|y_1|$，即

$$z_1=z,\ y_1=\pm\sqrt{x^2+y^2}$$

将上式代入 $f(y_1, z_1)=0$，得到点 $M(x, y, z)$ 满足方程

$$f(\pm\sqrt{x^2+y^2},\ z)=0$$

此即所求旋转曲面的方程.

由此可见，已知曲线 C：$f(y,z)=0$ 绕 z 轴旋转一周的旋转曲面方程，只需在曲线 C 的方程 $f(y,z)=0$ 中，把 y 换成 $\pm\sqrt{x^2+y^2}$ 即得旋转曲面的方程. 同理，yOz 面上的已知曲线 $f(y,z)=0$ 绕 y 轴旋转一周的旋转曲面的方程为

$$f(y,\ \pm\sqrt{x^2+z^2})=0$$

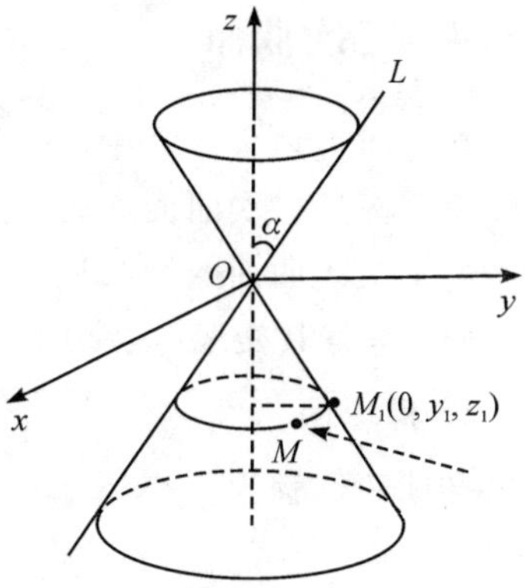

图 8.6.5

例 8.6.3　直线 L 绕另一条与 L 相交的直线旋转一周，所得旋转曲面叫圆锥面. 两直线的交点叫圆锥面的顶点，两直线的夹角(锐角)，叫圆锥面的半顶角(见图 8.6.5). 建立顶点在坐标原点、旋转轴为 z 轴、半顶角为 α 的圆锥面方程.

解　yOz 面上直线 L 的方程为 $z=y\cot\alpha$，因为绕 z 轴

旋转，只需将 y 换成$\pm\sqrt{x^2+y^2}$，即得圆锥面方程

$$z=\pm\sqrt{x^2+y^2}\cot\alpha$$

或

$$z^2=a^2(x^2+y^2),\ a=\cot\alpha>0$$

例 8.6.4 将下列各曲线绕对应的轴旋转一周，求生成的旋转曲面的方程.

(1) 将双曲线$\dfrac{x^2}{a^2}-\dfrac{z^2}{c^2}=1$分别绕 x 轴和 z 轴旋转一周；

(2) 将椭圆$\begin{cases}\dfrac{y^2}{a^2}+\dfrac{z^2}{c^2}=1\\ x=0\end{cases}$分别绕 y 轴和 z 轴旋转一周；

(3) 将抛物线$\begin{cases}y^2=2pz\\ x=0\end{cases}$绕 z 轴旋转一周.

解 (1) 将曲线绕 x 轴旋转一周后，曲线方程中变量 $z=\pm\sqrt{y^2+z^2}$，将其代入原方程，即可得旋转曲面方程 $\dfrac{x^2}{a^2}-\dfrac{y^2+z^2}{c^2}=1$；同理，将曲线绕 z 轴旋转一周，曲线方程中变量 $x=\pm\sqrt{x^2+y^2}$，将其代入原方程，可得旋转曲面方程 $\dfrac{x^2+y^2}{a^2}-\dfrac{z^2}{c^2}=1$.

以上两个曲面都是由平面中的双曲线绕坐标轴旋转而成的，所以称为**旋转双曲面**.

(2) 将曲线绕 y 轴旋转一周，曲线方程中变量 $z=\pm\sqrt{x^2+z^2}$，将其代入原方程，即可得旋转曲面方程 $\dfrac{y^2}{a^2}+\dfrac{x^2+z^2}{c^2}=1$；同理，将曲线绕 z 轴旋转一周，曲线方程中变量 $y=\pm\sqrt{x^2+y^2}$，可得旋转曲面方程 $\dfrac{x^2+y^2}{a^2}+\dfrac{z^2}{c^2}=1$.

以上两个曲面都是由平面上的椭圆绕坐标轴旋转而成的，所以称为**旋转椭球面**.

(3) 将曲线绕 z 轴旋转一周，曲线方程中变量 $y=\pm\sqrt{x^2+y^2}$，将其代入原方程，即可得旋转曲面方程 $x^2+y^2=2pz$.

以上曲面是由平面中的抛物线绕坐标轴旋转而成的，所以称为**旋转抛物面**.

8.6.4 二次曲面

在空间直角坐标系中，三元二次方程所表示的曲面称为**二次曲面**. 前面讨论的球面和圆柱面等都是二次曲面. 本节只讨论几种简单且常见的二次曲面.

讨论二次曲面的性状通常采用的方法为**截痕法**，即用坐标面和平行于坐标面的平面去截曲面，考察其交线(截痕)的形状，然后加以综合，从而了解曲面的全貌.

1. 椭球面

椭球面方程为

$$\frac{x^2}{a^2}+\frac{y^2}{b^2}+\frac{z^2}{c^2}=1$$

如图 8.6.6 所示，用三个坐标面 xOy 面、xOz 面、yOz 面去截椭球面，交线

$$\begin{cases}\dfrac{x^2}{a^2}+\dfrac{y^2}{b^2}=1\\ z=0\end{cases},\quad \begin{cases}\dfrac{x^2}{a^2}+\dfrac{z^2}{c^2}=1\\ y=0\end{cases},\quad \begin{cases}\dfrac{y^2}{b^2}+\dfrac{z^2}{c^2}=1\\ x=0\end{cases}$$

分别为对应坐标面上的椭圆.

用平行于坐标面的平面 $z=c_0(|c_0|<c)$，$y=b_0(|b_0|<b)$，$x=a_0(|a_0|<a)$ 去截椭球面，交线

$$\begin{cases}\dfrac{x^2}{\left(\dfrac{a}{c}\sqrt{c^2-c_0^2}\right)^2}+\dfrac{y^2}{\left(\dfrac{b}{c}\sqrt{c^2-c_0^2}\right)^2}=1\\ z=c_0\end{cases}$$

$$\begin{cases}\dfrac{x^2}{\left(\dfrac{a}{b}\sqrt{b^2-b_0^2}\right)^2}+\dfrac{z^2}{\left(\dfrac{c}{b}\sqrt{b^2-b_0^2}\right)^2}=1\\ y=b_0\end{cases}$$

$$\begin{cases}\dfrac{y^2}{\left(\dfrac{b}{a}\sqrt{a^2-a_0^2}\right)^2}+\dfrac{z^2}{\left(\dfrac{c}{a}\sqrt{a^2-a_0^2}\right)^2}=1\\ x=a_0\end{cases}$$

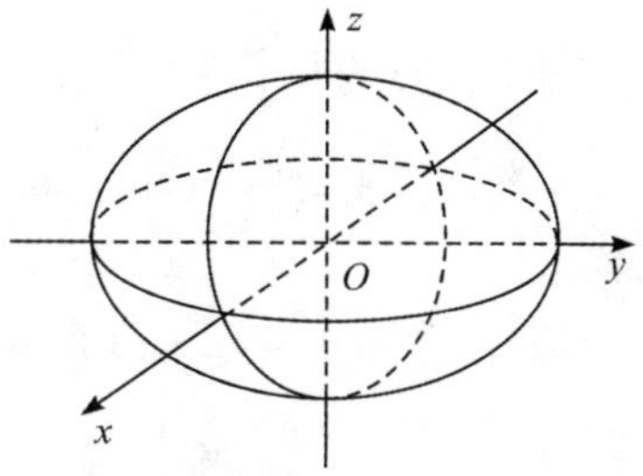

图 8.6.6

分别为平面 $z=c_0$，$y=b_0$，$x=a_0$ 上的椭圆，且截面上椭圆的大小随平面位置而变化.

由上面的讨论可知，椭球面上点的坐标满足 $|x|\leqslant a$，$|y|\leqslant b$，$|z|\leqslant c$，所以椭球面是含在由平面 $x=\pm a$，$y=\pm b$，$z=\pm c$ 所围成的长方体内.

当 $a=b$ 时，$\dfrac{x^2}{a^2}+\dfrac{y^2}{a^2}+\dfrac{z^2}{c^2}=1$ 为旋转椭球面，可由椭圆 $\begin{cases}\dfrac{y^2}{a^2}+\dfrac{z^2}{c^2}=1\\ x=0\end{cases}$ 绕 z 轴旋转而成.

用平面 $z=c_0(|c_0|<c)$ 去截旋转椭球面，所得截痕为圆 $\begin{cases}x^2+y^2=\left(\dfrac{a}{c}\sqrt{c^2-c_0^2}\right)^2\\ z=c_0\end{cases}$.

当 $a=b=c$ 时，$\dfrac{x^2}{a^2}+\dfrac{y^2}{a^2}+\dfrac{z^2}{a^2}=1$ 为球面 $x^2+y^2+z^2=a^2$.

2. 椭圆抛物面

椭圆抛物面方程为

$$\frac{x^2}{p}+\frac{y^2}{q}=2z\ (pq>0)$$

如图 8.6.7 所示，不妨设 $p>0$，$q>0$，此时，图形位于 xOy 面的上方，令 $z=0$，即用 xOy 面去截椭圆抛物面，截得一点为坐标原点，也称其为**椭圆抛物面的顶点**.

(1) 用平面 $z=z_0(z_0>0)$ 截曲面，截痕为椭圆

$$\begin{cases}\dfrac{x^2}{2pz_0}+\dfrac{y^2}{2qz_0}=1\\ z=z_0\end{cases}$$

当 z_0 变动时，该椭圆的中心都在 z 轴上，且截面的面积随着 z_0 的增大而增大.

(2) 用 xOz 面截曲面，截痕为抛物线 $\begin{cases} x^2=2pz \\ y=0 \end{cases}$.

用 $y=y_0$ 截曲面，截痕为抛物线 $\begin{cases} x^2=2p\left(z-\dfrac{y_0^2}{2q}\right) \\ y=y_0 \end{cases}$. 其轴平行于 z 轴，顶点为 $\left(0,\ y_0,\ \dfrac{y_0^2}{2q}\right)$.

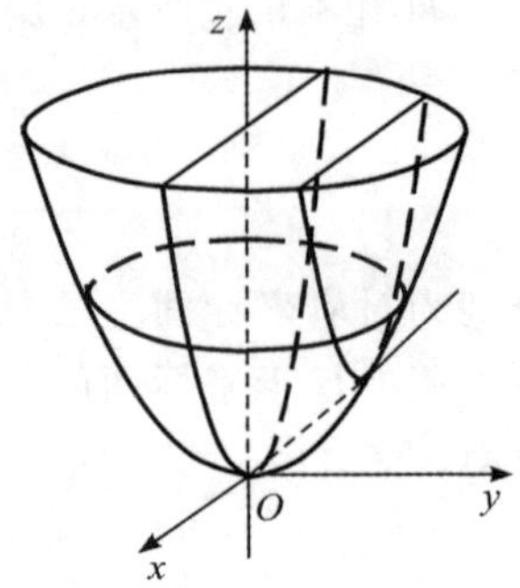

图 8.6.7

(3) 类似可得，用 yOz 面和平面 $x=x_0$ 截曲面得截痕均为抛物线.

特别地，当 $p=q$ 时，方程表示旋转抛物面 $x^2+y^2=2pz$. 用平面 $z=z_0$ 截曲面，截痕为圆 $\begin{cases} x^2+y^2=2pz_0 \\ z=z_0 \end{cases}$. 当 z_0 变动时，该圆的中心都在 z 轴上.

3. 双曲抛物面(马鞍面)

双曲抛物面方程为

$$-\frac{x^2}{p}+\frac{y^2}{q}=2z\ (pq>0)$$

不妨设 $p>0$，$q>0$，如图 8.6.8 所示. 它与平面 $y=k$ 及 $x=k$ 的截痕均为抛物线，与平面 $z=k(k\neq 0)$的截痕为双曲线.

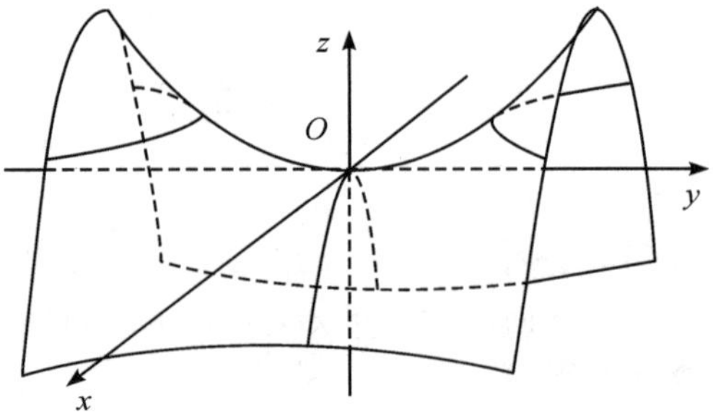

图 8.6.8

4. 单叶双曲面

单叶双曲面方程为

$$\frac{x^2}{a^2}+\frac{y^2}{b^2}-\frac{z^2}{c^2}=1$$

其图形如图 8.6.9 所示.

(1) 用 xOy 面截曲面，截痕为中心在原点的椭圆

$$\begin{cases} \dfrac{x^2}{a^2}+\dfrac{y^2}{b^2}=1 \\ z=0 \end{cases}$$

用平面 $z=z_0$ 截曲面，截痕为椭圆

$$\begin{cases} \dfrac{x^2}{a^2}+\dfrac{y^2}{b^2}=1+\dfrac{z_0^2}{c^2} \\ z=z_0 \end{cases}$$

当 z_0 变动时，该椭圆的中心都在 z 轴上.

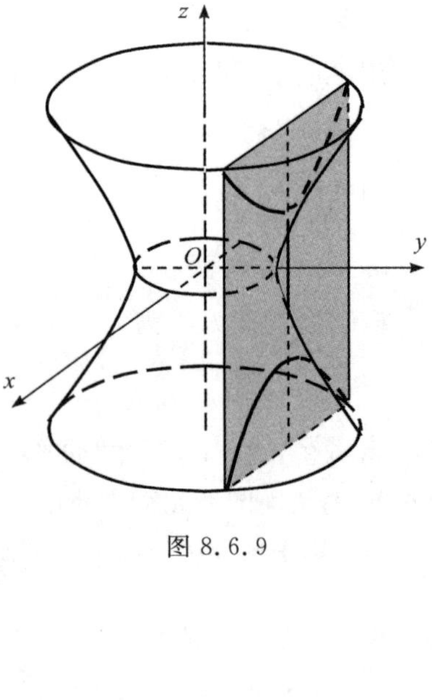

图 8.6.9

(2) 用 xOz 面截曲面，截痕为中心在原点的双曲线

$$\begin{cases}\dfrac{x^2}{a^2}-\dfrac{z^2}{c^2}=1\\ y=0\end{cases}$$

其实轴为 x 轴，虚轴为 z 轴；用平面 $y=y_0(y_0\neq\pm b)$ 截曲面，截痕为双曲线

$$\begin{cases}\dfrac{x^2}{a^2}-\dfrac{z^2}{c^2}=1-\dfrac{y_0^2}{b^2}\\ y=y_0\end{cases}$$

双曲线的中心都在 y 轴上.

当 $y_0^2<b^2$ 时，实轴与 x 轴平行，虚轴与 z 轴平行.

当 $y_0^2>b^2$ 时，实轴与 z 轴平行，虚轴与 x 轴平行.

当 $y_0^2=b^2$ 时，截痕为两条相交于点 $(0, \pm b, 0)$ 的直线 $\begin{cases}\dfrac{x}{a}-\dfrac{z}{c}=0\\ y=\pm b\end{cases}$ 和 $\begin{cases}\dfrac{x}{a}+\dfrac{z}{c}=0\\ y=\pm b\end{cases}$.

(3) 类似可得，用 yOz 面和平面 $x=x_0$ 截曲面，可得双曲线，用平面 $x=\pm a$ 截曲面时，截痕是两条相交直线.

5. 双叶双曲面

双叶双曲面方程为

$$\frac{x^2}{a^2}+\frac{y^2}{b^2}-\frac{z^2}{c^2}=-1$$

其图形如图 8.6.10 所示. 可用截痕法研究曲面性态，留给读者完成.

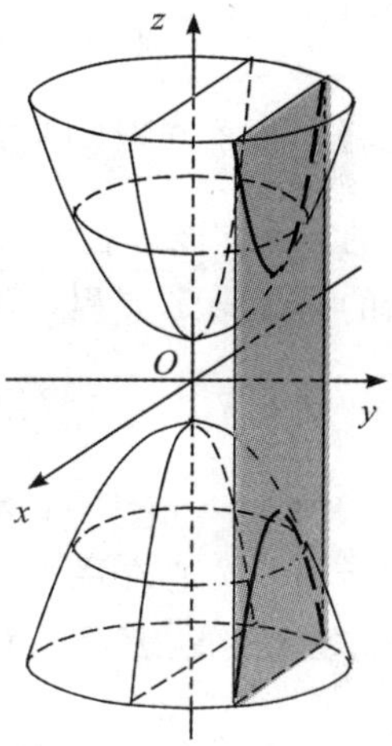

图 8.6.10

例 8.6.5　指出下列方程表示何种曲面.

(1) $x^2+3y^2=z$；

(2) $x^2-y^2-z^2=1$.

解　(1) $x^2+3y^2=z$ 表示顶点在原点，以 z 轴正半轴为对称轴的椭圆抛物面；

(2) $x^2-y^2-z^2=1$ 表示 xOy 面上双曲线 $x^2-y^2=1$ 绕 x 轴旋转一周所得的双叶双曲面.

习题 8.6

1. 建立以点 $(1, 3, -2)$ 为球心，且通过坐标原点的球面方程.

2. 方程 $x^2+y^2+z^2-2x+4y+2z=0$ 表示怎样的曲面?

3. 将下列各曲线绕对应的轴旋转一周，求生成的旋转曲面的方程.

(1) 抛物线 $z^2=5x$ 绕 x 轴旋转一周；

(2) 圆 $x^2+z^2=9$ 绕 z 轴旋转一周；

(3) 双曲线 $4x^2-9y^2=36$ 分别绕 x 轴和 y 轴旋转一周.

4. 指出下列方程在空间解析几何中表示什么图形.

(1) $x=2$；　(2) $y=x+1$；　(3) $x^2+y^2=4$；　(4) $x^2-y^2=1$.

5. 说明下列旋转曲面是怎样形成的.

(1) $\frac{x^2}{4}+\frac{y^2}{9}+\frac{z^2}{9}=1$； (2) $x^2-\frac{y^2}{4}+z^2=1$； (3) $x^2-y^2-z^2=1$.

6. 画出下列曲面所围成的立体图形.

(1) $x=0$，$z=0$，$x=1$，$y=2$，$z=\frac{y}{4}$；

(2) $z=0$，$z=3$，$x-y=0$，$x=\sqrt{3}y$，$x^2+y^2=1$(在第一卦限内).

8.7 空间曲线及其方程

8.7.1 空间曲线的一般方程

空间曲线 C 可以看作空间两曲面的交线. 设

$$S_1: F(x, y, z)=0,\ S_2: G(x, y, z)=0$$

是两个曲面方程，则方程组 $\begin{cases}F(x, y, z)=0\\G(x, y, z)=0\end{cases}$ 就是这两个曲面的交线 C 的方程，该方程组称为空间曲线的一般方程. 显然，曲线 C 上的点的坐标满足方程，而满足方程的点都在曲线上.

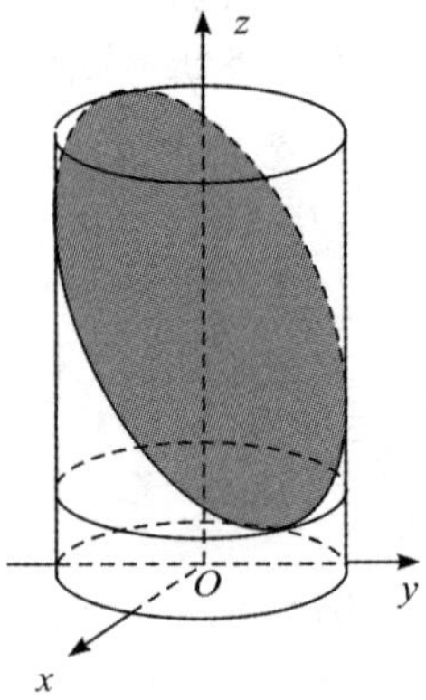

图 8.7.1

例 8.7.1 方程组 $\begin{cases}x^2+y^2=1\\2x+3y+3z=6\end{cases}$ 表示怎样的曲线?

解 $x^2+y^2=1$ 表示母线平行于 z 轴的圆柱面，其准线是 xOy 坐标面上圆心在原点，半径为 1 的圆. $2x+3y+3z=6$ 表示一个平面. 方程组就表示平面与圆柱面的交线为椭圆，如图 8.7.1 所示.

例 8.7.2 方程组 $\begin{cases}x^2+y^2=a^2\\x^2+z^2=a^2\end{cases}$(第一卦限部分)表示怎样的曲线?

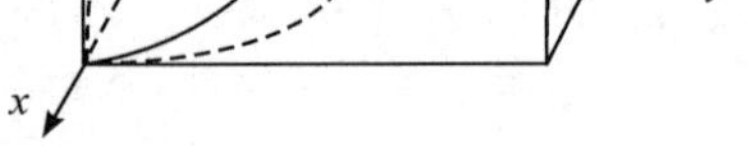

图 8.7.2

解 $x^2+y^2=a^2$ 表示母线平行于 z 轴的圆柱面，其准线是 xOy 坐标面上圆心在原点，半径为 a 的圆，$x^2+z^2=a^2$ 表示母线平行于 y 轴的圆柱面，其准线是 xOz 面上圆心在原点，半径为 a 的圆，方程组表示两个圆柱面位于第一卦限部分的交线，如图 8.7.2 所示.

若将方程组中第一个方程减去第二个方程，得同解方程组 $\begin{cases}x^2+y^2=a^2\\y^2-z^2=0\end{cases}$，在第一卦限内，方程 $y^2-z^2=0$ 即 $(y+z)(y-z)=0$，又和 $y-z=0$ 同解，故所给曲线可用方程组 $\begin{cases}x^2+y^2=a^2\\y-z=0\end{cases}$ 表示，故本例中的交线也可以看作是圆柱面和平面的交线.

可见，任何同解的方程组都可以表示同一条曲线，即空间曲线的一般方程不唯一.

8.7.2　空间曲线的参数方程

空间曲线也可以用参数形式表示，将曲线 C 上动点的坐标 x，y，z 表示成参数 t 的函数

$$\begin{cases}x=x(t)\\y=y(t)\\z=z(t)\end{cases}$$

当给定 t 值时，就得到曲线上的点 $(x(t),\ y(t),\ z(t))$，随着参数的变化可得到曲线上的全部点. 称上述方程组为**空间曲线的参数方程**.

例 8.7.3　如果空间一点 M 在圆柱面 $x^2+y^2=a^2$ 上以角速度 ω 绕 z 轴旋转，同时又以线速度 v 沿平行于 z 轴的正方向上升(其中 ω，v 都是常数)，那么点 M 构成的图形叫作**螺旋线**. 试建立其参数方程.

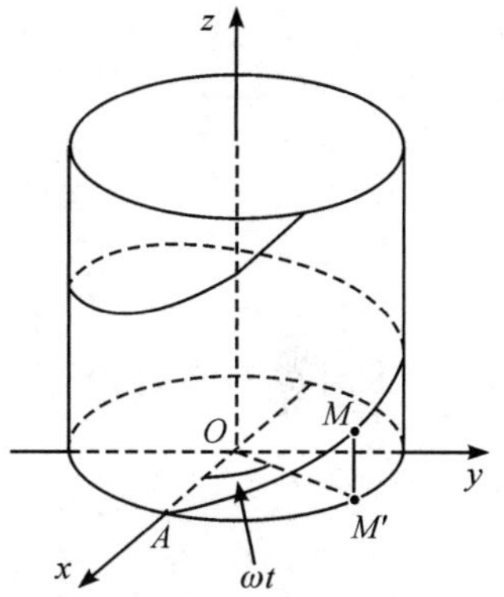

图 8.7.3

解　取时间 t 为参数，动点从 $A(a,\ 0,\ 0)$ 点出发，经过 t 时间，运动到 $M(x,\ y,\ z)$ 点，如图 8.7.3 所示. 记 M 在 xOy 坐标面的投影为 $M'(x,\ y,\ 0)$，由于动点在圆柱面上以角速度 ω 绕 z 轴旋转，所经过的时间为 t，$\angle AOM'=\omega t$，从而有

$$x=|OM'|\cos\angle AOM'=a\cos(\omega t)$$

$$y=|OM'|\sin\angle AOM'=a\sin(\omega t)$$

又由题可知 $z=|M'M|=vt$，故螺旋线的参数方程为

$$\begin{cases}x=a\cos(\omega t)\\y=a\sin(\omega t)\\z=vt\end{cases}\quad .\mathrm{OR}.\quad \begin{cases}x=a\cos\theta\\y=a\sin\theta\\z=b\theta\end{cases}\quad \left(\theta=\omega t,\ b=\frac{v}{\omega}\right)$$

8.7.3　空间曲线在坐标面上的投影

由前面的讨论知道，只含变量 x，y 而不含变量 z 的方程 $F(x,\ y)=0$，在空间直角坐标系中表示母线平行于 z 轴，准线为 xOy 面上曲线 C 的柱面. 接下来讨论方程组 $\begin{cases}F(x,\ y,\ z)=0\\G(x,\ y,\ z)=0\end{cases}$ 消去变量 z 后所得的方程 $H(x,\ y)=0$.

当 x，y，z 满足方程组 $\begin{cases}F(x,\ y,\ z)=0\\G(x,\ y,\ z)=0\end{cases}$ 时，x，y 必定满足 $H(x,\ y)=0$，这说明曲线 C 上的所有点都在由方程 $H(x,\ y)=0$ 所表示的曲面上，即在母线平行于 z 轴的柱面上，这个柱面必定包含曲线 C. 所以称以曲线 C 为准线，母线平行于 z 轴的柱面为曲线 C 关于 xOy 面的**投影柱面**，投影柱面与 xOy 面的交线 $\begin{cases}H(x,\ y)=0\\z=0\end{cases}$ 叫作空间曲线 C 在 xOy 面上的**投影曲线**，简称**投影**，如图 8.7.4 所示.

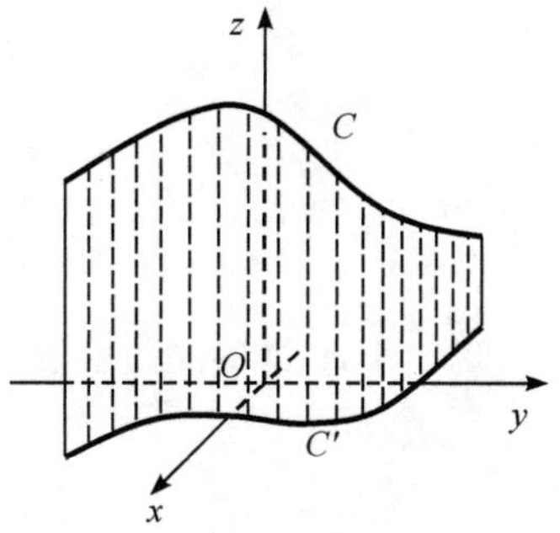

图 8.7.4

类似地，可定义空间曲线在其他坐标面上的投影，分别

消去变量 x，y，并与 $x=0$，$y=0$ 联立得 yOz 坐标面上的投影曲线 $\begin{cases}R(y,z)=0\\x=0\end{cases}$，以及 xOz 坐标面上的投影曲线 $\begin{cases}T(x,z)=0\\y=0\end{cases}$.

例 8.7.4 求曲线 $\begin{cases}x^2+y^2+z^2=1\\z=\dfrac{1}{2}\end{cases}$ 在坐标面上的投影.

解 (1) 先求包含交线 C 而母线平行于 z 轴的柱面方程. 方程组联立消去 z 得 $x^2+y^2=\dfrac{3}{4}$，此即交线 C 关于 xOy 面的投影柱面方程，得交线 C 在 xOy 面上的投影(如图 8.7.5)为

$$\begin{cases}x^2+y^2=\dfrac{3}{4}\\z=0\end{cases}$$

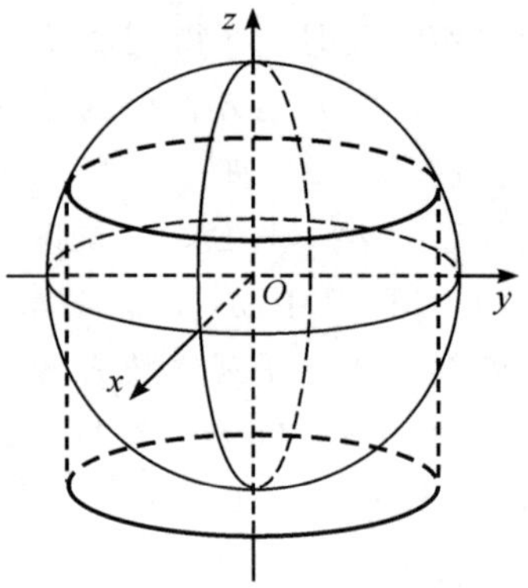

图 8.7.5

(2) 因 C 在平面 $z=\dfrac{1}{2}$ 上，故在 xOz 面上的投影为线段

$$\begin{cases}z=\dfrac{1}{2},\ |x|\leqslant\dfrac{\sqrt{3}}{2}\\y=0\end{cases}$$

(3) 同理在 yOz 面上的投影也为线段

$$\begin{cases}z=\dfrac{1}{2},\ |y|\leqslant\dfrac{\sqrt{3}}{2}\\x=0\end{cases}$$

例 8.7.5 如图 8.7.6 所示，设该立体图形由上半球面 $z=\sqrt{4-x^2-y^2}$ 和锥面 $z=\sqrt{3(x^2+y^2)}$ 所围成，求它在 xOy 面上的投影.

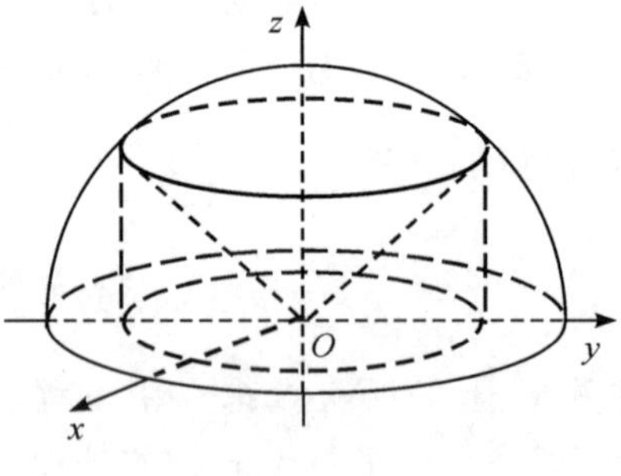

图 8.7.6

解 半球面和锥面的交线为

$$C:\begin{cases}z=\sqrt{4-x^2-y^2}\\z=\sqrt{3(x^2+y^2)}\end{cases}$$

消去 z 得交线 C 的投影柱面 $x^2+y^2=1$. 则交线 C 在 xOy 面上的投影曲线为

$$\begin{cases}x^2+y^2=1\\z=0\end{cases}$$

这是 xOy 面上的圆，因此所求立体在 xOy 面上的投影就是该圆在 xOy 面上所围成的部分 $x^2+y^2\leqslant 1$.

习题 8.7

1. 试说明下列方程组表示怎样的曲线，并画出图形.

(1) $\begin{cases}x=1\\y=1\end{cases}$;　　(2) $\begin{cases}z=\sqrt{a^2-x^2-y^2}\\\left(x-\dfrac{a}{2}\right)^2+y^2=\dfrac{a^2}{4}\end{cases}$.

2. 求曲线 $\begin{cases}z=y^2\\x=0\end{cases}$ 绕 z 轴旋转的曲面与平面 $x+y+z=1$ 的交线在三个坐标面上的投影曲线方程.

3. 分别求母线平行于 x 轴及 y 轴而且通过曲线 $\begin{cases}2x^2+y^2+z^2=16\\x^2+z^2-y^2=0\end{cases}$ 的柱面方程.

4. 求球面 $x^2+y^2+z^2=9$ 与平面 $x+z=1$ 的交线在 xOy 面上的投影的方程.

5. 将下列曲线的一般方程化为参数方程.

(1) $\begin{cases}x^2+y^2+z^2=9\\y=x\end{cases}$;　(2) $\begin{cases}(x-1)^2+y^2+(z+1)^2=4\\z=0\end{cases}$.

6. 求螺旋线 $x=a\cos\theta$，$y=a\sin\theta$，$z=b\theta$ 在三个坐标面上投影曲线的直角坐标方程.

7. 求上半球 $0\leqslant z\leqslant\sqrt{a^2-x^2-y^2}$ 与圆柱体 $x^2+y^2\leqslant ax\,(a>0)$ 的公共部分在 xOy 面和 xOz 面上的投影.

8. 求旋转抛物面 $z=x^2+y^2\,(0\leqslant z\leqslant 4)$ 在三个坐标面上的投影.

9. 求锥面 $z=\sqrt{x^2+y^2}$ 及柱面 $z^2=2x$ 所围成立体在三个坐标面上的投影.

8.8 巩固与提高▲

解析几何体现了研究几何的代数方法，即利用坐标系将点表示为有序数组，建立起空间点与有序数组之间的一一对应关系，由此可以将空间的线(直线、曲线)、面(平面、曲面)表示为一个方程，这样几何问题就归结为代数问题；然后借助代数运算和变换，对这些数、代数式及方程之间的关系进行讨论；最后再把讨论的结果利用坐标系“翻译”成相应的几何结论. 此即人们熟悉的三步曲：几何问题——代数表达——代数讨论——几何结论. 解析几何所解决的主要问题是：

(1) 通过计算来解决作图问题，例如分线段成已知比值——定比分点公式；

(2) 求有某种几何性质的曲线、曲面方程；

(3) 根据曲线的方程，用代数方法证明(或讨论)曲线、曲面的几何性质；

(4) 赋予代数方程以几何意义，用几何方法研究它的代数性质，例如用抛物线和圆的交点解三次或四次方程.

解析几何在数学、科学研究，甚至哲学中都有重要的意义.

第一，它提供了数形结合思想. 一个几何对象被数(坐标)所完全刻画，几何概念可以表示为代数的形式，几何目标可以通过代数方法来达到；反过来，它使代数语言得到了几何解释，从而使代数语言有了直观意义，人们能从中得到启发而提出新的结论. 解析几何的思想使得代数与几何水乳交融、相辅相成、相得益彰，它不但促进了两者的大幅度进展，而且也使微积分的展现变得水到渠成. 这种思想所反映出的事物辩证统一、相互转化的观点，具有方法论的意义，不仅对于研究数学，而且对于处理其他问题也有非常重要的意义.

第二，它为科学提供了迫切需要的工具. 17 世纪，天文学、力学等有一系列的新发现，开普勒发现行星绕太阳的运动轨道是椭圆；伽利略发现抛出去的物体是沿着抛物线的轨道运动的. 曾经对于椭圆、抛物线等，因为没有实用的需要，因此作为圆锥与平面的截线，只要在几何上得到研究就足够了. 后来因为航海、军事的需要，必须对这些曲线进行计算. 这样，科学研究与实际应用对数量工具的需求变得非常迫切. 将解析几何问题表示为代数的形式，从而导出数量工具，正好满足了这种迫切的需求.

第三，它为数学提供了统一处理问题的工具. 笛卡尔(Descartes)的本意是通过解析几何来给几何引进新方法，但解析几何的成就远远超过他的预期. 将代数系统地用于几何研究，不但能迅速地证明关于曲线的任何事实，而且这种解决问题的方式基本上是程序化的. 当字母可以代表任意数(正数、负数甚至是复数)时，就可以用代数去统一处理综合几何中那些必须分别处理的情形. 例如，平面几何证明三角形的三条高交于一点，要区分交点在三角形内还是在三角形外，而在坐标几何中可以不加区分. 有些几何曲线的性质，如果用综合几何的方法是很难证明的，但如果用坐标法却非常简单. 例如，二次曲线平行弦的中点轨迹是直线段. 有些几何问题，例如三等分任意角、化圆为方、倍立方体等所谓的三大尺规作图难题，用代数可以迅速地决定它们能还是不能，而离开代数，就很难做到. 而有些几何曲线，例如旋轮线、对数曲线、对数螺线……，如果不用解析几何的方法将根本无法知道该如何去研究它们的性质. 解析几何有一套发现数学定理的统一、有用且好用的方法. 坐标法使人们能够认识典型的几何问题并能把在几何形式上互不相关的问题归在一起. 代数给几何带来最自然的分类原则和最自然的方法层次.

第四，解析几何的发明，完成了数学发展史上的一次划时代的变革. 恩格斯说："数学中的转折点是笛卡尔变数. 有了变数，运动进入了数学，有了变数，辩证法进入了数学，有了变数，微分和积分也就立刻成为必要的了……."极少有人能刷新人类思想的一个完整的方面，笛卡儿就是那极少数人中的一个. 这个贡献属于最杰出之列，在有史以来对数学做出的最杰出贡献中，它以其极具简单性而引人注目. 笛卡尔再造了几何，并使现代几何成为可能. 就像数学中所有真正伟大的东西一样，解析几何的基本概念简单到了近乎一目了然的程度. 坐标法的应用不仅把几何上已经定义了的曲线转变成方程，而且从完全相反的角度看，为越来越复杂的曲线给出了定义.

8.8.1 知识图谱

本章知识图谱如图 8.8.1 所示.

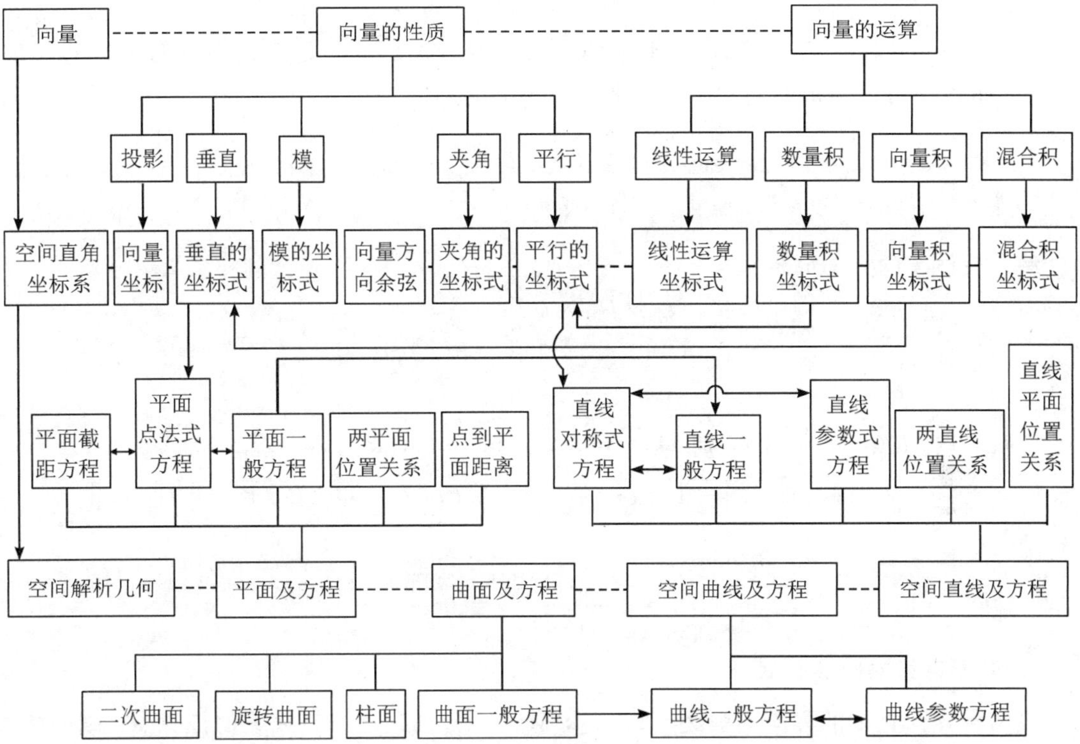

图 8.8.1

8.8.2 空间中几个距离公式

1. 点到平面的距离公式

点 $P_0(x_0, y_0, z_0)$ 到平面 $Ax+By+Cz+D=0$ 的距离为

$$d=\frac{|Ax_0+By_0+Cz_0+D|}{\sqrt{A^2+B^2+C^2}}$$

2. 两平行平面间的距离公式

两平行平面 $Ax+By+Cz+D_1=0$ 和 $Ax+By+Cz+D_2=0$ 间的距离为

$$d=\frac{|D_1-D_2|}{\sqrt{A^2+B^2+C^2}}$$

3. 点到直线的距离公式

设直线 L 过点 $P_1(x_1, y_1, z_1)$，方向向量 $\boldsymbol{s}=\{l, m, n\}$，则点 $P_0(x_0, y_0, z_0)$ 到直线 L 的距离为

$$d=\frac{|s\times\overrightarrow{P_0P_1}|}{|s|}=\frac{\left|\begin{vmatrix} i & j & k \\ x_1-x_0 & y_1-y_0 & z_1-z_0 \\ l & m & n \end{vmatrix}\right|}{\sqrt{l^2+m^2+n^2}}$$

事实上，以 s，$\overrightarrow{P_0P_1}$ 为邻边作平行四边形，则 $|s\times\overrightarrow{P_0P_1}|$ 表示该平行四边形的面积，而 $|s|$ 表示该平行四边形的底边长. 则平行四边形的高即为点 $P_0(x_0, y_0, z_0)$ 到直线 L 的距离.

例 8.8.1 求点 $M(2, -1, 1)$ 到直线 l：$\begin{cases}x-2y+z-1=0\\x+2y-z+3=0\end{cases}$ 的距离.

解 直线 l 的方向向量

$$s=\begin{vmatrix} i & j & k \\ 1 & -2 & 1 \\ 1 & 2 & -1 \end{vmatrix}=\{0, 2, 4\}$$

在 l 上取一点 $M_0(-1, 0, 2)$，则 $\overrightarrow{M_0M}=\{3, -1, -1\}$，又 $|s|=2\sqrt{5}$，故

$$|\overrightarrow{M_0M}\times s|=|\{3, -1, -1\}\times\{0, 2, 4\}|=2\sqrt{46}$$

于是

$$d=\frac{|\overrightarrow{M_0M}\times s|}{|s|}=\sqrt{\frac{46}{5}}$$

4. 异面直线的距离公式

设两条异面直线的方向向量为 s_1 和 s_2，M，N 分别是两条直线上的任意点，则两条异面直线的距离为

$$d=\frac{|(s_1\times s_2)\cdot\overrightarrow{MN}|}{|s_1\times s_2|}$$

事实上，上式中分子是 s_1，s_2 和 $\overrightarrow{MN}$ 所构成的平行六面体的体积，分母是该平行六面体的底面积，异面直线的距离就是平行六面体的高.

习题 8.8

1. 单项选择题.

(1) 直线 L_1：$\frac{x-1}{1}=\frac{y-5}{-2}=\frac{z+8}{1}$ 与 L_2：$\begin{cases}x-y=6\\2y+z=3\end{cases}$ 的夹角为(　　).

A. $\frac{\pi}{6}$　　B. $\frac{\pi}{4}$　　C. $\frac{\pi}{3}$　　D. $\frac{\pi}{2}$

(2) 平面过原点及点(6，−3，2)，且与平面 $4x-y+2z=8$ 垂直，则此平面方程为(　　).

A. $x-y+2z=0$　　B. $2x+2y-3z=0$

C. $x+y+2z=0$　　D. $2x-2y-3z=0$

(3) 已知直线 L：$\begin{cases}x+3y+2z+1=0\\2x-y-10z+3=0\end{cases}$ 及平面 π：$4x-2y+z-2=0$，则直线 L(　　).

A. 平行于 π　　B. 在 π 上　　C. 垂直于 π　　D. 与 π 斜交

(4) 设 $f(x_1, x_2, x_3)=x_1^2+x_2^2+x_3^2+4x_1x_2+4x_1x_3+4x_2x_3$，则 $f(x_1, x_2, x_3)=2$ 在空间直角坐标下表示的二次曲面为(　　).

A. 单叶双曲面　　B. 双叶双曲面

C. 椭球面　　D. 柱面

2. 填空题.

(1)点(2, 1, 0) 到平面 $3x+4y+5z=0$ 的距离 $d=$________.

(2) 与直线 $\begin{cases}x=1\\y=t-1\\z=t+2\end{cases}$ 及 $\dfrac{x+1}{1}=\dfrac{y+2}{2}=\dfrac{z-1}{1}$ 都平行，且过原点的平面方程是________.

(3) 过点 $M(1, 2, -1)$ 且与直线 $\begin{cases}x=-t+2\\y=3t-4\\z=t-1\end{cases}$ 垂直的平面方程是________.

(4) 已知直线 L_1：$\dfrac{x-1}{1}=\dfrac{y-2}{0}=\dfrac{z-3}{-1}$ 和 L_2：$\dfrac{x-2}{2}=\dfrac{y-1}{1}=\dfrac{z}{1}$，则过 L_1 且平行于 L_2 的平面方程是________.

(5) 设 $(\boldsymbol{a}\times\boldsymbol{b})\cdot\boldsymbol{c}=2$，则 $[(\boldsymbol{a}+\boldsymbol{b})\times(\boldsymbol{b}+\boldsymbol{c})]\cdot(\boldsymbol{c}+\boldsymbol{a})=$________.

3. 设 $|\boldsymbol{a}|=\sqrt{3}$，$|\boldsymbol{b}|=1$，$(\widehat{\boldsymbol{a},\boldsymbol{b}})=\dfrac{\pi}{6}$，求向量 $\boldsymbol{a}+\boldsymbol{b}$ 与 $\boldsymbol{a}-\boldsymbol{b}$ 的夹角.

4. 设 $(\boldsymbol{a}+3\boldsymbol{b})\perp(7\boldsymbol{a}-5\boldsymbol{b})$，$(\boldsymbol{a}-4\boldsymbol{b})\perp(7\boldsymbol{a}-2\boldsymbol{b})$，求 $(\widehat{\boldsymbol{a},\boldsymbol{b}})$.

5. 设 $\boldsymbol{a}=(2, -1, -2)$，$\boldsymbol{b}=(1, 1, z)$，问 z 为何值时 $(\widehat{\boldsymbol{a},\boldsymbol{b}})$ 最小？请求出此最小值.

6. 设 $|\boldsymbol{a}|=4$，$|\boldsymbol{b}|=3$，$(\widehat{\boldsymbol{a},\boldsymbol{b}})=\dfrac{\pi}{6}$，求以 $\boldsymbol{a}+2\boldsymbol{b}$ 和 $\boldsymbol{a}-3\boldsymbol{b}$ 为边的平行四边形的面积.

7. 设 $\boldsymbol{a}=\{2, -3, 1\}$，$\boldsymbol{b}=\{1, -2, 3\}$，$\boldsymbol{c}=\{2, 1, 2\}$，向量 $\boldsymbol{r}$ 满足 $\boldsymbol{r}\perp\boldsymbol{a}$，$\boldsymbol{r}\perp\boldsymbol{b}$，$\mathrm{Prj}_{\boldsymbol{c}}\boldsymbol{r}=14$，求 $\boldsymbol{r}$.

8. 设 $\boldsymbol{a}=\{-1, 3, 2\}$，$\boldsymbol{b}=\{2, -3, -4\}$，$\boldsymbol{c}=\{-3, 12, 6\}$，证明三向量 $\boldsymbol{a}$，$\boldsymbol{b}$，$\boldsymbol{c}$ 共面，并用 $\boldsymbol{a}$ 和 $\boldsymbol{b}$ 表示 $\boldsymbol{c}$.

9. 求直线 $\dfrac{x-2}{1}=\dfrac{y-3}{1}=\dfrac{z-4}{2}$ 与平面 $2x+y+z-6=0$ 的交点.

10. 求过点(2, 1, 3) 且与直线 $\dfrac{x+1}{3}=\dfrac{y-1}{2}=\dfrac{z}{-1}$ 垂直相交的直线的方程.

11. 求直线 $\begin{cases}x+y-z-1=0\\x-y+z+1=0\end{cases}$ 在平面 $x+y+z=0$ 上的投影的直线方程.

12. 已知动点 $M(x, y, z)$ 到 xOy 平面的距离与点 M 到点(1, -1, 2)的距离相等，求点 M 的轨迹方程.

13. 指出下列旋转曲面的旋转轴和一条母线.

(1) $z=2(x^2+y^2)$；　　(2) $\dfrac{x^2}{36}+\dfrac{y^2}{9}+\dfrac{z^2}{36}=1$；

(3) $z^2=3(x^2+y^2)$；　　(4) $x^2-\frac{y^2}{4}-\frac{z^2}{4}=1$.

14. 求通过点 $A(3,0,0)$ 和 $B(0,0,1)$ 且与 xOy 面成$\frac{\pi}{3}$角的平面的方程.

15. 设某平面垂直于平面 $z=0$，并通过从点$(1,-1,1)$到直线$\begin{cases}y-z+1=0\\x=0\end{cases}$的垂线，求此平面的方程.

16. 求过点$(-1,0,4)$且平行于平面 $3x-4y+z-10=0$ 又与直线$\frac{x+1}{1}=\frac{y-3}{1}=\frac{z}{2}$相交的直线的方程.

17. 已知点 $A(1,0,0)$ 及点 $B(0,2,1)$，试在 z 轴上求一点 C，使 $\triangle ABC$ 的面积最小.

18. 求曲线$\begin{cases}z=2-x^2-y^2\\z=(x-1)^2+(y-1)^2\end{cases}$在三个坐标面上的投影曲线的方程.

19. 求直线 L：$\frac{x-1}{1}=\frac{y}{1}=\frac{z-1}{-1}$在平面 π：$x-y+2z-1=0$ 上的投影直线 L_0 的方程，并求 L_0 绕 y 轴旋转一周所成曲面的方程.

20. yOz 平面内曲线 $y^2=2z$ 绕 z 轴旋转一周所成的旋转曲面为 S，写出曲面 S 的方程，并求曲面 S 与平面 $z=8$ 所围成的区域在 xOy 平面上的投影.

21. 设薄片型物体 S 是由圆锥面 $z=\sqrt{x^2+y^2}$ 被柱面 $z^2=2x$ 割下的有限部分. 记圆锥面与柱面的交线为 C，求 C 在 xOy 平面上的投影曲线的方程.

22. 求直线 L：$\begin{cases}2x-y+z-1=0\\x+y-z+1=0\end{cases}$在平面 π：$x+2y-z=0$ 上的投影的直线方程.

23. 设直线 L 过 $A(1,0,0)$，$B(0,1,1)$ 两点，将 L 绕 z 轴旋转一周得到曲面 Σ，求曲面 Σ 的方程.

24. 椭球面 S_1 是由椭圆$\frac{x^2}{4}+\frac{y^2}{3}=1$绕 x 轴旋转而成的，圆锥面 S_2 是由过点$(4,0)$且与椭圆$\frac{x^2}{4}+\frac{y^2}{3}=1$相切的直线绕 x 轴旋转而成的. 求：

(1) S_1 与 S_2 的方程；

(2) S_1 与 S_2 之间的立体体积.

第 9 章　多元函数微分法及其应用

多元函数的函数关系中有多个自变量. 它与一元函数相应的概念、性质、方法有很多相似之处，但也有很大的区别. 本章重点以二元函数为例进行讨论，并将其推广到一般的多元函数中去.

9.1　多元函数的基本概念

9.1.1　n 维空间中的点集和区域

一元函数的概念、性质、方法都是基于数轴上的点集、区间和邻域给出的，为了研究多元函数的性质，先要将这些概念推广至高维空间.

1. n 维空间中的点集

所有 n 元有序数组 $(x_1, x_2, \cdots, x_n)$ 对应的点的集合称为 n 维空间，记为 $\mathbf{R}^n$，即

$$\mathbf{R}^n=\mathbf{R}\times\mathbf{R}\times\cdots\times\mathbf{R}=\{(x_1, x_2, \cdots, x_n)\ |\ x_k\in\mathbf{R}, k=1, 2, \cdots, n\}$$

n 维空间的每一个元素 $(x_1, x_2, \cdots, x_n)$ 称为空间中的一个点. 当 $n=1$ 时，$\mathbf{R}$ 是一维空间，即数轴上所有点的集合；当 $n=2$ 时，$\mathbf{R}^2$ 是二维空间，即平面上所有点的集合；当 $n=3$ 时，$\mathbf{R}^3$ 是三维空间，即空间中所有点的集合.

一般地，对于满足某种性质的点的集合可记为 $E=\{M|M$ 满足的性质$\}$. 例如，平面上的点集 $E=\{(x, y)\ |\ x^2+y^2<1\}$ 表示二维平面上以点 $(0, 0)$ 为圆心，半径为 1 的圆内的所有点的集合；三维空间中点集 $E=\{(x, y, z)\ |\ x^2+y^2+z^2<1\}$ 表示以点 $(0, 0, 0)$ 为球心，半径为 1 的球面的内部的所有点的集合. n 维空间的两点 $P_1(x_1, x_2, \cdots, x_n)$，$P_2(y_1, y_2, \cdots, y_n)$ 间的距离为

$$|P_1P_2|=\sqrt{(x_1-y_1)^2+(x_2-y_2)^2+\cdots+(x_n-y_n)^2}$$

2. 邻域

对任意的 $\delta>0$，所有与定点 P_0 的距离小于 δ 的点的全体，称为点 P_0 的 δ 邻域，记作 $U(P_0, \delta)$. 特别地，设 $P_0(x_0, y_0)$ 为 xOy 平面上的一点，$\delta>0$，与点 P_0 距离小于 δ 的点 $P(x, y)$ 的全体称为平面上点 P_0 的 δ 邻域，记作 $U(P_0, \delta)$，即

$$U(P_0, \delta)=\{P\ |\ |P_0P|<\delta\}=\left\{(x, y)\ \middle|\ \sqrt{(x-x_0)^2+(y-y_0)^2}<\delta\right\}$$

其中，P_0 称为邻域的中心，δ 称为邻域的半径. 平面上点 $P_0(x_0, y_0)$的 δ 圆邻域是以点 $P_0(x_0, y_0)$为中心，δ 为半径的圆内所有点的集合.

点 P_0 的去心 δ 邻域，记作

$$U^\circ(P_0, \delta)=\left\{(x, y) \mid 0<\sqrt{(x-x_0)^2+(y-y_0)^2}<\delta\right\}$$

如果不需要强调邻域的半径 δ，点 P_0 的 δ 邻域也可记作 $U(P_0)$，点 P_0 的去心 δ 邻域也可记作 $U^\circ(P_0)$. 通常习惯上所说的邻域是指 $P_0(x_0, y_0)$的 δ 邻域.

3. 内点、外点、边界点、聚点

考察平面上任意一点 P 与任意一点集 E 之间的关系.

若存在点 P 的某一个邻域，使得该邻域内的点都属于点集 E，则称点 P 是点集 E 的**内点**. 如图 9.1.1 所示，点 P_1 是点集 E 的内点.

若存在点 P 的某一个邻域，使得该邻域内的点都不属于点集 E，则称点 P 是点集 E 的**外点**. 如图 9.1.1 所示，点 P_2 是点集 E 的外点.

点 P 的任一邻域内既有属于点集 E 的点又有不属于点集 E 的点，则称点 P 是点集 E 的**边界点**. 如图 9.1.1 所示，点 P_3 是点集 E 的边界点. 点集 E 的边界点的全体，称为点集 E 的**边界**，记为∂E.

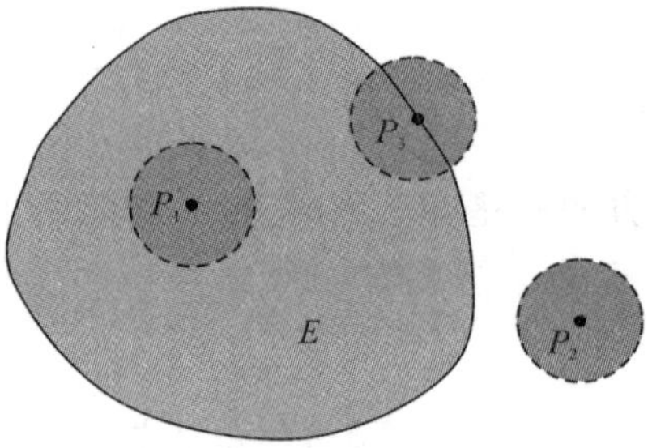

图 9.1.1

若点 P 的任一去心邻域 $U^\circ(P, \delta)$内至少有一个点属于点集 E，则称点 P 是点集 E 的**聚点**.

显然，点集 E 的内点必属于点集 E；点集 E 的外点必不属于点集 E；点集 E 的边界点可能属于点集 E，也可能不属于点集 E；点集 E 的内点必是点集 E 的聚点；点集 E 的外点一定不是点集 E 的聚点；点集 E 的边界点可能是点集 E 的聚点，也可能不是点集 E 的聚点.

例如，设有平面点集 $E=\{(x, y) \mid 0<x^2+y^2\leqslant 1\}$. 满足 $0<x^2+y^2<1$ 的一切点都是 E 的内点；满足 $x^2+y^2=1$ 的一切点都是 E 的边界点，它们属于 E；满足 $x^2+y^2=0$ 的点即坐标原点也是 E 的边界点，它不属于 E；

满足 $1\leqslant x^2+y^2\leqslant 4$ 的一切点都是 $E_1=\{(x, y) \mid 1\leqslant x^2+y^2\leqslant 4\}$的聚点.

4. 一些常见的平面点集

设点集 $E\subset\mathbf{R}^2$，若点集 E 中的所有点都是点集 E 的内点，则称点集 E 为 $\mathbf{R}^2$ 中的一个**开集**.

设点集 $E\subset\mathbf{R}^2$，若点集 E 的余集 $E^C=\mathbf{R}^2\backslash E$ 是开集，则称点集 E 为**闭集**.

设有一定点 $P_0(x_0, y_0)\in E$，$E\subset\mathbf{R}^2$，若 $\exists M>0$，使得 $\forall P(x, y)\in E$，有 $|PP_0|\leqslant$

M，则称点集 E 是**有界集**，否则称点集 E 是**无界集**.

若点集 E 内任意两点 P_1 和 P_2，都可用包含在点集 E 内的折线连接起来，则称点集 E 为**连通集**.

连通的开集称为**开区域**或**区域**.

如果区域 D 中的任一条闭曲线所包围的点都属于区域 D，则称区域 D 为单连通区域，否则称区域 D 为复连通区域.

开区域加上它的边界所构成的集合，称为**闭区域**.

有界集所构成的区域称为**有界区域**，否则，称为**无界区域**.

例如，$D_1=\{(x, y) \mid x^2+y^2\leqslant 1\}$是有界闭区域；$D_2=\{(x, y) \mid x-y>1\}$是无界开区域.

9.1.2　多元函数的概念

以二元函数为例，给出其定义，并讨论其相应的性质. 这些结果可以推广至二元以上的函数中.

1. 二元函数的概念

定义 9.1.1　设 D 是 $\mathbf{R}^2$ 的一个非空点集，若按照某对应法则 f，D 中每一点 $P(x, y)$ 总有唯一确定的实数 z 与之对应，则称 z 是变量 x，y 的二元函数，记为

$$z=f(x, y), (x, y)\in D$$

其中，x，y 称为自变量，z 称为因变量，点集 D 称为函数的定义域，函数值的全体称为函数的值域，记为 $f(D)$，即

$$f(D)=\{z \mid z=f(x, y), (x, y)\in D\}$$

类似地，如果 V 是 $\mathbf{R}^3$ 中的非空点集，可定义在 V 上的一个三元函数

$$u=f(x, y, z), (x, y, z)\in V$$

一般地，有 n 元函数的定义. 设 D 是 $\mathbf{R}^n$ 的一个非空点集，若有某个对应法则 f，D 中任意一点 $P(x_1, x_2, \cdots, x_n)$，总有唯一确定的实数 u 与之对应，则称 u 是变量 x_1，x_2，$\cdots$，x_n 的 n 元函数，记为

$$u=f(x_1, x_2, \cdots, x_n), (x_1, x_2, \cdots, x_n)\in D$$

2. 二元函数的图像

二元函数的图像为三维空间 $\mathbf{R}^3$ 中的点集：$\{(x, y, z) \mid z=f(x, y), (x, y)\in D\}$，通常表示三维空间中的曲面，该曲面在 xOy 面上的投影即为二元函数的定义域(图 9.1.2).

与一元函数类似，由某个解析式表示的多元函数的定义域是所有使算式有意义的自变量的点所构成的集合.

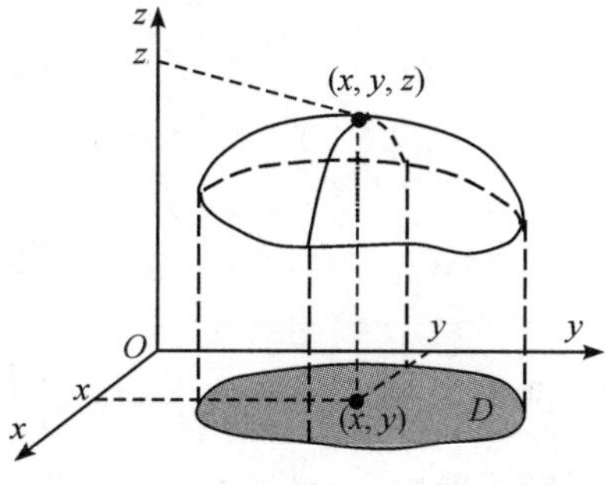

图 9.1.2

例 9.1.1 求下列函数的定义域.

(1) $z=\ln(1-x^2-y^2)$；

(2) $z=\sqrt{x-\sqrt{y}}$.

解 (1) 函数的定义域为$\{(x, y)\mid x^2+y^2\leqslant 1\}$.

(2) 函数的定义域为$\{(x, y)\mid x\geqslant\sqrt{y}, y\geqslant 0\}$.

9.1.3 多元函数的极限

定义 9.1.2 设函数 $z=f(x, y)$在点 $P_0(x_0, y_0)$的某去心邻域$U^\circ(P_0)$内有定义，点 $P(x, y)$是$U^\circ(P_0)$内异于 P_0 的点，当 $P(x, y)$沿着任意路径无限趋近于 $P_0(x_0, y_0)$时，函数 $f(x, y)$总是无限趋近于一个确定的常数 A，则称 A 是函数 $f(x, y)$ 当$(x, y)\to(x_0, y_0)$ 时的二重极限，记作

$$\lim_{(x, y)\to(x_0, y_0)} f(x, y)=A \text{ .OR. } \lim_{\substack{x\to x_0\\ y\to y_0}} f(x, y)=A \text{ .OR. } \lim_{P\to P_0} f(x, y)=A$$

二重极限也可这样表述，设 f 是定义在 $D\subset\mathbf{R}^2$ 上的一个二元函数，$P_0(x_0, y_0)$ 是 D 的聚点. 若存在常数 A，使得对于$\forall\varepsilon>0$，$\exists\delta>0$，当 $P_0(x_0, y_0)\in U^\circ(P_0, \delta)\cap D$ 时，$|f(x, y)-A|<\varepsilon$，则称 A 为函数$f(x, y)$ 当点 $P(x, y)$ 趋近于 $P_0(x_0, y_0)$ 时的极限.

对于二元函数的极限 $\lim\limits_{P\to P_0} f(x, y)=A$，由于点 $P_0(x_0, y_0)$的邻域是一个平面点集，点 $P(x, y)$ 趋近于点 $P_0(x_0, y_0)$ 时，可沿邻域内的任意路径，不能因为点 $P(x, y)$ 沿着某一条(或几条)特殊路径趋近于 $P_0(x_0, y_0)$ 时，$f(x, y)$ 趋近于某一常数而断定它有极限. 二重极限存在的充分必要条件是：当点 $P(x, y)$在邻域内以任何方式趋近于 $P_0(x_0, y_0)$ 时，$f(x, y)$ 都以常数 A 为极限. 如果当点 $P(x, y)$ 沿着不同路径趋近于 $P_0(x_0, y_0)$ 时，$f(x, y)$趋近于不同的数，则可断定 $f(x, y)$在 $P_0(x_0, y_0)$处没有极限.

一元函数的极限运算法可以推广到二元函数和 n 元函数.

例 9.1.2 求下列极限.

(1) $\displaystyle\lim_{(x, y)\to(1, 0)}\frac{\sin(xy)}{y}$； (2) $\displaystyle\lim_{(x, y)\to(0, 2)}\frac{\sqrt{4+xy}-2}{x}$.

解 (1) 令 $xy=u$，$(x, y)\to(1, 0)\Rightarrow u\to 0$，可将二重极限转化为一元函数极限.

$$\lim_{(x, y)\to(1, 0)}\frac{\sin(xy)}{y}=\lim_{(x, y)\to(1, 0)}\frac{\sin(xy)}{xy}\cdot x=\lim_{u\to 0}\frac{\sin u}{u}\cdot\lim_{x\to 1}x=1$$

(2) 令 $t=xy$，$(x, y)\to(0, 2)\Rightarrow t\to 0$，可将二重极限转化为一元函数极限.

$$\lim_{(x, y)\to(0, 2)}\frac{\sqrt{4+xy}-2}{x}=\lim_{(x, y)\to(0, 2)}\frac{\sqrt{4+xy}-2}{xy}\cdot y=\lim_{t\to 0}\frac{\sqrt{4+t}-2}{t}\cdot\lim_{y\to 2}y$$

$$=\lim_{t\to 0}\frac{1}{\sqrt{4+t}+2}\cdot 2=\frac{1}{4}\cdot 2=\frac{1}{2}$$

例 9.1.3 设 $f(x, y)=\dfrac{xy}{x^2+y^2}$，讨论极限 $\lim\limits_{(x, y)\to(0, 0)} f(x, y)$ 是否存在.

解 考虑 $y=kx(k\neq 0)$，当动点(x, y) 沿直线 $y=kx$ 趋近于$(0, 0)$ 时，

$$\lim_{(x, y)\to(0, 0)} f(x, y)=\lim_{(x, y)\to(0, 0)}\frac{xy}{x^2+y^2}=\lim_{x\to 0}\frac{kx^2}{x^2+k^2x^2}=\frac{k}{1+k^2}$$

此极限值与 k 的取值有关，即当 k 取不同的值时，函数趋近于不同的常数，故当$(x, y)\to(0, 0)$时，函数 $f(x, y)$的极限不存在.

9.1.4　多元函数的连续性

1. 多元函数的连续性

类似于一元函数的连续性，可以给出二元函数在一点连续的定义.

定义 9.1.3　设 $z=f(x, y)$ 是定义在 $D\subset\mathbf{R}^2$ 上的二元函数，$P_0(x_0, y_0)$ 是区域 D 的聚点且 $P_0(x_0, y_0)\in D$. 若

$$\lim_{(x, y)\to(x_0, y_0)} f(x, y)=f(x_0, y_0)$$

则称函数 $f(x, y)$在点 $P_0(x_0, y_0)$处连续，称点 P_0 为函数 $f(x, y)$的连续点. 否则称 $f(x, y)$在 $P_0(x_0, y_0)$ 是间断的，$P_0(x_0, y_0)$ 称为函数 $f(x, y)$的间断点. 令 $x=x_0+\Delta x$，$y=y_0+\Delta y$，称

$$\Delta z=f(x_0+\Delta x, y_0+\Delta y)-f(x_0, y_0)$$

为当自变量在 x_0，y_0 处分别有增量 Δx，Δy 时函数 $f(x, y)$的**全增量**，则当$(x, y)\to(x_0, y_0)$，有 $\Delta x\to 0$，$\Delta y\to 0$. 由点(x, y) 到点(x_0, y_0)的距离可得

$$\rho=\sqrt{(x-x_0)^2+(y-y_0)^2}=\sqrt{(\Delta x)^2+(\Delta y)^2}\to 0\ (\Delta x\to 0, \Delta y\to 0)$$

则连续的另一定义为

$$\lim_{\substack{\Delta x\to 0\\ \Delta y\to 0}}\Delta z=\lim_{\rho\to 0}\Delta z=0$$

若函数 $z=f(x, y)$在区域 D 内每一点都连续，则称 $z=f(x, y)$在区域 D 内连续，或称 $f(x, y)$ 是 D 上的连续函数.

类似可定义 n 元函数的连续性.

对于多元函数，除可能存在间断点外，还可能存在间断线，间断面等.

多元连续函数的运算法则及多元函数的连续性，与一元函数相同. 多元连续函数的和、差、积、商(分母函数不为零处)仍是连续函数，多元连续函数的复合函数也是连续函数.

由常量及具有不同变量的一元基本初等函数经过有限次四则运算和有限次复合而得到的，可用一个表达式表示的多元函数称为多元初等函数.

例如，$z=e^{x+y}$，$u=\sin\dfrac{1}{\sqrt{x^2+y^2-z}}$等都是多元初等函数.

一切多元初等函数在其定义区域内都是连续的. 这里所说的定义区域是指包含在定义域内的区域或闭区域.

2. 有界闭区域上连续函数的性质

将一元连续函数在闭区间上的重要性质推广到多元连续函数，不加证明地给出在有界闭区域上的多元连续函数具有的性质.

性质 9.1.1(有界性与最大值最小值定理)　在有界闭区域 D 上连续的多元函数，必定在 D 上有界，且能取得它的最大值和最小值. 换言之，若 $f(P)$在有界闭区域 D 上连续，则必存在常数 $M>0$，使得对一切 $P\in D$，有 $f(P)\leqslant M$；且存在 P_1，$P_2\in D$，使得

$$f(P_1)=\max\{f(P)\mid P\in D\},\ f(P_2)=\min\{f(P)\mid P\in D\}$$

性质 9.1.2(介值定理) 在有界闭区域 D 上连续的多元函数，必能取得介于最大值和最小值之间的任何值. 换言之，若

$$f(P_1)=\max\{f(P)\mid P\in D\},\ f(P_2)=\min\{f(P)\mid P\in D\}$$

则当 $f(P_1)<m<f(P_2)$ 时，至少在 D 上存在一点 P，使得 $f(P)=m$ 成立.

习题 9.1

1. 求下列函数的定义域.

(1) $z=\dfrac{\sqrt{4x-y^2}}{\ln(1-x^2-y^2)}$； (2) $z=\ln(y-x)+\dfrac{\sqrt{x}}{\sqrt{1-x^2-y^2}}$；

(3) $u=\arccos\dfrac{z}{\sqrt{x^2+y^2}}$； (4) $z=\sqrt{x-\sqrt{y}}$；

(5) $u=\sqrt{R^2-x^2-y^2-z^2}+\dfrac{1}{\sqrt{x^2+y^2+z^2-r^2}}(R>r>0)$.

2. 设 $f(u,v)=u^v$，求 $f(x+y,x^2y)$，$f\left(\dfrac{1}{y},x-y\right)$.

3. 设 $f\left(x+y,\dfrac{y}{x}\right)=x^2-y^2$，求 $f(x,y)$.

4. 求下列极限.

(1) $\lim\limits_{(x,y)\to(1,0)}\dfrac{\ln(x+e^y)}{x^2+y^2}$； (2) $\lim\limits_{(x,y)\to(0,2)}\dfrac{\sin(xy)}{\ln(1+x)}$；

(3) $\lim\limits_{(x,y)\to(0,0)}\dfrac{x^2y}{x^2+y^2}$； (4) $\lim\limits_{(x,y)\to(0,0)}\dfrac{xy}{\sqrt{2-e^{xy}}-1}$；

(5) $\lim\limits_{(x,y)\to(0,0)}\dfrac{1-\cos(x^2+y^2)}{(x^2+y^2)^2x^2y^2}$； (6) $\lim\limits_{(x,y)\to(0,0)}(1+xy)^{\frac{\sin x}{x^2+y^2}}$.

5. 证明 $\lim\limits_{(x,y)\to(0,0)}\dfrac{xy}{\sqrt{x^2+y^2}}=0$.

6. 证明下列极限不存在.

(1) $\lim\limits_{(x,y)\to(0,0)}\dfrac{x+y}{x-y}$； (2) $\lim\limits_{(x,y)\to(0,0)}\dfrac{x^2y^2}{x^2y^2+(x-y)^2}$；

(3) $\lim\limits_{(x,y)\to(0,0)}(1+xy)^{\frac{1}{x+y}}$.

9.2 偏导数与全微分

9.2.1 偏导数的定义

一元函数中常会遇到函数关于自变量的变化率问题，类似地，对于多元函数，也会遇到需要研究函数关于某个自变量的变化率的问题. 因为多元初等函数的自变量有多个，而

这些自变量是相互独立的，当其中的任一个自变量发生改变时，函数都会发生相应的变化，因此当讨论其中某一个自变量发生变化，而函数相对于其变化所产生的变化率时，就产生了偏导数的概念.

定义 9.2.1　设函数 $z=f(x, y)$在点(x_0, y_0)的某邻域内有定义. 当固定 $y=y_0$，而 x 在 x_0 处取得增量 Δx 时，函数相应地取得增量$\Delta_x z=f(x_0+\Delta x, y_0)-f(x_0, y_0)$，称其为函数 $z=f(x, y)$在点(x_0, y_0)处关于 x 的**偏增量**. 若极限

$$\lim_{\Delta x\to 0}\frac{\Delta_x z}{\Delta x}=\lim_{\Delta x\to 0}\frac{f(x_0+\Delta x, y_0)-f(x_0, y_0)}{\Delta x}$$

存在，则称此极限为函数 $z=f(x, y)$在点(x_0, y_0)处**关于变量 x 的偏导数**，可记作

$$\left.\frac{\partial z}{\partial x}\right|_{\substack{x=x_0\\y=y_0}}\ \text{.OR.}\ \left.\frac{\partial f}{\partial x}\right|_{\substack{x=x_0\\y=y_0}}\ \text{.OR.}\ \left.z_x\right|_{\substack{x=x_0\\y=y_0}}\ \text{.OR.}\ f_x(x_0, y_0)$$

即

$$f_x(x_0, y_0)=\lim_{\Delta x\to 0}\frac{\Delta_x z}{\Delta x}=\lim_{\Delta x\to 0}\frac{f(x_0+\Delta x, y_0)-f(x_0, y_0)}{\Delta x}$$

类似地，若固定 $x=x_0$，函数相应于变量 y 的偏增量为$\Delta_y z=f(x_0, y_0+\Delta y)-f(x_0, y_0)$，若极限

$$\lim_{\Delta y\to 0}\frac{\Delta_y z}{\Delta y}=\lim_{\Delta y\to 0}\frac{f(x_0, y_0+\Delta y)-f(x_0, y_0)}{\Delta y}$$

存在，则称此极限为函数 $z=f(x, y)$在点(x_0, y_0)处**关于变量 y 的偏导数**，可记作

$$\left.\frac{\partial z}{\partial y}\right|_{\substack{x=x_0\\y=y_0}}\ \text{.OR.}\ \left.\frac{\partial f}{\partial y}\right|_{\substack{x=x_0\\y=y_0}}\ \text{.OR.}\ \left.z_y\right|_{\substack{x=x_0\\y=y_0}}\ \text{.OR.}\ f_y(x_0, y_0)$$

若函数 $z=f(x, y)$在点(x_0, y_0)处关于 x，y 的偏导数都存在，则称函数在点(x_0, y_0)处**可偏导**.

若函数 $z=f(x, y)$在区域 D 中的每一点(x, y)都是可偏导的，则称函数在 D 中可偏导. 这些偏导数仍是 x，y 的函数，称它们为 $z=f(x, y)$的**偏导函数**，简称**偏导数**，记作

$$\frac{\partial z}{\partial x}, \frac{\partial z}{\partial y}\ \text{.OR.}\ \frac{\partial f}{\partial x}, \frac{\partial f}{\partial y}\ \text{.OR.}\ z_x, z_y\ \text{.OR.}\ f_x(x, y), f_y(x, y)$$

偏导数的概念可以推广到多元的函数，如 $u=f(x, y, z)$在点(x, y, z)处对 x 的偏导数定义为

$$\frac{\partial u}{\partial x}=\lim_{\Delta x\to 0}\frac{f(x+\Delta x, y, z)-f(x, y, z)}{\Delta x}$$

9.2.2　偏导数的几何意义

$z=f(x, y)$ 表示空间中的一个曲面，若固定 $y=y_0$，则$\begin{cases}z=f(x, y)\\y=y_0\end{cases}$表示平面 $y=y_0$ 与曲面 $z=f(x, y)$的交线，此交线位于平面 $y=y_0$ 上，$M(x_0, y_0, z_0)(z_0=f(x_0, y_0))$为曲面上的点.

由二元函数偏导数的定义知，$z=f(x, y)$在点(x_0, y_0)对 x 的偏导数 $f_x(x_0, y_0)$，

就是一元函数 $z=f(x, y_0)$ 在 x_0 处的导数，由导数的几何意义知，$\frac{\mathrm{d}}{\mathrm{d}x}f(x, y_0)\big|_{x=x_0}$ 即 $f_x(x_0, y_0)$ 是曲线 $\begin{cases}z=f(x, y)\\y=y_0\end{cases}$ 在点 $M_0(x_0, y_0, z_0)$ 处的切线在 x 方向的斜率. 同理，$f_y(x_0, y_0)$ 是曲线 $\begin{cases}z=f(x, y)\\x=x_0\end{cases}$ 在点 $M_0(x_0, y_0, z_0)$ 处的切线在 y 方向的斜率(见图 9.2.1).

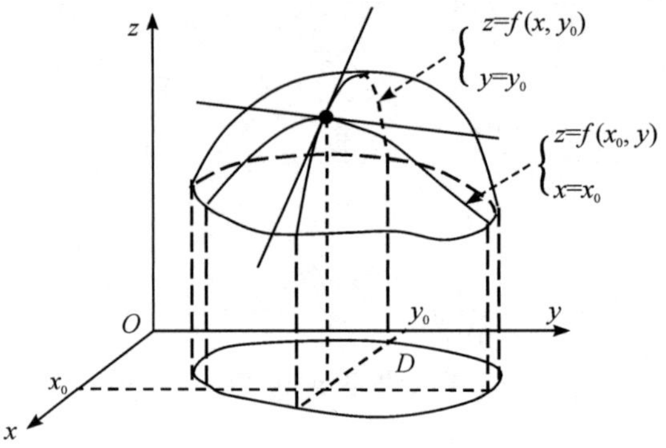

图 9.2.1

9.2.3 偏导数的计算

从偏导数的定义中可看到，在讨论多元函数的偏导数时，只让一个自变量变化，而将其余的变量固定，此时可将多元函数视为关于某一个变量的一元函数，再考虑其变化率的问题. 因此，计算多元函数的偏导数实际上就是用一元函数求导数的方法，只是需要注意在计算过程中函数是视为哪个变量的一元函数.

例 9.2.1 求 $f(x, y)=x^5-x^4y^3+y^2$ 在点(1, 1)处的偏导数.

解 把 y 看作常量，对 x 求导得

$$\frac{\partial f}{\partial x}=5x^4-4x^3y^3, \ \frac{\partial f}{\partial x}\bigg|_{(1, 1)}=1$$

把 x 看作常量，对 y 求导得

$$\frac{\partial f}{\partial y}=-3x^4y^2+2y, \ \frac{\partial f}{\partial y}\bigg|_{(1, 1)}=-1$$

例 9.2.2 求 $u=\ln(x+2y+z^3)$的偏导数.

解 这是一个三元函数，类似于二元函数的计算，把 y，z 看作常量，对 x 求导，把 x，z 看作常量，对 y 求导，把 x，y 看作常量，对 z 求导，分别得

$$\frac{\partial u}{\partial x}=\frac{1}{x+2y+z^3}, \ \frac{\partial u}{\partial y}=\frac{2}{x+2y+z^3}, \ \frac{\partial u}{\partial z}=\frac{3z^2}{x+2y+z^3}$$

例 9.2.3 已知理想气体的状态方程 $PV=RT$(R 为常数)，求$\frac{\partial P}{\partial V}\cdot\frac{\partial V}{\partial T}\cdot\frac{\partial T}{\partial P}$.

解 由已知可得

$$P=\frac{RT}{V}\Rightarrow\frac{\partial P}{\partial V}=-\frac{RT}{V^2}$$

$$V=\frac{RT}{P} \Rightarrow \frac{\partial V}{\partial T}=\frac{R}{P}$$

$$T=\frac{PV}{R} \Rightarrow \frac{\partial T}{\partial P}=\frac{V}{R}$$

故

$$\frac{\partial P}{\partial V} \cdot \frac{\partial V}{\partial T} \cdot \frac{\partial T}{\partial P}=-\frac{RT}{V^2} \cdot \frac{R}{P} \cdot \frac{V}{R}=-1$$

此例的结果表明，偏导数记号与一元函数导数记号有很大不同，对于一元函数，$\frac{\mathrm{d}y}{\mathrm{d}x}$可看作是两个微分 $\mathrm{d}y$，$\mathrm{d}x$ 之商，而多元函数的偏导数$\frac{\partial z}{\partial x}$或$\frac{\partial z}{\partial y}$是一个整体，分子分母不可分割.

例 9.2.4　讨论 $f(x, y)=\begin{cases}\frac{xy}{x^2+y^2}, & x^2+y^2 \neq 0 \\ 0, & x^2+y^2=0\end{cases}$在(0, 0)处的连续性与可导性.

解　由例 9.1.3 知 $\lim\limits_{x \to 0,\, y \to 0} \frac{xy}{x^2+y^2}$不存在，所以函数 $f(x, y)$在(0, 0)处不连续. 由偏导数的定义得

$$f_x(0, 0)=\lim_{\Delta x \to 0} \frac{f(0+\Delta x, 0)-f(0, 0)}{\Delta x}=\lim_{\Delta x \to 0} \frac{\frac{\Delta x \cdot 0}{(\Delta x)^2+0^2}-0}{\Delta x}=0$$

$$f_y(0, 0)=\lim_{\Delta x \to 0} \frac{f(0, 0+\Delta y)-f(0, 0)}{\Delta y}=\lim_{\Delta x \to 0} \frac{\frac{0 \cdot \Delta y}{0^2+(\Delta y)^2}-0}{\Delta y}=0$$

所以函数在(0, 0)处的两个偏导数存在.

由此例可知，对于多元函数来说，函数在一点处不连续，并不能推出函数在该点处偏导数不存在；或者说如果函数在某点处偏导存在，并不能保证它在此点处是连续的. 这与一元函数中关于函数在一点处的可导性与连续性之间的关系有很大不同.

9.2.4　高阶偏导数

在一元函数中，若一元函数的一阶导函数仍然可导，则其导函数的导数称为函数的二阶导数，对于多元函数也可类似地定义其二阶偏导数.

设二元函数 $z=f(x, y)$在区域 D 内可偏导，其偏导数 $f_x(x, y)$，$f_y(x, y)$ 仍然是自变量 x，y 的二元函数，若 $f_x(x, y)$，$f_y(x, y)$的偏导数也存在，则称它们为函数 $z=f(x, y)$的二阶偏导数. 二元函数的二阶偏导数有以下四种类型：

$$\frac{\partial}{\partial x}\left(\frac{\partial z}{\partial x}\right)=\frac{\partial^2 z}{\partial x^2}=f_{xx}(x, y);\ \frac{\partial}{\partial y}\left(\frac{\partial z}{\partial x}\right)=\frac{\partial^2 z}{\partial x \partial y}=f_{xy}(x, y)$$

$$\frac{\partial}{\partial x}\left(\frac{\partial z}{\partial y}\right)=\frac{\partial^2 z}{\partial y \partial x}=f_{yx}(x, y);\ \frac{\partial}{\partial y}\left(\frac{\partial z}{\partial y}\right)=\frac{\partial^2 z}{\partial y^2}=f_{yy}(x, y)$$

其中，$f_{xx}(x, y)$ 称为函数 $z=f(x, y)$ 关于 x 的二阶偏导数，$f_{yy}(x, y)$ 称为函数 $z=f(x, y)$关于 y 的二阶偏导数，$f_{xy}(x, y)$ 和 $f_{yx}(x, y)$ 称为函数 $z=f(x, y)$ 关于

x，y 的二阶混合偏导数，统称为二阶偏导数.

二阶偏导数

$$\frac{\partial}{\partial y}\left(\frac{\partial z}{\partial x}\right)=\frac{\partial^2 z}{\partial x \partial y},\ \frac{\partial}{\partial x}\left(\frac{\partial z}{\partial y}\right)=\frac{\partial^2 z}{\partial y \partial x}$$

分别表示函数先对 x 后对 y，先对 y 后对 x 的求导次序.

类似可定义三阶及三阶以上的偏导数. 二阶及二阶以上的偏导数统称为高阶偏导数.

例 9.2.5 验证 $u=z\arctan\dfrac{x}{y}$ 满足拉普拉斯(Laplace)方程 $\dfrac{\partial^2 u}{\partial x^2}+\dfrac{\partial^2 u}{\partial y^2}+\dfrac{\partial^2 u}{\partial z^2}=0$.

证 根据二阶偏导数的定义，有

$$\frac{\partial u}{\partial x}=\frac{yz}{x^2+y^2},\ \frac{\partial u}{\partial y}=\frac{-xz}{x^2+y^2},\ \frac{\partial u}{\partial z}=\arctan\frac{x}{y}$$

$$\frac{\partial^2 u}{\partial x^2}=\frac{-2xyz}{(x^2+y^2)^2},\ \frac{\partial^2 u}{\partial y^2}=\frac{2xyz}{(x^2+y^2)^2},\ \frac{\partial^2 u}{\partial z^2}=0$$

因此

$$\frac{\partial^2 u}{\partial x^2}+\frac{\partial^2 u}{\partial y^2}+\frac{\partial^2 u}{\partial z^2}=\frac{-2xyz}{(x^2+y^2)^2}+\frac{2xyz}{(x^2+y^2)^2}+0=0$$

例 9.2.6 求 $z=3x^2y-xy^2+e^x\sin y$ 的全部二阶偏导数.

解 由二阶偏导数的定义，有

$$\frac{\partial z}{\partial x}=6xy-y^2+e^x\sin y,\ \frac{\partial z}{\partial y}=3x^2-2xy+e^x\cos y$$

$$\frac{\partial^2 z}{\partial x^2}=6y+e^x\sin y,\ \frac{\partial^2 z}{\partial x\partial y}=6x-2y+e^x\cos y$$

$$\frac{\partial^2 z}{\partial y\partial x}=6x-2y+e^x\cos y,\ \frac{\partial^2 z}{\partial y^2}=-2x-e^x\sin y$$

本例中两个混合偏导数 $\dfrac{\partial^2 z}{\partial x\partial y}$ 和 $\dfrac{\partial^2 z}{\partial y\partial x}$ 相等，也就是说二阶混合偏导数与求导次序无关. 但这个结论并不是普遍成立的.

定理 9.2.1 若在区域 D 内，$z=f(x, y)$ 的两个二阶混合偏导数 $\dfrac{\partial^2 z}{\partial x\partial y}$，$\dfrac{\partial^2 z}{\partial y\partial x}$ 连续，则

$$\frac{\partial^2 z}{\partial x\partial y}=\frac{\partial^2 z}{\partial y\partial x}$$

证明略.

对于 $z=f(x, y)$ 的更高阶混合偏导数，此结论也成立. 即在混合偏导数连续的条件下，混合偏导数与求导次序无关.

该结论也可推广到三元及以上的函数.

例 9.2.7 设 $f(x, y, z)=e^{x+2y+3z}$，求 f_{xyz}，f_{yzx}，f_{zyx}.

解 由偏导数的定义，有

$$f_x=e^{x+2y+3z},\ f_y=2e^{x+2y+3z},\ f_z=3e^{x+2y+3z}$$

$$f_{xy}=2e^{x+2y+3z},\ f_{yz}=6e^{x+2y+3z},\ f_{zy}=6e^{x+2y+3z}$$

$$f_{xyz}=6e^{x+2y+3z},\ f_{yzx}=6e^{x+2y+3z},\ f_{zyx}=6e^{x+2y+3z}$$

例 9.2.8　设 $f(x,y)=\begin{cases} xy\dfrac{x^2-y^2}{x^2+y^2}, & (x,y)\neq(0,0) \\ 0, & (x,y)=(0,0)\end{cases}$，求 $f_{xy}(0,0)$.

解　$f(x,y)=\begin{cases} xy-2xy^3\dfrac{1}{x^2+y^2}, & (x,y)\neq(0,0) \\ 0, & (x,y)=(0,0)\end{cases}$，则

$$f_x(x,y)=\begin{cases} y-2y^3\dfrac{1}{x^2+y^2}+4x^2y^3\dfrac{1}{(x^2+y^2)^2}, & (x,y)\neq(0,0) \\ \lim\limits_{x\to 0}\dfrac{f(x,0)-f(0,0)}{x}=0, & (x,y)=(0,0)\end{cases}$$

$$f_{xy}(0,0)=\lim_{y\to 0}\frac{f_x(0,y)-f_x(0,0)}{y}=\lim_{y\to 0}\frac{-y}{y}=-1$$

9.2.5　全微分

对于一元函数 $y=f(x)$，若它在 x 点处可微，其微分 $dy=f'(x)dx$ 是函数增量 $\Delta y=f(x+\Delta x)-f(x)$的线性主部，且当 $\Delta x\to 0$ 时，$\Delta y-dy$ 是比 Δx 高阶的无穷小. 也就是说，在点 x 处的微分，是函数 $y=f(x)$的增量 Δy 在点 x 处的局部线性近似. 对多元函数，也可讨论相应的这种局部线性近似，从而建立全微分的概念.

定义 9.2.2　若函数 $z=f(x,y)$在点(x_0,y_0)处的全增量

$$\Delta z=f(x_0+\Delta x,y_0+\Delta y)-f(x_0,y_0)$$

可以表示为

$$\Delta z=A\Delta x+B\Delta y+o(\rho)$$

其中，A，B 是与 Δx，Δy 无关，仅与 x_0，y_0 有关的两个常数，$\rho=\sqrt{(\Delta x)^2+(\Delta y)^2}$，则称函数 $z=f(x,y)$在(x_0,y_0)点处**可微**，而 $A\Delta x+B\Delta y$ 称为函数 $z=f(x,y)$在(x_0,y_0)点处的**全微分**，记为 dz，即

$$dz=A\Delta x+B\Delta y$$

由定义可以看出全微分 dz 是全增量 Δz 的**线性主部**.

若函数 $z=f(x,y)$在区域 D 内处处可微，则称函数 $z=f(x,y)$在区域 D 内可微.

定理 9.2.2(可微的必要条件)　若函数 $z=f(x,y)$在点(x_0,y_0)处可微，则：

(1) 函数 $z=f(x,y)$在点(x_0,y_0)处连续；

(2) 函数 $z=f(x,y)$在点(x_0,y_0)处的两个偏导数存在，且函数 $z=f(x,y)$在点(x_0,y_0)处的全微分为

$$dz=f_x(x_0,y_0)\Delta x+f_y(x_0,y_0)\Delta y$$

证　(1) 由函数 $z=f(x,y)$在点(x_0,y_0)处可微，可得

$$\Delta z=f(x_0+\Delta x,y_0+\Delta y)-f(x_0,y_0)=A\Delta x+B\Delta y+o\left(\sqrt{(\Delta x)^2+(\Delta y)^2}\right)$$

$$\Rightarrow \lim_{\substack{\Delta x\to 0\\ \Delta y\to 0}}\Delta z=\lim_{\substack{\Delta x\to 0\\ \Delta y\to 0}}\left[A\Delta x+B\Delta y+o\left(\sqrt{(\Delta x)^2+(\Delta y)^2}\right)\right]=0$$

$$\Rightarrow \lim_{\substack{\Delta x\to 0\\ \Delta y\to 0}}f(x_0+\Delta x,y_0+\Delta y)=f(x_0,y_0)$$

故函数 $z=f(x, y)$在点(x_0, y_0)处连续.

(2) 由函数 $z=f(x, y)$在点(x_0, y_0)处可微，可得

$$\Delta z=f(x_0+\Delta x, y_0+\Delta y)-f(x_0, y_0)=A\Delta x+B\Delta y+o(\sqrt{(\Delta x)^2+(\Delta y)^2})$$

上式对任意 Δx，Δy 都成立. 令 $\Delta y=0$，此时有

$$\Delta z=f(x_0+\Delta x, y_0)-f(x_0, y_0)=A\Delta x+o(|\Delta x|)$$

$$\Rightarrow \lim_{\Delta x\to 0}\frac{\Delta z}{\Delta x}=\lim_{\Delta x\to 0}\frac{f(x_0+\Delta x, y_0)-f(x_0, y_0)}{\Delta x}$$

$$=\lim_{\Delta x\to 0}\left[A+\frac{o(|\Delta x|)}{\Delta x}\right]=A$$

即 $A=f_x(x_0, y_0)$.

同理可证 $B=f_y(x_0, y_0)$.

与一元函数一样，记自变量的增量等于自变量的微分，即 $\Delta x=\mathrm{d}x$，$\Delta y=\mathrm{d}y$，因此函数 $z=f(x, y)$的全微可写为

$$\mathrm{d}z=f_x(x_0, y_0)\mathrm{d}x+f_y(x_0, y_0)\mathrm{d}y$$

若函数在区域 D 内的每一点都可微，则其全微分写为

$$\mathrm{d}z=f_x(x, y)\mathrm{d}x+f_y(x, y)\mathrm{d}y \text{ .OR. } \mathrm{d}z=\frac{\partial z}{\partial x}\mathrm{d}x+\frac{\partial z}{\partial y}\mathrm{d}y$$

对于三元和三元以上的多元函数，可类似地给出可微和全微分的概念. 例如，若三元函数 $u=f(x, y, z)$在区域 D 内的每一点都可微，则其全微分为

$$\mathrm{d}u=\frac{\partial u}{\partial x}\mathrm{d}x+\frac{\partial u}{\partial y}\mathrm{d}y+\frac{\partial u}{\partial z}\mathrm{d}z$$

若函数 $z=f(x, y)$在点(x_0, y_0)处不连续，则函数 $z=f(x, y)$在点(x_0, y_0)处不可微.

定理 9.2.2 只是函数在一点可微的必要条件，即函数在一点处连续或可偏导并不能保证其在此点可微.

例 9.2.9 讨论函数 $f(x, y)=\begin{cases}\dfrac{xy}{\sqrt{x^2+y^2}}, & (x, y)\neq(0, 0)\\ 0, & (x, y)=(0, 0)\end{cases}$ 在点(0, 0)处的连续性、可偏导性、可微性.

解 (1) 由极限夹逼准则，知

$$0\leqslant|f(x, y)|=\frac{|x|}{\sqrt{x^2+y^2}}\cdot|y|\leqslant|y|, \lim_{\substack{x\to 0\\ y\to 0}}|y|=0$$

因此

$$\lim_{\substack{x\to 0\\ y\to 0}}\frac{xy}{\sqrt{x^2+y^2}}=0=f(0, 0)$$

故函数在点(0, 0)处连续.

(2) 由偏导数的定义，知

$$f_x(0, 0)=\lim_{\Delta x\to 0}\frac{\dfrac{\Delta x\cdot 0}{\sqrt{(\Delta x)^2+0^2}}-0}{\Delta x}=0$$

$$f_y(0, 0)=\lim_{\Delta y\to 0}\frac{\dfrac{\Delta y\cdot 0}{\sqrt{(\Delta y)^2+0^2}}-0}{\Delta y}=0$$

即函数在点(0，0)处可偏导.

(3) 函数在(0，0)处的全增量为

$$\Delta z=f(0+\Delta x, 0+\Delta y)-f(0, 0)=\frac{\Delta x\Delta y}{\sqrt{(\Delta x)^2+(\Delta y)^2}}$$

令 $\rho=\sqrt{(\Delta x)^2+(\Delta y)^2}$，若函数 $f(x, y)$ 在点(0，0)处可微，则

$$\Delta z-f_x(0, 0)\mathrm{d}x-f_y(0, 0)\mathrm{d}y=\frac{\Delta x\Delta y}{\sqrt{(\Delta x)^2+(\Delta y)^2}}$$

当 $\rho\to 0$ 时，

$$\lim_{\rho\to 0}\frac{\Delta z-f_x(0, 0)\mathrm{d}x-f_y(0, 0)\mathrm{d}y}{\rho}=\lim_{x\to 0,\ y\to 0}\frac{\Delta x\Delta y}{(\Delta x)^2+(\Delta y)^2}$$

不存在，所以函数在点(0，0)处不可微.

由此例可以看到，与一元函数不同的是，“多元函数在一点处可微”与“函数在该点连续且可偏导”是不等价的. 当函数的各偏导数都存在时，虽然能形式地写出$\dfrac{\partial z}{\partial x}\Delta x+\dfrac{\partial z}{\partial y}\Delta y$，但它与 Δz 的差并不一定是较 ρ 高阶的无穷小，因此它不一定是函数的全微分.

那么，函数需要满足什么条件，才能保证其在一点处一定可微呢？下面的定理给出了函数在一点处可微的充分条件.

定理 9.2.3(可微的充分条件)　若函数 $z=f(x, y)$ 的两个偏导数$\dfrac{\partial z}{\partial x}$，$\dfrac{\partial z}{\partial y}$在点$(x, y)$处连续，则 $z=f(x, y)$ 在点(x, y)处可微.

证　由两个偏导数$\dfrac{\partial z}{\partial x}$，$\dfrac{\partial z}{\partial y}$在点$(x, y)$处连续，可知偏导数在点$(x, y)$的某一邻域内存在，设点$(x+\Delta x, y+\Delta y)$为点$(x, y)$的邻域内的任意一点，则

$$\begin{aligned}\Delta z&=f(x+\Delta x, y+\Delta y)-f(x, y)\\&=[f(x+\Delta x, y+\Delta y)-f(x, y+\Delta y)]+[f(x, y+\Delta y)-f(x, y)]\end{aligned}$$

$f(x+\Delta x, y+\Delta y)-f(x, y+\Delta y)$ 可看作 x 的一元函数 $f(x, y+\Delta y)$ 在 x 处有了变化 Δx 时的增量，由拉格朗日中值定理可得

$$f(x+\Delta x, y+\Delta y)-f(x, y+\Delta y)=f_x(x+\theta_1\Delta x, y+\Delta y)\cdot\Delta x\quad(0<\theta_1<1)$$

又因 $f_x(x, y)$ 在点(x, y)处连续，故

$$f_x(x+\theta_1\Delta x, y+\Delta y)\cdot\Delta x=f_x(x, y)\cdot\Delta x+\varepsilon_1\cdot\Delta x$$

其中，ε_1 为 Δx，Δy 的函数，且当 $\Delta x\to 0$，$\Delta y\to 0$ 时，$\varepsilon_1\to 0$.

同理，$f(x, y+\Delta y)-f(x, y)$ 可写为

$$f(x, y+\Delta y)-f(x, y)=f_y(x, y)\cdot\Delta y+\varepsilon_2\cdot\Delta y$$

其中，ε_2 为 Δy 的函数，且当 $\Delta y\to 0$ 时，$\varepsilon_2\to 0$. 所以

$$\Delta z=f_x(x, y)\cdot\Delta x+f_y(x, y)\cdot\Delta y+\varepsilon_1\cdot\Delta x+\varepsilon_2\cdot\Delta y$$

而

$$\left|\frac{\varepsilon_1 \cdot \Delta x+\varepsilon_2 \cdot \Delta y}{\rho}\right| \leqslant|\varepsilon_1|+|\varepsilon_2| \rightarrow 0 \ (\Delta x \rightarrow 0, \ \Delta y \rightarrow 0)$$

其中 $\rho=\sqrt{(\Delta x)^2+(\Delta y)^2} \rightarrow 0$，故 $z=f(x, y)$在点(x, y)处可微.

此结论可以类似地推广到三元和三元以上的多元函数.

例 9.2.10 求函数 $z=\mathrm{e}^{x^2 y}$ 在点(1, 1)处的全微分.

解 因为

$$\frac{\partial z}{\partial x}=2xy\mathrm{e}^{x^2 y}, \ \frac{\partial z}{\partial y}=x^2\mathrm{e}^{x^2 y}$$

均为二元初等函数，在其定义域内连续，且

$$\left.\frac{\partial z}{\partial x}\right|_{\substack{x=1 \\ y=1}}=2\mathrm{e}, \ \left.\frac{\partial z}{\partial y}\right|_{\substack{x=1 \\ y=1}}=\mathrm{e}$$

所以

$$\mathrm{d}z\,|_{(1,1)}=2\mathrm{e}\mathrm{d}x+\mathrm{e}\mathrm{d}y$$

例 9.2.11 求函数 $u=\mathrm{e}^{\sin(xy)}+yz^2$ 的全微分.

解 因为

$$\frac{\partial u}{\partial x}=y\mathrm{e}^{\sin(xy)}\cos(xy), \ \frac{\partial u}{\partial y}=x\mathrm{e}^{\sin(xy)}\cos(xy)+z^2, \ \frac{\partial u}{\partial z}=2yz$$

均为二元初等函数，在其定义域内连续，所以

$$\mathrm{d}u=y\mathrm{e}^{\sin(xy)}\cos(xy)\mathrm{d}x+[x\mathrm{e}^{\sin(xy)}\cos xy+z^2]\mathrm{d}y+2yz\mathrm{d}z$$

习题 9.2

1. 求下列函数在指定点处的偏导数值.

(1) $z=\ln(x-2y)$，(1, 0)； (2) $z=\dfrac{xy}{x+y}$，(1, 2).

2. 求下列函数的偏导数.

(1) $z=x^2y+\dfrac{y}{2x}$； (2) $z=(1+xy)^y$；

(3) $z=\sin(xy)+\cos^2(xy)$； (4) $z=\arcsin(x+y)$；

(5) $z=\sqrt{\ln(xy)}$； (6) $u=x^{\frac{y}{z}}$.

3. 设 $z=\mathrm{e}^{\frac{x}{y^2}}$，证明 $2x\dfrac{\partial z}{\partial x}+y\dfrac{\partial z}{\partial y}=0$.

4. 证明函数 $z=\sqrt{x^2+y^2}$ 在点(0, 0)处连续，但偏导数不存在.

5. 设 $f(x, y)=\begin{cases} y\sin\dfrac{1}{x^2+y^2}, & x^2+y^2\neq 0 \\ 0, & x^2+y^2=0 \end{cases}$，求 $f_x(0, 0)$，$f_y(0, 0)$.

6. 求下列函数的二阶偏导数.

(1) $z=\arctan\dfrac{y}{x}$； (2) $z=y\ln(x+y)$；

(3) $z=x^3y^2+\dfrac{x^2}{2y}$；　　(4) $z=x\ln(xy^2)$.

7. 求下列函数的全微分.

(1) $z=x\sin y+ye^{xy}$；　　(2) $z=\dfrac{y}{\sqrt{x^2-y^2}}$；

(3) $z=e^x\arcsin y$；　　(4) $u=x^{yz}$；

(5) $u=xe^{xy+2z}$.

8. 讨论 $f(x, y)=\begin{cases}\dfrac{x^2y}{x^4+y^2}, & x^2+y^2\neq 0\\ 0, & x^2+y^2=0\end{cases}$ 在点(0, 0)处的一阶偏导数及全微分是否存在.

9. 证明函数 $z=\sqrt{|xy|}$ 在点(0, 0)处连续，且偏导数存在，但在该点处不可微.

10. 若函数 $z=f(x, y)$ 满足不等式 $|f(x, y)|\leqslant x^2+y^2$，证明 $f(x, y)$ 在点(0, 0)处可微.

9.3　多元复合函数的求导

9.3.1　多元复合函数的求导法则

对于一元复合函数求导的计算，可以应用链式求导法则，此法则同样可以推广到多元复合函数的情形. 下面介绍多元复合函数的链式求导法则.

1. 多个中间变量一个自变量的情形

定理 9.3.1　若函数 $z=f(u, v)$ 在对应点 (u, v) 具有连续偏导数，函数 $u=u(t)$，$v=v(t)$ 都在点 t 可导，则复合函数 $z=f[u(t), v(t)]$ 在点 t 可导，且有

$$\frac{dz}{dt}=\frac{\partial z}{\partial u}\cdot\frac{du}{dt}+\frac{\partial z}{\partial v}\cdot\frac{dv}{dt}$$

证　设自变量 t 有一个改变量 Δt，则 $u=u(t)$，$v=v(t)$ 对应地有改变量 Δu，Δv，$z=f(u, v)$ 也相应地有改变量 Δz.

因为 $z=f(u, v)$ 在点 (u, v) 具有连续的偏导数，所以 $z=f(u, v)$ 在点 (u, v) 可微，则有

$$\Delta z=\frac{\partial z}{\partial u}\cdot\Delta u+\frac{\partial z}{\partial v}\cdot\Delta v+o(\rho),\ \rho=\sqrt{(\Delta u)^2+(\Delta v)^2}$$

$$\Rightarrow\frac{\Delta z}{\Delta t}=\frac{\partial z}{\partial u}\cdot\frac{\Delta u}{\Delta t}+\frac{\partial z}{\partial v}\cdot\frac{\Delta v}{\Delta t}+\frac{o(\rho)}{\Delta t}$$

$$\Rightarrow\lim_{\Delta t\to 0}\frac{\Delta z}{\Delta t}=\lim_{\Delta t\to 0}\left[\frac{\partial z}{\partial u}\cdot\frac{\Delta u}{\Delta t}+\frac{\partial z}{\partial v}\cdot\frac{\Delta v}{\Delta t}+\frac{o(\rho)}{\Delta t}\right]$$

又因为 $u=u(t)$，$v=v(t)$ 都在点 t 可导，所以

$$\lim_{\Delta t\to 0}\frac{\Delta u}{\Delta t}=\frac{du}{dt},\ \lim_{\Delta t\to 0}\frac{\Delta v}{\Delta t}=\frac{dv}{dt}$$

当 $\Delta t\to 0$ 时，有 $\Delta u\to 0$，$\Delta v\to 0$，$\rho\to 0$，所以

$$\lim_{\Delta t\to 0}\frac{o(\rho)}{\Delta t}=\lim_{\Delta t\to 0}\frac{o(\rho)}{\rho}\frac{\sqrt{(\Delta u)^2+(\Delta v)^2}}{\Delta t}=\lim_{\Delta t\to 0}\frac{o(\rho)}{\rho}\lim_{\Delta t\to 0}\sqrt{\left(\frac{\Delta u}{\Delta t}\right)^2+\left(\frac{\Delta v}{\Delta t}\right)^2}=0$$

$$\Rightarrow\frac{dz}{dt}=\lim_{\Delta t\to 0}\frac{\Delta z}{\Delta t}=\frac{\partial z}{\partial u}\cdot\frac{du}{dt}+\frac{\partial z}{\partial v}\cdot\frac{dv}{dt}$$

定理 9.3.1 中的导数 $\frac{dz}{dt}$ 称为 z 对 t 的全导数. 相应的求全导公式以及后面介绍的多元复合函数求导的其他公式统称为**链式法则**.

对于复合函数的中间变量多于两个的情形，也有类似结论.

为了分析函数变量间的关系，可以用一个由函数指向变量的“变量关系图”来表示复合函数中变量间的关系. 定理 9.3.1 中各变量之间的关系如图 9.3.1 所示. 计算时注意“同路线相乘，异路线相加；多变量偏导，单变量全导”.

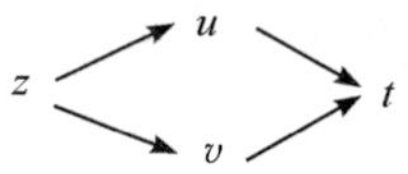

图 9.3.1

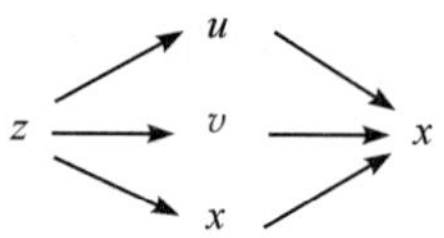

图 9.3.2

在复合函数求偏导数时，有时某些变量既是中间变量又是自变量，如：$z=f(u,v,x)$，$u=u(x)$，$v=v(x)$，变量关系如图 9.3.2 所示，这时要特别注意，求偏导数或全导数为

$$\frac{dz}{dx}=\frac{\partial z}{\partial u}\cdot\frac{du}{dx}+\frac{\partial z}{\partial v}\cdot\frac{dv}{dx}+\frac{\partial z}{\partial x}$$

注意，上式中的两个记号 $\frac{dz}{dx}$，$\frac{\partial z}{\partial x}$ 各自的含义. 左边的 $\frac{dz}{dx}$ 表示一元函数 z 对自变量 x 的导数；右边的 $\frac{\partial z}{\partial x}$ 表示三元函数 z 固定中间变量 u，v 而对中间变量 x 求偏导数.

例 9.3.1 设函数 $z=u^2v+e^{uv}$，$u=t^2$，$v=\sin t$，求全导数 $\frac{dz}{dt}$.

解 按照求全导数的链式法则，有

$$\frac{\partial z}{\partial u}=2uv+ve^{uv},\ \frac{\partial z}{\partial v}=u^2+ue^{uv},\ \frac{du}{dt}=2t,\ \frac{dv}{dt}=\cos t$$

$$\Rightarrow\frac{dz}{dt}=\frac{\partial z}{\partial u}\frac{du}{dt}+\frac{\partial z}{\partial v}\frac{dv}{dt}=2t(2uv+ve^{uv})+(u^2+ue^{uv})\cos t$$

$$=2t(2t^2\sin t+e^{t^2\sin t}\sin t)+(t^4+t^2e^{t^2\sin t})\cos t$$

例 9.3.2 设函数 $z=f(x,x^2,e^x)$，求全导数 $\frac{dz}{dx}$.

解 令 $u=x^2$，$v=e^x$，如图 9.3.2 所示，应用求全导数的链式法则，有

$$\frac{dz}{dx}=\frac{\partial f}{\partial x}+\frac{\partial f}{\partial u}\cdot\frac{du}{dx}+\frac{\partial f}{\partial v}\cdot\frac{dv}{dx}=f_x+2xf_u+e^xf_v$$

为了结果表达式简洁，引入记号 $f_1=\frac{\partial f}{\partial x}$，$f_2=\frac{\partial f}{\partial u}$，$f_3=\frac{\partial f}{\partial v}$，即 f_i 表示函数 f 对其第

i 个中间变量求偏导数，则本例结果为$\frac{\mathrm{d}z}{\mathrm{d}x}=f_1+2xf_2+\mathrm{e}^x f_3$. 后面也会用类似的记号表示高阶偏导数，如 $f_{11}=f_{uu}(u,v)$，$f_{12}=f_{uv}(u,v)$，$f_{22}=f_{vv}(u,v)$等.

2. 多个中间变量多个自变量复合的情形

定理 9.3.2　若函数 $z=f(u,v)$在对应点(u,v)具有连续偏导数，函数 $u=u(x,y)$，$v=v(x,y)$在点(x,y)处的偏导数都存在，则复合函数 $z=f[u(x,y),v(x,y)]$在点(x,y)处的偏导数存在，且

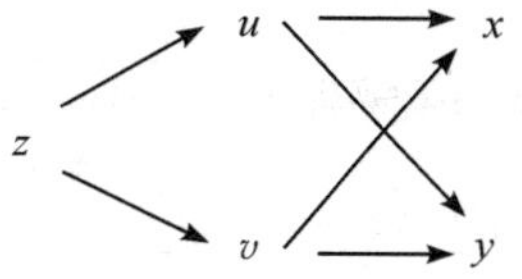

图 9.3.3

$$\frac{\partial z}{\partial x}=\frac{\partial z}{\partial u}\cdot\frac{\partial u}{\partial x}+\frac{\partial z}{\partial v}\cdot\frac{\partial v}{\partial x},\ \frac{\partial z}{\partial y}=\frac{\partial z}{\partial u}\cdot\frac{\partial u}{\partial y}+\frac{\partial z}{\partial v}\cdot\frac{\partial v}{\partial y}$$

证明与定理 9.3.1 的证明类似，此处从略. 变量关系如图 9.3.3 所示.

定理 9.3.2 也可以推广到多个中间变量的情形.

定理 9.3.3　若函数 $u=u(x,y)$在点(x,y)处的两个偏导数存在，函数 $v=v(y)$在点 y 可导，函数 $z=f(u,v)$ 在对应点 (u,v) 具有连续的偏导数，则复合函数 $z=f[u(x,y),v(y)]$在点(x,y)处的两个偏导数存在，可得

$$\frac{\partial z}{\partial x}=\frac{\partial z}{\partial u}\cdot\frac{\partial u}{\partial x},\ \frac{\partial z}{\partial y}=\frac{\partial z}{\partial u}\cdot\frac{\partial u}{\partial y}+\frac{\partial z}{\partial v}\cdot\frac{\mathrm{d}v}{\mathrm{d}y}$$

证明从略.

函数复合千变万化，计算过程中还会遇到其他情形，如设 $z=f(u,x,y)$可微，而 $u=\varphi(x,y)$具有偏导数，则复合函数 $z=f[\varphi(x,y),x,y]$在点(x,y)处的两个偏导数存在，且

$$\frac{\partial z}{\partial x}=\frac{\partial f}{\partial u}\cdot\frac{\partial u}{\partial x}+\frac{\partial f}{\partial x},\ \frac{\partial z}{\partial y}=\frac{\partial f}{\partial u}\cdot\frac{\partial u}{\partial y}+\frac{\partial f}{\partial y}$$

上式中$\frac{\partial z}{\partial x}$与$\frac{\partial f}{\partial x}$不同，$\frac{\partial z}{\partial x}$表示把二元函数 z 中固定自变量 y 而对 x 求偏导数，$\frac{\partial f}{\partial x}$表示把三元函数 $z=f(u,x,y)$中固定 u 和 y 而对中间变量 x 求偏导数. $\frac{\partial z}{\partial y}$与$\frac{\partial f}{\partial y}$也类似区别.

例 9.3.3　设 $z=\mathrm{e}^u v$，$u=xy$，$v=x+y^2$，求$\frac{\partial z}{\partial x}$，$\frac{\partial z}{\partial y}$.

解　由定理 9.3.2 求偏导数的链式法则，有

$$\frac{\partial z}{\partial x}=\frac{\partial z}{\partial u}\frac{\partial u}{\partial x}+\frac{\partial z}{\partial v}\frac{\partial v}{\partial x}=\mathrm{e}^u vy+\mathrm{e}^u=\mathrm{e}^{xy}(x+y^2)y+\mathrm{e}^{xy}$$

$$\frac{\partial z}{\partial y}=\frac{\partial z}{\partial u}\frac{\partial u}{\partial y}+\frac{\partial z}{\partial v}\frac{\partial v}{\partial y}=\mathrm{e}^u vx+2y\mathrm{e}^u=\mathrm{e}^{xy}(x+y^2)x+2y\mathrm{e}^{xy}$$

例 9.3.4　设 $z=f(x,y,u)$，$u=x^2y$，f 有一阶连续偏导数，求$\frac{\partial z}{\partial x}$，$\frac{\partial z}{\partial y}$.

解　由偏导数的链式法则，有

$$\frac{\partial z}{\partial x}=\frac{\partial f}{\partial x}+\frac{\partial f}{\partial u}\frac{\partial u}{\partial x}=f_1+2xyf_3,\ \frac{\partial z}{\partial y}=\frac{\partial f}{\partial y}+\frac{\partial f}{\partial u}\frac{\partial u}{\partial y}=f_2+x^2f_3$$

例 9.3.5　设函数 $z=f(x-y^2,xy)$，f 有二阶连续偏导数，求$\frac{\partial^2 z}{\partial x\partial y}$.

解 令 $u=x-y^2$，$v=xy$，则 $z=f(u,v)$，因此

$$\frac{\partial z}{\partial x}=\frac{\partial f}{\partial u}\frac{\partial u}{\partial x}+\frac{\partial f}{\partial v}\frac{\partial v}{\partial x}=\frac{\partial f}{\partial u}+y\frac{\partial f}{\partial v}=f_1+yf_2$$

$$\begin{aligned}\frac{\partial^2 z}{\partial x\partial y}&=\frac{\partial(f_1+yf_2)}{\partial y}=\frac{\partial f_1}{\partial y}+\frac{\partial(yf_2)}{\partial y}=\frac{\partial f_1}{\partial u}\frac{\partial u}{\partial y}+\frac{\partial f_1}{\partial v}\frac{\partial v}{\partial y}+f_2+y\left(\frac{\partial f_2}{\partial u}\frac{\partial u}{\partial y}+\frac{\partial f_2}{\partial v}\frac{\partial v}{\partial y}\right)\\&=-2y\frac{\partial f_1}{\partial u}+x\frac{\partial f_1}{\partial v}+f_2+y\left(-2y\frac{\partial f_2}{\partial u}+x\frac{\partial f_2}{\partial v}\right)\\&=-2yf_{11}+xf_{12}+f_2+y(-2yf_{21}+xf_{22})\\&=-2yf_{11}+(x-2y^2)f_{12}+xyf_{22}+f_2\end{aligned}$$

9.3.2 一阶全微分形式的不变性

对于一元函数，其一阶微分具有微分形式不变性，对于二元函数 $z=f(x,y)$，同样有类似的结论.

设 $z=f(u,v)$具有连续偏导数，则有全微分

$$dz=\frac{\partial z}{\partial u}du+\frac{\partial z}{\partial v}dv$$

若 $u=u(x,y)$，$v=v(x,y)$ 有连续偏导数，则复合函数 $z=f[u(x,y),v(x,y)]$的全微分为

$$\begin{aligned}dz&=\frac{\partial z}{\partial x}dx+\frac{\partial z}{\partial y}dy=\left(\frac{\partial z}{\partial u}\cdot\frac{\partial u}{\partial x}+\frac{\partial z}{\partial v}\cdot\frac{\partial v}{\partial x}\right)dx+\left(\frac{\partial z}{\partial u}\cdot\frac{\partial u}{\partial y}+\frac{\partial z}{\partial v}\cdot\frac{\partial v}{\partial y}\right)dy\\&=\frac{\partial z}{\partial u}\left(\frac{\partial u}{\partial x}dx+\frac{\partial u}{\partial y}dy\right)+\frac{\partial z}{\partial v}\left(\frac{\partial v}{\partial x}dx+\frac{\partial v}{\partial y}dy\right)=\frac{\partial z}{\partial u}du+\frac{\partial z}{\partial v}dv\end{aligned}$$

由此可见，无论 u，v 是函数 z 的自变量还是中间变量，函数 z 的全微分形式是一样的，这就是二元函数的一阶全微分形式不变性.

全微分形式不变性也可用来求多元复合函数的偏导数.

例 9.3.6 设 $z=\sin(x+2y^2)$，求 dz，$\frac{\partial z}{\partial x}$，$\frac{\partial z}{\partial y}$.

解 由全微分的一阶形式不变性，有

$$\begin{aligned}dz&=d\sin(x+2y^2)=\cos(x+2y)d(x+2y^2)=\cos(x+2y)(dx+4ydy)\\&=\cos(x+2y)dx+4y\cos(x+2y)dy\\&\Rightarrow\frac{\partial z}{\partial x}=\cos(x+2y),\ \frac{\partial z}{\partial y}=4y\cos(x+2y)\end{aligned}$$

习题 9.3

1. 求下列函数的一阶全导数或一阶偏导数，其中 f 具有一阶连续的偏导数.

(1) 设 $z=x^2-y^2+t$，$x=\sin t$，$y=\cos t$，求$\frac{dz}{dt}$；

(2) 设 $z=x^2+xy+y^2$，$x=t^2$，$y=t$，求$\frac{dz}{dt}$；

(3) 设 $z=\arcsin u$，$u=x^2+y^2$，求$\frac{\partial z}{\partial x}$，$\frac{\partial z}{\partial y}$；

(4) 设 $z=f(x^2-y^2,\ e^{xy})$，$\frac{\partial z}{\partial x}$具有一阶连续偏导数，求$\frac{\partial z}{\partial x}$，$\frac{\partial z}{\partial y}$；

(5) 设 $u=f\left(\frac{x}{y},\ \frac{y}{z}\right)$，其中$\frac{\partial z}{\partial x}$可微，求$\frac{\partial u}{\partial x}$，$\frac{\partial u}{\partial y}$，$\frac{\partial u}{\partial z}$.

2. 求下列函数的一阶全微分，其中 f 具有一阶连续偏导数.

(1) $z=f(\sin x^2,\ x+y^2)$；

(2) $u=f(x,\ xy,\ xyz)$.

3. 验证函数 $z(x,\ y)=x^n f\left(\frac{y}{x^2}\right)$满足方程 $x\frac{\partial z}{\partial x}+2y\frac{\partial z}{\partial y}=nz$.

4. 设 f 具有连续的二阶偏导数，求下列函数指定的高阶偏导数.

(1) $z=f\left(\ln\frac{y}{x},\ xy\right)$；$\frac{\partial^2 z}{\partial x^2}$，$\frac{\partial^2 z}{\partial x\partial y}$.

(2) $z=yf(x+y,\ x^2y)$；$\frac{\partial^2 z}{\partial x\partial y}$，$\frac{\partial^2 z}{\partial y^2}$.

(3) $u=f(x^2+y^2+z^2)$；$\frac{\partial^2 u}{\partial x^2}$，$\frac{\partial^2 u}{\partial z^2}$，$\frac{\partial^2 u}{\partial x\partial y}$.

5. 设 $z=\varphi(x+y)+y\psi(x+y)$，其中 φ，ψ 具有连续的二阶偏导数. 试证

$$\frac{\partial^2 z}{\partial x^2}-2\frac{\partial^2 z}{\partial x\partial y}+\frac{\partial^2 z}{\partial y^2}=0$$

9.4　隐函数的求导*

在一元函数部分，已经学习了由函数方程所确定的隐函数的概念和求导方法. 对于多元函数方程(组)在什么条件下能确定隐函数，又如何保证这个隐函数具有连续性、可导性、可微性？本节对此进行讨论，并给出隐函数的求导方法.

9.4.1　一个方程确定的隐函数的求导法则

定理 9.4.1(一元隐函数存在定理)　设二元函数 $F(x,\ y)$在点$(x_0,\ y_0)$的某邻域内有连续偏导数，且 $F(x_0,\ y_0)=0$，$F_y(x_0,\ y_0)\neq 0$，则方程 $F(x,\ y)=0$ 在点$(x_0,\ y_0)$的某一邻域中唯一确定了一个具有连续导数的函数 $y=f(x)$，它满足 $y_0=f(x_0)$ 及 $F[x,\ f(x)]\equiv 0$，且

$$\frac{dy}{dx}=-\frac{F_x}{F_y}$$

定理的证明从略. 下面仅推导定理中的公式.

设 $F(x,\ y)=0$ 能确定具有连续导数的函数 $y=f(x)$，将其代入方程 $F(x,y)=0$，则有 $F[x,\ f(x)]\equiv 0$，将方程两边关于 x 求导，由复合函数的链式法则，得

$$F_x+F_y\cdot\frac{dy}{dx}=0$$

由于 F_y 连续且 $F_y(x_0, y_0)\neq 0$，所以存在点(x_0, y_0)的某邻域内 $F_y\neq 0$，故有

$$\frac{\mathrm{d}y}{\mathrm{d}x}=-\frac{F_x}{F_y}$$

若将定理中的条件 $F_y(x_0, y_0)\neq 0$ 改为 $F_x(x_0, y_0)\neq 0$，则相应的结论为：方程 $F(x, y)=0$ 在点(x_0, y_0)的某邻域内唯一地确定一个有连续导数的函数 $x=g(y)$，它满足$x_0=g(y_0)$及 $F[g(y), y]=0$，且

$$\frac{\mathrm{d}x}{\mathrm{d}y}=-\frac{F_y}{F_x}$$

另外，定理的结论只是在满足条件的点(x_0, y_0)的某邻域内成立.

例 9.4.1 验证方程 $xy-\mathrm{e}^x+\mathrm{e}^y=0$ 在点(0, 0)的某邻域内能唯一地确定一个有连续导数的隐函数 $y=f(x)$，并求$\left.\frac{\mathrm{d}y}{\mathrm{d}x}\right|_{x=0, y=0}$.

解 令 $F(x, y)=xy-\mathrm{e}^x+\mathrm{e}^y$，则

$$F(0, 0)=0, F_x=y-\mathrm{e}^x, F_y=x+\mathrm{e}^y, F_y(0, 0)=1\neq 0$$

由定理 9.4.1 知方程 $xy-\mathrm{e}^x+\mathrm{e}^y=0$ 在点(0, 0)的某邻域内能唯一地确定一个有连续导数的隐函数 $y=f(x)$ 满足条件 $f(0)=0$，且

$$\frac{\mathrm{d}y}{\mathrm{d}x}=-\frac{F_x}{F_y}=\frac{\mathrm{e}^x-y}{x+\mathrm{e}^y}, \left.\frac{\mathrm{d}y}{\mathrm{d}x}\right|_{x=0, y=0}=1$$

例 9.4.2 求由方程 $\sin y+\mathrm{e}^x-xy^2=0$ 所确定的隐函数 $y=f(x)$的导数$\frac{\mathrm{d}y}{\mathrm{d}x}$.

解法一 令 $F(x, y)=\sin y+\mathrm{e}^x-xy^2$，则 $F_x=\mathrm{e}^x-y^2$，$F_y=\cos y-2xy$，利用公式得

$$\frac{\mathrm{d}y}{\mathrm{d}x}=-\frac{F_x}{F_y}=\frac{y^2-\mathrm{e}^x}{\cos y-2xy}$$

解法二 利用复合函数求导法，方程两边同时对 x 求导，得

$$\cos y\frac{\mathrm{d}y}{\mathrm{d}x}+\mathrm{e}^x-y^2-2xy\frac{\mathrm{d}y}{\mathrm{d}x}=0$$

因此

$$\frac{\mathrm{d}y}{\mathrm{d}x}=\frac{y^2-\mathrm{e}^x}{\cos y-2xy}$$

求导过程中，必须注意变量间的关系. 利用公式时，在求 F_x，F_y 的计算过程中，x，y 视为相互独立的变量；若利用复合函数的求导法，则计算时 y 是 x 的函数.

一元隐函数存在定理还可以推广到多元函数的情形，证明方法相似，因此不加证明地给出多元函数的隐函数存在定理.

定理 9.4.2(多元隐函数存在定理) 设三元函数 $F(x, y, z)$在点(x_0, y_0, z_0)的某邻域内，偏导数 F_x，F_y，F_z 存在且连续，且 $F(x_0, y_0, z_0)=0$，$F_z(x_0, y_0, z_0)\neq 0$，则方程 $F(x, y, z)=0$ 在点(x_0, y_0, z_0)的某邻域内唯一确定一个连续且有连续偏导数的二元隐函数 $z=f(x, y)$，满足 $F[x, y, f(x, y)]=0$，且 $z_0=f(x_0, y_0)$，其偏导数为

$$\frac{\partial z}{\partial x}=-\frac{F_x}{F_z}, \frac{\partial z}{\partial y}=-\frac{F_y}{F_z}$$

这里只对公式作推导. 设方程 $F(x, y, z)=0$ 能确定一个连续且有连续偏导数的二元隐函数 $z=f(x, y)$，若将 $z=f(x, y)$ 代入方程 $F(x, y, z)=0$ 中，得恒等式

$$F[x, y, f(x, y)]\equiv 0$$

两端分别对 x，y 求偏导，得

$$F_x+F_z\cdot\frac{\partial z}{\partial x}=0,\ F_y+F_z\cdot\frac{\partial z}{\partial y}=0$$

由于 F_z 连续，且 $F_z(x_0, y_0, z_0)\neq 0$，所以存在点(x_0, y_0, z_0)的某邻域内 $F_z\neq 0$，故

$$\frac{\partial z}{\partial x}=-\frac{F_x}{F_z},\ \frac{\partial z}{\partial y}=-\frac{F_y}{F_z}$$

例 9.4.3　设 $xyz=xe^z+yz^2$，求$\frac{\partial z}{\partial x}$，$\frac{\partial z}{\partial y}$.

解　令 $F(x, y, z)=xyz-xe^z-yz^2$，因为

$$F_x=yz-e^z,\ F_y=xz-z^2,\ F_z=xy-xe^z-2yz$$

所以

$$\frac{\partial z}{\partial x}=-\frac{F_x}{F_z}=\frac{e^z-yz}{xy-xe^z-2yz},\ \frac{\partial z}{\partial y}=-\frac{F_y}{F_z}=\frac{z^2-xz}{xy-xe^z-2yz}$$

9.4.2　方程组确定的隐函数的求导法则

对于函数方程组，在一定条件下，也能在某个局部区域确定隐函数. 上面关于隐函数的存在定理的结论也可推广到方程组的情形中.

比如四元函数方程组$\begin{cases}F(x, y, u, v)=0\\G(x, y, u, v)=0\end{cases}$在一定条件下，在某个局部区域可以确定两个二元隐函数，以此为例，来说明方程组情形下的隐函数存在的性质和求导法则.

定理 9.4.3(方程组情形下的隐函数存在定理)　设函数 $F(x, y, u, v)$，$G(x, y, u, v)$ 满足：

(1) 在点 $P_0(x_0, y_0, u_0, v_0)$的某一邻域内，$F(x, y, u, v)$，$G(x, y, u, v)$ 具有一阶连续偏导数；

(2) $F(x_0, y_0, u_0, v_0)=0$，$G(x_0, y_0, u_0, v_0)=0$；

(3) 由偏导数组成的行列式(称为雅可比行列式)

$$J=\left.\frac{\partial(F, G)}{\partial(u, v)}\right|_{P_0}=\begin{vmatrix}F_u & F_v\\G_u & G_v\end{vmatrix}_{P_0}\neq 0$$

则方程组$\begin{cases}F(x, y, u, v)=0\\G(x, y, u, v)=0\end{cases}$在点 $P_0(x_0, y_0, u_0, v_0)$的某邻域内唯一确定了两个具有连续偏导数的二元隐函数 $u=u(x, y)$，$v=v(x, y)$，它满足条件 $u_0=u(x_0, y_0)$，$v_0=v(x_0, y_0)$，且

$$\frac{\partial u}{\partial x}=-\frac{1}{J}\cdot\frac{\partial(F, G)}{\partial(x, v)}=-\frac{\begin{vmatrix}F_x & F_v\\G_x & G_v\end{vmatrix}}{\begin{vmatrix}F_u & F_v\\G_u & G_v\end{vmatrix}},\ \frac{\partial u}{\partial y}=-\frac{1}{J}\cdot\frac{\partial(F, G)}{\partial(y, v)}=-\frac{\begin{vmatrix}F_y & F_v\\G_y & G_v\end{vmatrix}}{\begin{vmatrix}F_u & F_v\\G_u & G_v\end{vmatrix}}$$

$$\frac{\partial v}{\partial x}=-\frac{1}{J}\cdot\frac{\partial(F,G)}{\partial(u,x)}=-\frac{\begin{vmatrix}F_u & F_x\\ G_u & G_x\end{vmatrix}}{\begin{vmatrix}F_u & F_v\\ G_u & G_v\end{vmatrix}},\quad \frac{\partial v}{\partial y}=-\frac{1}{J}\cdot\frac{\partial(F,G)}{\partial(u,y)}=-\frac{\begin{vmatrix}F_u & F_y\\ G_u & G_y\end{vmatrix}}{\begin{vmatrix}F_u & F_v\\ G_u & G_v\end{vmatrix}}$$

证明略，这里仅推导公式. 设方程组$\begin{cases}F(x,y,u,v)=0\\ G(x,y,u,v)=0\end{cases}$能唯一确定两个有连续偏导数的二元隐函数 $u=u(x,y)$, $v=v(x,y)$, 将 $u=u(x,y)$, $v=v(x,y)$ 代入方程组，得恒等式

$$\begin{cases}F[x,y,u(x,y),v(x,y)]\equiv 0\\ G[x,y,u(x,y),v(x,y)]\equiv 0\end{cases}$$

将恒等式两端对 x 求偏导数，由复合函数求导法则可得

$$\begin{cases}F_x+F_u\dfrac{\partial u}{\partial x}+F_v\dfrac{\partial v}{\partial x}=0\\ G_x+G_u\dfrac{\partial u}{\partial x}+G_v\dfrac{\partial v}{\partial x}=0\end{cases}$$

这是关于$\dfrac{\partial u}{\partial x}$，$\dfrac{\partial v}{\partial x}$的线性方程组. 其系数行列式$\begin{vmatrix}F_u & F_v\\ G_u & G_v\end{vmatrix}_{P_0}\neq 0$，由克拉默法则，得

$$\frac{\partial u}{\partial x}=-\frac{1}{J}\cdot\frac{\partial(F,G)}{\partial(x,v)}=-\frac{\begin{vmatrix}F_x & F_v\\ G_x & G_v\end{vmatrix}}{\begin{vmatrix}F_u & F_v\\ G_u & G_v\end{vmatrix}},\quad \frac{\partial v}{\partial x}=-\frac{1}{J}\cdot\frac{\partial(F,G)}{\partial(u,x)}=-\frac{\begin{vmatrix}F_u & F_x\\ G_u & G_x\end{vmatrix}}{\begin{vmatrix}F_u & F_v\\ G_u & G_v\end{vmatrix}}$$

同理，若将恒等式两端对 y 求偏导，可得

$$\frac{\partial u}{\partial y}=-\frac{1}{J}\cdot\frac{\partial(F,G)}{\partial(y,v)}=-\frac{\begin{vmatrix}F_y & F_v\\ G_y & G_v\end{vmatrix}}{\begin{vmatrix}F_u & F_v\\ G_u & G_v\end{vmatrix}},\quad \frac{\partial v}{\partial y}=-\frac{1}{J}\cdot\frac{\partial(F,G)}{\partial(u,y)}=-\frac{\begin{vmatrix}F_u & F_y\\ G_u & G_y\end{vmatrix}}{\begin{vmatrix}F_u & F_v\\ G_u & G_v\end{vmatrix}}$$

可以看出，公式的形式比较复杂，用起来不太方便，实际计算中可以直接从方程组出发，依照推导公式的方法求方程组所确定的隐函数组的偏导数.

例 9.4.4 设方程组$\begin{cases}2xu+y^2v=0\\ yu+3xv=1\end{cases}$，求$\dfrac{\partial u}{\partial x}$，$\dfrac{\partial u}{\partial y}$，$\dfrac{\partial v}{\partial x}$，$\dfrac{\partial v}{\partial y}$.

解 将所给方程组两边对 x 求导，可得

$$\begin{cases}2x\dfrac{\partial u}{\partial x}+y^2\dfrac{\partial v}{\partial x}=-2u\\ y\dfrac{\partial u}{\partial x}+3x\dfrac{\partial v}{\partial x}=-3v\end{cases}$$

在 $J=\begin{vmatrix}2x & y^2\\ y & 3x\end{vmatrix}=6x^2-y^3\neq 0$ 的条件下，

$$\frac{\partial u}{\partial x}=\frac{\begin{vmatrix}-2u & y^2\\ -3v & 3x\end{vmatrix}}{\begin{vmatrix}2x & y^2\\ y & 3x\end{vmatrix}}=\frac{3vy^2-6xu}{6x^2-y^3},\quad \frac{\partial v}{\partial x}=\frac{\begin{vmatrix}2x & -2u\\ y & -3v\end{vmatrix}}{\begin{vmatrix}2x & y^2\\ y & 3x\end{vmatrix}}=\frac{2yu-6xv}{6x^2-y^3}$$

同理将方程组两边对 y 求导，用同样的方法在 $J=6x^2-y^3\neq 0$ 的条件下，

$$\frac{\partial u}{\partial y}=\frac{y^2u-6xyv}{6x^2-y^3},\quad \frac{\partial v}{\partial y}=\frac{2y^2v-2xu}{6x^2-y^3}$$

习题 9.4

1. 求下列方程所确定的隐函数的导数或偏导数.

(1) 设 $x^3+y^3-3axy=0$，求$\dfrac{\mathrm{d}y}{\mathrm{d}x}$；

(2) 设 $x^2+y^2+z^2=\mathrm{e}^{-(x+y+z)}$，求$\dfrac{\partial z}{\partial x}$，$\dfrac{\partial z}{\partial y}$；

(3) 设 $z=yz^3+5x^2-2$，求$\dfrac{\partial z}{\partial x}$，$\dfrac{\partial z}{\partial y}$；

(4) 设 $\ln\sqrt{x^2+y^2}=\arctan\dfrac{y}{x}$，求$\dfrac{\mathrm{d}y}{\mathrm{d}x}$，$\dfrac{\mathrm{d}^2y}{\mathrm{d}x^2}$；

(5) 设 $\mathrm{e}^z=xyz$，求$\dfrac{\partial^2 z}{\partial x^2}$，$\dfrac{\partial^2 z}{\partial y^2}$，$\dfrac{\partial^2 z}{\partial x\partial y}$.

2. 求由下列方程组所确定的隐函数的导数或偏导数.

(1) 设$\begin{cases}x+y+z=0\\ x^2+y^2+z^2=1\end{cases}$，求$\dfrac{\mathrm{d}x}{\mathrm{d}z}$，$\dfrac{\mathrm{d}y}{\mathrm{d}z}$；

(2) 设$\begin{cases}u=f(ux^2,\ v+y^2)\\ v=g(2u-x,\ v^2y)\end{cases}$，其中 f，g 具有一阶连续偏导数，求$\dfrac{\partial u}{\partial x}$，$\dfrac{\partial v}{\partial x}$.

3. 设 $\varphi(u, v)$为可微函数. 证明由方程 $\varphi(cx-az, cy-bz)=0$ 所确定的隐函数 $z=z(x, y)$满足方程 $a\dfrac{\partial z}{\partial x}+b\dfrac{\partial z}{\partial y}=c$.

4. 设 $z=z(x, y)$ 由方程 $f(x^2+z\sin y, y^2+\cos z)=0$ 所确定，其中 f 具有一阶连续偏导数，求 $\mathrm{d}z$.

9.5　偏导数在几何中的应用*

9.5.1　空间曲线的切线与法平面

1. 参数式方程表示的曲线的切线和法平面

设空间曲线 Γ 的参数方程为 $x=\varphi(t)$，$y=\psi(t)$，$z=\omega(t)$，$\alpha\leqslant t\leqslant\beta$，并假设上述三个函数都在$[\alpha, \beta]$上可导.

显然曲线 Γ 是连续曲线. 在曲线 Γ 上取对应于 $t=t_0$ 的点 $M(x_0, y_0, z_0)$ 及对应于 $t=t_0+\Delta t$ 的点 $M'(x_0+\Delta x, y_0+\Delta y, z_0+\Delta z)$，则割线 MM' 的两点式方程为

$$\frac{x-x_0}{\Delta x}=\frac{y-y_0}{\Delta y}=\frac{z-z_0}{\Delta z}$$

用 Δt 除上式的各分母，得

$$\frac{x-x_0}{\dfrac{\Delta x}{\Delta t}}=\frac{y-y_0}{\dfrac{\Delta y}{\Delta t}}=\frac{z-z_0}{\dfrac{\Delta z}{\Delta t}}$$

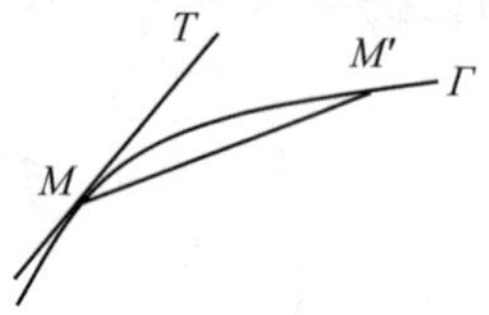

图 9.5.1

当 M' 沿曲线 Γ 趋近于 M 时，割线 MM' 的极限位置 MT 就是曲线 Γ 在点 M 处的切线，见图 9.5.1. 当 $M'\to M$，即 $\Delta t\to 0$ 时，对上式取极限，得曲线 Γ 在点 M 处的切线方程为

$$\frac{x-x_0}{\varphi'(t_0)}=\frac{y-y_0}{\psi'(t_0)}=\frac{z-z_0}{\omega'(t_0)}$$

上式 $\varphi'(t_0)$，$\psi'(t_0)$，$\omega'(t_0)$ 中，若有某项为零，则按空间解析几何中对称式方程来理解. 例如，当 $\varphi'(t_0)=0$，$\psi'(t_0)\neq 0$，$\omega'(t_0)\neq 0$ 时，这个公式应该理解为

$$\begin{cases}\dfrac{y-y_0}{\psi'(t_0)}=\dfrac{z-z_0}{\omega'(t_0)}\\ x=x_0\end{cases}$$

切线的方向向量称为曲线的切向量. 向量 $\boldsymbol{T}=\{\varphi'(t_0), \psi'(t_0), \omega'(t_0)\}$ 就是曲线 Γ 在点 M 处的一个切向量.

过点 M 且与该点的切线垂直的平面称为曲线 Γ 在点 M 处的法平面，其方程为

$$\varphi'(t_0)(x-x_0)+\psi'(t_0)(y-y_0)+\omega'(t_0)(z-z_0)=0$$

例 9.5.1 求曲线 $x=t$，$y=t^2$，$z=t^3$ 在点 $(1, 1, 1)$ 处的切线和法平面.

解 因为 $x'(t)=1$，$y'(t)=2t$，$z'(t)=3t^2$，又由方程知，在点 $(1, 1, 1)$ 处，对应于 $t=1$，所以切线的方向向量为 $\boldsymbol{T}=\{1, 2, 3\}$. 故曲线在 $(1, 1, 1)$ 处的切线方程和法平面方程分别为

$$\frac{x-1}{1}=\frac{y-1}{2}=\frac{z-1}{3}$$

$$(x-1)+2(y-1)+3(z-1)=0 \Rightarrow x+2y+3z-6=0$$

特别地，若空间曲线 Γ 的方程为 $y=\varphi(x)$，$z=\psi(x)$，$a\leqslant x\leqslant b$，此时，将其看成是以 x 为参数的参数方程

$$\begin{cases}x=x\\ y=\varphi(x), a\leqslant x\leqslant b\\ z=\psi(x)\end{cases}$$

若 $\varphi(x)$，$\psi(x)$ 都在 $x=x_0$ 处可导，则曲线在点 $M(x_0, y_0, z_0)$ 处的一个切向量为

$$\boldsymbol{T}=\{1, \varphi'(x_0), \psi'(x_0)\}$$

故曲线 Γ 在点 $M(x_0, y_0, z_0)$ 的切线方程为

$$\frac{x-x_0}{1}=\frac{y-y_0}{\varphi'(x_0)}=\frac{z-z_0}{\psi'(x_0)}$$

在点 $M(x_0, y_0, z_0)$ 的法平面方程为

$$(x-x_0)+\varphi'(x_0)(y-y_0)+\psi'(x_0)(z-z_0)=0$$

2. 一般方程形式表示的曲线的切线和法平面方程

若曲线 Γ 的方程为 $\begin{cases}F(x, y, z)=0\\G(x, y, z)=0\end{cases}$，$M(x_0, y_0, z_0)$ 是曲线 Γ 上的一点，F 和 G 对各个变量有连续偏导数，假设

$$\left.\frac{\partial(F, G)}{\partial(y, z)}\right|_M=\left.\begin{vmatrix}F_y & F_z\\G_y & G_z\end{vmatrix}\right|_M\neq 0$$

则方程组在点 $M(x_0, y_0, z_0)$ 的某一邻域内确定了一组函数 $y=y(x)$，$z=z(x)$，且

$$\frac{\mathrm{d}y}{\mathrm{d}x}=y'(x)=\frac{\begin{vmatrix}F_z & F_x\\G_z & G_x\end{vmatrix}}{\begin{vmatrix}F_y & F_z\\G_y & G_z\end{vmatrix}};\ \frac{\mathrm{d}z}{\mathrm{d}x}=z'(x)=\frac{\begin{vmatrix}F_x & F_y\\G_x & G_y\end{vmatrix}}{\begin{vmatrix}F_y & F_z\\G_y & G_z\end{vmatrix}}$$

于是曲线 Γ 在点 $M(x_0, y_0, z_0)$ 的切向量为

$$\boldsymbol{T}=\left\{1, \frac{\left.\begin{vmatrix}F_z & F_x\\G_z & G_x\end{vmatrix}\right|_M}{\left.\begin{vmatrix}F_y & F_z\\G_y & G_z\end{vmatrix}\right|_M}, \frac{\left.\begin{vmatrix}F_x & F_y\\G_x & G_y\end{vmatrix}\right|_M}{\left.\begin{vmatrix}F_y & F_z\\G_y & G_z\end{vmatrix}\right|_M}\right\}$$

曲线 Γ 在点 $M(x_0, y_0, z_0)$ 的切线方程为

$$\frac{x-x_0}{\left.\begin{vmatrix}F_y & F_z\\G_y & G_z\end{vmatrix}\right|_M}=\frac{y-y_0}{\left.\begin{vmatrix}F_z & F_x\\G_z & G_x\end{vmatrix}\right|_M}=\frac{z-z_0}{\left.\begin{vmatrix}F_x & F_y\\G_x & G_y\end{vmatrix}\right|_M}$$

曲线 Γ 在点 $M(x_0, y_0, z_0)$ 的法平面方程为

$$\left.\begin{vmatrix}F_y & F_z\\G_y & G_z\end{vmatrix}\right|_M(x-x_0)+\left.\begin{vmatrix}F_z & F_x\\G_z & G_x\end{vmatrix}\right|_M(y-y_0)+\left.\begin{vmatrix}F_x & F_y\\G_x & G_y\end{vmatrix}\right|_M(z-z_0)=0$$

例 9.5.2　求曲线 $\begin{cases}2x+y-z=0\\x^2+y^2+2z^2=4\end{cases}$ 上点 $M(1, -1, 1)$ 处的切线和法平面方程.

解　设有曲线 $\begin{cases}F(x, y, z)=2x+y-z=0\\G(x, y, z)=x^2+y^2+2z^2=4\end{cases}$，则曲线在点 $M(1, -1, 1)$ 处的切向量为

$$\left.\left\{\begin{vmatrix}F_y & F_z\\G_y & G_z\end{vmatrix}, \begin{vmatrix}F_z & F_x\\G_z & G_x\end{vmatrix}, \begin{vmatrix}F_x & F_y\\G_x & G_y\end{vmatrix}\right\}\right|_M=\left.\left\{\begin{vmatrix}1 & -1\\2y & 4z\end{vmatrix}, \begin{vmatrix}-1 & 2\\4z & 2x\end{vmatrix}, \begin{vmatrix}2 & 1\\2x & 2y\end{vmatrix}\right\}\right|_M$$
$$=\{2, -10, -6\}$$

取切向量为 $\boldsymbol{T}=\{1, -5, -3\}$，则曲线在点 $M(1, -1, 1)$ 处的切线方程为

$$\frac{x-1}{1}=\frac{y+1}{-5}=\frac{z-1}{-3}$$

法平面方程为

$$(x-1)-5(y+1)-3(z-1)=0\Rightarrow x-5y-3z-3=0$$

9.5.2 曲面的切平面与法线

设曲面 Σ 的方程为 $F(x, y, z)=0$，$M(x_0, y_0, z_0)$ 为曲面 Σ 上的点，并设 $F(x, y, z)$ 在点 M 具有连续偏导数，且偏导数不全为零. 在曲面 Σ 上，过点 M 任意作光滑曲线 Γ，如图 9.5.2，并设曲线 Γ 的参数方程为

$$x=\varphi(t),\ y=\psi(t),\ z=\omega(t),\ \alpha\leqslant t\leqslant\beta$$

参数 $t=t_0$ 对应点 $M(x_0, y_0, z_0)$，故有恒等式

$$F[\varphi(t), \psi(t), \omega(t)]\equiv 0$$

方程两边关于 t 求导，在 $t=t_0$ 处有

$$\frac{\mathrm{d}}{\mathrm{d}t}F[\varphi(t), \psi(t), \omega(t)]\bigg|_{t=t_0}=0$$

即

$$F_x(x_0, y_0, z_0)\varphi'(t_0)+F_y(x_0, y_0, z_0)\psi'(t_0)+F_z(x_0, y_0, z_0)\omega'(t_0)=0$$

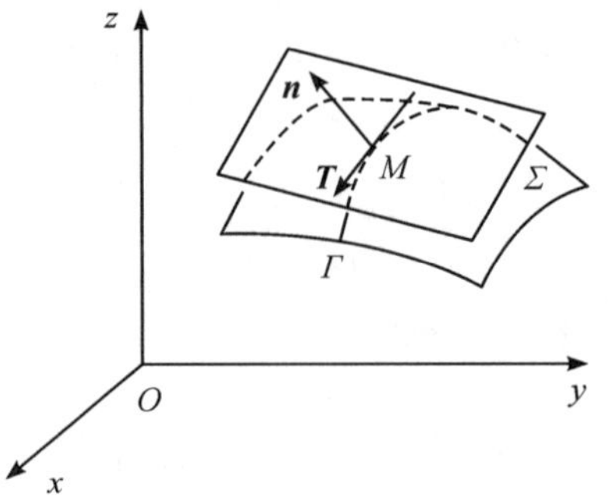

图 9.5.2

已知 $\boldsymbol{T}=\{\varphi'(t_0), \psi'(t_0), \omega'(t_0)\}$ 表示曲线 Γ 在点 M 处的切向量，若令

$$\boldsymbol{n}=\{F_x(x_0, y_0, z_0), F_y(x_0, y_0, z_0), F_z(x_0, y_0, z_0)\}$$

显然 $\boldsymbol{n}\neq\{0, 0, 0\}$，由光滑曲线 Γ 的任意性知，过点 M 的任意光滑曲线在点 M 处的切线都与同一个确定的向量 $\boldsymbol{n}$ 垂直，从而曲面 Σ 上通过点 M 的一切曲线在点 M 的切线都在同一平面上. 该平面称为曲面 Σ 在点 M 处的切平面，$\boldsymbol{n}$ 即为曲面 Σ 在点 M 处的一个法向量，故曲面 Σ 在点 M 处的切平面的方程为

$$F_x(x_0, y_0, z_0)(x-x_0)+F_y(x_0, y_0, z_0)(y-y_0)+F_z(x_0, y_0, z_0)(z-z_0)=0$$

过点 $M(x_0, y_0, z_0)$ 且垂直于该点处的切平面的直线称为曲面 Σ 在点 M 的法线. 法线方程为

$$\frac{x-x_0}{F_x(x_0, y_0, z_0)}=\frac{y-y_0}{F_y(x_0, y_0, z_0)}=\frac{z-z_0}{F_z(x_0, y_0, z_0)}$$

特别地，如果曲面 Σ 的方程为 $z=f(x, y)$，且 $f(x, y)$ 的两个偏导数在点 (x_0, y_0) 连续，可将其变形为以上讨论的情形. 令 $F(x, y, z)=f(x, y)-z$，则有 $F_x=f_x$，$F_y=f_y$，$F_z=-1$. 于是曲面 Σ 在 $M(x_0, y_0, z_0)$ 处的法向量为

$$\boldsymbol{n}=\{f_x(x_0, y_0), f_y(x_0, y_0), -1\}$$

故切平面方程为

$$f_x(x_0, y_0)(x-x_0)+f_y(x_0, y_0)(y-y_0)-(z-z_0)=0$$

法线方程为

$$\frac{x-x_0}{f_x(x_0, y_0)}=\frac{y-y_0}{f_y(x_0, y_0)}=\frac{z-z_0}{-1}$$

如果将上面的切平面方程移项变形为

$$z-z_0=f_x(x_0, y_0)(x-x_0)+f_y(x_0, y_0)(y-y_0)$$

此式的左端是切平面上点的纵坐标的增量，右端恰是函数 $f(x, y)$ 在点 (x_0, y_0) 的全微分，可见，函数 $f(x, y)$ 在点 (x_0, y_0) 的全微分的几何意义是：函数 $z=f(x, y)$ 的曲面在点 (x_0, y_0, z_0) 处的切平面上点的 z 坐标值增量.

如果以 α，β，γ 分别表示曲面的法向量与 x，y，z 轴正方向之间的夹角(方向角)，并规定法向量的方向是向上的(即它与 z 轴正向所成夹角为锐角)，显式方程下，若法向量为

$$\boldsymbol{n}=\{f_x(x_0, y_0), f_y(x_0, y_0), -1\}$$

则法向量的方向余弦为

$$\cos\alpha=\frac{-f_x(x_0, y_0)}{\sqrt{1+f_x^2(x_0, y_0)+f_y^2(x_0, y_0)}}$$

$$\cos\beta=\frac{-f_y(x_0, y_0)}{\sqrt{1+f_x^2(x_0, y_0)+f_y^2(x_0, y_0)}}$$

$$\cos\gamma=\frac{1}{\sqrt{1+f_x^2(x_0, y_0)+f_y^2(x_0, y_0)}}$$

例 9.5.3　求曲面 $x^2+y^2-z^2=1$ 在点 $(1, 1, -1)$ 处的切平面及法线方程.

解　令 $F(x, y, z)=x^2+y^2-z^2-1$，则

$$\boldsymbol{n}=\{F_x, F_y, F_z\}\big|_{(1,1,-1)}=\{2x, 2y, -2z\}\big|_{(1,1,-1)}=\{2, 2, 2\}$$

曲面在点 $(1, 1, -1)$ 处的切平面方程为

$$2(x-1)+2(y-1)+2(z+1)=0 \Rightarrow x+y+z-1=0$$

法线方程为

$$\frac{x-1}{1}=\frac{y-1}{1}=\frac{z+1}{1}$$

例 9.5.4　求曲面 $z=x^2+y^2$ 在点 $(1, 2, 5)$ 处的切平面及法线方程.

解　令 $f(x, y)=x^2+y^2$，则

$$\boldsymbol{n}=\{f_x, f_y, -1\}\big|_{(1,2,5)}=\{2x, 2y, -1\}\big|_{(1,2,5)}=\{2, 4, -1\}$$

曲面在点 $(1, 2, 5)$ 处的切平面方程为

$$2(x-1)+4(y-2)-(z-5)=0 \Rightarrow 2x+4y-z-5=0$$

法线方程为

$$\frac{x-1}{2}=\frac{y-2}{4}=\frac{z-5}{-1}$$

习题 9.5

1. 求下列曲线在指定点处的切线与法平面.

(1) $x=t-\sin t$, $y=1-\cos t$, $z=4\sin\frac{t}{2}$; $P\left(\frac{\pi}{2}-1, 1, 2\sqrt{2}\right)$.

(2) $\begin{cases}x^2+y^2+z^2-3x=0\\2x-3y+5z=4\end{cases}$; $P(1, 1, 1)$.

(3) $\begin{cases}x^2+z^2=10\\y^2+z^2=10\end{cases}$; $P(1, 1, 3)$.

2. 求下列曲面在指定点处的切平面和法线.

(1) $e^z-z+xy=3$; $P(2, 1, 0)$.

(2) $z=x^2+y^2$; $P(1, 2, 5)$.

3. 求曲线 $x=t$, $y=t^2$, $z=t^3$ 上一点，使曲线在该点的切线平行于平面 $x+2y+z=4$.

4. 求椭球面 $x^2+2y^2+z^2=1$ 上平行于平面 $x-y+2z=0$ 的切平面方程.

5. 求旋转椭球面 $3x^2+y^2+z^2=16$ 上点 $P(-1, -2, 3)$处的切平面与 xOy 面夹角的余弦.

6. 曲面 $z=4-x^2-y^2$ 上某点处的切平面平行于平面 $2x+2y+z=1$，求该点坐标.

7. 设直线$\begin{cases}x+y+b=0\\x+ay-z-3=0\end{cases}$在平面上，平面与曲面 $z=x^2+y^2$ 相切于点 $P(1, -2, 5)$，求 a, b 的值.

9.6 方向导数与梯度*

9.6.1 方向导数

偏导数反映的是函数沿坐标轴方向的变化率. 对于一些物理现象，若只考虑函数沿坐标轴方向的变化率是不够的. 例如，热空气向温度相对低的方向流动，在气象学中需要确定大气温度及气压沿着某些方向的变化率. 因此有必要讨论函数沿某方向的变化率问题. 设 l 是 xOy 平面上以 $P_0(x_0, y_0)$ 为始点的一条射线，$\boldsymbol{e}_l=\{\cos\alpha, \cos\beta\}$是与 l 同方向的单位向量(见图 9.6.1). 射线 l 的参数方程为

$$\begin{cases}x=x_0+t\cos\alpha\\y=y_0+t\cos\beta\end{cases}\quad(t\geqslant 0)$$

设函数 $z=f(x, y)$在点 $P_0(x_0, y_0)$的某邻域 $U(P_0)$ 内有定义，$P(x_0+t\cos\alpha, y_0+$

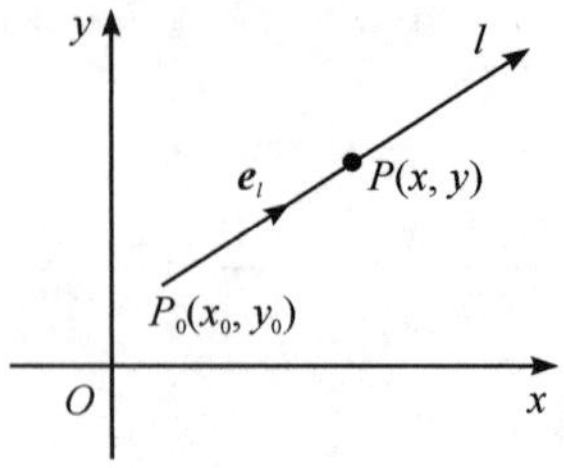

图 9.6.1

$t\cos\beta$) 为 l 上另一点，且 $P\in U(P_0)$. 若函数增量 $f(x_0+t\cos\alpha, y_0+t\cos\beta)-f(x_0, y_0)$ 与 P 到 P_0 的距离 $|PP_0|=t$ 的比值

$$\frac{f(x_0+t\cos\alpha, y_0+t\cos\beta)-f(x_0, y_0)}{t}$$

当 P 沿着 l 趋于 P_0(即 $t\to0^+$) 时的极限存在，则称此极限为函数 $f(x, y)$在点 P_0 沿射线 l 的**方向导数**，记作$\left.\frac{\partial f}{\partial l}\right|_{(x_0, y_0)}$，即

$$\left.\frac{\partial f}{\partial l}\right|_{(x_0, y_0)}=\lim_{t\to0^+}\frac{f(x_0+t\cos\alpha, y_0+t\cos\beta)-f(x_0, y_0)}{t}$$

从方向导数的定义可知，方向导数$\left.\frac{\partial f}{\partial l}\right|_{(x_0, y_0)}$就是函数 $f(x, y)$在点 $P_0(x_0, y_0)$处沿射线 l 的变化率. 若函数 $f(x, y)$在点 $P_0(x_0, y_0)$的偏导数存在，$\boldsymbol{e}_l=\boldsymbol{i}=\{1, 0\}$，则

$$\left.\frac{\partial f}{\partial l}\right|_{(x_0, y_0)}=\lim_{t\to0^+}\frac{f(x_0+t, y_0)-f(x_0, y_0)}{t}=f_x(x_0, y_0)$$

又若 $\boldsymbol{e}_l=\boldsymbol{j}=\{0, 1\}$，则

$$\left.\frac{\partial f}{\partial l}\right|_{(x_0, y_0)}=\lim_{t\to0^+}\frac{f(x_0, y_0+t)-f(x_0, y_0)}{t}=f_y(x_0, y_0)$$

但反之，若 $\boldsymbol{e}_l=\boldsymbol{i}$，$\left.\frac{\partial z}{\partial l}\right|_{(x_0, y_0)}$存在，则$\left.\frac{\partial z}{\partial x}\right|_{(x_0, y_0)}$未必存在. 例如，$z=\sqrt{x^2+y^2}$ 在点 $O(0, 0)$处沿 l 的方向 $\boldsymbol{i}$ 的方向导数 $\left.\frac{\partial z}{\partial l}\right|_{(0, 0)}=1$，而偏导数$\left.\frac{\partial z}{\partial x}\right|_{(0, 0)}$不存在.

定理 9.6.1　如果函数 $f(x, y)$在点 $P_0(x_0, y_0)$处可微分，那么函数在该点沿任一射线 l 的方向导数存在，且有

$$\left.\frac{\partial f}{\partial l}\right|_{(x_0, y_0)}=f_x(x_0, y_0)\cos\alpha+f_y(x_0, y_0)\cos\beta$$

其中 $\cos\alpha$ 和 $\cos\beta$ 是射线 l 的方向余弦.

证　由假设，$f(x, y)$在点(x_0, y_0)处可微分，故有

$$f(x_0+\Delta x, y_0+\Delta y)-f(x_0, y_0)=f_x(x_0, y_0)\Delta x+f_y(x_0, y_0)\Delta y+o\left(\sqrt{(\Delta x)^2+(\Delta y)^2}\right)$$

但点$(x_0+\Delta x, y_0+\Delta y)$在以$(x_0, y_0)$ 为始点的射线 l 上时，应有

$$\Delta x=t\cos\alpha,\ \Delta y=t\cos\beta,\ \sqrt{(\Delta x)^2+(\Delta y)^2}=t$$

所以

$$\lim_{t\to0^+}\frac{f(x_0+t\cos\alpha, y_0+t\cos\beta)-f(x_0, y_0)}{t}=f_x(x_0, y_0)\cos\alpha+f_y(x_0, y_0)\cos\beta$$

这就证明了方向导数存在，且其值为

$$\left.\frac{\partial f}{\partial l}\right|_{(x_0, y_0)}=f_x(x_0, y_0)\cos\alpha+f_y(x_0, y_0)\cos\beta$$

例 9.6.1　求函数 $z=xe^{2y}$ 在点 $P(1, 0)$处沿从点 $P(1, 0)$ 到点 $Q(2, -1)$的方向导数.

解　这里射线 l 即向量 $\overrightarrow{PQ}=\{1, -1\}$的方向，与 l 同向的单位向量为 $\boldsymbol{e}_l=$

$\left\{\frac{1}{\sqrt{2}}, -\frac{1}{\sqrt{2}}\right\}$. 因为函数可微分，且

$$\left.\frac{\partial z}{\partial x}\right|_{(1,0)} = e^{2y}|_{(1,0)}=1,\ \left.\frac{\partial z}{\partial y}\right|_{(1,0)} = 2xe^{2y}|_{(1,0)}=2$$

故所求方向导数为

$$\left.\frac{\partial z}{\partial l}\right|_{(1,0)}=1\cdot\frac{1}{\sqrt{2}}+2\cdot\left(-\frac{1}{\sqrt{2}}\right)=-\frac{\sqrt{2}}{2}$$

对于三元函数 $f(x, y, z)$，它在空间一点 $P_0(x_0, y_0, z_0)$ 沿方向 $\boldsymbol{e}_l=\{\cos\alpha, \cos\beta, \cos\gamma\}$的方向导数为

$$\left.\frac{\partial f}{\partial l}\right|_{(x_0, y_0, z_0)} = \lim_{t\to 0^+}\frac{f(x_0+t\cos\alpha, y_0+t\cos\beta, z_0+t\cos\gamma)-f(x_0, y_0, z_0)}{t}$$

同样可以证明，如果函数 $f(x, y, z)$在点(x_0, y_0, z_0)处可微，那么函数在该点沿着方向 $\boldsymbol{e}_l=\{\cos\alpha, \cos\beta, \cos\gamma\}$的方向导数为

$$\left.\frac{\partial f}{\partial l}\right|_{(x_0, y_0, z_0)}=f_x(x_0, y_0, z_0)\cos\alpha+f_y(x_0, y_0, z_0)\cos\beta+f_z(x_0, y_0, z_0)\cos\gamma$$

例 9.6.2 求 $f(x, y, z)=xy+yz+zx$ 在点$(1, 1, 2)$处沿射线 l 的方向导数，其中 l 的方向角分别为 60°，45°，60°.

解 与 l 同向的单位向量

$$\boldsymbol{e}_l=\{\cos 60°, \cos 45°, \cos 60°\}=\left\{\frac{1}{2}, \frac{\sqrt{2}}{2}, \frac{1}{2}\right\}$$

因为函数可微分，且

$$f_x(1, 1, 2)= (y+z)|_{(1,1,2)}=3$$
$$f_y(1, 1, 2)= (x+z)|_{(1,1,2)}=3$$
$$f_z(1, 1, 2)= (y+x)|_{(1,1,2)}=2$$

得

$$\left.\frac{\partial f}{\partial l}\right|_{(1,1,2)}=3\cdot\frac{1}{2}+3\cdot\frac{\sqrt{2}}{2}+2\cdot\frac{1}{2}=\frac{1}{2}(5+3\sqrt{2})$$

9.6.2 梯度

与方向导数有关的一个概念是函数的梯度. 讨论二元函数的情形，设函数 $f(x, y)$在平面区域 D 内具有一阶连续偏导数，则对于每一点 $P_0(x_0, y_0)\in D$，都可定义一个向量 $f_x(x_0, y_0)\boldsymbol{i}+f_y(x_0, y_0)\boldsymbol{j}$，该向量称为函数 $f(x, y)$在点 $P_0(x_0, y_0)$的**梯度**，记作 $\mathbf{grad}\, f(x_0, y_0)$或$\nabla f(x_0, y_0)$，即

$$\mathbf{grad}\, f(x_0, y_0)=\nabla f(x_0, y_0)=f_x(x_0, y_0)\boldsymbol{i}+f_y(x_0, y_0)\boldsymbol{j}$$

其中$\nabla=\frac{\partial}{\partial x}\boldsymbol{i}+\frac{\partial}{\partial y}\boldsymbol{j}$ 称为(二维的)向量微分算子或纳布拉(Nabla)算子，有

$$\nabla f=\frac{\partial f}{\partial x}\boldsymbol{i}+\frac{\partial f}{\partial y}\boldsymbol{j}$$

如果函数 $f(x, y)$ 在点 $P_0(x_0, y_0)$ 处可微分，$\boldsymbol{e}_l=\{\cos\alpha, \cos\beta\}$ 是与射线 l 同向的单位向量，那么

$$\left.\frac{\partial f}{\partial l}\right|_{(x_0, y_0)}=f_x(x_0, y_0)\cos\alpha+f_y(x_0, y_0)\cos\beta$$

$$=\mathbf{grad}f(x_0, y_0)\cdot\boldsymbol{e}_l=|\mathbf{grad}f(x_0, y_0)|\cos\theta$$

其中 θ 为 $\mathbf{grad}f(x_0, y_0)$ 和 $\boldsymbol{e}_l$ 之间的夹角. 这一关系式表明了函数在一点的梯度与函数在这点的方向导数间的关系. 特别地，由此关系可知：

(1) 当 $\theta=0$，即方向 $\boldsymbol{e}_l$ 与梯度 $\mathbf{grad}\,f(x_0, y_0)$ 的方向相同时，函数 $f(x, y)$ 增加最快. 此时，函数在这个方向的方向导数达到最大值，这个最大值就是梯度 $\mathbf{grad}\,f(x_0, y_0)$ 的模，即

$$\left.\frac{\partial f}{\partial l}\right|_{(x_0, y_0)}=|\mathbf{grad}f(x_0, y_0)|$$

这个结果也表示函数 $f(x, y)$ 在一点的梯度 $\mathbf{grad}\,f$ 是这样一个向量，它的方向是函数在这点的方向导数取得最大值的方向，它的模就等于方向导数的最大值.

(2) 当 $\theta=\pi$，即方向 $\boldsymbol{e}_l$ 与梯度 $\mathbf{grad}f(x_0, y_0)$ 的方向相反时，函数 $f(x, y)$ 减少最快，函数在这个方向的方向导数达到最小值，即

$$\left.\frac{\partial f}{\partial l}\right|_{(x_0, y_0)}=-|\mathbf{grad}f(x_0, y_0)|$$

(3) 当 $\theta=\dfrac{\pi}{2}$，即方向 $\boldsymbol{e}_l$ 与梯度 $\mathbf{grad}\,f(x_0, y_0)$ 的方向正交时，函数的变化率为零，即

$$\left.\frac{\partial f}{\partial l}\right|_{(x_0, y_0)}=|\mathbf{grad}f(x_0, y_0)|\cos\theta=0$$

通常，二元函数 $z=f(x, y)$ 在几何上表示一个曲面，该曲面被平面 $z=c$（c 是常数）所截得的曲线 L 的方程为

$$\begin{cases}z=f(x, y)\\ z=c\end{cases}$$

这条曲线 L 在 xOy 面上的投影是一条平面曲线 L^*（见图 9.6.2），它在 xOy 平面直角坐标系中的方程为 $f(x, y)=c$. 对于曲线 L^* 上的一切点，已给函数的函数值都是 c，所以称平面曲线 L^* 为函数 $z=f(x, y)$ 的等值线. 若 f_x，f_y 不同时为零，则等值线 $f(x, y)=c$ 上任一点 $P_0(x_0, y_0)$ 处的一个单位法向量为

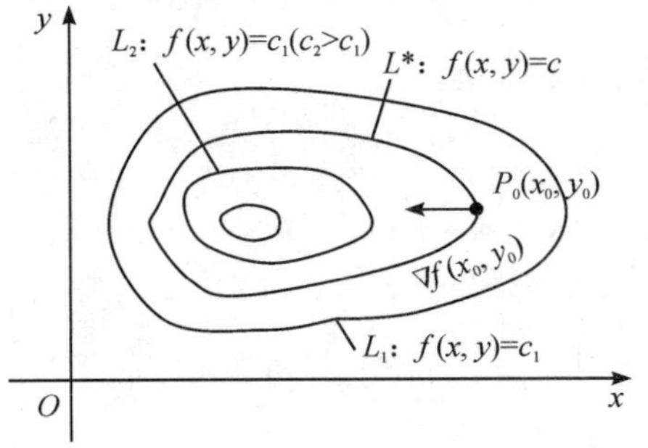

图 9.6.2

$$\boldsymbol{n}=\frac{1}{\sqrt{f_x^2(x_0, y_0)+f_y^2(x_0, y_0)}}\{f_x(x_0, y_0), f_y(x_0, y_0)\}$$
$$=\frac{\nabla f(x_0, y_0)}{|\nabla f(x_0, y_0)|}$$

这表明函数 $f(x, y)$在一点(x_0, y_0)的梯度$\nabla f(x_0, y_0)$的方向就是等值线 $f(x, y)=c$ 在这点的法线方向 $\boldsymbol{n}$，而梯度的模$|\nabla f(x_0, y_0)|$就是沿这个法线方向的方向导数$\frac{\partial f}{\partial n}$，于是有

$$\nabla f(x_0, y_0)=\frac{\partial f}{\partial n}\boldsymbol{n}$$

上面讨论的梯度概念可以类似地推广到三元函数的情形. 设函数 $f(x, y, z)$在空间区域 G 内具有一阶连续偏导数，则对于每一点 $P_0(x_0, y_0, z_0)\in G$，都可定义一个向量

$$f_x(x_0, y_0, z_0)\boldsymbol{i}+f_y(x_0, y_0, z_0)\boldsymbol{j}+f_z(x_0, y_0, z_0)\boldsymbol{k}$$

称其为函数 $f(x, y, z)$在点 $P_0(x_0, y_0, z_0)$的梯度，记作 $\mathbf{grad}\, f(x_0, y_0, z_0)$ 或$\nabla f(x_0, y_0, z_0)$，即

$$\begin{aligned}\mathbf{grad}\, f(x_0, y_0, z_0)&=\nabla f(x_0, y_0, z_0)\\&=f_x(x_0, y_0, z_0)\boldsymbol{i}+f_y(x_0, y_0, z_0)\boldsymbol{j}+f_z(x_0, y_0, z_0)\boldsymbol{k}\end{aligned}$$

其中$\nabla=\frac{\partial}{\partial x}\boldsymbol{i}+\frac{\partial}{\partial y}\boldsymbol{j}+\frac{\partial}{\partial z}\boldsymbol{k}$ 称为(三维的)向量微分算子或纳布拉(Nabla)算子，有

$$\nabla f=\frac{\partial f}{\partial x}\boldsymbol{i}+\frac{\partial f}{\partial y}\boldsymbol{j}+\frac{\partial f}{\partial z}\boldsymbol{k}$$

与二元函数的情形完全类似，三元函数 $f(x, y, z)$在一点的梯度∇f 是这样一个向量，它的方向是函数 $f(x, y, z)$在这点的方向导数取得最大值的方向，它的模就等于方向导数的最大值. 同理，曲面 $f(x, y, z)=c$ 称为函数 $f(x, y, z)$的等值面，那么可得函数 $f(x, y, z)$在一点(x_0, y_0, z_0)的梯度$\nabla f(x_0, y_0, z_0)$的方向就是等值面 $f(x, y, z)=c$ 在这点的法线方向 $\boldsymbol{n}$，而梯度的模$|\nabla f(x_0, y_0, z_0)|$就是函数沿这个法线方向的方向导数$\frac{\partial f}{\partial n}$.

例 9.6.3 求 $\mathbf{grad}\,\frac{1}{x^2+y^2}$.

解 设 $f(x, y)=\frac{1}{x^2+y^2}$，则

$$\frac{\partial f}{\partial x}=-\frac{2x}{(x^2+y^2)^2},\quad \frac{\partial f}{\partial y}=-\frac{2y}{(x^2+y^2)^2}$$

因此

$$\mathbf{grad}\,\frac{1}{x^2+y^2}=-\frac{2x}{(x^2+y^2)^2}\boldsymbol{i}-\frac{2y}{(x^2+y^2)^2}\boldsymbol{j}$$

例 9.6.4 设 $f(x, y)=\frac{1}{2}(x^2+y^2)$，$P_0(1, 1)$，求：

(1) $f(x, y)$在 P_0 处增加最快的方向以及 $f(x, y)$ 沿这个方向的方向导数；

(2) $f(x, y)$在 P_0 处减少最快的方向以及 $f(x, y)$ 沿这个方向的方向导数；

(3) $f(x, y)$在 P_0 处的变化率为零的方向.

解　(1) $f(x, y)$在 P_0 处沿$\nabla f(1, 1)$的方向增加最快，

$$\nabla f(1, 1) = (x\boldsymbol{i}+y\boldsymbol{j})\big|_{(1,1)} = \boldsymbol{i}+\boldsymbol{j}$$

故所求方向可取为

$$\boldsymbol{n} = \frac{\nabla f(1, 1)}{|\nabla f(1, 1)|} = \frac{1}{\sqrt{2}}\boldsymbol{i} + \frac{1}{\sqrt{2}}\boldsymbol{j}$$

方向导数为

$$\left.\frac{\partial f}{\partial n}\right|_{(1,1)} = |\nabla f(1, 1)| = \sqrt{2}$$

(2) $f(x, y)$在 P_0 处沿$-\nabla f(1, 1)$的方向减少最快，可取为

$$\boldsymbol{n}_1 = -\boldsymbol{n} = -\frac{1}{\sqrt{2}}\boldsymbol{i} - \frac{1}{\sqrt{2}}\boldsymbol{j}$$

方向导数为

$$\left.\frac{\partial f}{\partial n_1}\right|_{(1,1)} = -|\nabla f(1, 1)| = -\sqrt{2}$$

(3) $f(x, y)$在 P_0 处沿垂直于$\nabla f(1, 1)$的方向变化率为零，方向是

$$\boldsymbol{n}_2 = -\frac{1}{\sqrt{2}}\boldsymbol{i} + \frac{1}{\sqrt{2}}\boldsymbol{j}\ \text{.OR.}\ \boldsymbol{n}_3 = \frac{1}{\sqrt{2}}\boldsymbol{i} - \frac{1}{\sqrt{2}}\boldsymbol{j}$$

例 9.6.5　设 $f(x, y, z)=x^3-xy^2-z$，$P_0(1, 1, 0)$. 问 $f(x, y, z)$在 P_0 处沿什么方向变化最快？在这个方向的变化率是多少？

解　$\nabla f = f_x\boldsymbol{i}+f_y\boldsymbol{j}+f_z\boldsymbol{k} = (3x^2-y^2)\boldsymbol{i}-2xy\boldsymbol{j}-\boldsymbol{k}$，$\nabla f(1, 1, 0)=2\boldsymbol{i}-2\boldsymbol{j}-\boldsymbol{k}$. 而 $f(x, y, z)$在 P_0 处沿$\nabla f(1, 1, 0)$的方向增加最快，沿$-\nabla f(1, 1, 0)$的方向减少最快，在这两个方向的变化率分别是

$$|\nabla f(1, 1, 0)| = \sqrt{2^2+(-2)^2+(-1)^2} = 3,\ -|\nabla f(1, 1, 0)| = -3$$

例 9.6.6　求曲面 $x^2+y^2+z=9$ 在点 $P_0(1, 2, 4)$处的切平面和法线方程.

解　设 $f(x, y, z)=x^2+y^2+z$. 由梯度与等值面的关系可知，梯度

$$\nabla f\big|_{P_0} = (2x\boldsymbol{i}+2y\boldsymbol{j}+\boldsymbol{k})\big|_{(1,2,4)} = 2\boldsymbol{i}+4\boldsymbol{j}+\boldsymbol{k}$$

的方向是等值面 $f(x, y, z)=9$ 在点 P_0 处的法线方向，因此切平面方程是

$$2(x-1)+4(y-2)+(z-4)=0 \Rightarrow 2x+4y+z=14$$

曲面在 P_0 处的法线方程是

$$x=1+2t,\ y=2+4t,\ z=4+t$$

其中 t 为任意常数.

下面简单地介绍数量场与向量场的概念.

如果对于空间区域 G 内的任一点 M，都有一个确定的数量 $f(M)$，那么称在这空间区域 G 内确定了一个**数量场**(例如温度场、密度场等). 一个数量场可用一个数量函数 $f(M)$ 来确定. 如果与点 M 相对应的是一个向量 $\boldsymbol{F}(M)$，那么称在这空间区域 G 内确定了一个**向量场**(例如力场、速度场等). 一个向量场可用一个向量值函数 $\boldsymbol{F}(M)$ 来确定，而

$$\boldsymbol{F}(M) = P(M)\boldsymbol{i}+Q(M)\boldsymbol{j}+R(M)\boldsymbol{k}$$

其中 $P(M)$，$Q(M)$，$R(M)$ 是点 M 的数量函数. 若向量场 $\boldsymbol{F}(M)$ 是某个数量函数 $f(M)$ 的梯度，则称 $f(M)$ 是向量场 $\boldsymbol{F}(M)$ 的一个势函数，并称向量场 $\boldsymbol{F}(M)$ 为势场. 由此可知，由数量函数 $f(M)$ 产生的梯度场 $\mathbf{grad}f(M)$ 是一个势场. 但需注意，任意一个向量场并不一定都是势场，因为它不一定是某个数量函数的梯度.

例 9.6.7 试求数量场 $\frac{m}{r}$ 所产生的梯度场，其中常数 $m>0$，$r=\sqrt{x^2+y^2+z^2}$ 为原点 O 与点 $M(x, y, z)$ 间的距离.

解
$$\frac{\partial}{\partial x}\left(\frac{m}{r}\right)=-\frac{m}{r^2}\frac{\partial r}{\partial x}=-\frac{mx}{r^3},\ \frac{\partial}{\partial y}\left(\frac{m}{r}\right)=-\frac{my}{r^3},\ \frac{\partial}{\partial z}\left(\frac{m}{r}\right)=-\frac{mz}{r^3}$$

$$\Rightarrow \mathbf{grad}\,\frac{m}{r}=-\frac{m}{r^2}\left(\frac{x}{r}\boldsymbol{i}+\frac{y}{r}\boldsymbol{j}+\frac{z}{r}\boldsymbol{k}\right)$$

如果用 $\boldsymbol{e}_r$ 表示与 $\overrightarrow{OM}$ 同方向的单位向量，那么

$$\boldsymbol{e}_r=\frac{x}{r}\boldsymbol{i}+\frac{y}{r}\boldsymbol{j}+\frac{z}{r}\boldsymbol{k}\ \Rightarrow\ \mathbf{grad}\,\frac{m}{r}=-\frac{m}{r^2}\boldsymbol{e}_r$$

上式右端有明确的力学解释，位于原点 O 质量为 m 的质点对位于点 M 而质量为 1 的质点的引力. 引力的大小与两质点质量的乘积成正比，与它们距离平方成反比，这引力的方向由点 M 指向原点. 因此，数量场 $\frac{m}{r}$ 的势场即梯度场 $\mathbf{grad}\,\frac{m}{r}$ 称为引力场，而函数 $\frac{m}{r}$ 称为引力势.

习题 9.6

1. 求函数 $z=x^2+y^2$ 在点(1, 2)处沿从点(1, 2) 到点$(2, 2+\sqrt{3})$的方向导数.

2. 求函数 $z=\ln(x+y)$ 在抛物线 $y^2=4x$ 上点(1, 2)处，沿着这抛物线在该点处偏向 x 轴正向的切线方向的方向导数.

3. 求函数 $z=1-\left(\frac{x^2}{a^2}+\frac{y^2}{b^2}\right)$ 在点 $\left(\frac{a}{\sqrt{2}}, \frac{b}{\sqrt{2}}\right)$ 处沿曲线 $\frac{x^2}{a^2}+\frac{y^2}{b^2}=1$ 在这点的内法线方向的方向导数.

4. 求函数 $u=xy^2+z^3-xyz$ 在点(1, 1, 2)处沿方向角 $\alpha=\frac{\pi}{3}$，$\beta=\frac{\pi}{4}$，$\gamma=\frac{\pi}{3}$ 的方向导数.

5. 求函数 $u=x^2+y^2+z^2$ 在曲线 $x=t$，$y=t^2$，$z=t^3$ 上点(1, 1, 1)处，沿曲线在该点的切线正方向(对应于 t 增大的方向)的方向导数.

6. 求函数 $u=x+y+z$ 在球面 $x^2+y^2+z^2=1$ 上点(x_0, y_0, z_0)处，沿球面在该点的外法线方向的方向导数.

7. 已知函数 $f(x, y, z)=x^2+2y^2+3z^2+xy+3x-2y-6z$，求 $\mathbf{grad}\,f(0, 0, 0)$ 及 $\mathbf{grad}\,f(1, 1, 1)$.

8. 求函数 $u=xy^2z$ 在点 $P_0(1, -1, 2)$ 处变化最快的方向，并求沿这个方向的方向导数.

9.7　多元函数的极值与最值

实际问题中，最值通常会受到多个自变量的影响，因此有必要讨论多元函数的最值问题. 本节以二元函数为例，讨论多元函数的极值问题与最值问题.

9.7.1　多元函数的无条件极值与最值

1. 多元函数的无条件极值

定义 9.7.1　设函数 $z=f(x, y)$在点 $P_0(x_0, y_0)$处的某个邻域内有定义，若对于该邻域内任一点 $P(x, y)$，都有 $f(x, y)\leqslant f(x_0, y_0)$（或 $f(x, y)\geqslant f(x_0, y_0)$），则称函数 $z=f(x, y)$在点 $P_0(x_0, y_0)$处取得极大值(或极小值)，点 P_0 为函数 $z=f(x, y)$的极大值点(或极小值点)，称函数值 $f(x_0, y_0)$为函数 $z=f(x, y)$的极大值(或极小值).

极大值和极小值统称为极值. 极大值点与极小值点统称为极值点. 极值点一定是函数定义域的内点.

上述二元函数极值的定义可以推广到 n 元函数. 设 n 元函数 $u=f(P)$在点 P_0 的某个邻域内有定义，若对于该邻域内任一点 P，都有 $f(P)\leqslant f(P_0)$或 $f(P)\geqslant f(P_0)$，则称 $f(P_0)$为函数 $u=f(P)$的极大值或极小值.

例如，函数 $z=x^2+y^2$ 在点(0, 0)处有极小值 0，因为对于点(0, 0)处的任一邻域内的点，其函数值都为非负数，而点(0, 0)处的函数值为零；函数 $z=xy$ 在点(0, 0)处不能取得极值，因为点(0, 0)处的函数值为零，而在点(0, 0)处的任一邻域内总存在函数值为正的点，也存在函数值为负的点.

由极值的定义可知，若二元函数 $z=f(x, y)$在点(x_0, y_0)处取得极值，则固定 $y=y_0$ 得到的一元函数 $f(x, y_0)$在 $x=x_0$ 处必定取得极值；固定 $x=x_0$ 得到的一元函数 $f(x_0, y)$在 $y=y_0$ 处必定取得极值. 若 $f(x, y)$在点(x_0, y_0)处可偏导，由费马引理可得

$$f_x(x_0, y_0)=0,\ f_y(x_0, y_0)=0$$

定理 9.7.1(极值存在的必要条件)　设函数 $z=f(x, y)$在点(x_0, y_0)处取得极值，且在点(x_0, y_0)处的偏导数都存在，则必有 $f_x(x_0, y_0)=0$，$f_y(x_0, y_0)=0$.

与一元函数类似，称使 $f_x(x, y)=0$，$f_y(x, y)=0$ 同时成立的点(x_0, y_0)为函数 $z=f(x, y)$的**驻点**.

类似地，若三元函数 $u=f(x, y, z)$在点(x_0, y_0, z_0)处具有偏导数，则它在点(x_0, y_0, z_0)处取得极值的必要条件是点(x_0, y_0, z_0)为函数的驻点.

定理 9.7.1 是必要非充分条件，即偏导数存在的函数的极值点一定是驻点，但驻点不一定是极值点. 例如，点(0, 0) 是函数 $z=xy$ 的驻点，但却不是它的极值点. 另外函数的偏导数不存在的点也可能是极值点. 例如，函数 $f(x, y)=\sqrt{x^2+y^2}$ 有极小值点(0, 0)，但在点(0, 0)处，$f_x(0, 0)$，$f_y(0, 0)$ 均不存在.

定理 9.7.2(极值存在的充分条件) 设函数 $f(x, y)$在点(x_0, y_0)处的邻域内存在二阶连续偏导数，且 $f_x(x_0, y_0)=0$，$f_y(x_0, y_0)=0$. 记 $A=f_{xx}(x_0, y_0)$，$B=f_{xy}(x_0, y_0)$，$C=f_{yy}(x_0, y_0)$，则：

(1) 当 $AC-B^2>0$ 时，(x_0, y_0) 是极值点，且当 $A>0$ 时，(x_0, y_0)是极小值点；当 $A<0$ 时，(x_0, y_0) 是极大值点.

(2) 当 $AC-B^2<0$ 时，(x_0, y_0) 不是极值点.

(3) 当 $AC-B^2=0$ 时，不能判定(x_0, y_0) 是否为极值点，需要另外讨论.

综上所述，求解具有二阶连续偏导数的函数 $z=f(x, y)$的极值的一般步骤为：

(1) 解方程组$\begin{cases} f_x(x, y)=0 \\ f_y(x, y)=0 \end{cases}$，求出 $f(x, y)$的全部驻点；

(2) 对于每个驻点，求出其二阶偏导数的值 A，B，C；

(3) 根据 $AC-B^2$ 的符号，对照定理 9.7.2 来进行判断.

例 9.7.1 求函数 $f(x, y)=x^3-3x^2-9x+y^2-2y+2$ 的极值.

解 解方程组$\begin{cases} f_x(x, y)=3x^2-6x-9=0 \\ f_y(x, y)=2y-2=0 \end{cases}$得两驻点$(-1, 1)$，$(3, 1)$. 求二阶偏导数得

$$f_{xx}(x, y)=6x-6, \ f_{xy}(x, y)=0, \ f_{yy}(x, y)=2$$

则

$(AC-B^2)|_{(-1, 1)}=-24<0$，所以$(-1, 1)$不是极值点；

$(AC-B^2)|_{(3, 1)}=24>0$，且 $A>0$，所以$(3, 1)$为极小值点，极小值为 $f(3, 1)=-26$.

2. 多元函数的最值

由连续函数的性质知，若函数 $z=f(x, y)$在有界闭区域 D 上连续，$f(x, y)$在区域 D 上必定存在最大值和最小值. 可以利用函数的极值来求函数的最值. 找出 $f(x, y)$的所有疑似极值点，考察这些点以及边界上的点的函数值，找出其中最大者就是函数在 D 上的最大值，最小者就是函数在 D 上的最小值.

如果遇到实际问题，要根据问题的实际意义来判断. 若根据问题的实际意义可以判定函数的最值一定在 D 的内部取得，且函数在 D 内只有唯一的驻点，则可断定该驻点就是极值点，也一定是所求的最值点.

例 9.7.2 求函数 $f(x, y)=x^2-2y^2+5$ 在区域 $D=\{(x, y) \mid x^2+4y^2\leqslant 4\}$上的最值.

解 先求出在区域 D 内部的所有驻点及驻点处的函数值. 解方程组

$$\begin{cases} f_x(x, y)=2x=0 \\ f_y(x, y)=-4y=0 \end{cases}$$

得驻点为$(0, 0)$，且 $f(0, 0)=5$. 再求边界上函数的最值，将 $x^2+4y^2=4$ 代入 $f(x, y)=x^2-2y^2+5$ 得 $f(x, y)=9-6y^2$，$-1\leqslant y\leqslant 1$.

当 $y=0$ 时，$x=\pm 2$，$f(x, y)$在边界上取得最大值为 9；

当 $y=\pm 1$ 时，$x=0$，$f(x, y)$在边界上取得最小值为 3.

将区域内驻点处的函数值与边界上的最值相比较，得函数在闭区域 D 上的最大值为 $M=f(\pm 2, 0)=9$，最小值为 $m=f(0, \pm 1)=3$.

例 9.7.3 要做一个体积为 8 米^3 的有盖长方体水箱，问长、宽、高各为多少时用料最省？

解 设水箱的长为 x 米，宽为 y 米，则高为$\dfrac{8}{xy}$米，水箱的表面积为

$$S=2\left(xy+x\cdot\frac{8}{xy}+y\cdot\frac{8}{xy}\right)=2\left(xy+\frac{8}{y}+\frac{8}{x}\right),\ x>0,\ y>0$$

因此

$$\begin{cases} S_x=2\left(y-\dfrac{8}{x^2}\right)=0 \\ S_y=2\left(x-\dfrac{8}{y^2}\right)=0 \end{cases} \Rightarrow \begin{cases} x=2 \\ y=2 \end{cases}$$

因最小值一定在开区域 $x>0$，$y>0$ 内部取得，而函数在区域内只有唯一驻点(2, 2)，故当 $x=2$，$y=2$ 时，表面积最小. 即当水箱的长为 2 米，宽为 2 米，高为 2 米时所用的材料最省.

9.7.2 条件极值问题与拉格朗日乘数法

在考虑函数的极值问题时，除了限制在函数的定义域内以外，常需要对函数的自变量附加一定的约束条件. 这类附有约束条件的极值的问题，称为条件极值.

例如，函数 $f(x, y)=\sqrt{x^2+y^2}$ 在无附加约束条件下有极小值点(0, 0)，但若加上约束条件 $x+y=1$，(0, 0)点就不可能为函数的极值了，因为(0, 0) 不满足约束条件.

再如，求表面积为 a^2 而体积为最大的长方体的体积问题. 设长方体的三条棱长分别为 x，y，z，则体积 $V=xyz$. 又因假定表面积为 a^2，所以自变量 x，y，z 还必须满足附加条件$2(xy+yz+xz)=a^2$. 这样的问题就是条件极值问题.

对于有些实际问题，可以把条件极值问题化为无条件极值问题.

例如上述第二个问题，由条件 $2(xy+yz+xz)=a^2$，解得

$$z=\frac{a^2-2xy}{2(x+y)} \Rightarrow V=\frac{xy}{2}\left(\frac{a^2-2xy}{x+y}\right)$$

只需求 V 的无条件极值问题.

在很多情形下，将条件极值化为无条件极值并不容易. 下面寻求函数 $z=f(x, y)$在条件$\varphi(x, y)=0$ 下取得极值的必要条件.

如果函数 $z=f(x, y)$在(x_0, y_0) 取得所求的极值，那么有 $\varphi_y(x_0, y_0)=0$.

假定在(x_0, y_0)的某一邻域内 $f(x, y)$与 $\varphi(x, y)$均有连续的一阶偏导数，而 $\varphi_y(x_0, y_0)\neq 0$，由隐函数存在定理知，方程 $\varphi(x, y)=0$ 确定一个连续且具有连续导数的函数$y=y(x)$，将其代入目标函数 $z=f(x, y)$，得一元函数 $z=f[x, y(x)]$. 于是 $x=x_0$ 是一元函数 $z=f[x, y(x)]$的极值点，由取得极值的必要条件，有

$$\left.\frac{dz}{dx}\right|_{x=x_0}=f_x(x_0, y_0)+f_y(x_0, y_0)\left.\frac{dy}{dx}\right|_{x=x_0}=0$$

即

$$f_x(x_0, y_0)-f_y(x_0, y_0)\frac{\varphi_x(x_0, y_0)}{\varphi_y(x_0, y_0)}=0$$

从而函数 $z=f(x, y)$在条件 $\varphi(x, y)=0$ 下，在(x_0, y_0)取得极值的必要条件是

$$\begin{cases}f_x(x_0, y_0)-f_y(x_0, y_0)\dfrac{\varphi_x(x_0, y_0)}{\varphi_y(x_0, y_0)}=0\\ \varphi(x_0, y_0)=0\end{cases}$$

设$\dfrac{f_y(x_0, y_0)}{\varphi_y(x_0, y_0)}=-\lambda$，上述必要条件变为

$$\begin{cases}f_x(x_0, y_0)+\lambda\varphi_x(x_0, y_0)=0\\ f_y(x_0, y_0)+\lambda\varphi_y(x_0, y_0)=0\\ \varphi(x_0, y_0)=0\end{cases}$$

上述思想可归结为解条件极值问题的拉格朗日乘数法. 设函数 $z=f(x, y)$和 $\varphi(x, y)=0$ 在所考虑的区域内有连续的一阶偏导数，且 $\varphi_x(x, y)$，$\varphi_y(x, y)$ 不同时为零，求函数 $z=f(x, y)$在约束条件 $\varphi(x, y)=0$ 下的极值，可用下面步骤来求解：

(1) 先构造辅助函数

$$F(x, y, \lambda)=f(x, y)+\lambda\varphi(x, y)$$

其中辅助函数 $F(x, y, \lambda)$ 称为拉格朗日函数，λ 称为拉格朗日乘数.

(2) 解方程组

$$\begin{cases}F_x(x, y, \lambda)=f_x(x, y)+\lambda\varphi_x(x, y)=0\\ F_y(x, y, \lambda)=f_y(x, y)+\lambda\varphi_y(x, y)=0\\ \varphi(x, y)=0\end{cases}$$

由该方程组解出 x，y 及λ，则其中(x, y) 就是所要求的可能的极值点.

(3) 判断所求出的可能极值点是否为目标函数的极值点. 在实际问题中往往可根据问题本身的性质来判定.

至于如何确定所求得的点是否是极值点，在实际问题中往往可根据问题本身的性质来判定.

例 9.7.4 求表面积为 a^2 而体积为最大值的长方体的体积.

解 设长方体的三条棱长分别为 x，y，z，则问题就是在条件 $2(xy+yz+xz)=a^2$ 下求函数 $V=xyz$ 的最大值. 构造辅助函数

$$F(x, y, z)=xyz+\lambda(2xy+2yz+2xz-a^2)$$

解方程组

$$\begin{cases}F_x(x, y, \lambda)=yz+2\lambda(y+z)=0\\ F_y(x, y, \lambda)=xz+2\lambda(x+z)=0\\ F_z(x, y, \lambda)=xy+2\lambda(x+y)=0\\ 2xy+2yz+2xz=a^2\end{cases}$$

得 $x=y=z=\frac{\sqrt{6}}{6}a$，这是唯一可能的极值点. 因为由问题本身可知最大值一定存在，所以最大值就在这个可能的值点处取得. 此时 $V=\frac{\sqrt{6}}{36}a^3$.

例 9.7.5　某公司通过电视和网络做广告，设其销售收入 R(万元)与电视广告费 x(万元)及网络广告费 y(万元)之间的关系为 $R(x, y)=13+15x+33y-8xy-2x^2-10y^2$，若广告费为 2 万元，如何分配广告费使得利润最大？

解　利润函数为 $W(x, y)=R(x, y)-(x+y)=13+14x+32y-8xy-2x^2-10y^2$，广告费为 $x+y=2$，利用拉格朗日乘数法，设拉格朗日函数为

$$F(x, y, \lambda)=13+14x+32y-8xy-2x^2-10y^2+\lambda(x+y-2)$$

解方程组

$$\begin{cases} F_x=14-8y-4x+\lambda=0 \\ F_y=32-8x-20y+\lambda=0 \\ x+y-2=0 \end{cases}$$

得

$$\begin{cases} x=\dfrac{3}{4} \\ y=\dfrac{5}{4} \end{cases}$$

由题意知，必定存在最大利润，所求得的唯一驻点，必定就是极大值点，也一定是最值点. 因此，电视广告费分配 0.75 万元，网络广告费分配 1.25 万元时所得利润最大，最大利润为

$$W(0.75, 1.25)=39.25(\text{万元})$$

拉格朗日乘数法同样适用于函数有两个以上自变量或有多个约束条件的情况. 例如，求函数 $u=f(x, y, z, t)$在条件 $\varphi(x, y, z, t)=0$，$\psi(x, y, z, t)=0$ 下的极值，则构造辅助函数

$$L(x, y, z, t, \lambda, \mu)=f(x, y, z, t)+\lambda\varphi(x, y, z, t)+\mu\psi(x, y, z, t)$$

解方程组

$$\begin{cases} f_x(x, y, z, t)+\lambda\varphi_x(x, y, z, t)+\mu\psi_x(x, y, z, t)=0 \\ f_y(x, y, z, t)+\lambda\varphi_y(x, y, z, t)+\mu\psi_y(x, y, z, t)=0 \\ f_z(x, y, z, t)+\lambda\varphi_z(x, y, z, t)+\mu\psi_z(x, y, z, t)=0 \\ f_t(x, y, z, t)+\lambda\varphi_t(x, y, z, t)+\mu\psi_t(x, y, z, t)=0 \\ \varphi(x, y, z, t)=0 \\ \psi(x, y, z, t)=0 \end{cases}$$

得(x, y, z, t)，然后判断是否为极值点.

习题 9.7

1. 求下列函数的极值.

(1) $z=x^3+y^3-3xy$；

(2) $z=e^{2x}(x+y^2+2y)$；

(3) $2x^2+2y^2+z^2+8xz-z+8=0$.

2. 求下列函数在指定的区域上的最大值与最小值.

(1) $f(x, y)=xy$ 在 $D=\{(x, y)\mid x\geqslant 0, y\geqslant 0, x+y\leqslant 1\}$ 上；

(2) $f(x, y)=e^{-xy}$ 在 $D=\{(x, y)\mid x^2+4y^2\leqslant 1\}$ 上；

(3) $f(x, y)=x^2y(4-x-y)$ 在 $D=\{(x, y)\mid x\geqslant 0, y\geqslant 0, x+y\leqslant 6\}$ 上；

(4) $f(x, y)=x^3+y^3-3xy$ 在 $D=\{(x, y)\mid 0\leqslant x\leqslant 2, -1\leqslant y\leqslant 2\}$ 上.

3. 设有三个正数之和是 18，问这三个数为何值时其乘积最大？

4. 已知三角形的周长为 $2p$，将它绕其一边旋转可得旋转体. 问边长各为多少时，旋转体的体积最大？

9.8 巩固与提高▲

从系统论的观点看，多元函数是一个多因素交互作用构成的系统，多个因素的发展变化决定系统整体的结构和形态. 系统内部各因素不一定是相互独立的，常常是相互制约的，即“$1+1\neq 2$”. 辩证唯物主义认为，事物是发展变化的，相互联系的，事物的发展变化也是辩证统一的.

第一，系统内部一些因素的状态会影响系统内其他因素的状态. 多元函数很好地刻画了这种现象，对于球面 $x^2+y^2+z^2=1$ 来说，当 $x=0$ 时，y，z 必在平面曲线 $y^2+z^2=1$ 上，当 $x=0.5$ 时，y，z 必在平面曲线 $y^2+z^2=0.75$ 上.

第二，系统内部一些因素的微小变化会引起系统状态的转移，各因素的微小变化共同决定了系统的变化. 在多元函数中，全微分 $dy=f_{x_1}dx_1+f_{x_2}dx_2+\cdots+f_{x_n}dx_n$ 准确地描述这种变化.

第三，混合偏导数说明了系统内不同因素变化时的交互作用.

第四，对系统内部不同因素施行不同程度的扰动，可以达到对系统进行控制的目的. 在多元函数中，赋予方向导数和梯度值就可以使等高线从某个层级向另一个层级转移.

第五，某点的偏导数为 0 时，若多元函数存在极值，这时函数是稳定的；相反若不存在极值，这时函数是不稳定的. 极值表明影响系统的内部因素处于某种状态时的变化率为 0，则事物处于相对稳定的状态.

总之，多元函数微分学是马克思主义辩证法在数学科学中的具体体现，反映事物发展变化的普遍规律. 通过学习多元函数及其微分，可以掌握唯物主义的科学思维方法，并运用于指导工作实践.

9.8.1　知识图谱

本章知识图谱如图 9.8.1 所示.

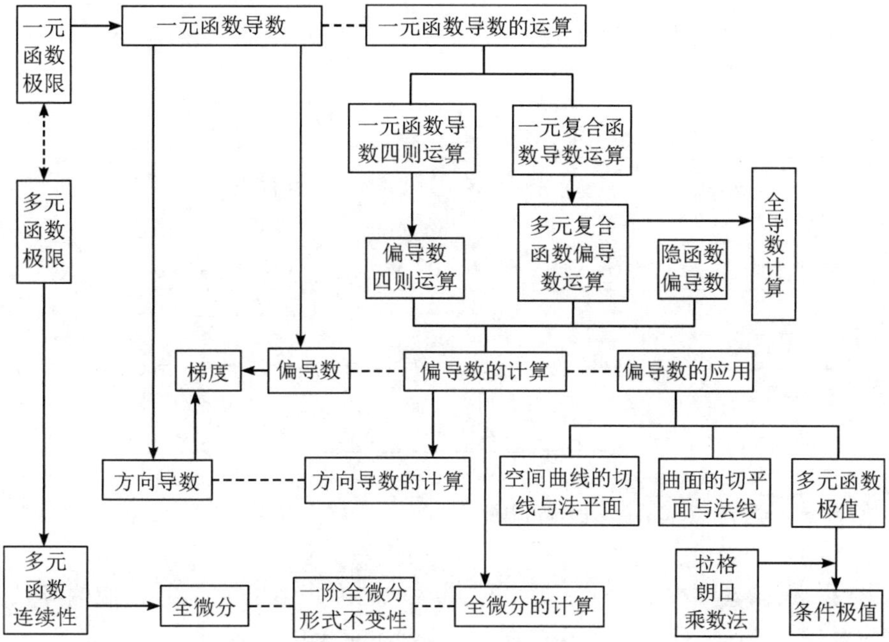

图 9.8.1

9.8.2　二元函数可微性的证明

函数的微分是通过函数的全增量定义的，若二元函数 $z=f(x, y)$在点(x_0, y_0)处的全增量 $\Delta z=f(x_0+\Delta x, y_0+\Delta y)-f(x_0, y_0)$ 能写成 $A\Delta x+B\Delta y+o\left(\sqrt{(\Delta x)^2+(\Delta y)^2}\right)$的形式，则称函数 $z=f(x, y)$在点(x_0, y_0)处可微. 若函数在点处偏导数存在，则$A=f_x(x_0, y_0)$，$B=f_y(x_0, y_0)$. 那么，要证明函数 $z=f(x, y)$在点(x_0, y_0)处不可微，则需要证明

$$\lim_{\Delta x\to 0,\ \Delta y\to 0}\frac{\Delta z-f_x(x_0, y_0)\Delta x-f_y(x_0, y_0)\Delta y}{\sqrt{(\Delta x)^2+(\Delta y)^2}}=0$$

由定理 9.2.2 知，若函数 $z=f(x, y)$在点(x_0, y_0)处偏导数不存在，则该点处函数一定不可微. 若函数 $z=f(x, y)$在点(x_0, y_0)处不连续，则该点处函数也一定不可微. 此外，若偏导数 $f_x(x, y)$，$f_y(x, y)$在点(x_0, y_0)处连续，则函数 $z=f(x, y)$在点(x_0, y_0)处一定可微.

对于某些特殊函数，如分段函数在分段点的可微性，则需要用定义证明可微性. 若 $z=f(x, y)$在点(x_0, y_0)处偏导数存在，则应先求偏导数，再计算上述极限.

例 9.8.1　证明函数 $f(x, y)=\begin{cases}\dfrac{x^2y}{x^2+y^2}, & x^2+y^2\neq 0\\ 0, & x^2+y^2=0\end{cases}$ 在点(0, 0)处连续且偏导数存

在，但在点(0, 0)处不可微.

证 因为

$$\left|\frac{x^2y}{x^2+y^2}\right|=\frac{|x||xy|}{x^2+y^2}\leqslant\frac{|x|}{2}\Rightarrow\lim_{(x,y)\to(0,0)}\frac{x^2y}{x^2+y^2}=0=f(0,0)$$

所以，$f(x, y)$在点(0, 0)处连续.

由偏导数的定义知

$$f_x(0,0)=\lim_{\Delta x\to 0}\frac{f(0+\Delta x,0)-f(0,0)}{\Delta x}=\lim_{\Delta x\to 0}\frac{0-0}{\Delta x}=0$$

同理 $f_y(0, 0)=0$，所以，$f(x, y)$在点(0, 0)处的偏导数存在.

但

$$\frac{\Delta f-f_x(0,0)\Delta x-f_y(0,0)\Delta y}{\rho}=\frac{(\Delta x)^2\cdot\Delta y}{[(\Delta x)^2+(\Delta y)^2]^{3/2}}$$

考察$\dfrac{(\Delta x)^2\cdot\Delta y}{[(\Delta x)^2+(\Delta y)^2]^{3/2}}$，由于当 $\Delta x=\Delta y\neq 0$ 时其值为$\dfrac{1}{\sqrt{8}}$，当 $\Delta y=0$ 时其值为 0. 所以

$$\lim_{\rho\to 0}\frac{(\Delta x)^2\cdot\Delta y}{[(\Delta x)^2+(\Delta y)^2]^{3/2}}$$

不存在，故 $f(x, y)$在点(0, 0)处不可微.

例 9.8.2 求函数 $f(x,y)=\begin{cases}\dfrac{x^3-y^3}{x^2+y^2}, & x^2+y^2\neq 0\\ 0, & x^2+y^2=0\end{cases}$在点(0, 0)处的偏导数 $f_x(0, 0)$与 $f_y(0, 0)$，并考察 $f(x, y)$在点(0, 0)处的可微性.

解 由偏导数的定义知

$$f_x(0,0)=\lim_{\Delta x\to 0}\frac{f(0+\Delta x,0)-f(0,0)}{\Delta x}=\lim_{\Delta x\to 0}\frac{(\Delta x)^3}{(\Delta x)^3}=1$$

$$f_y(0,0)=\lim_{\Delta y\to 0}\frac{f(0,0+\Delta y)-f(0,0)}{\Delta y}=\lim_{\Delta y\to 0}\frac{-(\Delta y)^3}{(\Delta y)^3}=-1$$

若 $z=f(x, y)$在点(0, 0)处可微，则 $\mathrm{d}z=\Delta x-\Delta y$，且

$$\lim_{(\Delta x,\Delta y)\to(0,0)}\frac{\Delta z-\mathrm{d}z}{\sqrt{(\Delta x)^2+(\Delta y)^2}}=0$$

另一方面，

$$\Delta z=f(0+\Delta x,0+\Delta y)-f(0,0)=\frac{(\Delta x)^3-(\Delta y)^3}{(\Delta x)^2+(\Delta y)^2}$$

当 $\Delta x=-\Delta y$ 时，

$$\frac{\Delta z-\mathrm{d}z}{\sqrt{(\Delta x)^2+(\Delta y)^2}}=\frac{\Delta x\Delta y(\Delta x-\Delta y)}{[(\Delta x)^2+(\Delta y)^2]^{3/2}}=-\frac{\sqrt{2}}{2}$$

从而

$$\lim_{(\Delta x,\Delta y)\to(0,0)}\frac{\Delta z-\mathrm{d}z}{\sqrt{(\Delta x)^2+(\Delta y)^2}}\neq 0$$

所以 $f(x, y)$在点(0, 0)处不可微.

9.8.3　隐函数确定的函数的导数解法

设由方程组 $F_k(x_1, x_2, \cdots, x_n)=0$，$k=1, 2, \cdots, m$；$m<n$ 确定的隐函数存在，则可确定 m 个隐函数，且隐函数都是 $n-m$ 元函数. 若隐函数偏导数也存在，理论上可求得 $m\times(n-m)$ 个偏导数. 至于 $x_1, x_2, \cdots, x_n$ 中哪些变量是自变量，哪些变量是隐函数，则要根据已知条件或题目中的信息确定. 解题步骤为：

(1) 根据已知条件，整理成方程组 $F_k(x_1, x_2, \cdots, x_n)=0$，$k=1, 2, \cdots, m$ 的形式；

(2) 计算隐函数的自变量个数 $n-m$；

(3) 根据题意确定隐函数和自变量，不妨设隐函数是 $x_1, \cdots, x_m$，自变量是 $x_{m+1}, \cdots, x_n$；

(4) 每个方程 $F_k(x_1, x_2, \cdots, x_n)=0$，$k=1, 2, \cdots, m$ 两边均对某个自变量 $x_i(m+1\leqslant i\leqslant n)$ 求偏导数；

(5) 解关于 $\dfrac{\partial x_k}{\partial x_i}(1\leqslant k\leqslant m, m+1\leqslant i\leqslant n)$ 的 k 元线性方程组，得所有隐函数的偏导数.

在解题过程中，若套用上述模型的意识不足(尤其第(1) 步常被忽略)，对题目的复合关系把握不准，会导致解题出错.

例 9.8.3　设 $y=f(x, t)$，而 $t=t(x, y)$ 是由方程 $F(x, y, t)=0$ 所确定的函数，其中，f 和 F 都具有一阶连续偏导数，试证明

$$\frac{\mathrm{d}y}{\mathrm{d}x}=\frac{\dfrac{\partial f}{\partial x}\dfrac{\partial F}{\partial t}-\dfrac{\partial f}{\partial t}\dfrac{\partial F}{\partial x}}{\dfrac{\partial f}{\partial t}\dfrac{\partial F}{\partial y}+\dfrac{\partial F}{\partial t}}$$

证法一　由方程组 $\begin{cases}y-f(x, t)=0\\F(x, y, t)=0\end{cases}$ 可确定两个一元隐函数 $\begin{cases}y=y(x)\\t=t(x)\end{cases}$ 对方程组两边关于 x 求偏导数，有

$$\begin{cases}\dfrac{\mathrm{d}y}{\mathrm{d}x}-\dfrac{\partial f}{\partial x}-\dfrac{\partial f}{\partial t}\cdot\dfrac{\mathrm{d}t}{\mathrm{d}x}=0\\[2ex]\dfrac{\partial F}{\partial x}+\dfrac{\partial F}{\partial y}\cdot\dfrac{\mathrm{d}y}{\mathrm{d}x}+\dfrac{\partial F}{\partial t}\cdot\dfrac{\mathrm{d}t}{\mathrm{d}x}=0\end{cases}\Rightarrow\begin{cases}\dfrac{\mathrm{d}y}{\mathrm{d}x}-\dfrac{\partial f}{\partial t}\cdot\dfrac{\mathrm{d}t}{\mathrm{d}x}=\dfrac{\partial f}{\partial x}\\[2ex]\dfrac{\partial F}{\partial y}\cdot\dfrac{\mathrm{d}y}{\mathrm{d}x}+\dfrac{\partial F}{\partial t}\cdot\dfrac{\mathrm{d}t}{\mathrm{d}x}=-\dfrac{\partial F}{\partial x}\end{cases}$$

在 $D=\begin{vmatrix}1 & \dfrac{-\partial f}{\partial t}\\[2ex]\dfrac{\partial F}{\partial y} & \dfrac{\partial F}{\partial t}\end{vmatrix}=\dfrac{\partial F}{\partial t}+\dfrac{\partial f}{\partial t}\cdot\dfrac{\partial F}{\partial y}\neq 0$ 的条件下，

$$\frac{\mathrm{d}y}{\mathrm{d}x}=\frac{1}{D}\cdot\begin{vmatrix}\dfrac{\partial f}{\partial x} & -\dfrac{\partial f}{\partial t}\\[2ex]-\dfrac{\partial F}{\partial x} & \dfrac{\partial F}{\partial t}\end{vmatrix}=\frac{\dfrac{\partial f}{\partial x}\cdot\dfrac{\partial F}{\partial t}-\dfrac{\partial f}{\partial t}\cdot\dfrac{\partial F}{\partial x}}{\dfrac{\partial F}{\partial t}+\dfrac{\partial f}{\partial t}\cdot\dfrac{\partial F}{\partial y}}$$

证法二　分别在 $y=f(x, t)$ 及 $F(x, y, t)=0$ 两端求全微分，得

$$\begin{cases}\mathrm{d}y=f_x\mathrm{d}x+f_t\mathrm{d}t\\F_x\mathrm{d}x+F_y\mathrm{d}y+F_t\mathrm{d}t=0\end{cases}\Rightarrow\begin{cases}F_t\mathrm{d}y=F_t(f_x\mathrm{d}x+f_t\mathrm{d}t)\\F_t\mathrm{d}t=-(F_x\mathrm{d}x+F_y\mathrm{d}y)\end{cases}$$

$$\Rightarrow F_t\mathrm{d}y=f_xF_t\mathrm{d}x-f_t(F_x\mathrm{d}x+F_y\mathrm{d}y)$$

$$\Rightarrow (F_t + f_t F_y)\mathrm{d}y = (f_x F_t - f_t F_x)\mathrm{d}x$$

故当 $F_t + f_t F_y \neq 0$ 时，有

$$\frac{\mathrm{d}y}{\mathrm{d}x} = \frac{f_x F_t - f_t F_x}{F_t + f_t F_y}$$

例 9.8.4 设 $\begin{cases} F(x, y, u, v, w) = 0 \\ G(x, u, w) = 0 \\ H(x, y, w) = 0 \end{cases}$，求 $\dfrac{\partial v}{\partial x}$，$\dfrac{\partial w}{\partial u}$. 其中 F，G，H 都具有连续偏导数.

解 由题知，共有 5 个变量，3 个方程，所以可以确定 3 个隐函数，每个隐函数有 2 个自变量. 又知 x，u 为自变量，所以隐函数为 $y = y(x, u)$，$v = v(x, u)$，$w = w(x, u)$.

对方程组两边关于 x 求偏导数，有

$$\begin{cases} F_x + F_y y_x + F_v v_x + F_w w_x = 0 \\ G_x + G_w w_x = 0 \\ H_x + H_y y_x + H_w w_x = 0 \end{cases} \Rightarrow \begin{cases} F_y y_x + F_v v_x + F_w w_x = -F_x \\ G_w w_x = -G_x \\ H_y y_x + H_w w_x = -H_x \end{cases}$$

$$\Rightarrow \begin{cases} y_x = \dfrac{H_w G_x - H_x G_w}{H_y G_w} \\ v_x = \dfrac{F_y G_w H_x + F_w G_x H_y - F_x G_w H_y - F_y G_x H_w}{F_v H_y G_w} \\ w_x = -\dfrac{G_x}{G_w} \end{cases}$$

同理，方程组两边对 u 求偏导数，可求得

$$\begin{cases} F_y y_u + F_u + F_v v_u + F_w w_u = 0 \\ G_u + G_w w_u = 0 \\ H_y y_u + H_w w_u = 0 \end{cases} \Rightarrow \begin{cases} F_y y_u + F_v v_u + F_w w_u = -F_u \\ G_w w_u = -G_u \\ H_y y_u + H_w w_u = 0 \end{cases}$$

$$\Rightarrow \begin{cases} y_u = \dfrac{H_w G_u}{H_y G_w} \\ v_u = \dfrac{F_w G_u H_y - F_u G_w H_y - F_y G_u H_w}{F_v H_y G_w} \\ w_u = -\dfrac{G_u}{G_w} \end{cases}$$

9.8.4 多元函数极值的判别

1. 多元函数极值的一阶偏导判别方法

对于一元函数 $f(x)$，设其在区间 I 上有定义，在 $U(x_0, \delta) \subset I$ 上连续，在 $U^\circ(x_0, \delta)$ 上可导，则由中值定理

$$f(x) - f(x_0) = f'[x_0 + \theta(x - x_0)](x - x_0) \quad (0 < \theta < 1)$$

容易得到结论：

若 $\forall x \in U^\circ(x_0, \delta)$，$f'(x)(x - x_0) > 0$，则 $f(x)$ 在 x_0 取得极小值；

若 $\forall x \in U^{\circ}(x_0, \delta)$，$f'(x)(x-x_0)<0$，则 $f(x)$ 在 x_0 取得极大值.

对于二元函数 $f(x, y)$ 的极值，也有类似的一阶偏导判别方法.

定理 9.8.1　设 D 为凸区域，即 $\forall (x_1, y_1)$，$(x_2, y_2) \in D$，$\forall \lambda, \mu \in (0, 1)$，有 $(\lambda x_1+(1-\lambda)x_2, \mu y_1+(1-\mu)y_2) \in D$，函数 $f(x, y)$ 在 D 上有定义，且对 $P_0(x_0, y_0) \in D$，$f(x, y)$ 在 $U(P_0) \subset D$ 上连续，在 $U^{\circ}(P_0)$ 上可导，则：

(1) 若 $\forall P(x, y) \in U^{\circ}(P_0)$，$\dfrac{\partial f}{\partial x}(x-x_0)+\dfrac{\partial f}{\partial y}(y-y_0)>0$，则 $f(x, y)$ 在 P_0 取得极小值；

(2) 若 $\forall P(x, y) \in U^{\circ}(P_0)$，$\dfrac{\partial f}{\partial x}(x-x_0)+\dfrac{\partial f}{\partial y}(y-y_0)<0$，则 $f(x, y)$ 在 P_0 取得极大值.

证　$\forall P(x, y) \in U^{\circ}(P_0)$，引入辅助函数

$$\varphi(t)=f[x_0+t(x-x_0), y_0+t(y-y_0)], \quad t \in [0, 1]$$

由条件知 $\varphi(t)$ 在 $[a, b]$ 上满足拉格朗日中值定理的条件，于是存在 $\theta \in (0, 1)$，使得

$$\varphi(1)-\varphi(0)=\varphi'(\theta)$$

即

$$\begin{aligned} f(x, y)-f(x_0, y_0)=&f_x[x_0+\theta(x-x_0), y_0+\theta(y-y_0)](x-x_0) \\ &+f_y[x_0+\theta(x-x_0), y_0+\theta(y-y_0)](y-y_0) \end{aligned}$$

注意到 D 为凸区域，从而 $(x_0+\theta(x-x_0), y_0+\theta(y-y_0)) \in U^{\circ}(P_0)$.

由条件(1)可知，$\forall P(x, y) \in U^{\circ}(P_0)$，$f(x, y)>f(x_0, y_0)$，函数 $f(x, y)$ 在 P_0 取得极小值.

同理，在条件(2)下，函数 $f(x, y)$ 在 P_0 取得极大值.

定理 9.8.1 可以推广到三元或三元以上函数的情形.

例 9.8.5　试研究函数 $f(x, y)=1-\sqrt{x^2+y^2}$ 在原点 $(0, 0)$ 是否达到极值.

解　由于 $\dfrac{\partial f}{\partial x}=-\dfrac{x}{\sqrt{x^2+y^2}}$，$\dfrac{\partial f}{\partial y}=-\dfrac{y}{\sqrt{x^2+y^2}}$ 在原点处无定义. 由定理 9.8.1 知，

$$\forall (x, y) \neq (0, 0), \ \frac{\partial f}{\partial x} \cdot (x-0)+\frac{\partial f}{\partial y} \cdot (y-0)=-\frac{x^2}{\sqrt{x^2+y^2}}-\frac{y^2}{\sqrt{x^2+y^2}}<0$$

从而，$f(x, y)$ 在原点 $(0, 0)$ 处可以取得极大值，极大值为 $f(0, 0)=1$.

2. 多元函数条件极值的判别方法

对于函数 $y=f(x)$，若 $f'(x_0)=0$，$f''(x_0)>0$，则 $f(x)$ 在点 x_0 取得极小值；若 $f'(x_0)=0$，$f''(x_0)<0$，则 $f(x)$ 在点 x_0 取得极大值.

这是一元函数极值的第二判别法，仿此结论，可以用二元函数的二阶微分判别极值.

设函数 $z=f(x, y)$ 在条件 $\varphi(x, y)=0$ 下有稳定点 (x_0, y_0). 函数 $z=f(x, y)$ 的微分为

$$\mathrm{d}z=f_x(x, y)\mathrm{d}x+f_y(x, y)\mathrm{d}y, \quad \mathrm{d}^2 z=f_{xx}\mathrm{d}x^2+2f_{xy}\mathrm{d}x\mathrm{d}y+f_{yy}\mathrm{d}y^2$$

(1) 若 $\mathrm{d}^2 z\big|_{(x_0, y_0)}>0$，则 $f(x, y)$ 在点 (x_0, y_0) 取得极小值；

(2) 若 $d^2z\Big|_{(x_0, y_0)}<0$，则 $f(x, y)$在点(x_0, y_0) 取得极大值.

其中，dx，dy 满足关系式

$$d\varphi(x, y)=0 \Rightarrow \varphi_x(x_0, y_0)dx+\varphi_y(x_0, y_0)dy=0$$

上述极值判别方法也可以推广到三元或三元以上函数的条件极值.

例 9.8.6 求函数 $u=x^my^nz^p$ 满足 $x+y+z=a$ $(m>0, n>0, p>0, a>0)$的极值.

解 由于函数 $y=g(x)>0$ 和 $y=\ln g(x)$ 具有相同的极值点，故可先求

$$F=\ln u=m\ln x+n\ln y+p\ln z+\lambda(x+y+z-a)$$

的稳定点，令 $F_x=F_y=F_z=0$，可解得稳定点 P.

$$\begin{cases} m+\lambda x=0 \\ n+\lambda y=0 \\ p+\lambda z=0 \\ x+y+z=a \end{cases} \Rightarrow P\left(\frac{ma}{m+n+p}, \frac{na}{m+n+p}, \frac{pa}{m+n+p}\right)$$

又由

$$F_{xx}=-\frac{m}{x^2}, F_{yy}=-\frac{n}{y^2}, F_{zz}=-\frac{p}{z^2}, F_{xy}=F_{xz}=F_{yz}=0$$

$$\Rightarrow d^2F(x, y, z)|_P=-\left(\frac{m}{x^2}dx^2+\frac{n}{y^2}dy^2+\frac{p}{z^2}dz^2\right)\Big|_P<0$$

故 P 为 F 即 u 的极大值点，此时

$$u|_P=\frac{m^mn^np^pa^{m+n+p}}{(m+n+p)^{m+n+p}}$$

例 9.8.7 求 $w=x^2+2y^2+z^2-3xy-xz$ 在条件 $x+y+z=2$ 下的极值.

解 作拉格朗日函数

$$L=x^2+2y^2+z^2-3xy-xz+\lambda(x+y+z-2)$$

$$\begin{cases} L_x=2x-3y-z+\lambda=0 \\ L_y=-3x+4y+\lambda=0 \\ L_z=-x+2z+\lambda=0 \\ x+y+z-2=0 \end{cases} \Rightarrow P\left(1, \frac{2}{3}, \frac{1}{3}\right)$$

求得稳定点 P. 为判别该点取何种极值，求二阶微分，

$$dw=(2x-3y-z)dx+(-3x+4y)dy+(-x+2z)dz$$

$$d^2w=2dx^2-6dxdy-2dxdz+4dy^2+2dz^2$$

注意到 $dx+dy+dz=0$，即 $dz=-dx-dy$，代入上式，有

$$\begin{aligned} d^2w &=2dx^2-6dxdy-2dx(-dx-dy)+4dy^2+2dz^2 \\ &=4dx^2-4dxdy+4dy^2+2dz^2=(2dx-dy)^2+3dy^2+2dz^2>0 \end{aligned}$$

因此，点 P 为极小值点，极小值为

$$w(P)=-\frac{2}{9}$$

习题 9.8

1. 单项选择题.

(1) 考虑二元函数 $f(x, y)$ 的下面 4 条性质：

①$f(x, y)$在点(x_0, y_0)处连续；　②$f(x, y)$在点(x_0, y_0)处两个偏导数连续；

③$f(x, y)$在点(x_0, y_0)处可微；　④$f(x, y)$在点(x_0, y_0)处两个偏导数存在.

若用“$P \Rightarrow Q$”表示由性质 P 推出性质 Q，则(　　).

A. ② ⇒ ③ ⇒ ①　　B. ③ ⇒ ② ⇒ ①　　C. ③ ⇒ ④ ⇒ ①　　D. ③ ⇒ ① ⇒ ④

(2) 二元函数 $f(x, y)$ 在点$(0, 0)$处可微的一个充分条件是(　　).

A. $\lim\limits_{(x, y)\to(0, 0)}[f(x, y)-f(0, 0)]=0$

B. $\lim\limits_{x\to 0}\dfrac{f(x, 0)-f(0, 0)}{x}=0$，且$\lim\limits_{y\to 0}\dfrac{f(0, y)-f(0, 0)}{y}=0$

C. $\lim\limits_{(x, y)\to(0, 0)}\dfrac{f(x, y)-f(0, 0)}{\sqrt{x^2+y^2}}=0$

D. $\lim\limits_{x\to 0}[f_x(x, 0)-f_x(0, 0)]=0$，且$\lim\limits_{y\to 0}[f_y(0, y)-f_y(0, 0)]=0$

(3) 设函数 $f(x, y)$ 可微，且对任意 x，y 都有$\dfrac{\partial f(x, y)}{\partial x}>0$，$\dfrac{\partial f(x, y)}{\partial y}<0$，则使不等式 $f(x_1, y_1)<f(x_2, y_2)$ 成立的一个充分条件是(　　).

A. $x_1>x_2$，$y_1<y_2$　　B. $x_1>x_2$，$y_1>y_2$

C. $x_1<x_2$，$y_1<y_2$　　D. $x_1<x_2$，$y_1>y_2$

(4) 设函数 $z=f(x, y)$的全微分为 $dz=xdx+ydy$，则点$(0, 0)$(　　).

A. 不是 $f(x, y)$的连续点　　B. 不是 $f(x, y)$的极值点

C. 是 $f(x, y)$的极大值点　　D. 是 $f(x, y)$的极小值点

(5) 曲面 $x^2+\cos(xy)+yz+x=0$ 在点$(0, 1, -1)$处的切平面方程为(　　).

A. $x-y+z=-2$　　B. $x+y+z=0$

C. $x-2y+z=-3$　　D. $x-y-z=0$

(6) 设函数 $f(x, y)$在点$(0, 0)$的某邻域内有定义，且 $f_x(0, 0)=3$，$f_y(0, 0)=-1$，则有(　　).

A. $dz|_{(0, 0)}=3dx-dy$

B. 曲面 $z=f(x, y)$在点$(0, 0, f(0, 0))$的一个法向量为$\{3, -1, 1\}$

C. 曲线$\begin{cases} z=f(x, y) \\ y=0 \end{cases}$在点$(0, 0, f(0, 0))$的一个切向量为$\{1, 0, 3\}$

D. 曲线$\begin{cases} z=f(x, y) \\ y=0 \end{cases}$在点$(0, 0, f(0, 0))$的一个切向量为$\{3, 0, 1\}$

(7) 已知 $f(x, y)$在点$(0, 0)$的一个邻域内连续，且 $\lim\limits_{(x, y)\to(0, 0)}\dfrac{f(x, y)-xy}{(x^2+y^2)^2}=1$，则(　　).

A. 点$(0, 0)$ 不是 $f(x, y)$的极值点

B. 点$(0, 0)$ 是 $f(x, y)$的极大值点

C. 点(0，0)是 $f(x, y)$的极小值点

D. 无法判断点(0，0)是否为 $f(x, y)$的极值点

2. 填空题.

(1) 设函数 $f(u, v)$具有二阶连续偏导数，$z=f(x, xy)$，则$\dfrac{\partial^2 z}{\partial x \partial y}=$________.

(2) 设 $z=f\left(\ln x+\dfrac{1}{y}\right)$，其中函数 $f(u)$ 可微，则 $x\dfrac{\partial z}{\partial x}+y^2\dfrac{\partial z}{\partial y}=$________.

(3) 设函数 $z=z(x, y)$ 由方程$(z+y)^x=xy$ 确定，则$\left.\dfrac{\partial z}{\partial x}\right|_{(1,2)}=$________.

(4) 函数 $f(u)$可导，$z=f(\sin y-\sin x)+xy$，则$\dfrac{1}{\cos x}\cdot\dfrac{\partial z}{\partial x}+\dfrac{1}{\cos y}\cdot\dfrac{\partial z}{\partial y}=$________.

(5) 设函数 $F(x, y)=\displaystyle\int_0^{xy}\dfrac{\sin t}{1+t^2}\mathrm{d}t$，则$\left.\dfrac{\partial^2 F}{\partial x^2}\right|_{\substack{x=0\\y=2}}=$________.

3. 设 $f(x, y)=\begin{cases}\dfrac{x^2 y}{x^2+y^2}, & x^2+y^2\neq 0\\ 0, & x^2+y^2=0\end{cases}$，求 $f_x(x, y)$ 及 $f_y(x, y)$.

4. 证明 $f(x, y)=\begin{cases}\dfrac{x^2 y^2}{(x^2+y^2)^{\frac{3}{2}}}, & x^2+y^2\neq 0\\ 0, & x^2+y^2=0\end{cases}$在点(0，0)处连续且偏导数存在，但不可微.

5. 设 $u=x^y$，而 $x=\varphi(t)$，$y=\psi(t)$ 都是可微函数，求$\dfrac{\mathrm{d}u}{\mathrm{d}t}$.

6. 设 $r=f(u, v, w)$ 具有连续偏导数，而 $u=y-z$，$v=z-x$，$w=x-y$，求$\dfrac{\partial r}{\partial x}$，$\dfrac{\partial r}{\partial y}$，$\dfrac{\partial r}{\partial z}$.

7. 设 $z=f(u, x, y)$，$u=xe^y$，其中 f 具有连续的二阶偏导数，求$\dfrac{\partial^2 z}{\partial x \partial y}$.

8. 设 $z=f(x+y, x-y, xy)$，其中 f 具有二阶连续偏导数，求 $\mathrm{d}z$ 与$\dfrac{\partial^2 z}{\partial x \partial y}$.

9. 设函数 $f(u, v)$具有二阶连续偏导数，$y=f(e^x, \cos x)$，求$\left.\dfrac{\mathrm{d}y}{\mathrm{d}x}\right|_{x=0}$，$\left.\dfrac{\mathrm{d}^2 y}{\mathrm{d}x^2}\right|_{x=0}$.

10. 设 $x=e^u\cos v$，$y=e^u\sin v$，$z=uv$. 试求$\dfrac{\partial z}{\partial x}$，$\dfrac{\partial z}{\partial y}$.

11. 求螺旋线 $x=a\cos\theta$，$y=a\sin\theta$，$z=b\theta$ 在点$(a, 0, 0)$处的切线及法平面方程.

12. 在曲面 $z=xy$ 上求一点，使这点处的法线垂直于平面 $x+3y+z+9=0$，并写出该法线的方程.

13. 设 $\boldsymbol{e}_l=\{\cos\theta, \sin\theta\}$，求函数 $f(x, y)=x^2-xy+y^2$ 在点(1，1)沿射线 l 的方向导数，并分别确定角 θ，使该导数：(1) 有最大值；(2) 有最小值；(3) 等于 0.

14. 求函数 $u=x^2+y^2+z^2$ 在椭球面 $\dfrac{x^2}{a^2}+\dfrac{y^2}{b^2}+\dfrac{z^2}{c^2}=1$ 上点 $M_0(x_0, y_0, z_0)$处沿外法

线方向的方向导数.

15. 求平面$\frac{x}{3}+\frac{y}{4}+\frac{z}{5}=1$和柱面$x^2+y^2=1$的交线上与$xOy$平面距离最短的点.

16. 在第一卦限内作椭球面$\frac{x^2}{a^2}+\frac{y^2}{b^2}+\frac{z^2}{c^2}=1$的切平面，使该切平面与三坐标面所围成的四面体的体积最小. 求该切平面的切点，并求此最小体积.

17. 已知函数$f(u, v)$具有连续的二阶偏导数，$f(1, 1)=2$是$f(u, v)$的极值，$z=f[x+y, f(x, y)]$，求$\left.\frac{\partial^2 z}{\partial x\partial y}\right|_{(1, 1)}$.

18. 求函数$f(x, y)=x^3+8y^3-xy$的极值.

19. 将长为 2 m 的铁丝分成三段，依次围成圆、正方形与正三角形，3 个图形的面积之和是否存在最小值？若存在，求出最小值.

20. 某厂生产某种产品，在两个市场同时销售，售价分别为p_1，p_2，销售量分别为q_1，q_2，需求函数分别为$q_1=24-0.2p_1$，$q_2=10-0.05p_2$，总成本函数为$C=35+40(q_1+q_2)$. 问如何确定各市场中产品的售价，能使其获得的总利润最大？最大总利润为多少？

21. 设立体由曲面$f(x, y)=75-x^2-y^2+xy$和底面xOy坐标面围成，其底部所占的闭区域为$D=\{(x, y)\mid x^2+y^2-xy\leqslant 75\}$.

(1) 设$M(x_0, y_0)\in D$，问在M点处沿平面上何方向时$f(x, y)$的方向导数最大？若记此方向导数的最大值为$g(x_0, y_0)$，试写出$g(x_0, y_0)$的表达式；

(2) 在D的边界线$x^2+y^2-xy=75$上找出(1)中$g(x, y)$达到最大的点.

22. 求曲线$x^3-xy+y^3=1(x\geqslant 0, y\geqslant 0)$上的点到坐标原点的最长距离与最短距离.

第10章 重 积 分

重积分是定积分概念的推广，定积分是一元函数在闭区间上的积分，而重积分是多元函数在平面或空间有界闭区域上的积分. 通常将 n 元函数在 n 维空间有界闭区域上的积分叫作 n 重积分，统称为重积分. 重积分与定积分虽然形式不同，但是本质上都是和式的极限. 计算重积分主要是化为累次定积分. 本章中只介绍二重积分和三重积分.

10.1 二重积分的概念与性质

10.1.1 二重积分的概念

1. 引例

例 10.1.1 计算曲顶柱体的体积.

设有空间立体 Ω，它的底是 xOy 面上的有界区域 D，它的侧面是以 D 的边界曲线为准线而母线平行于 z 轴的柱面，它的顶是曲面 $z=f(x, y)$，其中 $f(x, y)$ 在 D 上连续且 $f(x, y)\geqslant 0$，如图 10.1.1 所示. 称立体 Ω 为曲顶柱体.

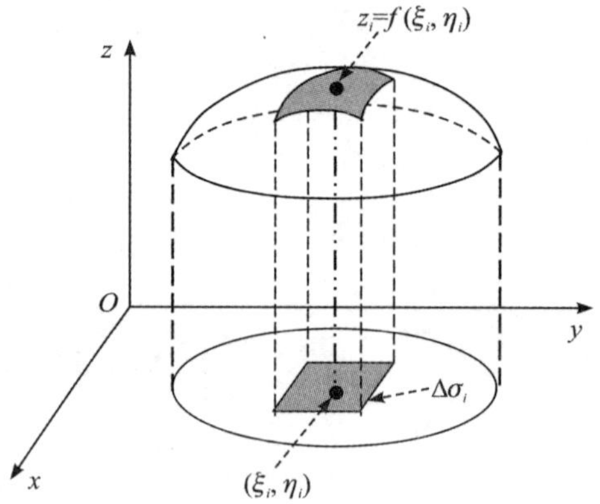

图 10.1.1

下面讨论如何计算这个曲顶柱体的体积 V.

如果曲顶柱体的顶是平行于底面的平面，则称曲顶柱体为平顶柱体，它的体积为

$$\text{平顶柱体体积}=\text{底面积}\times\text{高}$$

而曲顶柱体的高 $f(x, y)$ 是个变量，它的体积不能用通常的平顶柱体体积公式来计算，由于体积是具有可加性的，因此可以采用"分割、近似、求和、取极限"的方法来解决这个问题.

(1) 分割. 用一簇曲线网将区域 D 任意分割成 n 个小区域 $\Delta\sigma_1$，$\Delta\sigma_2$，…，$\Delta\sigma_n$，仍然用 $\Delta\sigma_i$ 表示第 i 个小区域的面积.

(2) 近似. 分别以这些小区域的边界为准线，作母线平行于 z 轴的柱面，这些柱面将原来的曲顶柱体分为 n 个小的曲顶柱体，其体积记为 $\Delta V_i(i=1, 2, \cdots, n)$. 当这些小闭区域的直径(指区域上任意两点间距离的最大者)很小时，由于 $f(x, y)$ 连续，同一个小闭区域上的高 $f(x, y)$变化很小，此时每一个小曲顶柱体都可近似地看作平顶柱体. 在每个 $\Delta\sigma_i$ 内任取一点(ξ_i, η_i)，用高为 $f(\xi_i, \eta_i)$、底为 $\Delta\sigma_i$ 的平顶柱体的体积 $f(\xi_i, \eta_i)\cdot\Delta\sigma_i$ 来近似代替 ΔV_i，即

$$\Delta V_i \approx f(\xi_i, \eta_i)\cdot\Delta\sigma_i(i=1, 2, \cdots, n)$$

(3) 求和.

$$V=\sum_{i=1}^{n}\Delta V_i \approx \sum_{i=1}^{n} f(\xi_i, \eta_i)\cdot\Delta\sigma_i$$

(4) 取极限. 将这 n 个小闭区域直径中的最大者记为 λ，则 $\lambda\to 0$ 表示对区域 D 无限细分，这时，上述和式的极限就表示曲顶柱体的体积，即

$$V=\lim_{\lambda\to\infty}\sum_{i=1}^{n} f(\xi_i, \eta_i)\cdot\Delta\sigma_i$$

例 10.1.2 计算非均质平面薄片的质量.

设有平面薄片占有 xOy 面上的闭区域 D，假设薄片的质量分布不均匀，记点(x, y)处的面密度为 $\rho(x, y)$，其中 $\rho(x, y)\geqslant 0$ 且在 D 上连续，如图 10.1.2 所示. 求该薄片的质量 M.

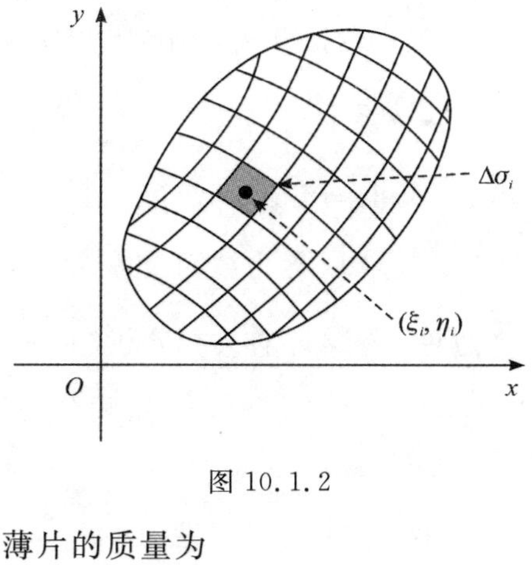

图 10.1.2

如果薄片是匀质的，则薄片的质量为

薄片质量=面密度×面积

该例薄片是非匀质的，面密度 $\rho(x, y)$ 是变量，薄片的质量就不能直接用上式来计算. 类似例 10.1.1，也可以采用"分割、近似、求和、取极限"的方法来解决这个问题.

(1) 分割. 将平面薄片所占的区域任意分割成 n 个小区域 $\Delta\sigma_1$，$\Delta\sigma_2$，…，$\Delta\sigma_n$，仍然用 $\Delta\sigma_i$ 表示第 i 个小区域的面积，由此，大的平面薄片被划分为 n 个小平面薄片(图 10.1.2)，

其质量记为 $\Delta M_i(i=1, 2, \cdots, n)$，则

$$M=\sum_{i=1}^{n}\Delta M_i$$

(2) **近似**. 由于 $\rho(x, y)$ 连续，当 $\Delta\sigma_i$ 的直径很小时，$\rho(x, y)$在每个小平面薄片上的变化也很小，这些小平面薄片可近似地看作质量分布是均匀的. 在 $\Delta\sigma_i$ 内任取一点 (ξ_i, η_i)，以 $\rho(\xi_i, \eta_i)\cdot\Delta\sigma_i$ 来近似代替该小平面薄片的质量，即

$$\Delta M_i\approx\rho(\xi_i, \eta_i)\cdot\Delta\sigma_i(i=1, 2, \cdots, n)$$

(3) **求和**.

$$M\approx\sum_{i=1}^{n}\rho(\xi_i, \eta_i)\cdot\Delta\sigma_i$$

(4) **取极限**. 仍用 λ 表示所有小区域中直径的最大值，则平面薄片的质量可表示为

$$M=\lim_{\lambda\to\infty}\sum_{i=1}^{n}\rho(\xi_i, \eta_i)\cdot\Delta\sigma_i$$

从上面两个例题可以看出，两个问题实际意义不同，但解决问题的方法相同，且所求量都归结为同一形式的和的极限. 在物理、力学、几何和工程技术中，有许多量都可以归结为这一形式的和的极限. 因此，我们要更一般地研究这种和的极限，由此抽象出下述二重积分的定义.

2. 二重积分的定义

定义 10.1.1 设 $f(x, y)$ 是有界闭区域 D 上的有界函数，将闭区域 D 任意分成 n 个小闭区域 $\Delta\sigma_1, \Delta\sigma_2, \cdots, \Delta\sigma_n$，第 i 个小区域 $\Delta\sigma_i$ 的面积仍记为 $\Delta\sigma_i$，在每个 $\Delta\sigma_i$ 上任取一点(ξ_i, η_i)，作乘积 $f(\xi_i, \eta_i)\cdot\Delta\sigma_i$，并作和式

$$\sum_{i=1}^{n}f(\xi_i, \eta_i)\cdot\Delta\sigma_i$$

记 λ 为所有小闭区域中直径的最大值，若当 $\lambda\to0$ 时，这个和式的极限存在，且极限值与对区域 D 的分法及点(ξ_i, η_i)在 $\Delta\sigma_i$ 上的取法无关，则称此极限值为函数 $z=f(x, y)$在闭区域 D 上的二重积分，记为$\iint_D f(x, y)\mathrm{d}\sigma$，即

$$\iint_D f(x, y)\mathrm{d}\sigma=\lim_{\lambda\to0}\sum_{i=1}^{n}f(\xi_i, \eta_i)\cdot\Delta\sigma_i$$

其中 $f(x, y)$ 称为被积函数，$f(x, y)\mathrm{d}\sigma$ 称为被积表达式，$\mathrm{d}\sigma$ 称为面积元素，x 与 y 称为积分变量，D 称为积分区域，$\sum_{i=1}^{n}f(\xi_i. \eta_i)\Delta\sigma_i$ 称为积分和，此时也称 $f(x, y)$ 在 D 上可积.

二重积分的几何意义：当被积函数大于零时，二重积分是柱体的体积；当被积函数小于零时，二重积分是柱体的体积的负值.

关于二重积分 $\iint_D f(x, y)\mathrm{d}\sigma$ 的存在性，有下列结论：

(1) 当 $f(x, y)$在有界闭区域上连续时，二重积分存在；

(2) 当 $f(x, y)$在有界闭区域 D 上分片连续时，二重积分存在.

10.1.2 二重积分的性质

重积分与定积分有相似的性质，我们以二重积分为例，设 $f(x, y)$，$g(x, y)$ 均可积，

则：

性质 10.1.1 若 k_1，k_2 为常数，则

$$\iint_D [k_1 f(x, y) \pm k_2 g(x, y)] \mathrm{d}\sigma = k_1 \iint_D f(x, y) \mathrm{d}\sigma \pm k_2 \iint_D g(x, y) \mathrm{d}\sigma$$

性质 10.1.2 如果将积分区域 D 被一条曲线分为两个区域 D_1 和 D_2，则

$$\iint_D f(x, y) \mathrm{d}\sigma = \iint_{D_1} f(x, y) \mathrm{d}\sigma + \iint_{D_2} f(x, y) \mathrm{d}\sigma$$

该性质表明二重积分对积分区域具有可加性，并能推广到积分区域 D 被有限条曲线分为有限个部分闭区域的情形.

性质 10.1.3 如果在 D 上有 $f(x, y) \equiv 1$，S 为 D 的面积，则

$$\iint_D f(x, y) \mathrm{d}\sigma = \iint_D \mathrm{d}\sigma = S$$

该性质的几何意义很明显，高为 1 的平顶柱体的体积在数值上就等于平顶柱体的底面积.

性质 10.1.4 如果在 D 上有 $f(x, y) \leqslant g(x, y)$，则

$$\iint_D f(x, y) \mathrm{d}\sigma \leqslant \iint_D g(x, y) \mathrm{d}\sigma$$

该性质称为二重积分的单调性. 显然，若在 D 上恒有 $f(x, y) \geqslant 0$，则 $\iint_D f(x, y) \mathrm{d}\sigma \geqslant 0$. 又由于在 D 上有

$$-|f(x, y)| \leqslant f(x, y) \leqslant |f(x, y)|$$

可得到二重积分的绝对值不等式

$$\left| \iint_D f(x, y) \mathrm{d}\sigma \right| \leqslant \iint_D |f(x, y)| \mathrm{d}\sigma$$

性质 10.1.5 设 m、M 分别是 $f(x, y)$ 在 D 上的最小值和最大值，S 为 D 的面积，则

$$mS \leqslant \iint_D f(x, y) \mathrm{d}\sigma \leqslant MS$$

证 因为 $m \leqslant f(x, y) \leqslant M$，由性质 10.1.4 有

$$\iint_D m \mathrm{d}\sigma \leqslant \iint_D f(x, y) \mathrm{d}\sigma \leqslant \iint_D M \mathrm{d}\sigma$$

再应用性质 10.1.1 和性质 10.1.3 即可得到此估值不等式.

性质 10.1.6(二重积分的中值定理) 设 $f(x, y)$ 在闭区域 D 上连续，S 为 D 的面积，则至少存在一点 $(\xi, \eta) \in D$，使得

$$\iint_D f(x, y) \mathrm{d}\sigma = f(\xi, \eta) \cdot S$$

证 显然 $\sigma \neq 0$，把性质 10.1.5 中的不等式同除以 S，得

$$m \leqslant \frac{1}{S} \iint_D f(x, y) \mathrm{d}\sigma \leqslant M$$

这表明，确定的数值 $\frac{1}{S} \iint_D f(x, y) \mathrm{d}\sigma$ 是介于函数 $f(x, y)$ 的最小值 m 和最大值 M 之间的. 由闭区域上连续函数的介值定理知，至少存在一点 $(\xi, \eta) \in D$，使得

$$\frac{1}{S} \iint_D f(x, y) \mathrm{d}\sigma = f(\xi, \eta)$$

上式两端同乘以 S，便得所要证明的表达式.

二重积分中值定理的几何意义：当 $f(x, y)\geqslant 0$ 时，在闭区域 D 上以曲面 $z=f(x, y)$ 为顶的曲顶柱体的体积等于闭区域 D 上以 $f(\xi, \eta)$ 为高的平顶柱体体积. $f(\xi, \eta)$是 $f(x, y)$ 在闭区域 D 上的平均值.

例 10.1.3 设平面区域 D 由直线 $x=0$，$y=0$，$x+y=\frac{1}{2}$，$x+y=1$ 围成，若

$$I_1=\iint_D[\ln(x+y)^3]\mathrm{d}\sigma,\ I_2=\iint_D[\sin(x+y)^3]\mathrm{d}\sigma,\ I_3=\iint_D(x+y)^3\mathrm{d}\sigma$$

试比较它们之间的大小.

解 因为在区域 D 上 $\frac{1}{2}\leqslant x+y\leqslant 1<\mathrm{e}$，故

$$\ln(x+y)^3\leqslant 0,\ (x+y)^3>\sin(x+y)^3>0$$

由性质 10.1.4 可知：$I_1<0$，且 $I_3>I_2>0$. 因此 $I_3>I_2>I_1$.

例 10.1.4 设区域 $D=\{(x, y)\mid 0\leqslant x\leqslant \pi, 0\leqslant y\leqslant \pi\}$，估计二重积分 I 的值，其中

$$I=\iint_D \sin^2 x\cos^2 y\,\mathrm{d}\sigma$$

解 在区域 D 上，$0\leqslant \sin^2 x\cos^2 y\leqslant 1$，而区域 D 的面积为 π^2，由性质 10.1.5 有 $0\leqslant I\leqslant \pi^2$.

习题 10.1

1. 利用二重积分的性质，判断下列二重积分的正负号.

(1) $I=\iint_D xy\,\mathrm{d}\sigma$，$D=\{(x, y)\mid x^2+y^2\leqslant 1\}$；

(2) $I=\iint_D \ln(1-x^2-y^2)\mathrm{d}\sigma$，$D=\left\{(x, y)\ \middle|\ x^2+y^2\leqslant \frac{1}{4}\right\}$；

(3) $I=\iint_D (x+1)\mathrm{d}\sigma$，$D=\{(x, y)\mid -1\leqslant x\leqslant 1, -1\leqslant y\leqslant 1\}$；

(4) $I=\iint_D \ln(x^2+y^2)\mathrm{d}\sigma$，$D=\{(x, y)\mid |x|+|y|\leqslant 1\}$.

2. 利用二重积分的性质，比较下列二重积分的大小.

(1) $I_1=\iint_D \mathrm{e}^{xy}\mathrm{d}\sigma$，$I_2=\iint_D \mathrm{e}^{2xy}\mathrm{d}\sigma$，$D=\{(x, y)\mid 0\leqslant x\leqslant 1, 0\leqslant y\leqslant 1\}$；

(2) $I_1=\iint_D (x+y)^5\mathrm{d}\sigma$，$I_2=\iint_D (x+y)^4\mathrm{d}\sigma$，$D=\{(x, y)\mid (x-2)^2+(y-1)^2=2\}$.

3. 利用二重积分的性质估计下列二重积分的值.

(1) $I=\iint_D \sin(x^2+y^2)\mathrm{d}\sigma$，$D=\left\{(x, y)\ \middle|\ \frac{\pi}{4}\leqslant x^2+y^2\leqslant \frac{3\pi}{4}\right\}$；

(2) $I=\iint_D (x+y+5)\,\mathrm{d}\sigma$，$D=\{(x, y)\mid 0\leqslant x\leqslant 1, 0\leqslant y\leqslant 2\}$；

(3) $I=\iint_D xy(x+y)\mathrm{d}\sigma$，$D=\{(x, y)\mid 0\leqslant x\leqslant 2, 0\leqslant y\leqslant 2\}$；

(4) $I=\iint_D (x^2+4y^2+9)\,\mathrm{d}\sigma$，$D=\{(x, y)\mid 1\leqslant x^2+y^2\leqslant 4\}$.

4. 利用二重积分的几何意义，求下列二重积分的值.

(1) $\iint_D \mathrm{d}\sigma$，$D=\{(x, y) \mid x^2+(y-2)^2 \leqslant 4\}$；

(2) $\iint_D \sqrt{R^2-x^2-y^2}\,\mathrm{d}\sigma$，$D=\{(x, y) \mid x^2+y^2 \leqslant R^2\}$.

10.2 二重积分的计算

10.2.1 直角坐标系下二重积分的计算

由于二重积分的定义中对闭区域 D 的划分是任意的，在直角坐标系下，若用一组平行于坐标轴的直线划分区域 D，那么除靠近边界曲线的一些小区域外，绝大多数小区域都是矩形，如图 10.2.1 所示. 因此，在直角坐标系中，面积元素 $\mathrm{d}\sigma=\mathrm{d}x\mathrm{d}y$ 称为直角坐标系下的面积元素. 此时二重积分记为

$$\iint_D f(x, y)\mathrm{d}\sigma=\iint_D f(x, y)\mathrm{d}x\mathrm{d}y$$

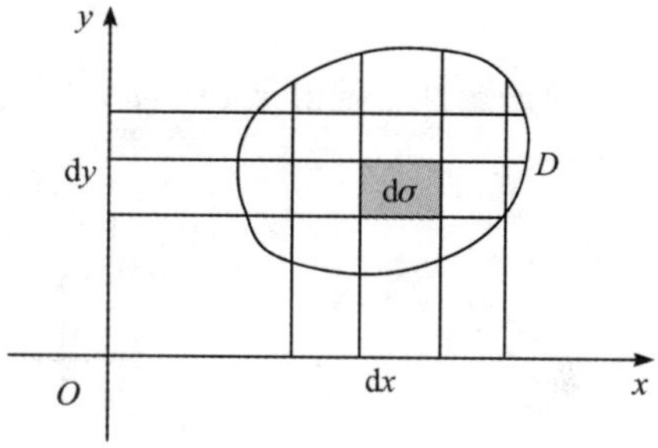

图 10.2.1

二重积分的值除了与被积函数 $f(x, y)$ 有关外，还与积分区域有关. 通常区域 D 的表示方式分为两种.

一种称之为 X 型区域，如图 10.2.2 所示. 即区域 D 可表示为

$$D=\{(x, y) \mid \varphi_1(x) \leqslant y \leqslant \varphi_2(x),\ a \leqslant x \leqslant b\}$$

其特点是穿过区域 D 的内部且与 y 轴平行的直线与区域 D 的边界曲线的交点不多于两个.

另一种称之为 Y 型区域，如图 10.2.3 所示. 即区域 D 可表示为

$$D=\{(x, y) \mid \psi_1(y) \leqslant x \leqslant \psi_2(y),\ c \leqslant y \leqslant d\}$$

其特点是穿过区域 D 的内部且与 x 轴平行的直线与区域 D 的边界曲线的交点不多于两个.

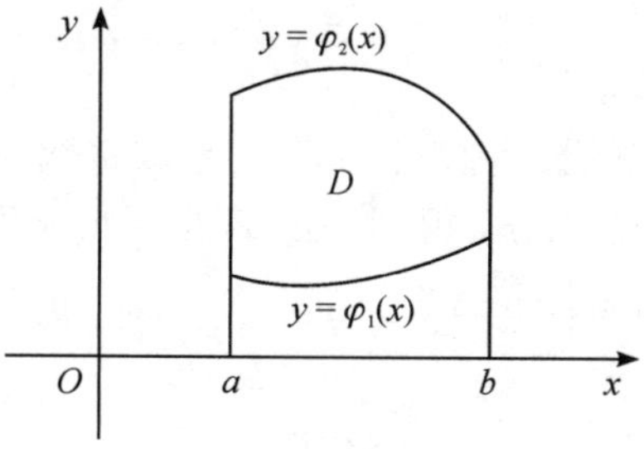

图 10.2.2

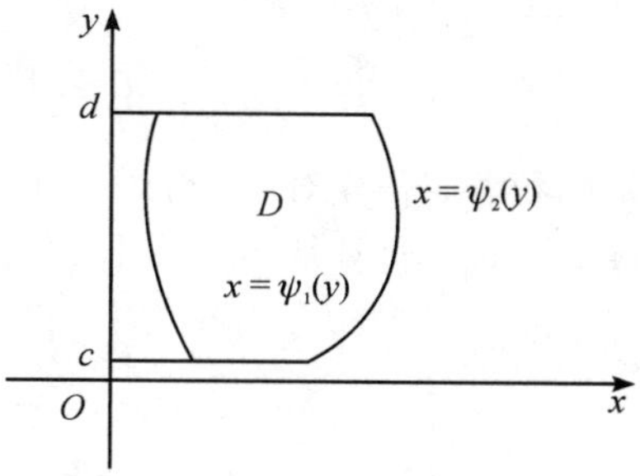

图 10.2.3

若积分区域既不是 X 型区域，又不是 Y 型区域，则可通过划分的方法，将区域 D 分成若干部分，使每一部分是 X 型区域或 Y 型区域.

由二重积分的几何意义可知，当 $f(x, y) \geqslant 0$ 时，二重积分 $\iint_D f(x, y)\mathrm{d}\sigma$ 的值就是以

曲面 $z=f(x, y)$ 为顶，以 D 为底的曲顶柱体的体积. 由定积分中“平行截面面积已知的立体的体积”的计算方法，可得到二重积分的计算方法.

下面以求 X 型区域 D 上曲顶柱体体积为例，推导出二重积分的计算方法.

设二元函数 $z=f(x, y)$在 D 上连续非负. 将区域 D 投影到 x 轴上，得 $x\in[a, b]$，则区域 D 可用不等式组表示为

$$D=\{(x, y)\mid \varphi_1(x)\leqslant y\leqslant \varphi_2(x), a\leqslant x\leqslant b\}$$

在区间$[a, b]$上任意取定一点 x_0，作平行于 yOz 面的平面 $x=x_0$. 该平面截曲顶柱体所得截面是以区间$[\varphi_1(x_0), \varphi_2(x_0)]$为底，以曲线 $z=f(x_0, y)$ 为曲边的曲边梯形，如图 10.2.4 所示. 曲边梯形的面积为

$$A(x_0)=\int_{\varphi_1(x_0)}^{\varphi_2(x_0)} f(x_0, y)\,\mathrm{d}y$$

由 x_0 的任意性，可得 $\forall x\in[a, b]$时，

$$A(x)=\int_{\varphi_1(x)}^{\varphi_2(x)} f(x, y)\,\mathrm{d}y$$

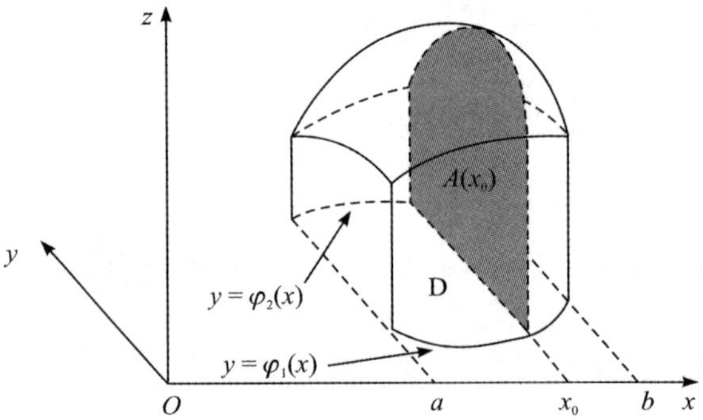

图 10.2.4

应用平行截面面积已知的立体体积的计算方法，得曲顶柱体的体积为

$$V=\int_a^b A(x)\,\mathrm{d}x=\int_a^b\left[\int_{\varphi_1(x)}^{\varphi_2(x)} f(x, y)\,\mathrm{d}y\right]\mathrm{d}x$$

从而

$$\iint_D f(x, y)\,\mathrm{d}\sigma=\int_a^b\left[\int_{\varphi_1(x)}^{\varphi_2(x)} f(x, y)\,\mathrm{d}y\right]\mathrm{d}x$$

上式右端的积分叫作先对 y，后对 x 的二次积分. 它表示先将 x 看成常数，把 $f(x, y)$ 只看成 y 的函数，对 y 计算从 $\varphi_1(x)$ 到 $\varphi_2(x)$的定积分，得到关于 x 的一元函数，再求此函数由 a 到 b 的定积分. 为了方便，二次积分简记为$\int_a^b \mathrm{d}x\int_{\varphi_1(x)}^{\varphi_2(x)} f(x, y)\,\mathrm{d}y$，即

$$\iint_D f(x, y)\,\mathrm{d}\sigma=\int_a^b \mathrm{d}x\int_{\varphi_1(x)}^{\varphi_2(x)} f(x, y)\,\mathrm{d}y$$

此式即为二重积分的计算公式，它给出了二重积分的计算方法，就是将其转化为二次积分.

上面推导基于 $f(x, y)$在 D 上非负的假设. 事实上，只要 $f(x, y)$ 连续，不管其是否非负，结论总成立.

同理，若 $f(x, y)$在闭区域 D 上连续，且 D 为 Y 型积分区域，则区域 D 可表示为

$$D=\{(x, y)\mid \psi_1(y)\leqslant x\leqslant \psi_2(y), c\leqslant y\leqslant d\}$$

则有

$$\iint_D f(x, y)\mathrm{d}x\mathrm{d}y=\int_c^d \mathrm{d}y\int_{\psi_1(y)}^{\psi_2(y)} f(x, y)\mathrm{d}x$$

此式为把二重积分化为先对 x，后对 y 的二次积分.

从上面的推导过程，可以总结出在直角坐标系下计算二重积分的一般步骤：

(1) 画出区域 D 的草图，根据积分区域 D 的类型和被积函数的形式确定积分次序；

(2) 根据所确定的积分次序，将积分区域 D 中的变量的取值范围用不等式组表示；

(3) 积分区域的不等式组的表示式，即为二次积分中的相应变量的积分区间，也就是相应的积分限，根据此表示式，就可将二重积分化为二次积分.

例 10.2.1 计算 $\iint_D (x+y)\mathrm{d}\sigma$. 其中区域 D 由 $y=x$，$x=1$ 以及 x 轴所围成.

分析 如图 10.2.5 所示，区域 D 既是 X 型区域，也是 Y 型区域.

解法一 若将区域 D 看作是 X 型区域，则

$$D=\{(x, y) \mid 0\leqslant y\leqslant x, 0\leqslant x\leqslant 1\}$$

$$\iint_D (x+y)\mathrm{d}\sigma=\int_0^1\mathrm{d}x\int_0^x (x+y)\mathrm{d}y=\int_0^1 \frac{3x^2}{2}\mathrm{d}x=\frac{1}{2}$$

解法二 若将区域 D 看作是 Y 型区域，则

$$D=\{(x, y) \mid y\leqslant x\leqslant 1, 0\leqslant y\leqslant 1\}$$

$$\iint_D (x+y)\mathrm{d}\sigma=\int_0^1\mathrm{d}y\int_y^1 (x+y)\mathrm{d}x=\int_0^1 \frac{3y^2}{2}\mathrm{d}y=\frac{1}{2}$$

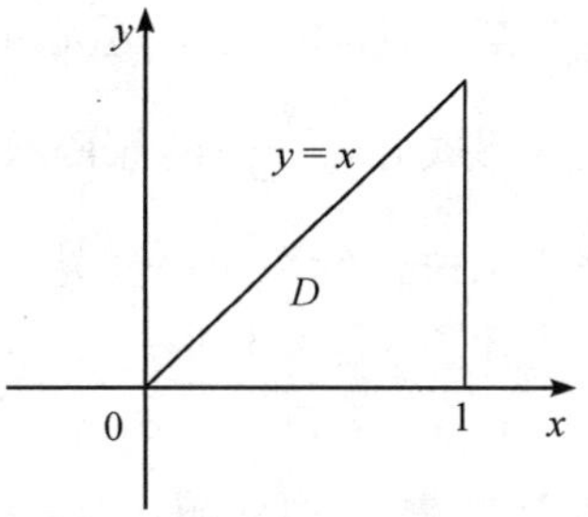

图 10.2.5

例 10.2.2 计算 $\iint_D xy\mathrm{d}\sigma$. 其中区域 D 由抛物线 $y^2=x$ 及直线 $y=x-2$ 围成.

分析 如图 10.2.6、10.2.7 所示，积分区域 D 既是 X 型区域，也是 Y 型区域.

解法一 将 D 看作 Y 型区域，如图 10.2.6 所示，则有

$$I=\int_{-1}^2\mathrm{d}y\int_{y^2}^{y+2} xy\mathrm{d}x=\int_{-1}^2 y\left(\frac{1}{2}x^2\Big|_{y^2}^{y+2}\right)\mathrm{d}y=\int_{-1}^2 \frac{1}{2}[y(y+2)^2-y^5]\mathrm{d}y$$

$$=\frac{1}{2}\left(\frac{1}{4}y^4+\frac{4}{3}y^3+2y^2-\frac{1}{6}y^6\right)\Big|_{-1}^{2}=\frac{45}{8}$$

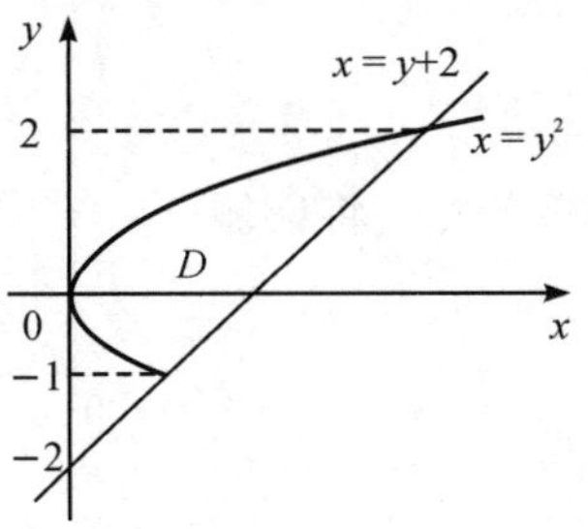

图 10.2.6

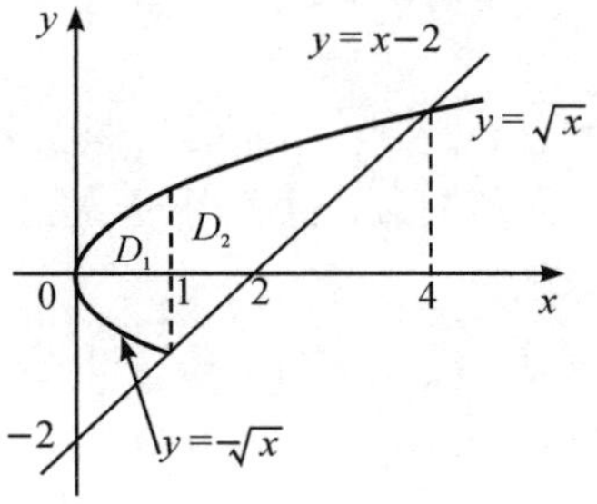

图 10.2.7

解法二 将 D 看作 X 型区域，如图 10.2.7 所示，则由于在区间 $[0, 1]$ 与 $[1, 4]$ 上 $\varphi_1(x)$ 的表达式不同，所以要用过交点 $(1, -1)$ 且平行于 y 轴的直线 $x=1$ 将 D 分成 D_1 和 D_2 两部分.

$D_1=\{(x,y)\mid -\sqrt{x}\leqslant y\leqslant\sqrt{x},\ 0\leqslant x\leqslant 1\}$；$D_2=\{(x,y)\mid x-2\leqslant y\leqslant\sqrt{x},\ 1\leqslant x\leqslant 4\}$

根据积分区域的可加性，有

$$I=\iint_{D_1}xy\,\mathrm{d}\sigma+\iint_{D_2}xy\,\mathrm{d}\sigma$$

$$=\int_0^1\mathrm{d}x\int_{-\sqrt{x}}^{\sqrt{x}}xy\,\mathrm{d}y+\int_1^4\mathrm{d}x\int_{x-2}^{\sqrt{x}}xy\,\mathrm{d}y=\frac{45}{8}$$

上述例子说明，不同次序的二次积分，计算过程的繁简程度可能不同，因此，要学会根据不同的情形，选择适当的积分次序，既要考虑积分区域 D 的形状，又要考虑被积函数 $f(x,y)$的特性.

例 10.2.3 计算 $\int_0^1\mathrm{d}y\int_y^{\sqrt{y}}\frac{\cos x}{x}\mathrm{d}x$.

解 此题给出的是先对 x，后对 y 的二次积分，但由被积函数的形式知，$\frac{\cos x}{x}$的原函数不是初等函数，无法直接计算，可以尝试交换积分次序再计算.

如图 10.2.8 所示，积分区域 D 为

$$D=\{(x,y)\mid y\leqslant x\leqslant\sqrt{y},\ 0\leqslant y\leqslant 1\}$$

将 D 视为 X 型区域，则

$$D=\{(x,y)\mid x^2\leqslant y\leqslant x,\ 0\leqslant x\leqslant 1\}$$

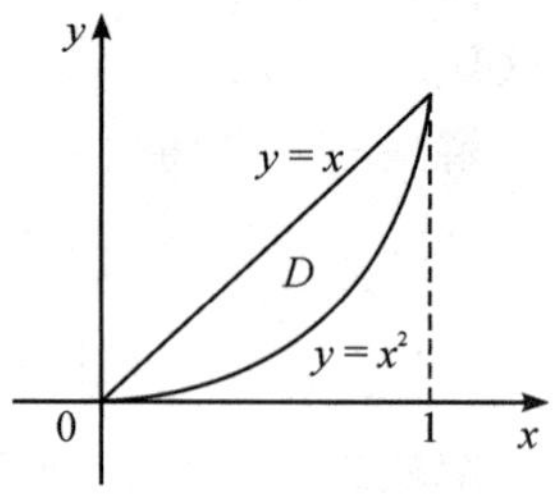

图 10.2.8

因此

$$\int_0^1\mathrm{d}y\int_y^{\sqrt{y}}\frac{\cos x}{x}\mathrm{d}x=\int_0^1\mathrm{d}x\int_{x^2}^{x}\frac{\cos x}{x}\mathrm{d}y$$

$$=\int_0^1(\cos x-x\cos x)\,\mathrm{d}x$$

$$=1-\cos 1$$

例 10.2.4 改变下列积分的积分次序.

(1) $\int_0^1\mathrm{d}y\int_y^1 f(x,y)\mathrm{d}x$； (2) $\int_0^1\mathrm{d}x\int_x^{2-x} f(x,y)\mathrm{d}y$.

解 (1) 画出积分区域 D，如图 10.2.9 所示，积分区域 D 为

$$D=\{(x,y)\mid 0\leqslant y\leqslant 1,\ y\leqslant x\leqslant 1\}$$

积分次序先对 x 后对 y，欲将其变为先对 y 后对 x，将区域 D 看作 X 型区域，则

$$D=\{(x,y)\mid 0\leqslant x\leqslant 1,\ 0\leqslant y\leqslant x\}$$

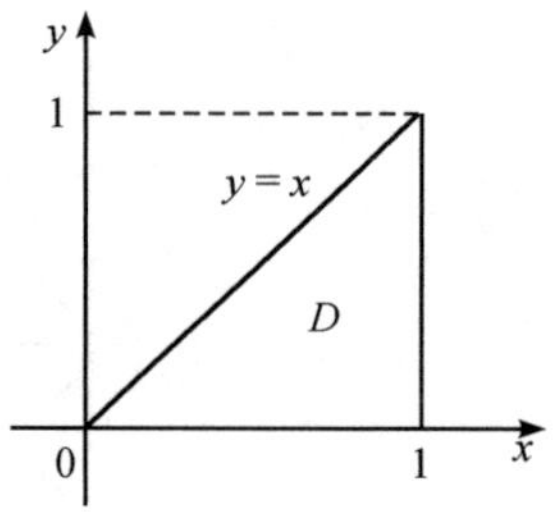

图 10.2.9

因此

$$\int_0^1\mathrm{d}y\int_y^1 f(x,y)\mathrm{d}x=\int_0^1\mathrm{d}x\int_0^x f(x,y)\mathrm{d}y$$

(2) 先画出积分区域 D，如图 10.2.10 所示，积分区域 D 为

$$D=\{(x,y)\mid 0\leqslant x\leqslant 1,\ x\leqslant y\leqslant 2-x\}$$

将积分次序变为先对 x 后对 y. 为此，用直线 $y=1$ 将 D 分成 D_1 和 D_2 两部分.

$$D_1=\{(x, y) \mid 0 \leqslant x \leqslant y, 0 \leqslant y \leqslant 1\}, D_2=\{(x, y) \mid 0 \leqslant x \leqslant 2-y, 1 \leqslant y \leqslant 2\}$$

因此

$$\int_0^1 \mathrm{d}x \int_x^{2-x} f(x, y) \mathrm{d}y=\int_0^1 \mathrm{d}y \int_0^y f(x, y) \mathrm{d}x+\int_1^2 \mathrm{d}y \int_0^{2-y} f(x, y) \mathrm{d}x$$

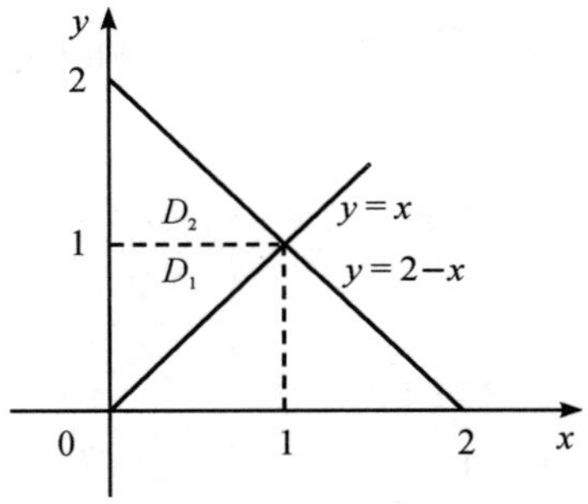

图 10.2.10

在二重积分中，同样也可以利用被积函数的奇偶性结合积分区域的对称性来化简计算.

(1) 当积分区域 D 关于 y 轴对称时，如图 10.2.11 所示，若被积函数 $f(x, y)$ 关于 x 是奇函数，即 $f(-x, y)=-f(x, y)$，则

$$\iint_D f(x, y) \mathrm{d}\sigma=0$$

若被积函数 $f(x, y)$ 关于 x 是偶函数，即 $f(-x, y)=f(x, y)$，则

$$\iint_D f(x, y) \mathrm{d}\sigma=2 \iint_{D_1} f(x, y) \mathrm{d}\sigma=2 \iint_{D_2} f(x, y) \mathrm{d}\sigma$$

(2) 当积分区域 D 关于 x 轴对称时，如图 10.2.12 所示，若被积函数 $f(x, y)$ 关于 y 是奇函数，即 $f(x, -y)=-f(x, y)$，则

$$\iint_D f(x, y) \mathrm{d}\sigma=0$$

若被积函数 $f(x, y)$ 关于 y 是偶函数，即 $f(x, -y)=f(x, y)$，则

$$\iint_D f(x, y) \mathrm{d}\sigma=2 \iint_{D_1} f(x, y) \mathrm{d}\sigma=2 \iint_{D_2} f(x, y) \mathrm{d}\sigma$$

(3) 当积分区域 D 关于 $y=x$ 对称时，如图 10.2.13 所示，则

$$\iint_D f(x, y) \mathrm{d}\sigma=\iint_D f(y, x) \mathrm{d}\sigma$$

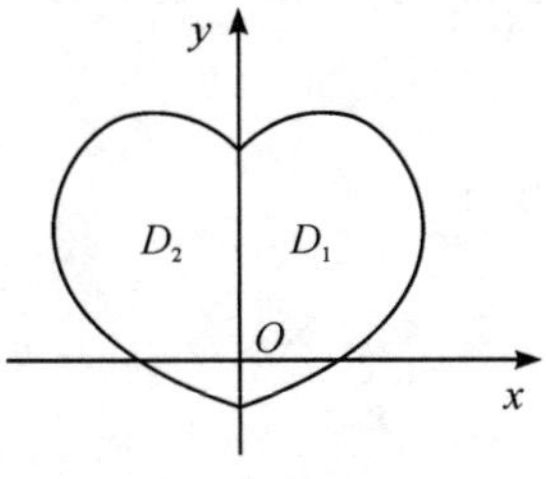

图 10.2.11

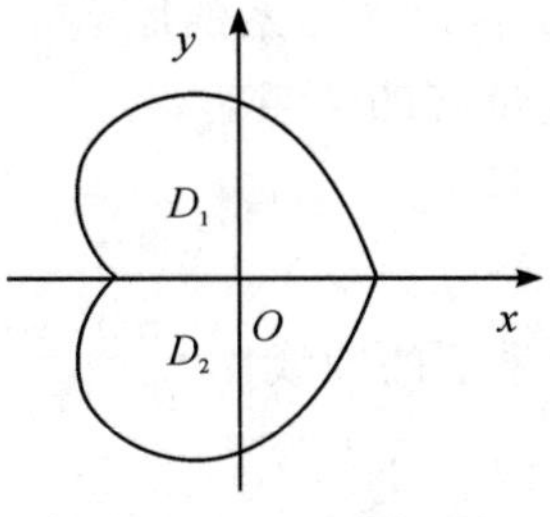

图 10.2.12

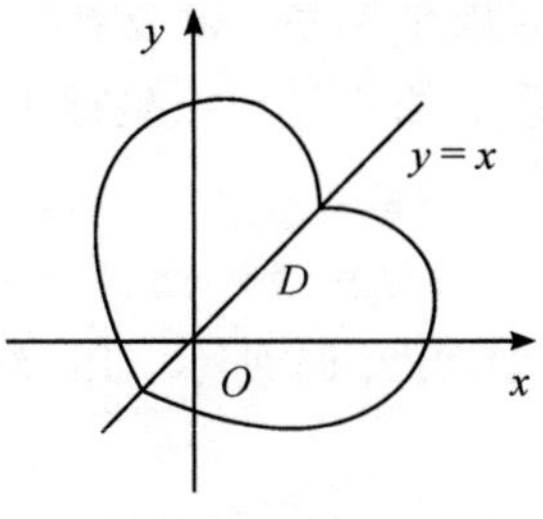

图 10.2.13

例 10.2.5 区域 D 是由 $y=4-x^2$，$y=-3x$ 以及 $x=1$ 所围成. 计算

$$I=\iint_D x\ln(y+\sqrt{1+y^2})\,dx\,dy$$

解 如图 10.2.14 所示，积分区域 $D=D_1+D_2$，令 $f(x, y)=x\ln(y+\sqrt{1+y^2})$，则

$$I=\iint_{D_1} x\ln(y+\sqrt{1+y^2})\,dx\,dy+\iint_{D_2} x\ln(y+\sqrt{1+y^2})\,dx\,dy$$

因为区域 D_1 关于 y 对称，且在 D_1 上

$$f(-x, y)=-f(x, y)$$

故

$$\iint_{D_1} x\ln(y+\sqrt{1+y^2})\,dx\,dy=0$$

因为区域 D_2 关于 x 对称，且在 D_2 上

$$f(x, -y)=-f(x, y)$$

故

$$\iint_{D_2} x\ln(y+\sqrt{1+y^2})\,dx\,dy=0$$

所以在整个区域 D 上都有

$$I=\iint_D x\ln(y+\sqrt{1+y^2})\,dx\,dy=0$$

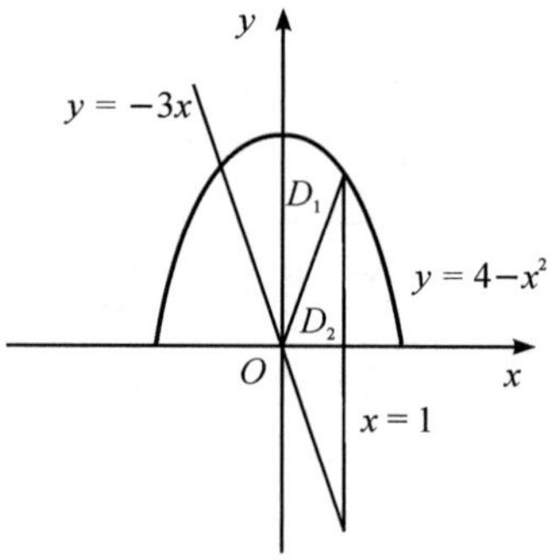

图 10.2.14

例 10.2.6 设区域 $D=\{(x, y)\,|\,x^2+y^2\leqslant 1, x\geqslant 0, y\geqslant 0\}$. 计算二重积分

$$\iint_D \frac{1+x^2}{2+x^2+y^2}\,d\sigma$$

解 如图 10.2.15 所示，积分区域 D 关于直线 $y=x$ 对称，则

$$\iint_D \frac{1+x^2}{2+x^2+y^2}\,d\sigma=\frac{1}{2}\iint_D\left(\frac{1+x^2}{2+x^2+y^2}+\frac{1+y^2}{2+x^2+y^2}\right)d\sigma$$

$$=\frac{1}{2}\iint_D d\sigma=\frac{\pi}{8}$$

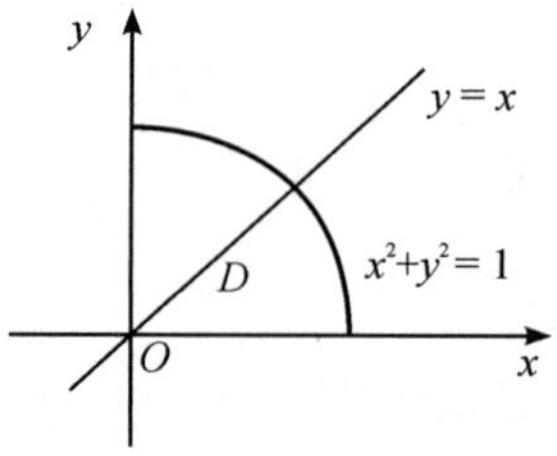

图 10.2.15

10.2.2 极坐标系下二重积分的计算

在有些情形下，如积分区域 D 的边界为圆、圆环或它们的一部分，且被积函数用极坐标来表示更为简便，我们考虑利用极坐标计算二重积分.

建立极坐标系，设极点与 xOy 直角坐标系的原点重合，极轴与 x 轴的正向重合，则直角坐标系下的变量与极坐标下的变量间的关系为

$$\begin{cases}x=\rho\cos\theta\\ y=\rho\sin\theta\end{cases}\quad(0\leqslant\rho<+\infty, 0\leqslant\theta\leqslant 2\pi)$$

如图 10.2.16 所示，用极坐标系下的曲线网

$$\rho=\rho_i\,(i=1, 2, \cdots, k), \theta=\theta_j\,(j=1, 2, \cdots, m)$$

将区域 D 分为 n 个小闭区域. 除靠近边界曲线包含边界点的部分外，其余部分的小区域面积可看作是两个小扇形面积的差.

$$\Delta\sigma=\frac{1}{2}(\rho+\Delta\rho)^2\Delta\theta-\frac{1}{2}\rho^2\Delta\theta=\rho\Delta\rho\Delta\theta+\frac{1}{2}(\Delta\rho)^2\Delta\theta$$

当 $\Delta\rho$ 与 $\Delta\theta$ 充分小时，$\Delta\sigma\approx\rho\Delta\rho\Delta\theta$，故极坐标系下的面积元素 $d\sigma=\rho d\rho d\theta$，则二重积分

$$\iint_D f(x, y)d\sigma=\iint_D f(\rho\cos\theta, \rho\sin\theta)\rho d\rho d\theta$$

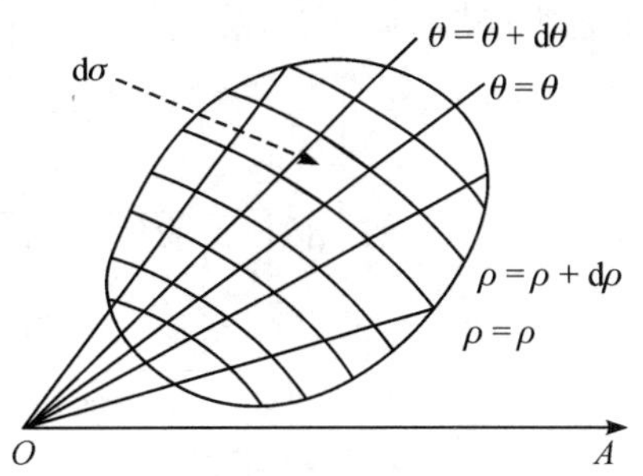

图 10.2.16

极坐标系下的二重积分同样可以化为二次积分来计算. 一般地，积分次序是先对 ρ，再对 θ. 设过极点引出的射线穿过 D 的内部时，与边界曲线的交点不多于两个，根据极点与积分区域之间的关系可以分三种情形：

(1) 极点 O 在区域 D 外，如图 10.2.17 所示，设积分区域 D 可以表示为

$$D=\{(\rho, \theta)|\rho_1(\theta)\leqslant\rho\leqslant\rho_2(\theta), \alpha\leqslant\theta\leqslant\beta\}$$

其中 $\rho_1(\theta)$，$\rho_2(\theta)$在区间$[\alpha, \beta]$上连续，则

$$\iint_D f(\rho\cos\theta, \rho\sin\theta)\rho d\rho d\theta=\int_\alpha^\beta d\theta\int_{\rho_1(\theta)}^{\rho_2(\theta)} f(\rho\cos\theta, \rho\sin\theta)\rho d\rho$$

(2) 极点 O 在区域 D 的边界上，设区域 D 是如图 10.2.18 所示的曲边扇形，区域 D 可以表示为

$$D=\{(\rho, \theta)|0\leqslant\rho\leqslant\rho(\theta), \alpha\leqslant\theta\leqslant\beta\}$$

则

$$\iint_D f(\rho\cos\theta, \rho\sin\theta)\rho d\rho d\theta=\int_\alpha^\beta d\theta\int_0^{\rho(\theta)} f(\rho\cos\theta, \rho\sin\theta)\rho d\rho$$

(3) 极点 O 在区域 D 内，设区域 D 的边界曲线为 $\rho=\rho(\theta)$，如图 10.2.19 所示，区域 D 可以表示为

$$D=\{(\rho, \theta)|0\leqslant\rho\leqslant\rho(\theta), 0\leqslant\theta\leqslant 2\pi\}$$

则

$$\iint_D f(\rho\cos\theta, \rho\sin\theta)\rho d\rho d\theta=\int_0^{2\pi} d\theta\int_0^{\rho(\theta)} f(\rho\cos\theta, \rho\sin\theta)\rho d\rho$$

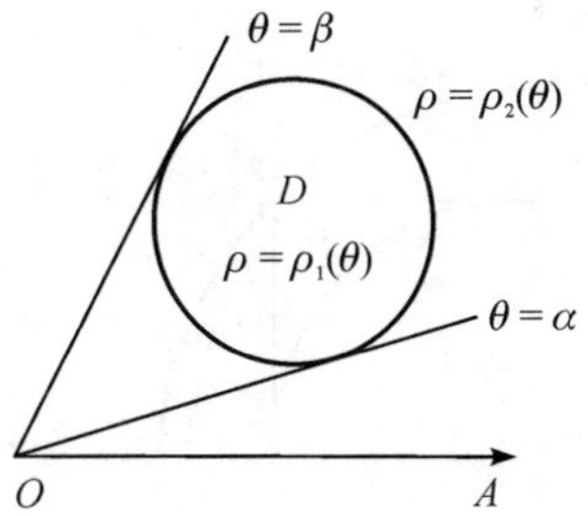

图 10.2.17

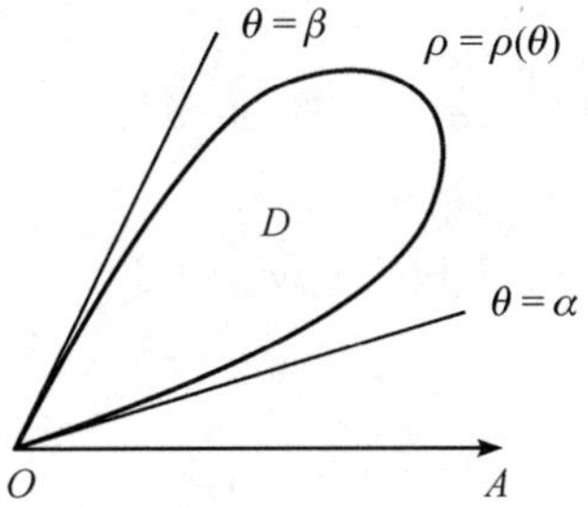

图 10.2.18

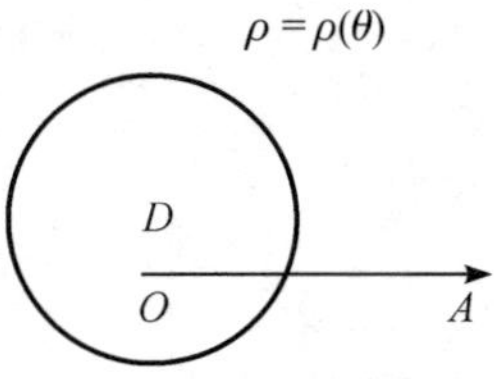

图 10.2.19

例 10.2.7　两个横截面直径相等的圆柱，互相垂直地交叉穿过对方，且中轴线相交，两者公共部分称为“牟合方盖”，试计算“牟合方盖”的体积.

解　设“牟合方盖”由 $x^2+y^2\leqslant R^2$，$x^2+z^2\leqslant R^2$ 围成，由对称性知其体积为第一卦限部分体积的 8 倍(如图 10.2.20 所示). 记 $D=\{(x, y)|0\leqslant y\leqslant\sqrt{R^2-x^2}, 0\leqslant x\leqslant R\}$，则

“牟合方盖”的体积为

$$
\begin{aligned}
V&=8\iint_D \sqrt{R^2-x^2}\,\mathrm{d}\sigma\\
&=8\int_0^{\frac{\pi}{2}}\mathrm{d}\theta\int_0^R \sqrt{R^2-r^2\cos^2\theta}\,r\,\mathrm{d}r\\
&=8\int_0^{\frac{\pi}{2}}\left[-\frac{\sqrt{(R^2-r^2\cos^2\theta)^3}}{3\cos^2\theta}\right]_0^R\mathrm{d}\theta\\
&=\frac{8R^3}{3}\int_0^{\frac{\pi}{2}}\frac{1-\sin^3\theta}{\cos^2\theta}\mathrm{d}\theta\\
&=\frac{8R^3}{3}\left[\frac{\sin\theta-1}{\cos\theta}-\cos\theta\right]_0^{\frac{\pi}{2}}\\
&=\frac{16R^3}{3}
\end{aligned}
$$

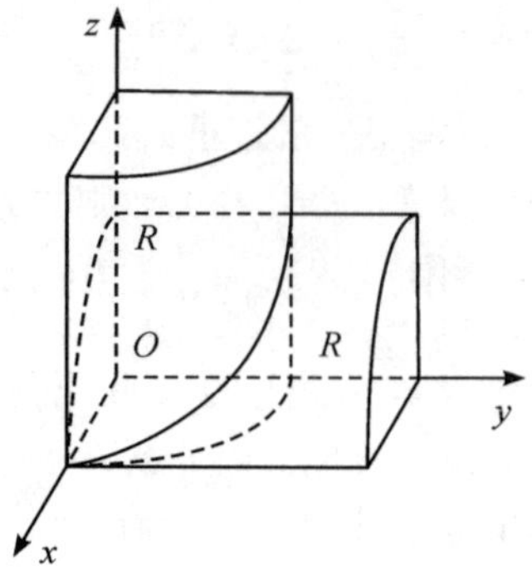

图 10.2.20

历史上，“牟合方盖”和球的体积颇有渊源．我国著名的数学著作《九章算术》中记载了求已知体积的球体半径的方法，称之为“开立圆术”，“立圆”即为球体．书中载曰：“置积尺数，以十六乘之，九而一，所得开立方除之，即丸径．”意思是说球体的半径等于九分之十六乘以体积再开立方，与此同时，也就得出了球的体积公式：十六分之九乘以半径的三次方．这当然是错误的．刘徽在为《九章算术》作注时便发现了其中的错误．祖冲之和祖暅提出“缘幂势既同，则积不容异”，意思是说，若截面积和高对应相等的两个立体，其体积一定相同，这就是人们熟悉的“祖暅原理”，由此可求得球的体积．

例 10.2.8 已知区域 $D=\{(x,y)\mid x^2+y^2\leqslant 2x\}$，计算

$$\iint_D (x+y)\,\mathrm{d}\sigma$$

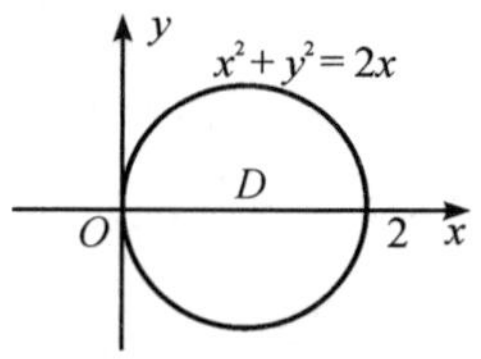

图 10.2.21

解 积分区域 D 如图 10.2.21 所示，设 $x=\rho\cos\theta$，$y=\rho\sin\theta$，则在极坐标系中，积分区域 D 可以表示为

$$D=\left\{(\rho,\theta)\mid 0\leqslant\rho\leqslant 2\cos\theta,\ -\frac{\pi}{2}\leqslant\theta\leqslant\frac{\pi}{2}\right\}$$

因此

$$
\begin{aligned}
\iint_D (x+y)\,\mathrm{d}\sigma&=\int_{-\frac{\pi}{2}}^{\frac{\pi}{2}}\mathrm{d}\theta\int_0^{2\cos\theta}(\rho\cos\theta+\rho\sin\theta)\rho\,\mathrm{d}\rho\\
&=\frac{8}{3}\int_{-\frac{\pi}{2}}^{\frac{\pi}{2}}(\cos\theta+\sin\theta)\cos^3\theta\,\mathrm{d}\theta\\
&=\pi
\end{aligned}
$$

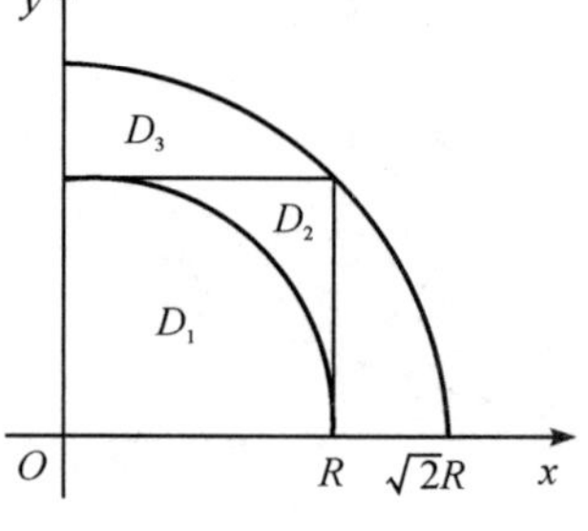

图 10.2.22

例 10.2.9 证明广义积分 $\int_0^{+\infty}\mathrm{e}^{-x^2}\mathrm{d}x=\frac{\sqrt{\pi}}{2}$.

证 由于 e^{-x^2} 的原函数不是初等函数，本题不能直接用直角坐标计算．如图 10.2.22 所示，设

$$D_1=\{(x,y)\mid x^2+y^2\leqslant R^2,\ x\geqslant 0,\ y\geqslant 0\}$$
$$D_2=\{(x,y)\mid 0\leqslant x\leqslant R,\ 0\leqslant y\leqslant R\}$$

$$D_3=\{(x, y)\mid x^2+y^2\leqslant 2R^2, x\geqslant 0, y\geqslant 0\}$$

因为 $e^{-x^2-y^2}>0$，而 $D_1\subset D_2\subset D_3$，所以

$$\iint_{D_1} e^{-x^2-y^2}\,dx\,dy<\iint_{D_2} e^{-x^2-y^2}\,dx\,dy<\iint_{D_3} e^{-x^2-y^2}\,dx\,dy$$

在极坐标系下

$$D_1=\left\{(\rho, \theta)\mid 0\leqslant\rho\leqslant R, 0\leqslant\theta\leqslant\frac{\pi}{2}\right\}$$

$$D_3=\left\{(\rho, \theta)\mid 0\leqslant\rho\leqslant\sqrt{2}R, 0\leqslant\theta\leqslant\frac{\pi}{2}\right\}$$

故

$$\iint_{D_1} e^{-x^2-y^2}\,dx\,dy=\int_0^{\frac{\pi}{2}}d\theta\int_0^R e^{-\rho^2}\rho\,d\rho=\frac{\pi}{4}(1-e^{-R^2})$$

$$\iint_{D_3} e^{-x^2-y^2}\,dx\,dy=\int_0^{\frac{\pi}{2}}d\theta\int_0^{\sqrt{2}R} e^{-\rho^2}\rho\,d\rho=\frac{\pi}{4}(1-e^{-2R^2})$$

$$\iint_{D_2} e^{-x^2-y^2}\,dx\,dy=\int_0^R e^{-x^2}\,dx\cdot\int_0^R e^{-y^2}\,dy=\left(\int_0^R e^{-x^2}\,dx\right)^2$$

因此

$$\frac{\pi}{4}(1-e^{-R^2})<\left(\int_0^R e^{-x^2}\,dx\right)^2<\frac{\pi}{4}(1-e^{-2R^2})$$

又因为

$$\lim_{R\to+\infty}\frac{\pi}{4}(1-e^{-R^2})=\frac{\pi}{4},\quad \lim_{R\to+\infty}\frac{\pi}{4}(1-e^{-2R^2})=\frac{\pi}{4}$$

由夹逼准则得

$$\left(\int_0^R e^{-x^2}\,dx\right)^2=\frac{\pi}{4},\quad \int_0^{+\infty} e^{-x^2}\,dx=\frac{\sqrt{\pi}}{2}$$

本例中的 $\int_0^{+\infty} e^{-x^2}\,dx$ 称为欧拉-泊松积分，$\int_0^{+\infty} e^{-x^2}\,dx=\frac{\sqrt{\pi}}{2}$ 这一结论在在概率论与数理统计及工程中有重要的应用.

习题 10.2

1. 设 $f(x, y)$ 在区域 D 上连续，将二重积分化为 D 上的二次积分(两种次序).

(1) $\iint_D f(x, y)\,dx\,dy$，$D=\{(x, y)\mid x^2+y^2\leqslant 4\}$；

(2) $\iint_D f(x, y)\,dx\,dy$，$D=\{(x, y)\mid |x|+|y|\leqslant 1\}$.

2. 在直角坐标系下计算二重积分. 其中 $f(t)$ 为连续函数，D 为相应曲线所围成的区域.

(1) $\iint_D x\sqrt{y}\,dx\,dy$，$D$：$y=x^2$，$x=y^2$；

(2) $\iint_D \frac{x^2}{y^2}\,dx\,dy$，$D$：$x=2$，$y=x$，$xy=1$；

(3) $\iint_D xy\,dx\,dy$，D：$y=-x$，$y=\sqrt{1-x^2}$，$y=\sqrt{x-x^2}$；

(4) $\iint_D (x^2+y^2-x)\,dx\,dy$，$D$：$y=x$，$y=2x$，$y=2$；

(5) $\iint_D e^{x^2}\,dx\,dy$，D：$y=x^3$，$y=x$，$x\geqslant 0$，$y\geqslant 0$；

(6) $\iint_D \sin\frac{\pi x}{2y}\,dx\,dy$，$D$：$y=\sqrt{x}$，$y=x$，$y=2$；

(7) $\iint_D (2x+3y)^2\,dx\,dy$，$D$：$\triangle ABC$，$A(-1, 0)$，$B(0, 1)$，$C(1, 0)$；

(8) $\iint_D \sqrt{|y-x^2|}\,dx\,dy$，$D$：$-1\leqslant x\leqslant 1$，$0\leqslant y\leqslant 2$；

(9) $\iint_D x[1+yf(x^2+y^2)]\,dx\,dy$，$D$：$y=x^3$，$y=1$，$x=-1$；

(10) $\iint_D \frac{y}{x^2+y^2}\,dx\,dy$，$D$：$y=x$，$y^2=x$，$y=3$.

3. 改变下列二次积分的次序.

(1) $\int_{-2}^{1} dy\int_{y^2}^{4} f(x, y)\,dx$；

(2) $\int_{1}^{e} dx\int_{0}^{\ln x} f(x, y)\,dy$；

(3) $\int_{-1}^{1} dx\int_{-\sqrt{1-x^2}}^{1-x^2} f(x, y)\,dy$；

(4) $\int_{0}^{1} dy\int_{0}^{2y} f(x, y)\,dx+\int_{1}^{3} dy\int_{0}^{3-y} f(x, y)\,dx$.

4. 把二重积分表示为极坐标形式的二重积分，其中 D 为积分区域.

(1) $\iint_D f(x, y)\,dx\,dy$，$D=\{(x, y)\mid x^2+y^2\leqslant 2x\}$；

(2) $\iint_D f(x, y)\,dx\,dy$，$D=\{(x, y)\mid 0\leqslant y\leqslant 1-x, 0\leqslant x\leqslant 1\}$.

5. 把下列积分化成极坐标系形式.

(1) $\int_{0}^{2a} dx\int_{-\sqrt{2ax-x^2}}^{\sqrt{2ax-x^2}} f(x, y)\,dy$；

(2) $\int_{0}^{2} dx\int_{x}^{3x} f(\sqrt{x^2+y^2})\,dy$；

(3) $\int_{0}^{2} dx\int_{\sqrt{2x-x^2}}^{\sqrt{4x-x^2}} f(x, y)\,dy+\int_{2}^{4} dx\int_{0}^{\sqrt{4x-x^2}} f(x, y)\,dy$.

6. 把下列积分化成极坐标形式，并计算积分值.

(1) $\int_{0}^{a} dx\int_{0}^{x} \sqrt{x^2+y^2}\,dy$；

(2) $\int_{0}^{a} dy\int_{0}^{\sqrt{a^2-y^2}} (x^2+y^2)\,dx$；

(3) $\int_{-1}^{1} dx\int_{0}^{\sqrt{1-x^2}} e^{-x^2-y^2}\,dy$；

(4) $\int_0^1 dx \int_{x^2}^{x} \frac{1}{\sqrt{x^2+y^2}} dy$.

7. 在极坐标系下计算二重积分，其中 D 为相应积分区域.

(1) $\iint_D \frac{x+y}{x^2+y^2} dx dy$，$D=\{(x,y) \mid x^2+y^2 \leqslant 1, x+y \geqslant 1\}$；

(2) $\iint_D \cos\sqrt{x^2+y^2} dx dy$，$D=\{(x,y) \mid \pi^2 \leqslant x^2+y^2 \leqslant 4\pi^2\}$；

(3) $\iint_D xy dx dy$，$D=\{(x,y) \mid x^2+y^2-2y \leqslant 0, y \leqslant x\}$；

(4) $\iint_D (x+y) dx dy$，$D=\{(x,y) \mid x^2+y^2 \leqslant x+y\}$；

(5) $\iint_D \left(\frac{x^2}{a^2}+\frac{y^2}{b^2}\right) dx dy$，$D=\{(x,y) \mid x^2+y^2 \leqslant R^2\}$；

(6) $\iint_D \arctan\frac{y}{x} dx dy$，$D=\{(x,y) \mid 1 \leqslant x^2+y^2 \leqslant 4, 0 \leqslant y \leqslant x\}$；

(7) $\iint_D |x^2+y^2-2x| dx dy$，$D=\{(x,y) \mid x^2+y^2 \leqslant 4\}$.

8. 计算二重积分. 其中 $f(x)$ 为连续函数，区域 D 由相应曲线围成.

(1) $\iint_D y dx dy$，D：$x=-2$，$y=0$，$y=2$，$x=-\sqrt{2y-y^2}$；

(2) $\iint_D x[1+yf(x^2+y^2)] dx dy$，$D$：$y=x^3$，$y=1$，$x=-1$.

9. 计算相应区域 D 上的二重积分. 其中 $f(x)$ 为连续函数.

(1) $\iint_D \frac{af(x)+bf(y)}{f(x)+f(y)} dx dy$，$D=\{(x,y) \mid x^2+y^2 \leqslant x+y\}$，$f(x)>0$；

(2) $\iint_D e^{\max\{x^2, y^2\}} dx dy$，$D=\{(x,y) \mid 0 \leqslant x \leqslant 1, 0 \leqslant y \leqslant 1\}$.

10. 计算 $\lim\limits_{x \to 0} \frac{\int_0^x du \int_0^{u^2} \arctan(1+t) dt}{x(1-\cos x)}$.

11. 求由相应曲线所围成的平面图形面积.

(1) $y=x$，$y=2$，$y^2=x$；

(2) $\rho=a(1-\cos\theta)$；

(3) $\rho^2=4a^2\sin 2\theta$；

(4) $\rho=a\sin 2\theta$.

12. 求由相应曲面围成的立体体积.

(1) $x=0$，$y=0$，$x+y=0$，$z=0$，$x^2+y^2=6-z$；

(2) $z=x^2+y^2$，$x^2+y^2=a^2$，$z=0$；

(3) $z=x^2+2y^2$，$z=6-2x^2-y^2$；

(4) $z=\sqrt{x^2+y^2}$，$z=\sqrt{1-x^2-y^2}$.

10.3 三重积分*

二重积分的定义可以很自然地推广到三重积分.

定义 10.3.1 设 $f(x, y, z)$ 是空间有界闭区域 Ω 上的有界函数，将闭区域 Ω 任意分成 n 个小闭区域 Δv_1，Δv_2，…，Δv_n，其中 Δv_i 表示第 i 个小闭区域，也表示它的体积，在每个 Δv_i 上任取一点 (ξ_i, η_i, ζ_i) 作乘积 $f(\xi_i, \eta_i, \zeta_i) \cdot \Delta v_i (i=1, 2, \cdots, n)$，并求和，如果当各小闭区域的直径中的最大值 λ 趋近于零时，这和式的极限存在，则称此极限为函数 $f(x, y, z)$ 在闭区域 Ω 上的三重积分，记为 $\iiint_{\Omega} f(x, y, z)\mathrm{d}v$，即

$$\iiint_{\Omega} f(x, y, z)\mathrm{d}v = \lim_{\lambda \to 0} \sum_{i=1}^{n} f(\xi_i, \eta_i, \zeta_i)\Delta v_i$$

其中 $\mathrm{d}v$ 叫作体积元素.

如果 $f(x, y, z)$ 表示占有空间闭区域 Ω 的某物体在点 (x, y, z) 处的体密度，则该物体的质量 M 为 $f(x, y, z)$ 在 Ω 上的三重积分，即

$$M = \iiint_{\Omega} f(x, y, z)\mathrm{d}v$$

三重积分也有与二重积分类似的性质，这里不再赘述. 三重积分的计算也是化为累次积分计算，即三重积分是化为三次定积分来计算.

10.3.1 直角坐标系下三重积分的计算

在直角坐标系中，如果用平行于三坐标面的平面划分 Ω，那么除了包含 Ω 的边界点的一些不规则小闭区域外，得到的小闭区域 Δv 均为长方体. 设长方体小闭区域 Δv 的边长为 Δx，Δy，Δz，则 $\Delta v = \Delta x \Delta y \Delta z$. 因此在直角坐标系中，$\mathrm{d}v = \mathrm{d}x\mathrm{d}y\mathrm{d}z$，此时三重积分记为

$$\iiint_{\Omega} f(x, y, z)\mathrm{d}v = \iiint_{\Omega} f(x, y, z)\mathrm{d}x\mathrm{d}y\mathrm{d}z$$

其中 $\mathrm{d}x\mathrm{d}y\mathrm{d}z$ 叫作直角坐标系中的体积元素. 类似于二重积分的计算，在直角坐标系下三重积分的计算也是化为三次定积分进行计算.

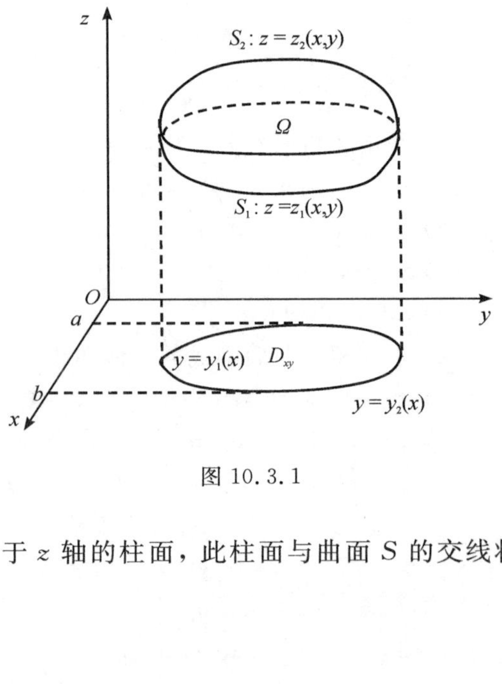

图 10.3.1

1. "先一后二法"

设平行于 z 轴且穿过 Ω 内部的直线与 Ω 的边界曲面 S 相交不多于两点，如图 10.3.1 所示.

(1) 把闭区域 Ω 投影到 xOy 面上，得平面闭区域 D_{xy}；

(2) 以 D_{xy} 的边界为准线，作一个母线平行于 z 轴的柱面，此柱面与曲面 S 的交线将 S 分为两部分，分别为

$$S_1: z=z_1(x, y), S_2: z=z_2(x, y)$$

其中，$z_1(x, y)$ 与 $z_2(x, y)$ 都是 D_{xy} 上的连续函数，且

$$z_1(x, y) \leqslant z \leqslant z_2(x, y)$$

(3) 过平面区域 D_{xy} 内的任意一点(x, y)，作平行于 z 轴的直线，此直线通过曲面 S_1 穿入 Ω，再通过曲面 S_2 穿出 Ω，其穿入点与穿出点的坐标分别为 $z=z_1(x, y)$ 和 $z=z_2(x, y)$. 此时，$\iiint_\Omega f(x, y, z)\mathrm{d}x\mathrm{d}y\mathrm{d}z$ 可以看作在区间$[z_1(x, y), z_2(x, y)]$上对 z 作定积分，其结果为 x，y 的函数，记为 $F(x, y)$，即

$$F(x, y)=\int_{z_1(x, y)}^{z_2(x, y)} f(x, y, z)\mathrm{d}z$$

(4) 再求 $F(x, y)$在区域 D_{xy} 上的二重积分

$$\iint_{D_{xy}} F(x, y)\mathrm{d}\sigma=\iint_{D_{xy}}\left[\int_{z_1(x, y)}^{z_2(x, y)} f(x, y, z)\mathrm{d}z\right]\mathrm{d}\sigma$$

由函数可积的条件知，若 $f(x, y, z)$在 Ω 上连续，则 $\iiint_\Omega f(x, y, z)\mathrm{d}x\mathrm{d}y\mathrm{d}z$ 存在，故

$$\iiint_\Omega f(x, y, z)\mathrm{d}x\mathrm{d}y\mathrm{d}z=\iint_{D_{xy}}\left[\int_{z_1(x, y)}^{z_2(x, y)} f(x, y, z)\mathrm{d}z\right]\mathrm{d}\sigma$$

其中，$D_{xy}=\{(x, y) \mid y_1(x) \leqslant y \leqslant y_2(x), a \leqslant x \leqslant b\}$，则有

$$\iiint_\Omega f(x, y, z)\mathrm{d}x\mathrm{d}y\mathrm{d}z=\int_a^b \mathrm{d}x\int_{y_1(x)}^{y_2(x)}\mathrm{d}y\int_{z_1(x, y)}^{z_2(x, y)} f(x, y, z)\mathrm{d}z$$

上式把三重积分化为先对 z，再对 y，最后对 x 的三次积分，这就是三重积分计算的公式，此时，积分区域 Ω 可表示为

$$\Omega=\left\{(x, y, z) \mid z_1(x, y) \leqslant z \leqslant z_2(x, y), y_1(x) \leqslant y \leqslant y_2(x), a \leqslant x \leqslant b\right\}$$

同理，若将积分区域 Ω 投影到 yOz 平面(zOx 平面)，且过投影区域 D_{yz}(投影区域 D_{xz})内的任一点作与 x 轴(y 轴)平行的直线与 Ω 的边界曲面的交点不多于两个时，可得到类似的结论.

例 10.3.1 Ω 是由 $x+y+z=1$ 及三个坐标面所围成的区域. 将下列三重积分化为三次积分.

$$\iiint_\Omega f(x, y, z)\mathrm{d}x\mathrm{d}y\mathrm{d}z$$

解法一 将积分区域 Ω 向 xOy 面投影，如图 10.3.2 所示，得

$$D_{xy}=\{(x, y) \mid 0 \leqslant y \leqslant 1-x, 0 \leqslant x \leqslant 1\}$$

过 D_{xy} 内任一点作平行于 z 轴的直线穿过区域 Ω，得

$$0 \leqslant z \leqslant 1-x-y$$

区域 Ω 可表示为

$$\Omega=\{(x, y, z) \mid 0 \leqslant z \leqslant 1-x-y, 0 \leqslant y \leqslant 1-x, 0 \leqslant x \leqslant 1\}$$

则有

$$\iiint_\Omega f(x, y, z)\mathrm{d}x\mathrm{d}y\mathrm{d}z=\int_0^1 \mathrm{d}x\int_0^{1-x}\mathrm{d}y\int_0^{1-x-y} f(x, y, z)\mathrm{d}z$$

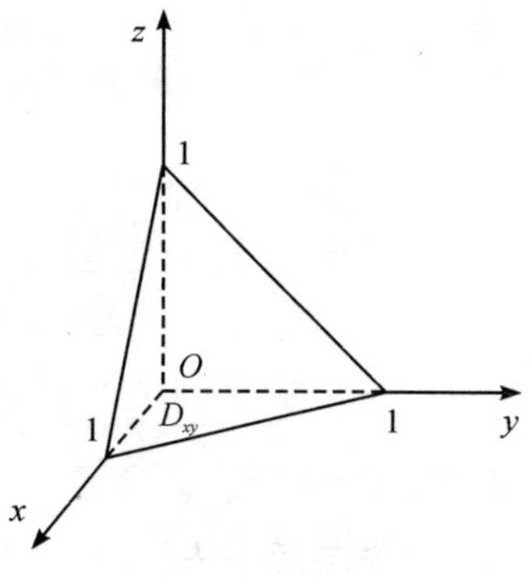

图 10.3.2

解法二 将积分区域 Ω 向 yOz 面投影，得

$$D_{yz}=\{(y, z)\mid 0\leqslant y\leqslant 1-z, 0\leqslant z\leqslant 1\}$$

过 D_{yz} 内任一点作平行于 x 轴的直线穿过区域 Ω，得

$$0\leqslant x\leqslant 1-y-z$$

区域 Ω 可表示为

$$\Omega=\{(x, y, z)\mid 0\leqslant x\leqslant 1-y-z, 0\leqslant y\leqslant 1-z, 0\leqslant z\leqslant 1\}$$

则有

$$\iiint_{\Omega} f(x, y, z)\mathrm{d}x\mathrm{d}y\mathrm{d}z=\int_0^1\mathrm{d}z\int_0^{1-z}\mathrm{d}y\int_0^{1-y-z}f(x, y, z)\mathrm{d}x$$

解法三 将积分区域 Ω 向 xOz 面投影，得

$$D_{xz}=\{(x, z)\mid 0\leqslant z\leqslant 1-x, 0\leqslant x\leqslant 1\}$$

过 D_{xz} 内任一点作平行于 y 轴的直线穿过区域 Ω，得

$$0\leqslant y\leqslant 1-x-z$$

区域 Ω 可表示为

$$\Omega=\{(x, y, z)\mid 0\leqslant y\leqslant 1-x-z, 0\leqslant z\leqslant 1-x, 0\leqslant x\leqslant 1\}$$

则有

$$\iiint_{\Omega} f(x, y, z)\mathrm{d}x\mathrm{d}y\mathrm{d}z=\int_0^1\mathrm{d}x\int_0^{1-x}\mathrm{d}z\int_0^{1-x-z}f(x, y, z)\mathrm{d}y$$

例 10.3.2 Ω 为球面 $x^2+y^2+z^2=1$ 及三个坐标面所围的在第一卦限的闭区域. 计算

$$\iiint_{\Omega} xyz\,\mathrm{d}x\mathrm{d}y\mathrm{d}z$$

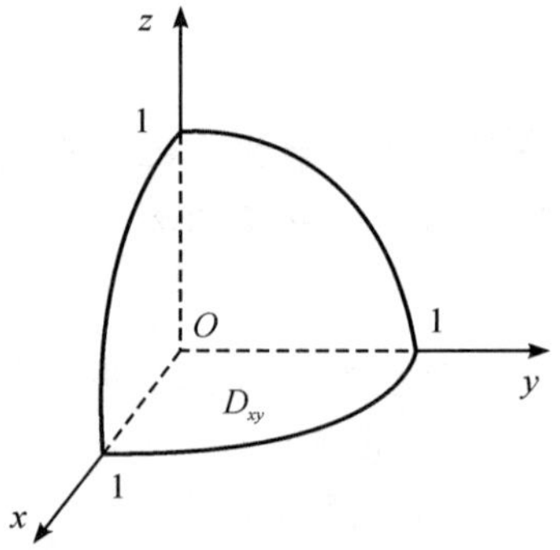

图 10.3.3

解 将积分区域 Ω 向 xOy 面投影，如图 10.3.3 所示，得

$$D_{xy}=\{(x, y)\mid 0\leqslant y\leqslant\sqrt{1-x^2}, 0\leqslant x\leqslant 1\}$$

过 D_{xy} 内任一点作平行于 z 轴的直线穿过区域 Ω，得

$$0\leqslant z\leqslant\sqrt{1-x^2-y^2}$$

区域 Ω 可表示为

$$\Omega=\{(x, y, z)\mid 0\leqslant z\leqslant\sqrt{1-x^2-y^2}, 0\leqslant y\leqslant\sqrt{1-x^2}, 0\leqslant x\leqslant 1\}$$

因此

$$\begin{aligned}\iiint_{\Omega} xyz\,\mathrm{d}x\mathrm{d}y\mathrm{d}z&=\int_0^1\mathrm{d}x\int_0^{\sqrt{1-x^2}}\mathrm{d}y\int_0^{\sqrt{1-x^2-y^2}}xyz\,\mathrm{d}z\\&=\int_0^1 x\,\mathrm{d}x\int_0^{\sqrt{1-x^2}}\frac{y(1-x^2-y^2)}{2}\mathrm{d}y\\&=\int_0^1\frac{x(1-x^2)^2}{8}\mathrm{d}x\\&=\frac{1}{48}\end{aligned}$$

2. “先二后一法”

与“先一后二法”不同，也可以用“先二后一法”来计算三重积分.

(1) 将积分区域 Ω 向某个坐标轴(不妨设为 z 轴)投影，如图 10.3.4 所示，得到投影区间 $[c_1,\ c_2]$；

(2) 对 $z\in[c_1,\ c_2]$ 用平行于 xOy 面的平面截 Ω，得截面 D_z；

(3) 计算二重积分 $\iint_{D_z} f(x,\ y,\ z)\mathrm{d}x\mathrm{d}y$，其结果为 z 的函数 $F(z)$；

(4) 最后计算定积分 $\int_{c_1}^{c_2} F(z)\mathrm{d}z$，即得三重积分值.

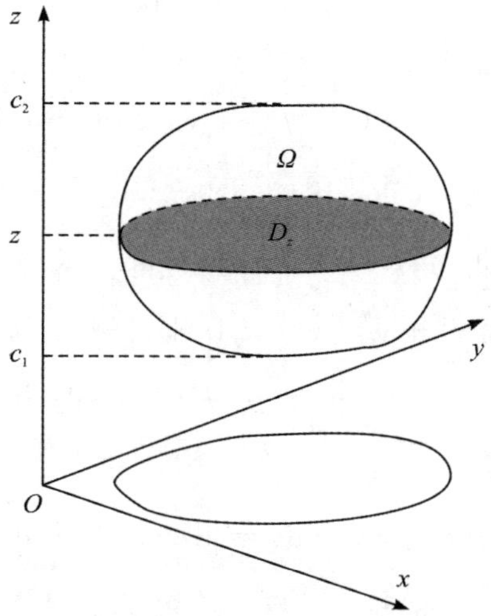

图 10.3.4

例 10.3.3　区域 Ω 由 $z=\sqrt{x^2+y^2}$ 及 $z=1$ 围成. 求 $\iiint_\Omega z\mathrm{d}x\mathrm{d}y\mathrm{d}z$.

解　如图 10.3.5 所示，积分区域可以表示为

$$\Omega=\{(x,\ y,\ z)\mid x^2+y^2\leqslant z^2,\ 0\leqslant z\leqslant 1\}$$

因此

$$\iiint_\Omega z\mathrm{d}x\mathrm{d}y\mathrm{d}z=\int_0^1\mathrm{d}z\iint_{D_z} z\mathrm{d}x\mathrm{d}y$$

$$=\int_0^1 z\mathrm{d}z\iint_{x^2+y^2\leqslant z^2}\mathrm{d}x\mathrm{d}y$$

$$=\int_0^1 z\pi z^2\mathrm{d}z=\frac{\pi}{4}$$

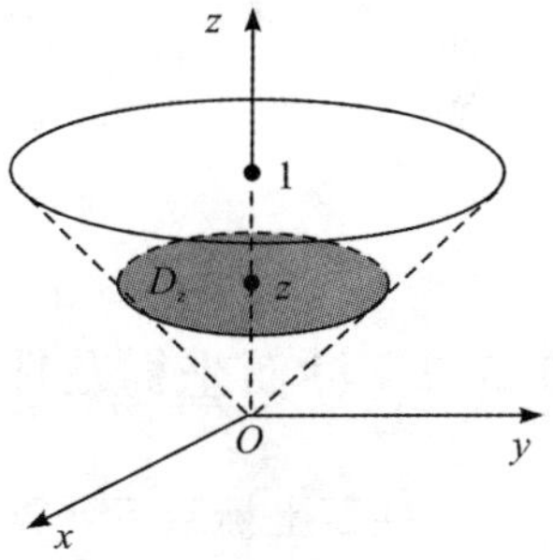

图 10.3.5

类似于二重积分，在三重积分中，同样也可以利用被积函数的奇偶性结合积分区域的对称性简化计算.

(1) 当积分区域 Ω 关于 xOy 平面对称，位于 xOy 平面上方的区域为 Ω_1，若 $f(x,\ y,\ -z)=-f(x,\ y,\ z)$，则

$$\iiint_\Omega f(x,\ y,\ z)\mathrm{d}v=0$$

若 $f(x,\ y,\ -z)=f(x,\ y,\ z)$，则

$$\iiint_\Omega f(x,\ y,\ z)\mathrm{d}v=2\iiint_{\Omega_1} f(x,\ y,\ z)\mathrm{d}v$$

(2) 当积分区域 Ω 关于 yOz 平面对称，位于 yOz 平面前侧的区域为 Ω_1，若 $f(-x, y, z)=-f(x, y, z)$，则

$$\iiint_{\Omega} f(x, y, z)\mathrm{d}v=0$$

若 $f(-x, y, z)=f(x, y, z)$，则

$$\iiint_{\Omega} f(x, y, z)\mathrm{d}v=2\iiint_{\Omega_1} f(x, y, z)\mathrm{d}v$$

(3) 当积分区域 Ω 关于 zOx 平面对称，位于 zOx 平面右侧的区域为 Ω_1，若 $f(x, -y, z)=-f(x, y, z)$，则

$$\iiint_{\Omega} f(x, y, z)\mathrm{d}v=0$$

若 $f(x, -y, z)=f(x, y, z)$，则

$$\iiint_{\Omega} f(x, y, z)\mathrm{d}v=2\iiint_{\Omega_1} f(x, y, z)\mathrm{d}v$$

例 10.3.4 Ω 为球面 $x^2+y^2+z^2=1$ 所围区域. 计算

$$\iiint_{\Omega}(xy^2+z^3)\,\mathrm{d}x\mathrm{d}y\mathrm{d}z$$

解 显然

$$\iiint_{\Omega}(xy^2+z^3)\,\mathrm{d}x\mathrm{d}y\mathrm{d}z=\iiint_{\Omega} xy^2\mathrm{d}x\mathrm{d}y\mathrm{d}z+\iiint_{\Omega} z^3\mathrm{d}x\mathrm{d}y\mathrm{d}z$$

由于积分区域 Ω 关于 yOz 面对称，函数 xy^2 关于 x 是奇函数，由对称性知

$$\iiint_{\Omega} xy^2\mathrm{d}x\mathrm{d}y\mathrm{d}z=0$$

由于积分区域 Ω 关于 xOy 面对称，函数 z^3 关于 z 是奇函数，由对称性知

$$\iiint_{\Omega} z^3\mathrm{d}x\mathrm{d}y\mathrm{d}z=0$$

因此

$$\iiint_{\Omega}(xy^2+z^3)\,\mathrm{d}x\mathrm{d}y\mathrm{d}z=\iiint_{\Omega} xy^2\mathrm{d}x\mathrm{d}y\mathrm{d}z+\iiint_{\Omega} z^3\mathrm{d}x\mathrm{d}y\mathrm{d}z=0$$

10.3.2 柱面坐标及球面坐标下三重积分的计算

1. 柱面坐标系下计算三重积分

设 $M(x, y, z)$ 为空间一点，点 M 在 xOy 面上的投影点 P 的极坐标为 (ρ, θ). 如图 10.3.6 所示，规定 (ρ, θ, z) 为点 M 的柱面坐标，其中 $0\leqslant\rho<+\infty$，$0\leqslant\theta\leqslant 2\pi$，$-\infty<z<$

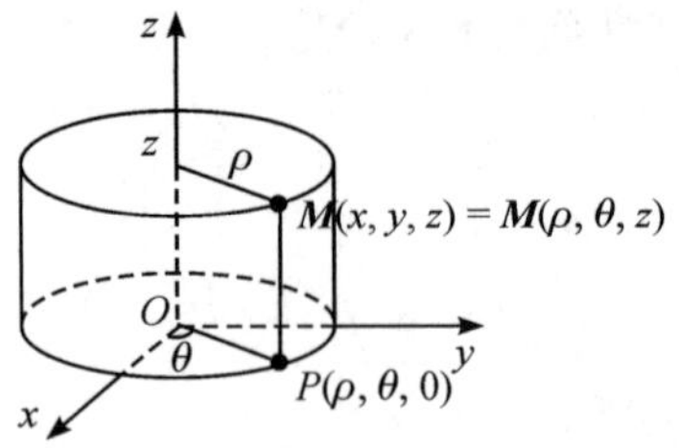

图 10.3.6

$+\infty$. 柱面坐标系的三个坐标面分别为：

$\rho=\rho_0$，以 z 轴为中心轴，ρ_0 为半径的圆柱面；

$\theta=\theta_0$，过 z 轴，且极角为 θ_0 的半平面；

$z=z_0$，与 xOy 面平行，且高度为 z_0 的平面.

显然，点 M 的直角坐标与柱面坐标的关系为

$$\begin{cases}x=\rho\cos\theta\\ y=\rho\sin\theta\\ z=z\end{cases}$$

下面考虑将直角坐标表示的三重积分转化为柱面坐标计算. 用三组坐标面

$$\begin{cases}\rho=\rho_i,\ i=1,\ 2,\ \cdots,\ p\\ \theta=\theta_j,\ j=1,\ 2,\ \cdots,\ q\\ z=z_k,\ k=1,\ 2,\ \cdots,\ r\end{cases}$$

将积分区域 Ω 划分为许多小闭区域，除了含 Ω 的边界点的一些不规则小闭区域外，这些小闭区域都是柱体. 考虑由 ρ，θ，z 各取得微小增量 $\mathrm{d}\rho$，$\mathrm{d}\theta$，$\mathrm{d}z$ 所形成小柱体的体积，如图 10.3.7 所示. 它可近似看作是一长方体，高为 $\mathrm{d}z$，底面积在不计高阶无穷小时为 $\rho\mathrm{d}\rho\mathrm{d}\theta$，于是得

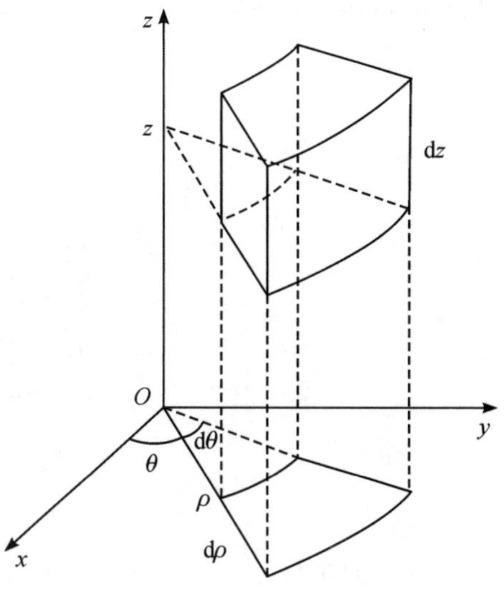

图 10.3.7

$$\mathrm{d}v=\rho\mathrm{d}\rho\mathrm{d}\theta\mathrm{d}z$$

这就是柱面坐标系下的体积元素. 从而三重积分从直角坐标到柱面坐标的变换公式为

$$\iiint_\Omega f(x,\ y,\ z)\mathrm{d}v=\iiint_\Omega f(\rho\cos\theta,\ \rho\sin\theta,\ z)\ \rho\mathrm{d}\rho\mathrm{d}\theta\mathrm{d}z$$

一般来说，当积分区域的投影区域为圆开区域或以直线和圆弧为边界曲线时，且被积函数含有x^2+y^2 项时，用柱面坐标系来计算三重积分较为简便.

例 10.3.5 Ω 是由 $z^2=x^2+y^2$ 与 $z=1$ 所围成的闭区域. 求

$$\iiint_\Omega (x^2+y^2)\,\mathrm{d}x\mathrm{d}y\mathrm{d}z$$

解 选用柱面坐标计算，令$\begin{cases}x=\rho\cos\theta\\ y=\rho\sin\theta\\ z=z\end{cases}$，则 Ω 的边界曲面在柱面坐标系中的方程为 $z=\rho$，$z=1$，将积分区域 Ω 投影到 xOy 面上(图 10.3.8)，得半径为 1 的圆形闭区域

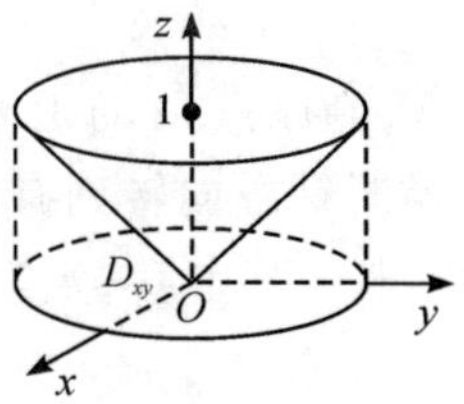

图 10.3.8

$$D_{xy}=\{(\rho,\ \theta)\ |0\leqslant\rho\leqslant 1,\ 0\leqslant\theta\leqslant 2\pi\}$$

过 D_{xy} 内任一点，作平行于 z 轴的直线，通过曲面 $z=\rho$ 穿入 Ω，再通过平面 $z=1$ 穿出 Ω，所以 Ω 可表示为

$$\Omega=\{(\rho,\ \theta,\ z)\ |\rho\leqslant z\leqslant 1,\ 0\leqslant\rho\leqslant 1,\ 0\leqslant\theta\leqslant 2\pi\}$$

因此

$$\iiint_\Omega (x^2+y^2)\,\mathrm{d}x\mathrm{d}y\mathrm{d}z=\int_0^{2\pi}\mathrm{d}\theta\int_0^1\rho\mathrm{d}\rho\int_\rho^1\rho^2\mathrm{d}z=2\pi\int_0^1\rho^3(1-\rho)\,\mathrm{d}\rho=\frac{\pi}{10}$$

例 10.3.6 空间区域Ω为球面$z=\sqrt{4-x^2-y^2}$及抛物面$x^2+y^2=3z$所围立体. 计算$\iiint_\Omega (x+z)\mathrm{d}x\mathrm{d}y\mathrm{d}z$.

解 如图 10.3.9 所示，因为积分区域Ω关于yOz面对称，函数$f(x,y,z)=x$是关于x的奇函数，所以

$$\iiint_\Omega x\mathrm{d}x\mathrm{d}y\mathrm{d}z=0$$

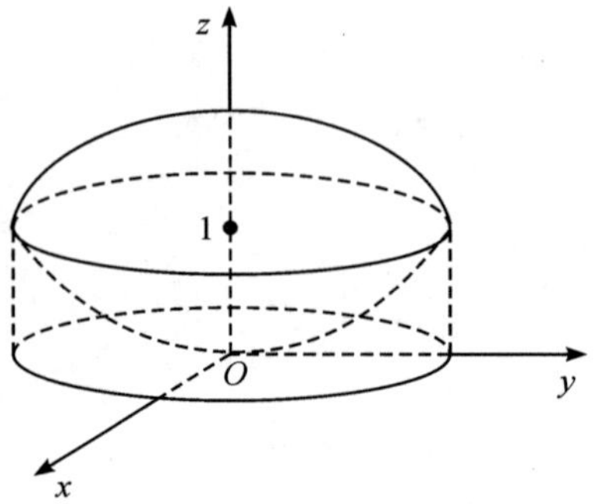

图 10.3.9

在柱面坐标系下，球面与抛物面的交线为$z=1$，$\rho=\sqrt{3}$，故积分区域Ω可以表示为

$$\Omega=\left\{(\rho,\theta,z)\ \middle|\ \frac{\rho^2}{3}\leqslant z\leqslant\sqrt{4-\rho^2},\ 0\leqslant\rho\leqslant\sqrt{3},\ 0\leqslant\theta\leqslant 2\pi\right\}$$

因此

$$\iiint_\Omega (x+z)\mathrm{d}x\mathrm{d}y\mathrm{d}z=\iiint_\Omega z\mathrm{d}x\mathrm{d}y\mathrm{d}z=\int_0^{2\pi}\mathrm{d}\theta\int_0^{\sqrt{3}}\rho\mathrm{d}\rho\int_{\frac{\rho^2}{3}}^{\sqrt{4-\rho^2}}z\mathrm{d}z$$

$$=2\pi\int_0^{\sqrt{3}}\rho\left(\frac{4-\rho^2}{2}-\frac{\rho^4}{18}\right)\mathrm{d}\rho=\frac{13\pi}{4}$$

2. 球面坐标系下计算三重积分

设$M(x,y,z)$为空间一点，则点M也可用这样的三个数r，φ，θ来确定，其中r为点M到原点O的距离，φ为有向线段$\overrightarrow{OM}$与z轴正向的夹角，θ为从z轴正向来看自x轴按逆时针方向转到有向线段$\overrightarrow{OP}$的角(图 10.3.10). 这样的三个数r，φ，θ叫作点M的球面坐标，其中$0\leqslant r<+\infty$，$0\leqslant\varphi\leqslant\pi$，$0\leqslant\theta\leqslant 2\pi$.

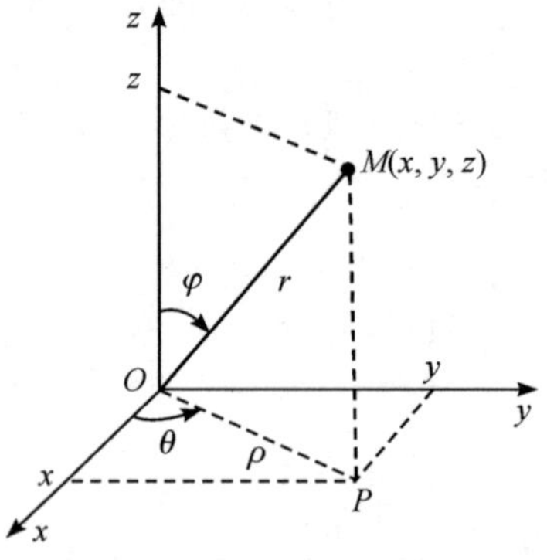

图 10.3.10

点 M 的直角坐标与球面坐标的关系为

$$\begin{cases} x = OP\cos\theta = r\sin\varphi\cos\theta \\ y = OP\sin\theta = r\sin\varphi\sin\theta \\ z = r\cos\varphi \end{cases}$$

在球面坐标系中用三组坐标面

$$\begin{cases} r = r_i,\ i = 1,\ 2,\ \cdots,\ p \\ \varphi = \varphi_j,\ j = 1,\ 2,\ \cdots,\ q \\ \theta = \theta_k,\ k = 1,\ 2,\ \cdots,\ r \end{cases}$$

将积分区域 Ω 划分为许多小闭区域. 考虑由 r，φ，θ 各取得微小增量 $\mathrm{d}r$，$\mathrm{d}\varphi$，$\mathrm{d}\theta$ 所形成的小立体的体积，如图 10.3.11 所示. 不计高阶无穷小，小立体可看作长方体，其经线方向的长为 $r\mathrm{d}\varphi$，纬线方向的宽为 $r\sin\varphi\mathrm{d}\theta$，向径方向的长为 $\mathrm{d}r$，于是球面坐标系中的体积元素为

$$\mathrm{d}v = r^2\sin\varphi\mathrm{d}r\mathrm{d}\varphi\mathrm{d}\theta$$

这就是球面坐标系下的体积元素. 故三重积分从直角坐标到球面坐标的变换公式为

$$\iiint_\Omega f(x,\ y,\ z)\mathrm{d}x\mathrm{d}y\mathrm{d}z = \iiint_\Omega f(r\sin\varphi\cos\theta,\ r\sin\varphi\sin\theta,\ r\cos\varphi)\ r^2\sin\varphi\mathrm{d}r\mathrm{d}\varphi\mathrm{d}\theta$$

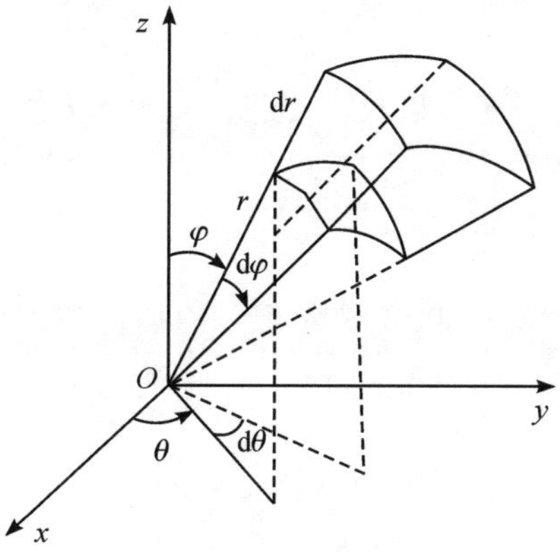

图 10.3.11

一般地，当积分区域由球面、锥面围成时，利用球面坐标系计算三重积分较为简便.

例 10.3.7　区域 $\Omega = \{(x,\ y,\ z)\,|\,1 \leqslant x^2 + y^2 + z^2 \leqslant 4,\ x \geqslant 0,\ y \geqslant 0\}$. 计算

$$\iiint_\Omega \frac{\sin\sqrt{x^2+y^2+z^2}}{x^2+y^2+z^2}\mathrm{d}x\mathrm{d}y\mathrm{d}z$$

解　如图 10.3.12 建立坐标系，则在球面坐标系下积分区域 Ω 可以表示为

$$\Omega = \left\{(r,\ \theta,\ \varphi)\ \middle|\ 1 < r < 2,\ 0 < \varphi < \pi,\ 0 < \theta < \frac{\pi}{2}\right\}$$

因此

$$\iiint_\Omega \frac{\sin\sqrt{x^2+y^2+z^2}}{x^2+y^2+z^2}\mathrm{d}x\mathrm{d}y\mathrm{d}z = \int_0^{\frac{\pi}{2}}\mathrm{d}\theta\int_0^{\pi}\mathrm{d}\varphi\int_1^2 \frac{\sin r}{r^2}\cdot r^2\sin\varphi\mathrm{d}r$$

$$= \pi(\cos 1 - \cos 2)$$

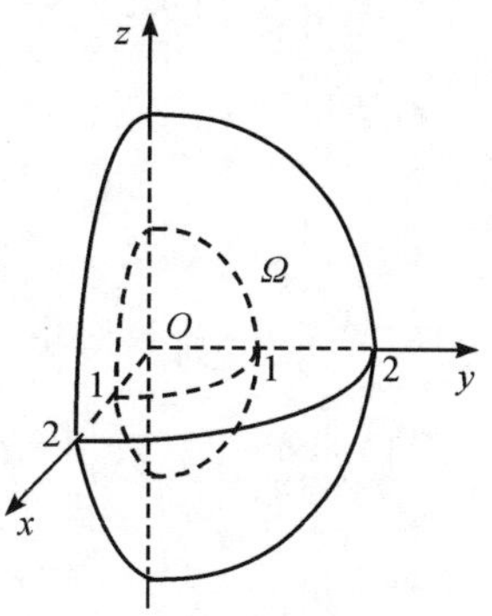

图 10.3.12

例 10.3.8　利用三重积分计算 $x^2 + y^2 + z^2 \leqslant 2az$ 与 $x^2 +$

$y^2 \geqslant z^2$ 所围立体区域 Ω 的体积.

解 画出立体区域 Ω，如图 10.3.13 所示，在球面坐标系中立体区域 Ω 可表示为

$$\Omega=\left\{(r,\varphi,\theta)\ \middle|\ 0\leqslant r\leqslant 2a\cos\varphi,\ \frac{\pi}{4}\leqslant\varphi\leqslant\frac{\pi}{2},\ 0\leqslant\theta\leqslant 2\pi\right\}$$

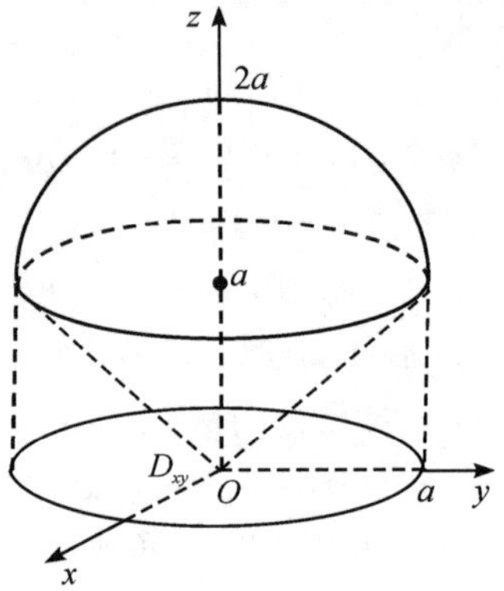

图 10.3.13

因此 Ω 的体积为

$$V=\iiint_{\Omega}\mathrm{d}v=\int_0^{2\pi}\mathrm{d}\theta\int_{\frac{\pi}{4}}^{\frac{\pi}{2}}\mathrm{d}\varphi\int_0^{2a\cos\varphi}r^2\sin\varphi\,\mathrm{d}r=\frac{\pi a^3}{3}$$

习题 10.3

1. 把三重积分化为三次积分，其中 Ω 是由相应曲面所围成的区域.

(1) $\iiint_{\Omega}f(x,y,z)\mathrm{d}v$，$\Omega$：$x=1$，$x=2$，$z=0$，$y=x$，$z=y$；

(2) $\iiint_{\Omega}f(x,y,z)\mathrm{d}v$，$\Omega$：$z=x^2+y^2$，$z=2-x^2$；

(3) $\iiint_{\Omega}f(x,y,z)\mathrm{d}v$，$\Omega$：$z=x^2+y^2$，$y=x^2$，$y=1$，$z=0$；

(4) $\iiint_{\Omega}f(x,y,z)\mathrm{d}v$，$\Omega$：$z=y$，$z=0$，$y=\sqrt{1-x^2}$；

(5) $\iiint_{\Omega}f(x,y,z)\mathrm{d}v$，$\Omega$：$xy=z$，$x+y-1=0$，$z=0$；

(6) $\iiint_{\Omega}f(x,y,z)\mathrm{d}v$，$\Omega$：$z=xy$，$y=x$，$x=1$，$z=0$；

(7) $\iiint_{\Omega}f(x,y,z)\mathrm{d}v$，$\Omega$：$cz=xy\ (c>0)$，$\dfrac{x^2}{a^2}+\dfrac{y^2}{b^2}=1$，$z=0$.

2. 计算下列三重积分，其中 Ω 是由相应曲面所围成的立体.

(1) $\iiint_{\Omega}\mathrm{e}^{(x+y+z)}\,\mathrm{d}x\,\mathrm{d}y\,\mathrm{d}z$，$\Omega$：$z=-x$，$z=0$，$y=-x$，$y=1$；

(2) $\iiint_{\Omega}xy\,\mathrm{d}x\,\mathrm{d}y\,\mathrm{d}z$，$\Omega$：$z=x^2+y^2$，$y^2=x$，$x=1$，$z=0$；

(3) $\iiint_{\Omega}\mathrm{e}^{y}\,\mathrm{d}x\,\mathrm{d}y\,\mathrm{d}z$，$\Omega$：$x^2-y^2+z^2=1$，$y=0$，$y=2$；

(4) $\iiint_\Omega \sqrt{x^2+y^2}\,dv$，$\Omega$：$x^2+y^2=z^2$，$z=1$；

(5) $\iiint_\Omega (1+x^4)\,dx\,dy\,dz$，$\Omega$：$x^2=y^2+z^2$，$x=1$，$x=2$；

(6) $\iiint_\Omega y\sqrt{1-x^2}\,dx\,dy\,dz$，$\Omega$：$y=-\sqrt{1-x^2-z^2}$，$x^2+z^2=1$，$y=1$.

3. 计算区域 Ω 上的三重积分.

(1) $\iiint_\Omega xyz\,dv$，$\Omega=\{(x, y, z)\,|\,0\leqslant x\leqslant 1, -2\leqslant y\leqslant 3, 1\leqslant z\leqslant 2\}$；

(2) $\iiint_\Omega (x^2+y^2)\,dv$，$\Omega=\{(x, y, z)\,|\,x^2+y^2\leqslant 4, 0\leqslant z\leqslant 4\}$；

(3) $\iiint_\Omega (x^2+yx)\,dv$，$\Omega=\{(x, y, z)\,|\,a^2\leqslant x^2+y^2+z^2\leqslant b^2\}$，$0<a<b$.

4. 求三重积分，其中 Ω 为 $x^2+y^2+z^2=2$ 与 $z=x^2+y^2$ 围成的含点 P 的部分.

(1) $\iiint_\Omega z^2\,dx\,dy\,dz$，$P(0, 0, 1)$；

(2) $\iiint_\Omega z^2\,dx\,dy\,dz$，$P(0, 0, -1)$.

5. 利用"先二后一"法计算三重积分，其中 Ω 是由相应曲面所围成的立体.

(1) $\iiint_\Omega \dfrac{e^z}{\sqrt{x^2+y^2}}\,dx\,dy\,dz$，$\Omega$：$z=\sqrt{x^2+y^2}$，$z=1$，$z=2$；

(2) $\iiint_\Omega x\,dx\,dy\,dz$，$\Omega$：$x=y^2+z^2$，$x=1$，$x=2$.

6. 用柱面坐标计算三重积分，其中 Ω 是由相应曲面所围成的立体.

(1) $\iiint_\Omega z\sqrt{x^2+y^2}\,dx\,dy\,dz$，$\Omega$：$x^2+y^2=2x$，$z=0$，$z=a\,(a>0)$，$y=0$；

(2) $\iiint_\Omega (x^2+y^2+z)\,dx\,dy\,dz$，$\Omega$：$2z=x^2+y^2$，$z=2$；

(3) $\iiint_\Omega e^{-(x^2+y^2)}\,dx\,dy\,dz$，$\Omega$：$x^2+y^2=a^2$，$z=a\,(a>0)$，$z=0$；

(4) $\iiint_\Omega \dfrac{dx\,dy\,dz}{1+x^2+y^2}$，$\Omega$：$x^2+y^2=4z$，$z=a\,(a>0)$；

(5) $\iiint_\Omega (x+z)\,dx\,dy\,dz$，$\Omega$：$z=\sqrt{a^2-x^2-y^2}$，$z^2=x^2+y^2$；

(6) $\iiint_\Omega z\sqrt{x^2+y^2}\,dx\,dy\,dz$，$\Omega$：$y=\sqrt{2x-x^2}$，$z=2$，$z=0$，$y=0$.

7. 用球面坐标计算下列积分，其中 Ω 是由相应曲面所围成的立体.

(1) $\iiint_\Omega (x^2+y^2+z^2)\,dx\,dy\,dz$，$\Omega$：$z=\sqrt{x^2+y^2}$，$x^2+y^2+z^2=R^2$；

(2) $\iiint_\Omega (x^2+y^2+z^2)\,dx\,dy\,dz$，$\Omega$：$x^2+y^2+z^2=4$；

(3) $\iiint_\Omega \sqrt{x^2+y^2+z^2}\,dx\,dy\,dz$，$\Omega$：$x^2+y^2+z^2=z$.

8. 用球面坐标计算相应区域 Ω 上的三重积分.

(1) $\iiint_{\Omega}(x^2+y^2)\,dx\,dy\,dz$，$\Omega=\{(x,y,z)\mid a^2\leqslant x^2+y^2+z^2\leqslant b^2,x\geqslant 0,y\geqslant 0\}$；

(2) $\iiint_{\Omega}\frac{\sin\sqrt{x^2+y^2+z^2}}{x^2+y^2+z^2}dx\,dy\,dz$，$\Omega=\{(x,y,z)\mid 1\leqslant x^2+y^2+z^2\leqslant 4,x\geqslant 0,y\geqslant 0\}$.

9. 利用三重积分求下列立体的体积.

(1) $z=6-x^2-y^2$ 及 $z=\sqrt{x^2+y^2}$ 所围成的立体；

(2) $x^2+y^2+z^2\leqslant 2az$ 及 $x^2+y^2\geqslant z^2$ 所围成的立体；

(3) 由平面 $y=0$，$z=0$，$y=x$ 及 $6x+2y+3z=6$ 所围成的立体；

(4) 由抛物面 $z=10-3x^2-3y^2$ 与平面 $z=4$ 所围成的立体.

10. 计算相应区域上的三重积分.

(1) $\iiint_{\Omega}|z|\,dx\,dy\,dz$，$\Omega=\{(x,y,z)\mid x^2+y^2+z^2\leqslant 1\}$；

(2) $\iiint_{\Omega}\left|\sqrt{x^2+y^2+z^2}-1\right|dx\,dy\,dz$，$\Omega=\left\{(x,y,z)\mid \sqrt{x^2+y^2}\leqslant z\leqslant 1\right\}$.

10.4 重积分的应用*

由前面的讨论可知，曲顶柱体的体积、平面薄片的质量可用二重积分计算，空间物体的质量可用三重积分计算. 本节将把定积分应用中的元素法推广到重积分的应用中，利用重积分的元素法来讨论重积分在几何、物理上的一些其他应用.

10.4.1 曲面的面积

设曲面 S 由方程 $z=f(x,y)$ 给出，D 为曲面 S 在 xOy 面上的投影区域，函数 $f(x,y)$ 在 D 上具有连续偏导数 $f_x(x,y)$和 $f_y(x,y)$. 要计算曲面 S 的面积A. 在闭区域 D 上任取直径很小的闭区域 $d\sigma$(这小闭区域的面积也记作 $d\sigma$). 在 $d\sigma$ 上取一点 $P(x,y)$，曲面 S 上对应地有一点 $M(x,y,f(x,y))$，点 M 在 xOy 面上的投影即点 P. 点 M 处曲面S 的切平面设为T(图 10.4.1). 以小闭区域 $d\sigma$ 的边界为准线作母线平行于 z 轴的柱面，这柱面在曲面 S 上截下一小片曲面，在切平面 T 上截下一小片平面. 由于 $d\sigma$ 的直径很小，切平面 T 上的那一小片平面面积 dA 可以近似代替相应的那小片曲面面积. 设点 M 处曲面S 上的法线(指向朝上)与 z 轴所成角为 γ，则 $dA=\frac{d\sigma}{\cos\gamma}$. 故

$$\cos\gamma=\frac{1}{\sqrt{1+f_x^2(x,y)+f_y^2(x,y)}}\Rightarrow dA=\sqrt{1+f_x^2(x,y)+f_y^2(x,y)}\,d\sigma$$

这就是曲面 S 的面积元素，以它为被积表达式在闭区域 D 上积分，得

$$A=\iint_D\sqrt{1+f_x^2(x,y)+f_y^2(x,y)}\,d\sigma\ .\text{OR.}\ A=\iint_D\sqrt{1+\left(\frac{\partial z}{\partial x}\right)^2+\left(\frac{\partial z}{\partial y}\right)^2}dx\,dy$$

这就是计算曲面面积的公式. 设曲面的方程为 $x=g(y,z)$ 或 $y=h(z,x)$，可分别把曲面

投影到 yOz 面上（投影区域记作 D_{yz}）或 zOx 面上（投影区域记作 D_{zx}），类似地可得

$$A=\iint_{D_{yz}}\sqrt{1+\left(\frac{\partial x}{\partial y}\right)^2+\left(\frac{\partial x}{\partial z}\right)^2}\,\mathrm{d}y\mathrm{d}z\ \text{.OR.}\ A=\iint_{D_{zx}}\sqrt{1+\left(\frac{\partial y}{\partial z}\right)^2+\left(\frac{\partial y}{\partial x}\right)^2}\,\mathrm{d}z\mathrm{d}x$$

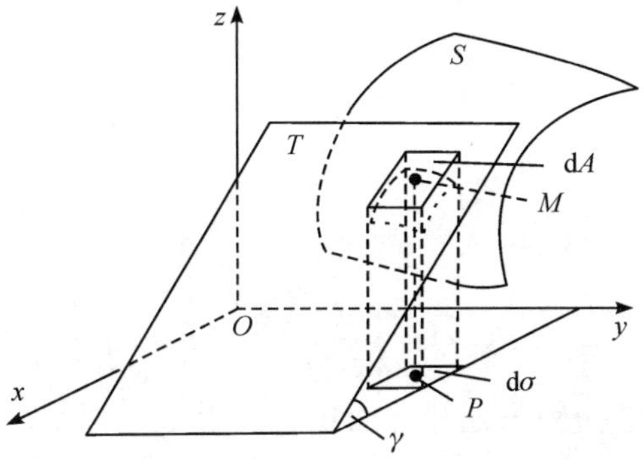

图 10.4.1

例 10.4.1 求半径为 a 的球的表面积.

解 取上半球面 $z=\sqrt{a^2-x^2-y^2}$，它在 xOy 面上投影区域 $D=\{(x,y)\mid x^2+y^2\leqslant a^2\}$. 则

$$\frac{\partial z}{\partial x}=\frac{-x}{\sqrt{a^2-x^2-y^2}},\ \frac{\partial z}{\partial y}=\frac{-y}{\sqrt{a^2-x^2-y^2}}\Rightarrow\sqrt{1+\left(\frac{\partial z}{\partial x}\right)^2+\left(\frac{\partial z}{\partial y}\right)^2}=\frac{a}{\sqrt{a^2-x^2-y^2}}$$

因为函数在闭区域 D 上无界，不能直接应用曲面面积公式. 可先取区域

$$D_1=\{(x,y)\mid x^2+y^2\leqslant b^2\}\quad(0<b<a)$$

为积分区域，算出相应于 D_1 上的球面面积 A_1 后，令 $b\to a$ 取 A_1 的极限可得半球面的面积.

$$A_1=\iint_{D_1}\frac{a}{\sqrt{a^2-x^2-y^2}}\mathrm{d}x\mathrm{d}y$$

利用极坐标，得

$$\begin{aligned}A_1&=\iint_{D_1}\frac{a}{\sqrt{a^2-\rho^2}}\rho\mathrm{d}\rho\mathrm{d}\theta=a\int_0^{2\pi}\mathrm{d}\theta\int_0^b\frac{\rho\mathrm{d}\rho}{\sqrt{a^2-\rho^2}}\\&=2\pi a\int_0^b\frac{\rho\mathrm{d}\rho}{\sqrt{a^2-\rho^2}}=2\pi a\left(a-\sqrt{a^2-b^2}\right)\\&\Rightarrow\lim_{b\to a}A_1=\lim_{b\to a}2\pi a\left(a-\sqrt{a^2-b^2}\right)=2\pi a^2\end{aligned}$$

这就是半个球面的面积，因此整个球面的面积为 $A=4\pi a^2$.

例 10.4.2 设有一颗地球同步轨道通信卫星，距地面的高度为 $h=36\ 000$ km，运行的角速度与地球自转的角速度相同. 试计算该通信卫星的覆盖面积与地球表面积的比值（地球半径 $R=6400$ km）.

解 取地心为坐标原点，地心到通信卫星中心的连线为 z 轴，建立坐标系，通信卫星覆盖的曲面 Σ 是上半球面被半顶角为 α 的圆锥面所截得的部分. Σ 的方程为

$$z=\sqrt{R^2-x^2-y^2},\ x^2+y^2\leqslant R^2\sin^2\alpha$$

于是通信卫星的覆盖面积为

$$A=\iint_{D_{xy}}\sqrt{1+\left(\frac{\partial z}{\partial x}\right)^2+\left(\frac{\partial z}{\partial y}\right)^2}\,\mathrm{d}x\mathrm{d}y=\iint_{D_{xy}}\frac{R}{\sqrt{R^2-x^2-y^2}}\mathrm{d}x\mathrm{d}y$$

其中 D_{xy} 是曲面 Σ 在 xOy 面上的投影区域，$D_{xy}=\{(x,y)\mid x^2+y^2\leqslant R^2\sin^2\alpha\}$. 利用极坐标，得

$$A=\int_0^{2\pi}\mathrm{d}\theta\int_0^{R\sin\alpha}\frac{R}{\sqrt{R^2-\rho^2}}\rho\mathrm{d}\rho=2\pi R\int_0^{R\sin\alpha}\frac{\rho}{\sqrt{R^2-\rho^2}}\mathrm{d}\rho=2\pi R^2(1-\cos\alpha)$$

由于 $\cos\alpha=\dfrac{R}{R+h}$，代入上式得

$$A=2\pi R^2\left(1-\frac{R}{R+h}\right)=2\pi R^2\cdot\frac{h}{R+h}$$

由此得这颗通信卫星的覆盖面积与地球表面积之比为

$$\frac{A}{4\pi R^2}=\frac{h}{2(R+h)}=\frac{36\cdot 10^3}{2(36+6.4)\cdot 10^3}\approx 42.5\%$$

这表明卫星覆盖了全球三分之一以上的面积，使用三颗相隔 $\dfrac{2}{3}\pi$ 角度的通信卫星就可覆盖几乎地球全部表面.

若曲面 S 由参数方程 $\begin{cases}x=x(u,v)\\y=y(u,v)\\z=z(u,v)\end{cases}$，$(u,v)\in D$ 给出，D 是平面有界闭区域，$x(u,v)$，$y(u,v)$，$z(u,v)$ 在 D 上具有一阶连续偏导数，且 $\dfrac{\partial(x,y)}{\partial(u,v)}$，$\dfrac{\partial(y,z)}{\partial(u,v)}$，$\dfrac{\partial(z,x)}{\partial(u,v)}$ 不全为零，则曲面 S 的面积

$$A=\iint_D\sqrt{EG-F^2}\,\mathrm{d}u\mathrm{d}v$$

其中，$E=x_u^2+y_u^2+z_u^2$，$F=x_ux_v+y_uy_v+z_uz_v$，$G=x_v^2+y_v^2+z_v^2$.

可用球面参数方程按上述公式计算例 10.4.2. Σ 的方程为 $\begin{cases}x=R\sin\varphi\cos\theta\\y=R\sin\varphi\sin\theta\\z=R\cos\varphi\end{cases}$，$(\varphi,\theta)\in D_{\varphi\theta}$.

这里 $D_{\varphi\theta}=\{(\varphi,\theta)\mid 0\leqslant\varphi\leqslant\alpha,\ 0\leqslant\theta\leqslant 2\pi\}$. 由于 $\sqrt{EG-F^2}=R^2\sin\varphi$，于是

$$\begin{aligned}A&=\iint_{D_{\varphi\theta}}\sqrt{EG-F^2}\,\mathrm{d}\varphi\mathrm{d}\theta=\iint_{D_{\varphi\theta}}R^2\sin\varphi\mathrm{d}\varphi\mathrm{d}\theta=R^2\int_0^{2\pi}\mathrm{d}\theta\int_0^{\alpha}\sin\varphi\mathrm{d}\varphi\\&=2\pi R^2(1-\cos\alpha)=2\pi R^2\cdot\frac{h}{R+h}\end{aligned}$$

10.4.2 质心

设在 xOy 平面上有 n 个质点，它们分别位于点 (x_1,y_1)，(x_2,y_2)，…，(x_n,y_n) 处，质量分别为 m_1，m_2，…，m_n. 由力学知道，该质点系的质心的坐标为

$$\bar{x}=\frac{M_y}{M}=\frac{\sum_{i=1}^{n}m_i x_i}{\sum_{i=1}^{n}m_i},\ \bar{y}=\frac{M_x}{M}=\frac{\sum_{i=1}^{n}m_i y_i}{\sum_{i=1}^{n}m_i}$$

其中 $M=\sum_{i=1}^{n}m_i$ 为质点系总质量，$M_y=\sum_{i=1}^{n}m_i x_i$，$M_x=\sum_{i=1}^{n}m_i y_i$ 分别为质点系对 y，x 轴的静矩.

设有平面薄片，置于 xOy 面上，形成闭区域 D，区域内的点 (x, y) 处的面密度为 $\mu(x, y)$，假定 $\mu(x, y)$ 在 D 上连续. 求该薄片的质心的坐标.

在闭区域 D 上任取直径很小的闭区域 $d\sigma$（这小闭区域的面积也记作 $d\sigma$），(x, y) 是这小闭区域上的一个点. 因为 $d\sigma$ 的直径很小，且 $\mu(x, y)$ 在 D 上连续，所以薄片中相应于 $d\sigma$ 的部分的质量近似等于 $\mu(x, y)d\sigma$，这部分质量可近似看作集中在点 (x, y) 上，于是可写出静矩元素

$$dM_y=x\mu(x, y)d\sigma,\ dM_x=y\mu(x, y)d\sigma$$

以这些元素为被积表达式，在闭区域 D 上积分，得

$$M_y=\iint_D x\mu(x, y)d\sigma,\ M_x=\iint_D y\mu(x, y)d\sigma$$

而薄片的质量为 $M=\iint_D \mu(x, y)d\sigma$，所以薄片的质心的坐标为

$$\bar{x}=\frac{M_y}{M}=\frac{\iint_D x\mu(x, y)d\sigma}{\iint_D \mu(x, y)d\sigma},\ \bar{y}=\frac{M_x}{M}=\frac{\iint_D y\mu(x, y)d\sigma}{\iint_D \mu(x, y)d\sigma}$$

如果薄片是均匀的，即面密度为常量，那么上式中可把 μ 提到积分记号外面并从分子、分母中约去，这样便得均匀薄片的质心的坐标为

$$\bar{x}=\frac{1}{A}\iint_D x\,d\sigma,\ \bar{y}=\frac{1}{A}\iint_D y\,d\sigma$$

其中 $A=\iint_D d\sigma$ 为闭区域 D 的面积. 这时薄片质心完全由闭区域 D 的形状决定. 把均匀平面薄片的质心叫作这平面薄片所占平面图形的形心. 平面图形 D 的形心坐标，可用上式计算.

例 10.4.3 求位于两圆 $\rho=2\sin\theta$ 和 $\rho=4\sin\theta$ 之间的均匀薄片的质心.

解 区域 D 关于 y 轴对称，所以质心 $C(\bar{x}, \bar{y})$ 必位于 y 轴上，则 $\bar{x}=0$. 由 $\bar{y}=\frac{1}{A}\iint_D y\,d\sigma$ 计算 $\bar{y}$.

由于区域 D 位于半径为 1 与半径为 2 的两圆之间，所以它的面积等于这两个圆的面积之差，即 $A=3\pi$. 再利用极坐标计算积分

$$\iint_D y\,d\sigma=\iint_D \rho^2\sin\theta\,d\rho\,d\theta=\int_0^{\pi}\sin\theta\,d\theta\int_{2\sin\theta}^{4\sin\theta}\rho^2\,d\rho=\frac{56}{3}\int_0^{\pi}\sin^4\theta\,d\theta=7\pi$$

因此 $\bar{y}=\frac{7\pi}{3\pi}=\frac{7}{3}$，所求质心是 $C\left(0, \frac{7}{3}\right)$.

类似地，设 $M=\iiint_{\Omega} x\rho(x, y, z)\mathrm{d}v$ 占有空间有界闭区域 Ω，在点 (x, y, z) 处有连续密度 $\rho(x, y, z)$ 的物体的质心坐标是

$$\bar{x}=\frac{1}{M}\iiint_{\Omega} x\rho(x, y, z)\mathrm{d}v,\ \bar{y}=\frac{1}{M}\iiint_{\Omega} y\rho(x, y, z)\mathrm{d}v,\ \bar{z}=\frac{1}{M}\iiint_{\Omega} z\rho(x, y, z)\mathrm{d}v$$

例 10.4.4 求均匀半球体的质心.

解 取半球体的对称轴为 z 轴，原点取在球心上，又设球半径为 a，则半球体所占空间区域 $\Omega=\{(x, y, z) \mid x^2+y^2+z^2\leqslant a^2, z\geqslant 0\}$. 显然，质心在 z 轴上，故 $\bar{x}=\bar{y}=0$.

$$\bar{z}=\frac{1}{M}\iiint_{\Omega} z\rho\mathrm{d}v=\frac{1}{V}\iiint_{\Omega} z\mathrm{d}v$$

其中 $V=\frac{2}{3}\pi a^3$ 为半球体的体积，而

$$\iiint_{\Omega} z\mathrm{d}v=\iiint_{\Omega} r\cos\varphi\cdot r^2\sin\varphi\mathrm{d}r\mathrm{d}\varphi\mathrm{d}\theta=\int_0^{2\pi}\mathrm{d}\theta\int_0^{\frac{\pi}{2}}\cos\varphi\sin\varphi\mathrm{d}\varphi\int_0^a r^3\mathrm{d}r$$

$$=2\pi\cdot\left[\frac{\sin^2\varphi}{2}\right]_0^{\frac{\pi}{2}}\cdot\frac{a^4}{4}=\frac{\pi a^4}{4}$$

因此，$\bar{z}=\frac{3}{8}a$，质心为 $\left(0, 0, \frac{3}{8}a\right)$.

10.4.3 转动惯量

设在 xOy 平面上有 n 个质点，它们分别位于点 (x_1, y_1)，(x_2, y_2)，…，(x_n, y_n) 处，质量分别为 m_1，m_2，…，m_n. 由力学知道，该质点系对于 x 轴以及对于 y 轴的转动惯量依次为

$$I_x=\sum_{i=1}^{n} y_i^2 m_i,\ I_y=\sum_{i=1}^{n} x_i^2 m_i$$

设有薄片，置于 xOy 面上，形成闭区域 D，在点 (x, y) 处的面密度为 $\mu(x, y)$，假定 $\mu(x, y)$ 在 D 上连续. 现在要求该薄片对于 x 轴的转动惯量 I_x 以及对于 y 轴的转动惯量 I_y.

在闭区域 D 上任取直径很小的闭区域 $\mathrm{d}\sigma$(这小闭区域的面积也记作 $\mathrm{d}\sigma$)，(x, y) 是这小闭区域内的点. 因 $\mathrm{d}\sigma$ 直径很小，且 $\mu(x, y)$ 在 D 上连续，故薄片中相应于 $\mathrm{d}\sigma$ 的质量近似等于 $\mu(x, y)\mathrm{d}\sigma$，这部分质量可近似看成集中在点 (x, y) 上，于是可写出薄片对于 x 轴以及对于 y 轴的转动惯量元素 $\mathrm{d}I_x=y^2\mu(x, y)\mathrm{d}\sigma$，$\mathrm{d}I_y=x^2\mu(x, y)\mathrm{d}\sigma$. 以这些元素为被积表达式，在闭区域 D 上积分，得

$$I_x=\iint_D y^2\mu(x, y)\mathrm{d}\sigma,\ I_y=\iint_D x^2\mu(x, y)\mathrm{d}\sigma$$

例 10.4.5 求半径为 a 的均匀半圆薄片(面密度为常量 μ)对于其直径边的转动惯量.

解 记 $M=\frac{1}{2}\pi a^2\mu$ 为半圆薄片的质量. 取圆心为原点，直径为 x 轴，则薄片所占闭区域 $D=\{(x, y) \mid x^2+y^2\leqslant a^2, y\geqslant 0\}$，而所求转动惯量即半圆薄片对于 x 轴的转动惯量

$$I_x=\iint_D \mu y^2\mathrm{d}\sigma=\mu\iint_D \rho^3\sin^2\theta\mathrm{d}\rho\mathrm{d}\theta=\mu\int_0^{\pi}\mathrm{d}\theta\int_0^a \rho^3\sin^2\theta\mathrm{d}\rho$$

$$=\mu\cdot\frac{a^4}{4}\int_0^{\pi}\sin^2\theta d\theta=\frac{1}{4}\mu a^4\cdot\frac{\pi}{2}=\frac{1}{4}Ma^2$$

类似地，占有空间有界闭区域 Ω，在点 (x, y, z) 处的密度为 $\rho(x, y, z)$（假定 $\rho(x, y, z)$ 在 Ω 上连续）的物体对于 x，y，z 轴的转动惯量分别为

$$I_x=\iiint_{\Omega}(y^2+z^2)\rho(x, y, z)dv$$

$$I_y=\iiint_{\Omega}(z^2+x^2)\rho(x, y, z)dv$$

$$I_z=\iiint_{\Omega}(x^2+y^2)\rho(x, y, z)dv$$

例 10.4.6 求密度为 ρ 的均匀球对于过球心的一条轴 l 的转动惯量.

解 设 $M=\frac{4}{3}\pi a^3\rho$ 为球的质量. 取球心为坐标原点，z 轴与轴 l 重合，又设球的半径为 a，则球所占空间闭区域 $\Omega=\{(x, y, z) \mid x^2+y^2+z^2\leqslant a^2\}$. 球对于 z 轴的转动惯量为

$$\begin{aligned}I_z&=\iiint_{\Omega}(x^2+y^2)\rho dv=\rho\iiint_{\Omega}(r^2\sin^2\varphi\cos^2\theta+r^2\sin^2\varphi\sin^2\theta)r^2\sin\varphi dr d\varphi d\theta\\&=\rho\iiint_{\Omega}r^4\sin^3\varphi dr d\varphi d\theta=\rho\int_0^{2\pi}d\theta\int_0^{\pi}\sin^3\varphi d\varphi\int_0^a r^4 dr\\&=\rho\cdot 2\pi\cdot\frac{a^5}{5}\int_0^{\pi}\sin^3\varphi d\varphi=\frac{2}{5}\pi a^5\rho\cdot\frac{4}{3}=\frac{2}{5}a^2 M\end{aligned}$$

10.4.4 引力

设物体占有空间有界闭区域 Ω，它在点 (x, y, z) 处的密度为 $\rho(x, y, z)$，若 $\rho(x, y, z)$ 在 Ω 上连续，在物体内任取直径很小的闭区域 dv（这小闭区域的体积也记作 dv），(x, y, z) 为这一小块中的一点. 把这一小块物体质量 ρdv 近似地看作集中在点 (x, y, z) 处. 于是按两质点间的引力公式. 可得这一小块物体对位于 $P_0(x_0, y_0, z_0)$ 处的单位质量的质点的引力近似地为 $d\boldsymbol{F}=\{dF_x, dF_y, dF_z\}$，即

$$\left\{G\frac{\rho(x, y, z)(x-x_0)}{r^3}dv, G\frac{\rho(x, y, z)(y-y_0)}{r^3}dv, G\frac{\rho(x, y, z)(z-z_0)}{r^3}dv\right\}$$

其中 $r=\sqrt{(x-x_0)^2+(y-y_0)^2+(z-z_0)^2}$，$dF_x$，$dF_y$，$dF_z$ 为引力元素 $d\boldsymbol{F}$ 在三个坐标轴上的分量，G 为引力常数. 将 dF_x，dF_x，dF_z 在 Ω 上分别积分，即得 $\boldsymbol{F}=\{F_x, F_y, F_z\}$ 为

$$\left\{\iiint_{\Omega}\frac{G\rho(x, y, z)(x-x_0)}{r^3}dv, \iiint_{\Omega}\frac{G\rho(x, y, z)(y-y_0)}{r^3}dv, \iiint_{\Omega}\frac{G\rho(x, y, z)(z-z_0)}{r^3}dv\right\}$$

如果考虑平面薄片对薄片外一点 $P_0(x_0, y_0, z_0)$ 处单位质量的质点的引力，设平面薄片占有 xOy 平面上的有界闭区域 D，其面密度为 $\mu(x, y)$，那么将上式中的密度 $\rho(x, y, z)$ 换成面密度 $\mu(x, y)$，将 Ω 上的三重积分换成 D 上的二重积分，就可得到相应的计算公式.

例 10.4.7 设半径为 R 的质量均匀的球占有空间闭区域 $\Omega=\{(x, y, z) \mid x^2+y^2+z^2\leqslant R^2\}$. 求它对位于 $M_0(0, 0, a)$ $(a>R)$ 处的单位质量的质点的引力.

解 设球的密度为 ρ_0，由球的对称性及质量均匀性知 $F_x=F_y=0$，引力沿 z 轴的分量为

$$
\begin{aligned}
F_z&=\iiint_{\Omega}G\rho_0\frac{z-a}{[x^2+y^2+(z-a)^2]^{\frac{3}{2}}}\mathrm{d}v\\
&=G\rho_0\int_{-R}^{R}(z-a)\,\mathrm{d}z\int_{x^2+y^2<R^2-z^2}\frac{\mathrm{d}x\,\mathrm{d}y}{[x^2+y^2+(z-a)^2]^{\frac{3}{2}}}\\
&=G\rho_0\int_{-R}^{R}(z-a)\,\mathrm{d}z\int_0^{2\pi}\mathrm{d}\theta\int_0^{\sqrt{R^2-z^2}}\frac{\rho\mathrm{d}\rho}{[\rho^2+(z-a)^2]^{\frac{3}{2}}}\\
&=2\pi G\rho_0\int_{-R}^{R}(z-a)\left(\frac{1}{a-z}-\frac{1}{\sqrt{R^2-2az+a^2}}\right)\mathrm{d}z\\
&=2\pi G\rho_0\left[-2R+\frac{1}{a}\int_{-R}^{R}(z-a)\,\mathrm{d}\sqrt{R^2-2az+a^2}\right]\\
&=2\pi G\rho_0\left(-2R+2R-\frac{2R^3}{3a^2}\right)\\
&=-G\cdot\frac{4\pi R^3}{3}\rho_0\cdot\frac{1}{a^2}=-G\frac{M}{a^2}
\end{aligned}
$$

其中 $M=\dfrac{4\pi R^3}{3}\rho_0$ 为球的质量.

结果表明，质量均匀的球对球外质点的引力如同球的质量集中于球心时两质点间的引力.

习题 10.4

1. 求球面 $x^2+y^2+z^2=a^2$ 含在圆柱面 $x^2+y^2=ax$ 内部的那部分面积.

2. 求锥面 $z=\sqrt{x^2+y^2}$ 被柱面 $z^2=2x$ 所割部分的曲面面积.

3. 求底圆半径相等的两个直交圆柱面 $x^2+y^2=R^2$ 及 $x^2+z^2=R^2$ 所围立体的表面积.

4. 设薄片所占的闭区域 D 如下，求均匀薄片的质心.

(1) D 由 $y=\sqrt{2px}$，$x=x_0$，$y=0$ 所围成；

(2) D 是半椭圆形闭区域 $\left\{(x,y)\middle|\dfrac{x^2}{a^2}+\dfrac{y^2}{b^2}\leqslant 1,\ y\geqslant 0\right\}$；

(3) D 是介于两个圆 $\rho=a\cos\theta$，$\rho=b\cos\theta(0<a<b)$ 之间的闭区域.

5. 设平面薄片所占的闭区域 D 由抛物线 $y=x^2$ 及直线 $y=x$ 所围成，它在点(x,y)处的面密度为 $\mu(x,y)=x^2y$，求该薄片的质心.

6. 设有等腰直角三角形薄片，腰长为 a，各点处的面密度等于该点到直角顶点的距离的平方，求这薄片的质心.

7. 利用三重积分计算下列由曲面所围立体的质心(设密度 $\rho=1$).

(1) $z^2=x^2+y^2$，$z=1$；

(2) $z=\sqrt{A^2-x^2-y^2}$，$z=\sqrt{a^2-x^2-y^2}\ (A>a>0)$，$z=0$；

(3) $z=x^2+y^2$，$x+y=a$，$x=0$，$y=0$，$z=0$.

8. 设球占有闭区域 $\Omega=\{(x, y, z) \mid x^2+y^2+z^2\leqslant 2Rz\}$，它在内部各点处的密度的大小等于该点到坐标原点的距离的平方. 试求这球的质心.

9. 设均匀薄片(面密度为常数1)所占闭区域 D 如下，求转动惯量 I_x 和 I_y.

(1) $D=\left\{(x, y)\left|\frac{x^2}{a^2}+\frac{y^2}{b^2}\leqslant 1\right.\right\}$；

(2) D 由抛物线 $y^2=\frac{9}{2}x$ 与直线 $x=2$ 所围成；

(3) D 为矩形闭区域 $\{(x, y) \mid 0\leqslant x\leqslant a, 0\leqslant y\leqslant b\}$.

10. 已知均匀矩形板(面密度为常量 μ)的长和宽分别为 b 和 h，计算此矩形板对于通过其形心且分别与一边平行的两轴的转动惯量.

11. 均匀物体(密度 ρ 为常量)占有的闭区域 Ω 由曲面 $z=x^2+y^2$ 和平面 $z=0$，$|x|=a$，$|y|=a$ 所围成，求：

(1) 物体的体积；

(2) 物体的质心；

(3) 物体关于 z 轴的转动惯量.

12. 求半径为 a，高为 h 的均匀圆柱体对于过中心而平行于母线的轴的转动惯量(设密度 $\rho=1$).

13. 半圆环形薄片占有区域 $D=\{(x, y, 0) \mid R_1\leqslant\sqrt{x^2+y^2}\leqslant R_2, x\geqslant 0\}$，质量均匀，面密度为常量 μ，求它对位于 z 轴上点 $M_0(0, 0, a)$ $(a>0)$ 处单位质量的质点的引力 $\boldsymbol{F}$.

14. 设均匀柱体密度为 ρ，占有闭区域 $\Omega=\{(x, y, z) \mid x^2+y^2\leqslant R^2, 0\leqslant z\leqslant h\}$，求它对于位于点 $M_0(0, 0, a)$ $(a>h)$处的单位质量的质点的引力.

10.5 巩固与提高▲

《荀子·大略》中的成语“积微成著”，意思是微不足道的事物，经过长期积累，就会变得显著. 二重积分的定义与“积微成著”有异曲同工之妙，体现的是对立和统一、量变到质变的逻辑思维.

“牟合方盖”是由我国古代数学家刘徽首先发现并采用的一种用于计算球体体积的方法. 求内切球的体积转化为求“牟合方盖”的体积. 刘徽提出，“牟合方盖”的体积跟内接球体体积的比为 $4/\pi$，只要有方法找出“牟合方盖”的体积便可. 直至二百多年后，祖冲之和他的儿子祖暅承袭了刘徽的想法，利用“牟合方盖”彻底地解决了球体体积公式的问题. 他们应用祖暅原理将原来的“牟合方盖”平均分为八份，取它的八分之一来研究. 祖暅原理的发现比西方类似的原理早了一千一百多年. 祖冲之是世界第一位将“圆周率”精算到小数第七位的科学家，他提出的“祖率”对数学的研究有重大贡献，比欧洲要早一千多年. 这些数学史料都是中华民族的骄傲.

在计算二重积分的过程中，交换积分次序以及利用对称性、奇偶性化简二次积分目的都是使题目由难变易. 复杂的二重积分题目，通过寻找题目的核心要素，采用适当的求解方法就可以实现由难变易的转化. 这种转化的思想是辩证唯物主义思想的精髓之一.

和定积分定义、二重积分定义一样，三重积分的定义也体现了对立和统一、量变到质变的逻辑思维.

此外，当积分区域在坐标面上的投影为圆形、环形、扇形区域，而被积函数中含有某两个变量的平方和时，一般采用柱面坐标来计算；特别地当积分区域为圆柱、环柱、扇形柱时，用柱面坐标最简单. 因此可以发现，采用适当的求解方法可以实现由题目由难变易的转化. 针对事物本身固有的性质，采取不同的处理方法，这是辩证唯物主义方法论的核心之一.

10.5.1 知识图谱

本章知识图谱如图 10.5.1 所示.

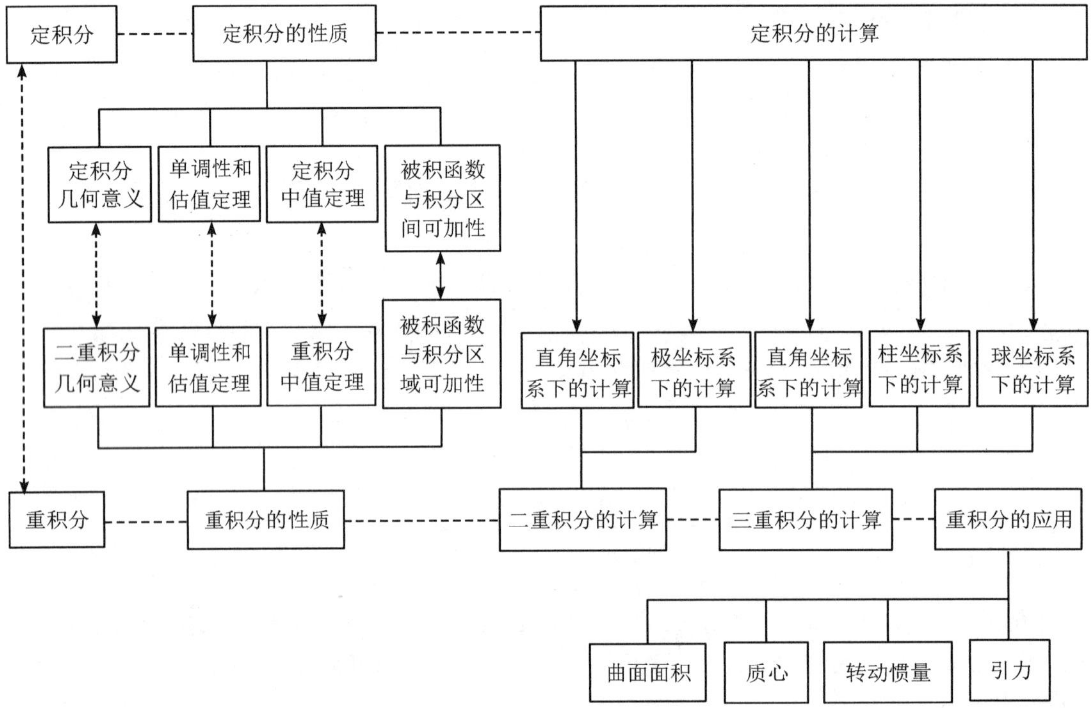

图 10.5.1

10.5.2 积分次序的交换

不管在何种坐标系中，重积分的计算都要按照一定的次序转化为定积分去计算，计算的次序是要根据题目具体情况来确定.

1. 二重积分次序交换

若已知二重积分的某种二次积分形式，想交换积分次序变成另一种次序的二次积分，则：

(1) 按已知次序的积分形式画出积分区域；

(2) 按另一种次序写出二次积分形式.

例 10.5.1 设 $f(x, y)$ 为连续函数，改变二次积分的积分 $\int_0^3 dy \int_{\frac{y^2}{9}}^{\sqrt{10-y^2}} f(x, y)dx$ 次序.

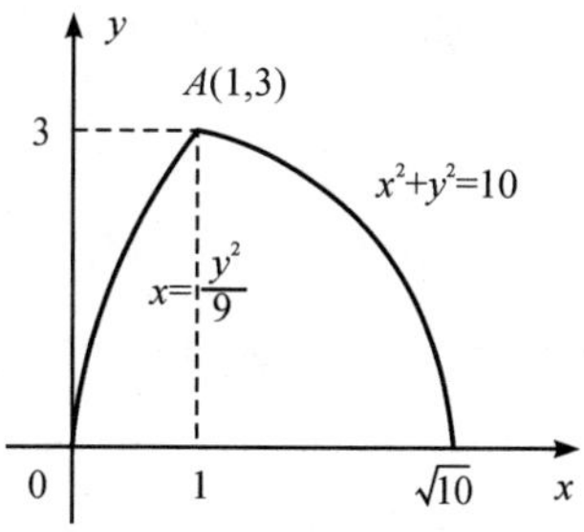

图 10.5.2

解 已知积分的区域为

$$D=\left\{(x, y) \mid \frac{y^2}{9} \leqslant x \leqslant \sqrt{10-y^2}, 0 \leqslant y \leqslant 3\right\}$$

据此画出积分区域图形，如图 10.5.2 所示，由于 x 在变化范围 $[0, \sqrt{10}]$ 内，区域上边界曲线不能用同一个方程表示，因此区域必须分为两部分，即

$$D=\{(x, y) \mid 0 \leqslant y \leqslant 3\sqrt{x}, 0 \leqslant x \leqslant 1\} \cup \{(x, y) \mid 0 \leqslant y \leqslant \sqrt{10-x^2}, 1 \leqslant x \leqslant \sqrt{10}\}$$

因此

$$\int_0^3 dy \int_{\frac{y^2}{9}}^{\sqrt{10-y^2}} f(x, y)dx = \int_0^1 dx \int_0^{3\sqrt{x}} f(x, y)dy + \int_1^{\sqrt{10}} dx \int_0^{\sqrt{10-x^2}} f(x, y)dy$$

例 10.5.2 对 $I=\iint_D f(x, y)d\sigma$，$D=\{(x, y) \mid 0 \leqslant x \leqslant 1, 0 \leqslant x+y \leqslant 1\}$ 进行极坐标变换，并写出变换后不同顺序和累次积分.

解 如图 10.5.3 所示，$D=D_1+D_2+D_3+D_4$，I 用极坐标表示为

$$I=\int_{-\frac{\pi}{4}}^0 d\theta \int_0^{\frac{1}{\cos\theta}} f(r\cos\theta, r\sin\theta)r dr + \int_0^{\frac{\pi}{2}} d\theta \int_0^{\frac{1}{\cos\theta+\sin\theta}} f(r\cos\theta, r\sin\theta) r dr$$

因此

$$\begin{aligned} I &= \left(\iint_{D_1} + \iint_{D_2} + \iint_{D_3} + \iint_{D_4}\right) f(x, y)dxdy \\ &= \int_0^{\frac{\sqrt{2}}{2}} r dr \int_{-\frac{\pi}{4}}^{\frac{\pi}{2}} f(r\cos\theta, r\sin\theta)\, d\theta \\ &\quad + \int_{\frac{\sqrt{2}}{2}}^1 r dr \int_{-\frac{\pi}{4}}^{\arcsin\frac{\sqrt{2}}{2r}} f(r\cos\theta, r\sin\theta)\, d\theta \\ &\quad + \int_{\frac{\sqrt{2}}{2}}^1 r dr \int_{\frac{3\pi}{4}-\arcsin\frac{\sqrt{2}}{2r}}^{\frac{\pi}{2}} f(r\cos\theta, r\sin\theta)\, d\theta \\ &\quad + \int_1^{\sqrt{2}} r dr \int_{-\frac{\pi}{4}}^{-\arccos\frac{1}{r}} f(r\cos\theta, r\sin\theta)\, d\theta \end{aligned}$$

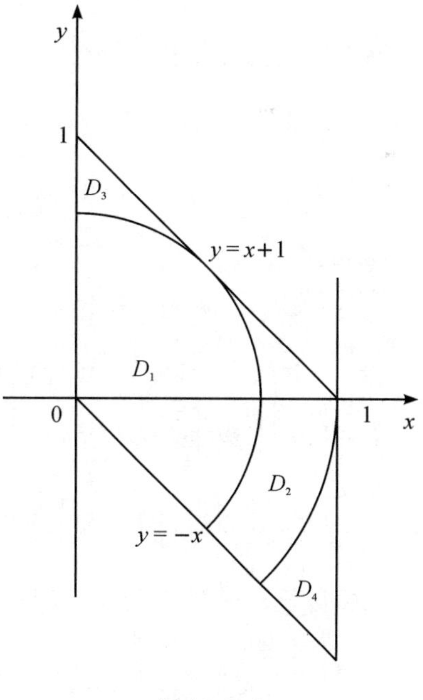

图 10.5.3

2. 三重积分次序交换

三重积分交换积分次序，本质上是二重积分交换积分次序的重复运用，应遵守两个原则：

(1) 相邻变量交换原则. 即只允许积分次序相邻的两个变量交换积分次序.

(2) 第三变量常数原则. 积分次序相邻的两变量交换积分次序时，将另一变量看作常数.

例如，对于积分 $I=\int_a^b \mathrm{d}x\int_{y_1(x)}^{y_2(x)}\mathrm{d}y\int_{z_1(x,y)}^{z_2(x,y)}f(x,y,z)\mathrm{d}z$，积分次序为 $z\to y\to x$，若想将积分次序变为 $x\to z\to y$，即

$$I=\int_a^b \mathrm{d}x\int_{y_1(x)}^{y_2(x)}\mathrm{d}y\int_{z_1(x,y)}^{z_2(x,y)}f(x,y,z)\mathrm{d}z \Rightarrow I=\int_c^d \mathrm{d}y\int_{z_1(y)}^{z_2(y)}\mathrm{d}z\int_{x_1(y,z)}^{x_2(y,z)}f(x,y,z)\mathrm{d}x$$

则先在 xOy 平面按照二重积分交换 x，y 的积分次序，这时应该视第三变量 z 为常数；然后再在 xOz 平面按照二重积分交换 x，z 的积分次序，这时应该视第三变量 y 为常数.

例 10.5.3 将三重积分 $I=\int_0^1 \mathrm{d}x\int_0^{1-x}\mathrm{d}y\int_0^{x+y}f(x,y,z)\mathrm{d}z$ 的积分次序交换为：

(1) $\int \mathrm{d}y\int \mathrm{d}z\int f(x,y,z)\mathrm{d}x$；

(2) $\int \mathrm{d}z\int \mathrm{d}y\int f(x,y,z)\mathrm{d}x$.

解 (1) 原积分只有两种选择，要么在 yOz 平面先交换 y，z，要么在 xOy 平面先交换 x，y，显然先交换 y，z 后 x，y 不能满足邻近平面交换原则，故只能先交换 x，y，再交换 x，z.

$$\begin{aligned}I&=\int_0^1 \mathrm{d}x\int_0^{1-x}\mathrm{d}y\int_0^{x+y}f(x,y,z)\mathrm{d}z=\int_0^1 \mathrm{d}y\int_0^{1-y}\mathrm{d}x\int_0^{x+y}f(x,y,z)\mathrm{d}z\\&=\int_0^1 \mathrm{d}y\left(\int_0^y \mathrm{d}z\int_0^{1-y}f(x,y,z)\mathrm{d}x+\int_y^1 \mathrm{d}z\int_{z-y}^{1-y}f(x,y,z)\mathrm{d}x\right)\\&=\int_0^1 \mathrm{d}y\int_0^y \mathrm{d}z\int_0^{1-y}f(x,y,z)\mathrm{d}x+\int_0^1 \mathrm{d}y\int_y^1 \mathrm{d}z\int_{z-y}^{1-y}f(x,y,z)\mathrm{d}x\end{aligned}$$

(2) 相邻积分变量交换积分次序需要进行三次：(i) $x\leftrightarrow y$；(ii) $x\leftrightarrow z$；(iii) $y\leftrightarrow z$.

$$\begin{aligned}I&=\int_0^1 \mathrm{d}x\int_0^{1-x}\mathrm{d}y\int_0^{x+y}f(x,y,z)\mathrm{d}z\overset{\text{(i)}}{=}\int_0^1 \mathrm{d}y\int_0^{1-y}\mathrm{d}x\int_0^{x+y}f(x,y,z)\mathrm{d}z\\&\overset{\text{(ii)}}{=}\int_0^1 \mathrm{d}y\int_0^y \mathrm{d}z\int_0^{1-y}f(x,y,z)\mathrm{d}x+\int_0^1 \mathrm{d}y\int_y^1 \mathrm{d}z\int_{z-y}^{1-y}f(x,y,z)\mathrm{d}x\\&\overset{\text{(iii)}}{=}\int_0^1 \mathrm{d}z\int_z^1 \mathrm{d}y\int_0^{1-y}f(x,y,z)\mathrm{d}x+\int_0^1 \mathrm{d}z\int_0^z \mathrm{d}y\int_{z-y}^{1-y}f(x,y,z)\mathrm{d}x\end{aligned}$$

也可以按照(iii) → (ii) → (i) 的顺序交换积分次序.

例 10.5.4 改变累次积分 $I=\int_0^1 \mathrm{d}x\int_0^1 \mathrm{d}y\int_0^{x^2+y^2}f(x,y,z)\mathrm{d}z$ 的积分次序.

解 下面是几种不同顺序的积分.

$$\begin{aligned}I&=\int_0^1 \mathrm{d}x\int_0^1 \mathrm{d}y\int_0^{x^2+y^2}f(x,y,z)\mathrm{d}z=\int_0^1 \mathrm{d}y\int_0^1 \mathrm{d}x\int_0^{x^2+y^2}f(x,y,z)\mathrm{d}z\\&=\int_0^1 \mathrm{d}y\int_0^{y^2}\mathrm{d}z\int_0^1 f(x,y,z)\mathrm{d}x+\int_0^1 \mathrm{d}y\int_{y^2}^{x+y^2}\mathrm{d}z\int_{\sqrt{x-y^2}}^1 f(x,y,z)\mathrm{d}x\\&=\int_0^1 \mathrm{d}z\int_{\sqrt{z}}^1 \mathrm{d}y\int_0^1 (x,y,z)\mathrm{d}x+\int_1^2 \mathrm{d}z\int_{\sqrt{x}-1}^1 \mathrm{d}y\int_{\sqrt{z-y^2}}^1 f(x,y,z)\mathrm{d}x\\&=\int_0^1 \mathrm{d}z\int_{\sqrt{z}}^1 \mathrm{d}x\int_0^1 f(x,y,z)\mathrm{d}y+\int_1^2 \mathrm{d}z\int_{\sqrt{z}-1}^1 \mathrm{d}x\int_{\sqrt{x-x^2}}^1 f(x,y,z)\mathrm{d}y\\&=\int_0^1 \mathrm{d}x\int_0^{x^2}\mathrm{d}z\int_0^1 f(x,y,z)\mathrm{d}y+\int_0^1 \mathrm{d}x\int_{x^2}^{1+x^2}\mathrm{d}z\int_{\sqrt{z-x^2}}^1 f(x,y,z)\mathrm{d}y\end{aligned}$$

例 10.5.5 计算 $I=\int_0^1 \mathrm{d}x\int_x^1 \mathrm{d}y\int_y^1 y\sqrt{1+z^4}\,\mathrm{d}z$.

解 直接积分很复杂，最好的办法是把对 z 的积分挪到最后计算.

$$I=\int_0^1\mathrm{d}x\int_x^1\mathrm{d}y\int_y^1 y\sqrt{1+z^4}\,\mathrm{d}z=\int_0^1\mathrm{d}x\int_x^1\mathrm{d}z\int_x^z y\sqrt{1+z^4}\,\mathrm{d}y$$

$$=\int_0^1\mathrm{d}x\int_x^1\left(\frac{y^2}{2}\sqrt{1+z^4}\,\Bigg|_{y=x}^{y=z}\right)\mathrm{d}z=\int_0^1\mathrm{d}x\int_x^1\frac{1}{2}(z^2-x^2)\sqrt{1+z^4}\,\mathrm{d}z$$

$$=\int_0^1\mathrm{d}z\int_0^z\frac{1}{2}(z^2-x^2)\sqrt{1+z^4}\,\mathrm{d}x=\int_0^1\frac{1}{2}\sqrt{1+z^4}\,\mathrm{d}z\int_0^z(z^2-x^2)\,\mathrm{d}x$$

$$=\int_0^1\frac{1}{3}z^3\sqrt{1+z^4}\,\mathrm{d}z=\frac{1}{18}(\sqrt{2}-1)$$

例 10.5.6 计算 $I=\int_0^{\frac{\pi}{2}}\mathrm{d}x\int_0^x\mathrm{d}y\int_0^y\frac{\sin z}{\left(\frac{\pi}{2}-z\right)^2}\mathrm{d}z$.

解 由于被积函数$\frac{\sin z}{\left(\frac{\pi}{2}-z\right)^2}$不存在初等原函数，因此无法直接计算，必须交换积分次序. 先交换 y，z，此时视 x 为常量，有

$$I=\int_0^{\frac{\pi}{2}}\mathrm{d}x\int_0^x\mathrm{d}y\int_0^y\frac{\sin z}{\left(\frac{\pi}{2}-z\right)^2}\mathrm{d}z=\int_0^{\frac{\pi}{2}}\mathrm{d}x\int_0^x\mathrm{d}z\int_z^x\frac{\sin z}{\left(\frac{\pi}{2}-z\right)^2}\mathrm{d}y$$

$$=\int_0^{\frac{\pi}{2}}\mathrm{d}x\int_0^x\frac{\sin z}{\left(\frac{\pi}{2}-z\right)^2}\cdot(x-z)\,\mathrm{d}z$$

上述积分还是积不出来，故再交换 x，z，此时视 y 为常量，有

$$I=\int_0^{\frac{\pi}{2}}\mathrm{d}x\int_0^x\frac{\sin z}{\left(\frac{\pi}{2}-z\right)^2}\cdot(x-z)\,\mathrm{d}z=\int_0^{\frac{\pi}{2}}\mathrm{d}z\int_z^{\frac{\pi}{2}}\frac{\sin z}{\left(\frac{\pi}{2}-z\right)^2}\cdot(x-z)\,\mathrm{d}x$$

$$=\int_0^{\frac{\pi}{2}}\frac{\sin z}{\left(\frac{\pi}{2}-z\right)^2}\cdot\left[\frac{1}{2}(x-z)^2\right]_z^{\frac{\pi}{2}}\mathrm{d}z=\frac{1}{2}\int_0^{\frac{\pi}{2}}\sin z\,\mathrm{d}z=\frac{1}{2}$$

10.5.3 应用对称性计算重积分

1. 应用对称性计算二重积分

定理 10.5.1 设积分域 D 关于 x 轴对称，D_1 为 D 在上半平面的部分，则：

(1) 若 $f(x, y)$ 关于 y 为奇函数，即 $f(x, -y)=-f(x, y)$，有

$$\iint_D f(x, y)\,\mathrm{d}x\mathrm{d}y=0$$

(2) 若 $f(x, y)$关于 y 为偶函数，即 $f(x, -y)=f(x, y)$，有

$$\iint_D f(x, y)\,\mathrm{d}x\mathrm{d}y=2\iint_{D_1} f(x, y)\,\mathrm{d}x\mathrm{d}y$$

定理 10.5.2 设积分域 D 关于 y 轴对称，D_2 为 D 在右半平面的部分，则：

(1) 若 $f(x, y)$ 关于 x 为奇函数，即 $f(-x, y)=-f(x, y)$，有

$$\iint_D f(x, y)\mathrm{d}x\mathrm{d}y=0$$

(2) 若 $f(x, y)$关于 x 为偶函数，即 $f(-x, y)=f(x, y)$，有

$$\iint_D f(x, y)\mathrm{d}x\mathrm{d}y=2\iint_{D_2} f(x, y)\mathrm{d}x\mathrm{d}y$$

定理 10.5.3 设积分域 D 关于原点对称，D_1 为 D 在上半平面的部分，或为 D 在右半平面的部分，则：

(1) 若 $f(x, y)$ 同时为 x，y 的奇函数，即 $f(-x, -y)=-f(x, y)$，有

$$\iint_D f(x, y)\mathrm{d}x\mathrm{d}y=0$$

(2) 若 $f(x, y)$ 同时为 x，y 的偶函数，即 $f(-x, -y)=f(x, y)$，有

$$\iint_D f(x, y)\mathrm{d}x\mathrm{d}y=2\int_{D_1} f(x, y)\mathrm{d}x\mathrm{d}y$$

定理 10.5.4 设积分区域为 D_{xy}，D_{yx} 为将积分区域中的变量 x，y 互换后所成的区域，则

$$\iint_{D_{xy}} f(x, y)\mathrm{d}x\mathrm{d}y=\iint_{D_{yx}} f(y, x)\mathrm{d}x\mathrm{d}y$$

即将积分区域中变量 x，y 互换，被积函数中变量 x，y 互换得到的二重积分与原二重积分相等.

若将 x，y，z 轮换，即 $x\leftrightarrow y$，$y\leftrightarrow z$，$z\leftrightarrow x$ 后，积分区域方程不变，称积分区域具有轮换对称性. 当积分区域具有轮换对称性时，将被积函数中的变量作同样变换后所获得的积分值与原积分值相等，这个性质在二重积分、三重积分以及后面将要学到的两类曲线积分和曲面积分等六类多元函数积分中都成立.

推论 10.5.1 设平面区域 D 具有轮换对称性，则

$$\iint_D f(x, y)\mathrm{d}x\mathrm{d}y=\iint_D f(y, x)\mathrm{d}x\mathrm{d}y=\frac{1}{2}\iint_D [f(x, y)+f(y, x)]\mathrm{d}x\mathrm{d}y$$

例 10.5.7 计算下列二重积分.

(1) $I_1=\iint_{|x|+|y|\leqslant 1}(a|x|+b|y|)\mathrm{d}x\mathrm{d}y$；

(2) $I_2=\iint_{|x|+|y|\leqslant 1}\dfrac{x^2-y^2}{\sqrt{x+y+3}}\mathrm{d}x\mathrm{d}y$.

解 由对称性知：

$$\begin{aligned}
(1)\ I_1&=\iint_{|x|+|y|\leqslant 1}(a|x|+b|y|)\mathrm{d}x\mathrm{d}y\\
&=\frac{1}{2}\iint_{|x|+|y|\leqslant 1}[(a|x|+b|y|)+(a|y|+b|x|)]\mathrm{d}x\mathrm{d}y\\
&=\frac{a+b}{2}\iint_{|x|+|y|\leqslant 1}(|x|+|y|)\mathrm{d}x\mathrm{d}y\\
&=4\cdot\frac{a+b}{2}\iint_{\substack{x+y\leqslant 1\\ x>0,\ y>0}}(x+y)\mathrm{d}x\mathrm{d}y\\
&=4(a+b)\iint_{\substack{x+y\leqslant 1\\ x>0,\ y>0}}x\mathrm{d}x\mathrm{d}y
\end{aligned}$$

$$=4(a+b)\int_0^1 x\,dx\int_0^{1-x}dy=\frac{2(a+b)}{3}$$

(2) $I_2=\iint_{|x|+|y|\leqslant 1}\frac{x^2-y^2}{\sqrt{x+y+3}}dx\,dy$

$$=\frac{1}{2}\iint_{|x|+|y|\leqslant 1}\left(\frac{x^2-y^2}{\sqrt{x+y+3}}+\frac{y^2-x^2}{\sqrt{y+x+3}}\right)dx\,dy=0$$

例 10.5.8 设 D_1 是由 $(x^2+y^2)^2=2(x^2-y^2)$ 所围的区域，D_2 是由 $(x^2+y^2)^2=2xy$ 所围的区域，求

$$I_1=\iint_{D_1}xy\,dx\,dy;\ I_2=\iint_{D_2}xy\,dx\,dy$$

解 D_1 关于 x，y 对称，$f(x, y)=xy$ 关于 x 或 y 都是奇数，则 $I_1=0$.

对于 I_2，因 D_2 关于原点对称，又 $f(-x, -y)=(-x)(-y)=f(x, y)=xy$，故

$$I_2=\iint_{D_2}f(x, y)d\sigma=2\int_0^{\frac{\pi}{2}}d\theta\int_0^{\sqrt{\sin 2\theta}}r^3\sin\theta\cos\theta dr=\frac{1}{6}$$

例 10.5.9 设 D 是由 $y=x^3$，$y=1$，$x=-1$ 所围的区域，试计算

$$I=\iint_D x[1+yf(x^2+y^2)]dx\,dy$$

解 作辅助线 $y=-x^3$，将 D 分为 D_1 和 D_2. 显然，$D_1=\{(x, y)|-\sqrt[3]{y}\leqslant x\leqslant\sqrt[3]{y}, 0\leqslant y\leqslant 1\}$，其关于 x 轴对称；$D_2=\{(x, y)|x^3\leqslant y\leqslant -x^3, -1\leqslant x\leqslant 0\}$，其关于 y 轴对称. 则

$$I=\iint_{D_1}x[1+yf(x^2+y^2)]d\sigma+\iint_{D_2}x[1+yf(x^2+y^2)]d\sigma$$

$$=\iint_{D_2}x\,d\sigma=\int_{-1}^0 x\,dx\int_{x^3}^{-x^3}dy=-\frac{2}{5}$$

例 10.5.10 设 D 为 $x^2+y^2=a^2$ 所围的区域，计算

$$I=\iint_D\left(\frac{x^2}{p}+\frac{y^2}{q}-2\sin x+4y+4\right)d\sigma$$

解 由对称性，有

$$I=\frac{1}{2}\iint_D\left[\left(\frac{x^2}{p}+\frac{y^2}{q}\right)+\left(\frac{y^2}{p}+\frac{x^2}{q}\right)\right]d\sigma+\iint_D 4\,d\sigma$$

$$=\frac{1}{2}\left(\frac{1}{p}+\frac{1}{q}\right)\iint_D(x^2+y^2)d\sigma+4\pi a^2$$

$$=\frac{1}{2}\left(\frac{1}{p}+\frac{1}{q}\right)\int_0^{2\pi}d\theta\int_0^a r^2dr+4\pi a^2=\frac{\pi}{4}\left(\frac{1}{p}+\frac{1}{q}\right)a^4+4\pi a^2$$

例 10.5.11 设 $f(x, y)$ 为恒大于零的连续函数，求证

$$\int_a^b f(x)dx\cdot\int_a^b\frac{1}{f(x)}dx\geqslant(b-a)^2$$

证 设 $D=\{(x, y)|a\leqslant x\leqslant b, a\leqslant y\leqslant b\}$，则

$$I=\int_a^b f(x)dx\cdot\int_a^b\frac{1}{f(x)}dx=\int_a^b f(x)dx\cdot\int_a^b\frac{1}{f(y)}dy=\iint_D\frac{f(x)}{f(y)}dx\,dy$$

$$I=\int_a^b f(x)\mathrm{d}x\cdot\int_a^b\frac{1}{f(x)}\mathrm{d}x=\int_a^b f(y)\mathrm{d}y\cdot\int_a^b\frac{1}{f(x)}\mathrm{d}x=\iint_D\frac{f(y)}{f(x)}\mathrm{d}x\,\mathrm{d}y$$

因此

$$I=\frac{1}{2}\left[\iint_D\frac{f(x)}{f(y)}\mathrm{d}x\,\mathrm{d}y+\iint_D\frac{f(y)}{f(x)}\mathrm{d}x\,\mathrm{d}y\right]=\frac{1}{2}\iint_D\left[\frac{f(x)}{f(y)}+\frac{f(y)}{f(x)}\right]\mathrm{d}x\,\mathrm{d}y$$

$$\geqslant\frac{1}{2}\iint_D\left[2\cdot\frac{f(x)}{f(y)}\cdot\frac{f(y)}{f(x)}\right]\mathrm{d}x\,\mathrm{d}y=\frac{1}{2}\iint_D 2\mathrm{d}x\,\mathrm{d}y=(b-a)^2$$

2. 应用对称性计算三重积分

三重积分与二重积分一样，有以下类似结论：

(1) 设积分区域 Ω 关于 xOy 面对称，且 Ω_1 为 Ω 在 xOy 面上方的部分，则

$$\iiint_\Omega f(x,y,z)\mathrm{d}V=\begin{cases}2\iiint_{\Omega_1}f(x,y,z)\mathrm{d}V, & f(x,y,-z)=f(x,y,z)\\ 0, & f(x,y,-z)=-f(x,y,-z)\end{cases}$$

(2) 设积分区域 Ω 关于 xOy 和 xOz 面都对称，且 Ω_1 为 Ω 在 xOy 面上方 xOz 面右方的部分，则

$$\iiint_\Omega f(x,y,z)\mathrm{d}V=\begin{cases}4\iiint_{\Omega_1}f(x,y,z)\mathrm{d}V, & f(x,-y,-z)=f(x,y,z)\\ 0, & f(x,-y,z)\ \text{.OR.}\ f(x,y,-z)=-f(x,y,z)\end{cases}$$

(3) 设积分区域 Ω 关于 3 个坐标面都对称，且 Ω_1 为 Ω 在第一卦限的部分，则

$$\iiint_\Omega f(x,y,z)\mathrm{d}V=\begin{cases}8\iiint_{\Omega_1}f(x,y,z)\mathrm{d}V, & f(-x,-y,-z)=f(x,y,z)\\ 0, & f(-x,y,z)\ \text{.OR.}\ f(x,-y,z)\ \text{.OR.}\ f(x,y,-z)=-f(x,y,z)\end{cases}$$

(4) 若积分区域 Ω 关于 x，y，z 轮换对称，则

$$\iiint_\Omega f(x,y,z)\mathrm{d}V=\iiint_\Omega f(y,z,x)\mathrm{d}V=\iiint_\Omega f(z,x,y)\mathrm{d}V$$

$$=\frac{1}{3}\iiint_\Omega[f(x,y,z)+f(y,z,x)+f(z,x,y)]\mathrm{d}V$$

(5) 若积分区域 Ω 关于 $x=a$ 平面对称，则

$$\iiint_\Omega(x-a)\mathrm{d}V=0$$

例 10.5.12 设 $\Omega=\{(x,y,z)\mid 0\leqslant x,y,z\leqslant 1\}$. 计算三重积分

$$I=\iiint_\Omega(x+y+z)^2\mathrm{d}V$$

解 由于 Ω 关于 x，y，z 具有轮换对称性，则

$$\iiint_\Omega x^2\mathrm{d}V=\iiint_\Omega y^2\mathrm{d}V=\iiint_\Omega z^2\mathrm{d}V,\ \iiint_\Omega xy\mathrm{d}V=\iiint_\Omega yz\mathrm{d}V=\iiint_\Omega zx\mathrm{d}V$$

$$I=3\iiint_\Omega x^2\mathrm{d}V+6\iiint_\Omega xy\mathrm{d}V=\int_0^1\mathrm{d}z\int_0^1\mathrm{d}x\int_0^1(3x^2+6xy)\mathrm{d}y=\frac{5}{2}$$

10.5.4 重积分变量代换

有些重积分的被积函数不易直接积分，通过观察，可以利用适当的变量代换，化为常见的函数形式，关键在于确定变量代换后的积分区域.

对于二重积分 $\iint_D f(x, y)\mathrm{d}x\,\mathrm{d}y$，$D=\{(x, y \mid \varphi(x) \leqslant y \leqslant \psi(x), a \leqslant x \leqslant b\}$ 作变量代换 $\begin{cases} u=u(x, y) \\ v=v(x, y) \end{cases}$，确定 uv 平面上的积分区域 D_{uv}，步骤如下：

第一步，由变换 $\begin{cases} u=u(x, y) \\ v=v(x, y) \end{cases}$ 解出 $\begin{cases} x=x(u, v) \\ y=y(u, v) \end{cases}$；

第二步，代入 D 的边界不等式，有 $\begin{cases} a\leqslant x(u, v) \leqslant b \\ \varphi(x) \leqslant y(u, v) \leqslant \psi(x) \end{cases}$，解此不等式，得

$$D_{uv}: \begin{cases} \alpha\leqslant u\leqslant\beta \\ s(u) \leqslant v\leqslant t(u) \end{cases}$$

例 10.5.13 写出二重积分在相应变换下的积分区域.

(1) $\int_0^2 \mathrm{d}x\int_{1-x}^{2-x} f(x, y)\mathrm{d}y$，变换为 $\begin{cases} u=x+y \\ v=x-y \end{cases}$；

(2) $\iint_D f(x, y)\mathrm{d}x\,\mathrm{d}y$，其中 D：$\begin{cases} x+y\leqslant a \\ x\geqslant 0 \\ y\geqslant 0 \end{cases}$ 变换为 $x+y=u$，$y=uv$.

解 (1) $\begin{cases} u=x+y \\ v=x-y \end{cases} \Rightarrow \begin{cases} x=\dfrac{1}{2}(u+v) \\ y=\dfrac{1}{2}(u-v) \end{cases}$，则

$$\begin{cases} 0\leqslant x\leqslant 2 \\ 1-x\leqslant y\leqslant 2-x \end{cases} \Rightarrow \begin{cases} 0\leqslant x\leqslant 2 \\ 1\leqslant x+y\leqslant 2 \end{cases} \Rightarrow \begin{cases} 0\leqslant \dfrac{1}{2}(u+v) \leqslant 2 \\ 1\leqslant u\leqslant 2 \end{cases} \Rightarrow \begin{cases} 1\leqslant u\leqslant 2 \\ -u\leqslant v\leqslant 4-u \end{cases}$$

(2) 由变换 $\begin{cases} x+y=u \\ y=uv \end{cases}$ 解出 $\begin{cases} x=u-uv \\ y=uv \end{cases}$，代入 D：$\begin{cases} x+y\leqslant a \\ x\geqslant 0 \\ y\geqslant 0 \end{cases}$，得

$$D_{uv}: \begin{cases} u\leqslant a \\ u-uv\geqslant 0 \\ uv\geqslant 0 \end{cases} \Rightarrow \begin{cases} 0\leqslant u\leqslant a \\ 0\leqslant v\leqslant 1 \end{cases}$$

对于三重积分有类似做法.

例 10.5.14 求由曲面 $\left(\dfrac{x}{a}+\dfrac{y}{b}\right)^2+\left(\dfrac{z}{c}\right)^2=1(x\geqslant 0, y\geqslant 0, z\geqslant 0, a>0, b>0, c>0)$ 所围成的立体的体积.

解法一 令 $\begin{cases} x=ar\sin^2\varphi\cos\theta \\ y=br\cos^2\varphi\cos\theta \\ z=cr\sin\theta \end{cases}$，则 $|J|=2abcr^2\cos\varphi\sin\varphi\cos\theta$，其中，$0\leqslant r\leqslant 1$，$0\leqslant\theta\leqslant\dfrac{\pi}{2}$，

$0 \leqslant \varphi \leqslant \frac{\pi}{2}$. 从而所求体积为

$$V = \iiint_{\Omega} \mathrm{d}x\mathrm{d}y\mathrm{d}z = \int_0^{\frac{\pi}{2}} \mathrm{d}\theta \int_0^{\frac{\pi}{2}} \mathrm{d}\varphi \int_0^1 2abcr^2 \cos\varphi \sin\varphi \cos\theta \mathrm{d}r$$
$$= \int_0^{\frac{\pi}{2}} \cos\theta \mathrm{d}\theta \int_0^{\frac{\pi}{2}} \sin 2\varphi \mathrm{d}\varphi \int_0^1 abcr^2 \mathrm{d}r = \frac{1}{3}abc$$

解法二 令 $\begin{cases} u = \dfrac{x}{a} + \dfrac{y}{b} \\ v = \dfrac{x}{a} - \dfrac{y}{b} \\ w = \dfrac{z}{c} \end{cases}$，则 $\begin{cases} x = \dfrac{a}{2}(u+v) \\ y = \dfrac{b}{2}(u-v) \\ z = cw. \end{cases}$，$|J| = \frac{1}{2}abc$，其中，$\begin{cases} 0 \leqslant u \leqslant 1 \\ -u \leqslant v \leqslant u \\ 0 \leqslant w \leqslant \sqrt{1-u^2} \end{cases}$. 从而所求体积为

$$V = \iiint_{\Omega} \mathrm{d}x\mathrm{d}y\mathrm{d}z = \int_0^1 \mathrm{d}u \int_{-u}^{u} \mathrm{d}v \int_0^{\sqrt{1-u^2}} \frac{1}{2}abc\mathrm{d}w = abc\int_0^1 u\sqrt{1-u^2}\mathrm{d}u = \frac{1}{3}abc$$

10.5.5 杂例

例 10.5.15 设 $f(x)$ 连续可导，$f(0)=0$，$\lim\limits_{x \to 0} \dfrac{\int_0^x f(x-t)\mathrm{d}t}{x - \ln(1+x)} = 2$，区域 $D = \{P(x,y) \mid x^2 + y^2 \leqslant t^2, t \geqslant 0\}$. 求

$$\lim_{t \to 0^+} \frac{\iint_D f(\sqrt{x^2+y^2})\mathrm{d}\sigma}{1 - \mathrm{e}^{-t^3}}$$

解 $2 = \lim\limits_{x \to 0} \dfrac{\int_0^x f(x-t)\mathrm{d}t}{x - \ln(1+x)} = \lim\limits_{x \to 0} \dfrac{\int_0^x f(u)\mathrm{d}u}{x - \ln(1+x)} = \lim\limits_{x \to 0} \dfrac{f(x)}{1 - \dfrac{1}{1+x}} = \lim\limits_{x \to 0} \dfrac{f(x)}{x} = f'(0)$

应用极坐标，有

$$\lim_{t \to 0^+} \frac{\iint_D f(\sqrt{x^2+y^2})\mathrm{d}\sigma}{1 - \mathrm{e}^{-t^3}} = \lim_{t \to 0^+} \frac{\int_0^{2\pi} \mathrm{d}\theta \int_0^t f(r)\, r\mathrm{d}r}{1 - \mathrm{e}^{-t^3}} = 2\pi \lim_{t \to 0^+} \frac{\int_0^t f(r)\, r\mathrm{d}r}{1 - \mathrm{e}^{-t^3}}$$
$$= 2\pi \lim_{t \to 0^+} \frac{tf(t)}{3t^2\mathrm{e}^{-t^3}} = \frac{2\pi}{3} \lim_{t \to 0^+} \frac{f(t)}{t} = \frac{2\pi}{3} f'_+(0) = \frac{4\pi}{3}$$

例 10.5.16 设区域 D：$\dfrac{x^2}{4} + y^2 \leqslant t^2$，求 $\lim\limits_{t \to 0^+} \dfrac{\iint_D \ln(\mathrm{e}^2 + x^2 + y^2)\mathrm{d}\sigma}{\mathrm{e}^t - 1 - t}$.

解 注意到区域 D 是椭圆，其面积为 $2\pi t^2$，由二重积分中值定理知，存在 $(\xi, \eta) \in D$，使得

$$\lim_{t \to 0^+} \frac{\iint_D \ln(\mathrm{e}^2 + x^2 + y^2)\mathrm{d}\sigma}{\mathrm{e}^t - 1 - t} = \lim_{t \to 0^+} \frac{2\pi t^2 \cdot \ln(\mathrm{e}^2 + \xi^2 + \eta^2)}{\mathrm{e}^t - 1 - t}$$

$$=4\pi\lim_{t\to0^+}\frac{t^2}{e^t-1-t}=4\pi\lim_{t\to0^+}\frac{2t}{e^t-1}=8\pi$$

其中，当 $t\to0^+$ 时，$\xi^2+\eta^2=t^2\to0$.

例 10.5.17 设区域 D：$x^2+y^2\leqslant t^2$，$x\geqslant0$，$y\geqslant0$，$t\geqslant0$，$f(x)$ 连续，$f(0)=0$，求 $f(x)$在$[0,+\infty)$ 上的表达式. 其中

$$f(t)=\iint_D x\left[1-\frac{f(\sqrt{x^2+y^2})}{x^2+y^2}\right]\mathrm{d}\sigma$$

解 应用极坐标，有

$$f(t)=\int_0^{\pi/2}\mathrm{d}\theta\int_0^t r\cos\theta\left[1-\frac{f(r)}{r^2}\right]r\,\mathrm{d}r$$

$$=\int_0^{\pi/2}\cos\theta\,\mathrm{d}\theta\int_0^t[r^2-f(r)]\,\mathrm{d}r=\frac{1}{3}t^3-\int_0^t f(r)\,\mathrm{d}r$$

显然，$f(t)$ 可导，且 $f'(t)=t^2-f(t)$，解此微分方程，得

$$f(t)=t^2-2t+2+Ce^{-t}$$

又 $f(0)=0$，故 $C=-2$，则

$$f(t)=t^2-2t+2-2e^{-t}$$

例 10.5.18 设直线 L：$\dfrac{x-1}{2}=\dfrac{y}{1}=\dfrac{z}{-1}$绕 y 轴旋转一周所成的曲面为Σ，求：

(1) Σ 及 $y=0$，$y=2$ 所围几何体 Ω 的体积；

(2) Ω 的质心.

解 (1) 设 $P(x, y, z)$ 为 Σ 上任意一点. 在平面 $y=y$ 上，直线 L 相应的点为 $P_0(x_0, y, z_0)$，曲面 Σ 相应圆的圆心和半径分别为$O(0, y, 0)$和 $\overline{OP}=\sqrt{x_0^2+z_0^2}$，则该圆为 $x^2+z^2=x_0^2+z_0^2$. 由于 $P_0(x_0, y, z_0)$为直线 L 上的点，故 $x_0=2y+1$，$z_0=-y$. 则

$$x^2+z^2=x_0^2+z_0^2=(2y+1)^2+(-y)^2=5y^2+4y+1$$

此即为直线 L 绕 y 轴旋转所成的单叶双曲面. 为计算体积，将其投影到 yOz 平面，由对称性，有

$$V=\iiint_\Omega \mathrm{d}x\,\mathrm{d}y\,\mathrm{d}z$$

$$=4\int_0^2\mathrm{d}y\int_0^{\sqrt{5y^2+4y+1}}\mathrm{d}z\int_0^{\sqrt{5y^2+4y+1-z^2}}\mathrm{d}x$$

$$=4\int_0^2\mathrm{d}y\int_0^{\sqrt{5y^2+4y+1}}\sqrt{5y^2+4y+1-z^2}\,\mathrm{d}z$$

$$=4\int_0^2\mathrm{d}y\int_0^a\sqrt{a^2-z^2}\,\mathrm{d}z\ (a=\sqrt{5y^2+4y+1})$$

$$=4\int_0^2\frac{\pi a^2}{4}\mathrm{d}y=\pi\int_0^2(5y^2+4y+1)\,\mathrm{d}y$$

$$=\frac{70}{3}\pi$$

(2) 设质心坐标为 $G(x_0, y_0, z_0)$. 由对称性知 $x_0=z_0=0$，参照(1)的计算过程，有

$$y_0=\frac{1}{V}\iiint_\Omega y\,\mathrm{d}x\,\mathrm{d}y\,\mathrm{d}z=\frac{1}{V}\pi\int_0^2 y(5y^2+4y+1)\,\mathrm{d}y=\frac{7}{5}$$

例 10.5.19 已知函数 $f(x)$ 在 $\left(0,\dfrac{3}{2}\pi\right)$ 上连续，且是函数 $\dfrac{\cos x}{2x-3\pi}$ 的一个原函数，$f(0)=0$.

(1) 求 $f(x)$ 在 $\left[0,\dfrac{3}{2}\pi\right]$ 上的平均值；

(2) 证明 $f(x)$ 在 $\left(0,\dfrac{3}{2}\pi\right)$ 内存在唯一零点.

解 (1) 注意到 $f(x)=\int_0^x \dfrac{\cos y}{2y-3\pi}\mathrm{d}y$，通过二重积分交换积分次序，得

$$\begin{aligned}\overline{f(x)}&=\frac{2}{3\pi}\int_0^{\frac{3}{2}\pi} f(x)\,\mathrm{d}x\\&=\frac{2}{3\pi}\int_0^{\frac{3}{2}\pi}\left(\int_0^x \frac{\cos y}{2y-3\pi}\mathrm{d}y\right)\mathrm{d}x\\&=\frac{2}{3\pi}\int_0^{\frac{3}{2}\pi}\mathrm{d}y\int_y^{\frac{3}{2}\pi}\frac{\cos y}{2y-3\pi}\mathrm{d}x\\&=\frac{2}{3\pi}\int_0^{\frac{3}{2}\pi}\frac{\cos y}{2y-3\pi}\cdot\left(\frac{3}{2}\pi-y\right)\mathrm{d}y\\&=-\frac{1}{3\pi}\int_0^{\frac{3}{2}\pi}\cos y\,\mathrm{d}y=\frac{1}{3\pi}\end{aligned}$$

(2) $f(x)$ 连续且分段严格单调. 事实上，

$$f'(x)=\frac{\cos x}{2x-3\pi},\begin{cases}f'(x)<0,\ 0<x<\dfrac{\pi}{2},\ f(x)\text{ 严格单调减}\\ f'(x)>0,\ \dfrac{\pi}{2}<x<\dfrac{3\pi}{2},\ f(x)\text{ 严格单调增}\end{cases}$$

由 $f(0)=0$，则 $f\left(\dfrac{\pi}{2}\right)<0$. 又由积分中值定理知，$\exists\xi\in\left[0,\dfrac{3}{2}\pi\right]$，使得

$$\left(\frac{3}{2}\pi-0\right)\cdot f(\xi)=\int_0^{\frac{3}{2}\pi}f(x)\,\mathrm{d}x=\left(\frac{3}{2}\pi-0\right)\cdot\overline{f(x)}=\frac{3}{2}\pi\cdot\frac{1}{3\pi}\Rightarrow f(\xi)=\frac{1}{3\pi}>0$$

显然 $\xi>\dfrac{\pi}{2}$. 由 $f(x)$ 在 $\left[\dfrac{\pi}{2},\xi\right]$ 上连续、单调递增及 $f\left(\dfrac{\pi}{2}\right)f(\xi)<0$，必有唯一的 $\eta\in\left(\dfrac{\pi}{2},\xi\right)\subset\left(0,\dfrac{3}{2}\pi\right)$，使得 $f(\eta)=0$.

习题 10.5

1. 单项选择题.

(1) 设有空间闭区域 $\Omega_1=\{(x,y,z)\mid x^2+y^2+z^2\leqslant R^2,\ z\geqslant 0\}$，$\Omega_2=\{(x,y,z)\mid x^2+y^2+z^2\leqslant R^2,\ x\geqslant 0,\ y\geqslant 0,\ z\geqslant 0\}$，则有(　　).

A. $\iiint_{\Omega_1}x\,\mathrm{d}v=4\iiint_{\Omega_2}x\,\mathrm{d}v$　　B. $\iiint_{\Omega_1}y\,\mathrm{d}v=4\iiint_{\Omega_2}y\,\mathrm{d}v$

C. $\iiint_{\Omega_1}z\,\mathrm{d}v=4\iiint_{\Omega_2}z\,\mathrm{d}v$　　D. $\iiint_{\Omega_1}xyz\,\mathrm{d}v=4\iiint_{\Omega_2}xyz\,\mathrm{d}v$

(2) 设平面区域 $D=\{(x,y)\mid -a\leqslant x\leqslant a,\ x\leqslant y\leqslant a\}$，$G=\{(x,y)\mid 0\leqslant x\leqslant$

$a, x \leqslant y \leqslant a\}$，则 $\iint_D (xy + \cos x \sin y)\,dx\,dy = ($ $)$.

A. $2\iint_G \cos x \sin y\,dx\,dy$ B. $2\iint_G xy\,dx\,dy$

C. $4\iint_G (xy + \cos x \sin y)\,dx\,dy$ D. 0

(3) 设 $f(x)$ 为连续函数，$F(t) = \int_1^t dy \int_y^t f(x)\,dx$，则 $F'(2) = ($ $)$.

A. $2f(2)$ B. $f(2)$ C. $-f(2)$ D. 0

(4) 已知积分区域 $D = \left\{(x, y) \middle| |x| + |y| \leqslant \dfrac{\pi}{2}\right\}$，记 $I_1 = \iint_D \sqrt{x^2 + y^2}\,d\sigma$，$I_2 = \iint_D \sin\sqrt{x^2 + y^2}\,d\sigma$，$I_3 = \iint_D (1 - \cos\sqrt{x^2 + y^2})\,d\sigma$，则 I_1，I_2，I_3 的大小关系为( ).

A. $I_3 < I_2 < I_1$ B. $I_1 < I_2 < I_3$

C. $I_2 < I_1 < I_3$ D. $I_2 < I_3 < I_1$

(5) $\int_{-1}^0 dx \int_{-x}^{2-x^2} (1 - xy)\,dy + \int_0^1 dx \int_x^{2-x^2} (1 - xy)\,dy = ($ $)$.

A. $\dfrac{5}{3}$ B. $\dfrac{5}{6}$ C. $\dfrac{7}{3}$ D. $\dfrac{7}{6}$

(6) 设 D 是第一象限由 $2xy = 1$，$4xy = 1$，$y = x$，$y = \sqrt{3}x$ 围成的平面区域，函数 $f(x, y)$ 在 D 上连续，则 $\iint_D f(x, y)\,dx\,dy = ($ $)$.

A. $\int_{\frac{\pi}{4}}^{\frac{\pi}{3}} d\theta \int_{\frac{1}{2\sin 2\theta}}^{\frac{1}{\sin 2\theta}} f(r\cos\theta, r\sin\theta)\,r\,dr$ B. $\int_{\frac{\pi}{4}}^{\frac{\pi}{3}} d\theta \int_{\frac{1}{\sqrt{\sqrt{\sin 2\theta}}}}^{\frac{1}{\sqrt{2\sin 2\theta}}} f(r\cos\theta, r\sin\theta)\,r\,dr$

C. $\int_{\frac{\pi}{4}}^{\frac{\pi}{3}} d\theta \int_{\frac{1}{2\sin 2\theta}}^{\frac{1}{\sin 2\theta}} f(r\cos\theta, r\sin\theta)\,dr$ D. $\int_{\frac{\pi}{4}}^{\frac{\pi}{3}} d\theta \int_{\frac{1}{\sqrt{2\sin 2\theta}}}^{\frac{1}{\sqrt{\sin 2\theta}}} f(r\cos\theta, r\sin\theta)\,dr$

(7) $\lim\limits_{n\to\infty} \sum\limits_{i=1}^{n} \sum\limits_{j=1}^{n} \dfrac{n}{(n + i)(n^2 + j^2)} = ($ $)$.

A. $\int_0^1 dx \int_0^1 \dfrac{1}{(1 + x)(1 + y^2)}\,dy$ B. $\int_0^1 dx \int_0^1 \dfrac{1}{(1 + x)(1 + y)}\,dy$

C. $\int_0^1 dx \int_0^x \dfrac{1}{(1 + x)(1 + y^2)}\,dy$ D. $\int_0^1 dx \int_0^x \dfrac{1}{(1 + x)(1 + y)}\,dy$

(8) 设 $f(x, y)$ 连续，则 $\int_0^{\frac{\pi}{4}} d\theta \int_0^1 f(r\cos\theta, r\sin\theta)\,r\,dr = ($ $)$.

A. $\int_0^{\frac{\sqrt{2}}{2}} dx \int_x^{\sqrt{1-x^2}} f(x, y)\,dy$ B. $\int_0^{\frac{\sqrt{2}}{2}} dx \int_0^{\sqrt{1-x^x}} f(x, y)\,dy$

C. $\int_0^{\frac{\sqrt{2}}{2}} dy \int_y^{\sqrt{1-y^2}} f(x, y)\,dx$ D. $\int_0^{\frac{\sqrt{2}}{2}} dy \int_0^{\sqrt{1-y^2}} f(x, y)\,dx$

(9) 设 $D = \{(x, y) \mid x^2 + y^2 \leqslant 1\}$，$D_1 = \{(x, y) \mid x^2 + y^2 \leqslant 1, x \geqslant 0, y \geqslant 0\}$，$D_2 = \{(x, y) \mid x^2 + y^2 \leqslant 1, x \geqslant 0, y \leqslant 0\}$，$D_3 = \{(x, y) \mid x^2 + y^2 \leqslant 1, x \geqslant 0\}$，$f(x, y) = \dfrac{e^{x^2+y^2}}{2 + xy}$，则 $\iint_D f(x, y)\,dx\,dy = ($ $)$.

A. 0　　B. $4\iint_{D_1} f(x, y)\mathrm{d}x\mathrm{d}y$

C. $4\iint_{D_2} f(x, y)\mathrm{d}x\mathrm{d}y$　　D. $2\iint_{D_3} f(x, y)\mathrm{d}x\mathrm{d}y$

2. 填空题.

(1) 设 Ω 是由平面 $x+y+z=1$ 与 3 个坐标平面所围成的空间闭区域，则 $\iiint_\Omega (x+2y+3z)\mathrm{d}x\mathrm{d}y\mathrm{d}z=$________.

(2) $\int_0^1 \mathrm{d}y\int_y^1 \frac{\tan x}{x}\mathrm{d}x=$________.

(3) 设 Ω 是由 $x^2+y^2+z^2=1$ 所围成的空间闭区域，则 $\iiint_\Omega z^2\mathrm{d}V=$________.

(4) 设闭曲线 L 极坐标方程为 $r=\cos 3\theta\left(-\frac{\pi}{6}\leqslant\theta\leqslant\frac{\pi}{6}\right)$，则 L 所围成的平面图形的面积为________.

(5) 设区域 D 由 $x^2+y^2=2y$，$y=x$ 及 y 轴围成，则 $\iint_D xy\mathrm{d}x\mathrm{d}y=$________.

3. 计算积分 $\int_0^2 \mathrm{d}x\int_x^2 \mathrm{e}^{-y^2}\mathrm{d}y$.

4. 求曲线 $(x^2+y^2)^2=2a^2(x^2-y^2)$ 和 $x^2+y^2\geqslant a^2$ 所围成的图形的面积.

5. 已知区域 $D=\{(x, y)\mid 1\leqslant x^2+y^2\leqslant 4\}$，计算二重积分

$$\iint_D \frac{\sin(\pi\sqrt{x^2+y^2})}{\sqrt{x^2+y^2}}\mathrm{d}x\mathrm{d}y$$

6. 设 D 为由圆 $x^2+y^2=2y$，$x^2+y^2=4y$ 及直线 $x-\sqrt{3}y=0$，$y-\sqrt{3}x=0$ 所围成的平面闭区域. 计算

$$\iint_D (x^2+y^2)\mathrm{d}x\mathrm{d}y$$

7. 计算下列二重积分.

(1) $\iint_D (1+x)\sin y\mathrm{d}\sigma$，其中 D 是顶点分别为 $(0, 0)$，$(1, 0)$，$(1, 2)$ 和 $(0, 1)$ 的四边形区域；

(2) $\iint_D (x^2-y^2)\mathrm{d}\sigma$，其中 $D=\{(x, y)\mid 0\leqslant y\leqslant\sin x, 0\leqslant x\leqslant\pi\}$；

(3) $\iint_D \sqrt{R^2-x^2-y^2}\mathrm{d}\sigma$，其中 D 是圆周 $x^2+y^2=Rx$ 所围成的闭区域；

(4) $\iint_D (y^2+3x-6y+9)\mathrm{d}\sigma$，其中 $D=\{(x, y)\mid x^2+y^2\leqslant R^2\}$.

8. 设 $f(x, y)=\begin{cases} x^2, & |x|+|y|\leqslant 1 \\ \dfrac{1}{\sqrt{x^2+y^2}}, & 1<|x|+|y|\leqslant 2 \end{cases}$，计算 $\iint_D f(x, y)\mathrm{d}x\mathrm{d}y$，其中 $D=\{(x, y)\mid |x|+|y|\leqslant 2\}$.

9．交换下列二次积分的次序.

(1) $\int_0^4 dy\int_{-\sqrt{4-y}}^{\frac{1}{2}(y-4)} f(x, y)dx$；

(2) $\int_0^1 dx\int_{\sqrt{x}}^{1+\sqrt{1-x^2}} f(x, y)dy$；

(3) $\int_0^1 dy\int_0^{2y} f(x, y)dx+\int_1^3 dy\int_0^{3-y} f(x, y)dx$.

10．证明 $\int_0^a dy\int_0^y e^{m(a-x)} f(x)dx=\int_0^a (a-x)e^{m(a-x)} f(x)dx$.

11．设 $D=\{(x, y)\mid x^2\leqslant y\leqslant 1, -1\leqslant x\leqslant 1\}$，请用极坐标形式表示二次积分 $\iint_D f(x, y)d\sigma$.

12．设 $f(x, y)$ 在闭区域 $D=\{(x, y)\mid x^2+y^2\leqslant y, x\geqslant 0\}$ 上连续，求 $f(x, y)$. 其中

$$f(x, y)=\sqrt{1-x^2-y^2}-\frac{8}{\pi}\iint_D f(x, y)dxdy$$

13．已知区域 $D=\{(x, y)\mid |x|\leqslant y, (x^2+y^2)^3\leqslant y^4\}$，求 $\iint_D \frac{x+y}{\sqrt{x^2+y^2}}dxdy$.

14．平面区域 D 由曲线 $\begin{cases}x=t-\sin t\\ y=1-\cos t\end{cases}$ $(0\leqslant t\leqslant 2\pi)$ 与 x 轴围成，求 $\iint_D (x+2y)d\sigma$.

15．求二重积分 $\iint_D \frac{\sqrt{x^2+y^2}}{x}d\sigma$，其中区域 D 由 $x=1$，$x=2$，$y=x$ 及 x 轴围成.

16．已知区域 $D=\{(x, y)\mid x^2+y^2\leqslant 1, y\geqslant 0\}$，$f(x, y)=y\sqrt{1-x^2}+x\iint_D f(x, y)d\sigma$. 计算二重积分 $\iint_D xf(x, y)d\sigma$.

17．作适当的变换，计算下列二重积分.

(1) $\iint_D x^2y^2dxdy$，其中 D 是 $xy=1$，$xy=2$，$y=x$，$y=4x$ 所围成的在第一象限内的闭区域；

(2) $\iint_D\left(\frac{x^2}{a^2}+\frac{y^2}{b^2}\right)dxdy$，其中 $D=\left\{(x, y)\,\middle|\,\frac{x^2}{a^2}+\frac{y^2}{b^2}\leqslant 1\right\}$.

18．设函数 $f(x)$ 在 $[0, 1]$ 上连续，$\int_0^1 f(x)dx=A$，求 $\int_0^1 dx\int_x^1 f(x)f(y)dy$.

19．已知区域 $D=\{(x, y)\mid 0\leqslant x\leqslant 1, 0\leqslant y\leqslant 1\}$，函数 $f(x, y)$ 具有二阶连续偏导数，且 $f(1, y)=0$，$f(x, 1)=0$，$\iint_D f(x, y)dxdy=a$，计算二重积分

$$I=\iint_D xyf''_{xy}(x, y)d\sigma$$

20．已知区域 Ω 由曲面 $z=x^2+y^2$，$y=x^2$，$y=1$，$z=0$ 围成，试把三重积分 $\iiint_\Omega f(x, y, z)dxdydz$ 化为三次积分.

21. 计算下列三重积分.

(1) $\iiint_{\Omega} z^2 \mathrm{d}x\mathrm{d}y\mathrm{d}z$，其中 Ω 是 $x^2+y^2+z^2 \leqslant R^2$ 和 $x^2+y^2+z^2 \leqslant 2Rz(R>0)$ 的公共部分；

(2) $\iiint_{\Omega} \dfrac{z\ln(x^2+y^2+z^2+1)}{x^2+y^2+z^2+1}\mathrm{d}x\mathrm{d}y\mathrm{d}z$，其中 Ω 是由球面 $x^2+y^2+z^2=1$ 所围成的闭区域；

(3) $\iiint_{\Omega}(y^2+z^2)\mathrm{d}v$，其中 Ω 由 xOy 平面上曲线 $y^2=2x$ 绕 x 轴旋转成的曲面与 $x=5$ 围成.

22. $f(x)$ 连续且恒正，$\Omega(t)=\{(x,y,z) \mid x^2+y^2+z^2 \leqslant t^2\}$，$D(t)=\{(x,y) \mid x^2+y^2 \leqslant t^2\}$.

$$F(t)=\frac{\iiint_{\Omega(t)} f(x^2+y^2+z^2)\mathrm{d}v}{\iint_{D(t)} f(x^2+y^2)\mathrm{d}\sigma},\ G(t)=\frac{\iint_{D(t)} f(x^2+y^2)\mathrm{d}\sigma}{\int_{-t}^{t} f(x^2)\mathrm{d}x}$$

(1) 讨论 $F(t)$ 在区间 $(0,+\infty)$ 内的单调性；

(2) 证明当 $t>0$ 时，$F(t)>\dfrac{2}{\pi}G(t)$.

23. 求平面 $\dfrac{x}{a}+\dfrac{y}{b}+\dfrac{z}{c}=1$ 被三坐标面所割出的有限部分的面积.

24. 设 $D(t)=\{(x,y) \mid x^2+y^2 \leqslant t^2\}$，计算极限

$$\lim_{t\to 0}\frac{\iint_{D(t)} \mathrm{e}^{x^2-y^2}\cos(x+y)\mathrm{d}\sigma}{t^2}$$

25. 选用适当坐标计算下列三重积分.

(1) $\iiint_{\Omega}(x^2+y^2)\mathrm{d}V$，其中 Ω 是由曲面 $4z^2=25(x^2+y^2)$ 及平面 $z=5$ 所围成的闭区域；

(2) $\iiint_{\Omega} xz\mathrm{d}V$，其中 Ω 是由平面 $z=0$，$z=y$，$y=1$ 及抛物柱面 $y=x^2$ 所围成的闭区域.

26. 设函数 $f(u)$ 具有连续导数，且 $f(0)=0$，$f'(0)=2$，若 Ω_t：$x^2+y^2+z^2 \leqslant t^2$，求极限

$$\lim_{t\to 0}\frac{\iiint_{\Omega_t} f\left(\sqrt{x^2+y^2+z^2}\right)\mathrm{d}x\mathrm{d}y\mathrm{d}z}{t^4}$$

27. 作变换 $x=r\cos^4\theta$，$y=r\sin^4\theta$，计算二重积分

$$\iint_D \mathrm{e}^{\frac{\sqrt{x}}{\sqrt{x}+\sqrt{y}}}\mathrm{d}x\mathrm{d}y,\ D=\left\{(x,y)\,\middle|\,\sqrt{x}+\sqrt{y}\leqslant\sqrt{a},\ x\geqslant 0,\ y\geqslant 0\right\}$$

28. 试作适当变换，计算下列积分.

(1) $\iint_D (x+y)\sin(x-y)\mathrm{d}x\mathrm{d}y$，$D=\{(x,y) \mid 0\leqslant x+y\leqslant\pi,\ 0\leqslant x-y\leqslant\pi\}$；

(2) $\iint_D \mathrm{e}^{\frac{y}{x+y}}\mathrm{d}x\mathrm{d}y$，$D=\{(x,y) \mid x+y\leqslant 1,\ x\geqslant 0,\ y\geqslant 0\}$.

29. 求曲面 $z=x^2+y^2+1$ 上点 $M_0(1, -1, 3)$ 处的切平面与曲面 $z=x^2+y^2$ 所围空间区域的体积 V.

30. 求由圆柱面 $x^2+y^2=R^2$ 和 $x^2+z^2=R^2$ 所围成的立体的表面积.

31. 设 Ω 是由锥面 $x^2+(y-z)^2=(1-z)^2(0\leqslant z\leqslant 1)$ 与平面 $z=0$ 所围成的锥体，求 Ω 的形心坐标.

32. 均匀物体(密度 ρ 为常数) Ω 由曲面 $z=x^2+y^2$ 和平面 $z=0$，$|x|=a$，$|y|=a$ 所围成. 求：

(1) 该物体的体积；

(2) 该物体的重心坐标；

(3) 该物体关于 z 轴的转动惯量.

33. 求均匀柱体 $x^2+y^2\leqslant R^2$，$0\leqslant z\leqslant h$ 对位于点 $M_0(0, 0, a)$ $(a>h)$ 处的单位质量的质点的引力.

第 11 章 曲线积分与曲面积分*

在前面的章节，我们分别讨论过定义在直线段、平面域和空间域上的函数积分. 本章进一步讨论定义在曲线域和曲面域上的函数积分概念及其计算方法.

11.1 对弧长的曲线积分

11.1.1 对弧长的曲线积分的概念与性质

先看一个例子.

例 11.1.1 求曲线形构件的质量.

设一个曲线形构件占有 xOy 平面上的一段弧 Γ，如图 11.1.1 所示，其端点为 A 和 B，且曲线 Γ 上任意一点(x, y)处的线密度(单位长度的质量)为 $\rho(x, y)$. 现在要计算这个构件的质量 M.

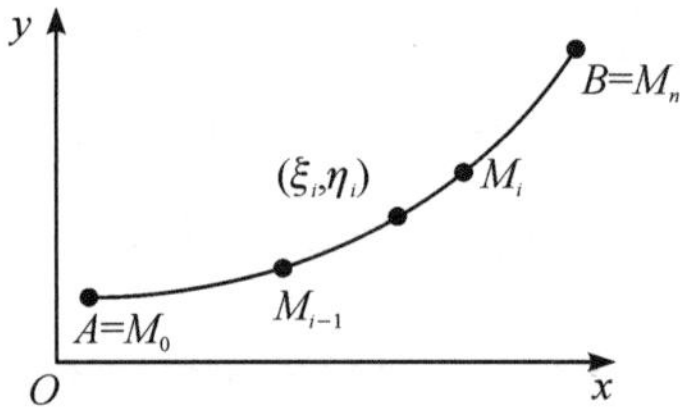

图 11.1.1

解 如果构件的线密度是常量 a，长度为 s，那么构件的质量 $M=as$. 现在构件上各点处的线密度是变量，就不能直接用上述方法来计算. 假设 $\rho(x, y)$在 Γ 上连续，由于质量是具有可加性的，所以可以采用“分割、近似、求和、取极限”的方法来解决这个问题.

(1) **分割**：在 Γ 上插入 $n-1$ 个分点，$A=M_0, M_1, \cdots, M_{n-1}, M_n=B$，将 Γ 分为 n 个小弧线段. 记第 i 个小弧段 $\overset{\frown}{M_{i-1}M_i}$ 的长度为 $\Delta s_i(i=1, 2, \cdots, n)$；

(2) **近似**：在第 i 个小弧段 $\overset{\frown}{M_{i-1}M_i}$ 内任取一点(ξ_i, η_i)，用该点处的线密度代替这一小弧段上其他各点处的线密度，则小弧段的质量 $\Delta M_i \approx \rho(\xi_i, \eta_i)\cdot\Delta s_i$；

(3) **求和**：整个曲线形构件的质量 $M \approx \sum\limits_{i=1}^{n}\rho(\xi_i, \eta_i)\Delta s_i$；

(4) **取极限**：用 λ 表示这 n 个小弧段中的最大长度，即 $\lambda=\max\limits_{1\leqslant i\leqslant n}\{\Delta s_i\}$，求上述和式当 $\lambda\to 0$ 时的极限，便得到整个构件的质量精确值

$$M=\lim_{\lambda\to 0}\sum_{i=1}^{n}\rho(\xi_i,\ \eta_i)\Delta s_i$$

上述结果的形式为乘积和式的极限. 在应用中，有许多量都可归结为这一形式. 为了更一般地研究这种和式的极限，由此抽象出下述对弧长的曲线积分的定义.

定义 11.1.1　设 Γ 为 xOy 平面上的一段光滑曲线弧，函数 $f(x,\ y)$ 是定义在 Γ 上的有界函数. 在曲线 Γ 上任意插入 $n-1$ 个点 M_1，M_2，…，M_{n-1}，将 Γ 分为 n 个小段. 设第 i 个小弧段 $\overset{\frown}{M_{i-1}M_i}$ 的长度为 $\Delta s_i\,(i=1,\ 2,\ \cdots,\ n)$，$(\xi_i,\ \eta_i)$ 为 $\overset{\frown}{M_{i-1}M_i}$ 上的任意一点，作乘积

$$f(\xi_i,\ \eta_i)\Delta s_i\quad (i=1,\ 2,\ \cdots,\ n)$$

再求和

$$\sum_{i=1}^{n}f(\xi_i,\ \eta_i)\Delta s_i$$

如果不论曲线 Γ 如何分割，也不论$(\xi_i,\ \eta_i)$ 如何选取，当各小弧段的长度的最大值 $\lambda\to 0$ 时，该和式的极限总存在且相等，则称此极限为函数 $f(x,\ y)$在曲线弧 Γ 上**对弧长的曲线积分或第一类曲线积分**，记为$\int_\Gamma f(x,\ y)\mathrm{d}s$，即

$$\int_\Gamma f(x,\ y)\mathrm{d}s=\lim_{\lambda\to 0}\sum_{i=1}^{n}f(\xi_i,\ \eta_i)\Delta s_i$$

其中，$f(x,\ y)$ 叫作被积函数，Γ 叫作积分弧段，$\mathrm{d}s$ 叫作弧长元素. 当曲线弧 Γ 为封闭曲线时，上述积分记为$\oint_\Gamma f(x,\ y)\mathrm{d}s$.

因此，例 11.1.1 中曲线形构件的质量可以表示为

$$M=\int_\Gamma \rho(x,\ y)\mathrm{d}s$$

光滑曲线是指曲线上每一点都有切线，且随切点在曲线上移动，切线连续变动. 例如，若曲线 Γ 的参数方程为$\begin{cases}x=\varphi(t)\\ y=\psi(t)\end{cases}$，$t_1\leqslant t\leqslant t_2$，$\varphi'(t)$，$\psi'(t)$在$[t_1,\ t_2]$上连续，且$[\varphi'(t)]^2+[\psi'(t)]^2\neq 0$，则曲线 Γ 为光滑曲线.

若 $f(x,\ y)$ 在光滑曲线 Γ 上连续，则积分面积$\int_\Gamma f(x,\ y)\mathrm{d}s$ 总是存在的.

当 $f(x,\ y)\equiv 1$ 时，对弧长的曲线积分就等于积分弧段的长度 s，即$\int_\Gamma \mathrm{d}s=s$.

若 Γ 为空间曲线，可以类似地定义函数 $f(x,\ y,\ z)$ 在空间曲线 Γ 上对弧长的曲线积分为

$$\int_\Gamma f(x,\ y,\ z)\mathrm{d}s=\lim_{\lambda\to 0}\sum_{i=1}^{n}f(\xi_i,\ \eta_i,\ \zeta_i)\Delta s_i$$

通过定义可以看出，对弧长的曲线积分与定积分有类似的性质.

性质 11.1.1　若 k_1，k_2 是常数，则

$$\int_\Gamma [k_1f(x,\ y)\pm k_2g(x,\ y)]\mathrm{d}s=k_1\int_\Gamma f(x,\ y)\mathrm{d}s\pm k_2\int_\Gamma g(x,\ y)\mathrm{d}s$$

性质 11.1.2 若积分弧段 Γ 可分为两段光滑曲线弧 Γ_1 和 Γ_2，则

$$\int_{\Gamma} f(x, y)\mathrm{d}s = \int_{\Gamma_1} f(x, y)\mathrm{d}s + \int_{\Gamma_2} f(x, y)\mathrm{d}s$$

性质 11.1.3 设在 Γ 上有 $f(x, y) \leqslant g(x, y)$，则有

$$\int_{\Gamma} f(x, y)\mathrm{d}s \leqslant \int_{\Gamma} g(x, y)\mathrm{d}s$$

性质 11.1.4 若 $\int_{\Gamma} f(x, y)\mathrm{d}s$ 存在，则 $\int_{\Gamma} | f(x, y) | \mathrm{d}s$ 也存在，且

$$\left|\int_{\Gamma} f(x, y)\mathrm{d}s\right| \leqslant \int_{\Gamma} | f(x, y) | \mathrm{d}s$$

性质 11.1.5 设 $f(x, y)$ 在光滑曲线弧 Γ 上连续，则在 Γ 上至少存在一点 (ξ, η)，使得

$$\int_{\Gamma} f(x, y)\mathrm{d}s = f(\xi, \eta) \cdot s$$

其中 s 为弧段 Γ 的长度.

11.1.2 对弧长的曲线积分的计算

定理 11.1.1 设函数 $f(x, y)$ 在曲线弧 Γ 上连续，Γ 的参数方程为

$$\begin{cases} x = \varphi(t) \\ y = \psi(t) \end{cases} \quad (\alpha \leqslant t \leqslant \beta)$$

其中 $\varphi'(t)$，$\psi'(t)$ 在 $[\alpha, \beta]$ 上连续，且 $[\varphi'(t)]^2 + [\psi'(t)]^2 \neq 0$，则曲线积分 $\int_{\Gamma} f(x, y)\mathrm{d}s$ 存在，且

$$\int_{\Gamma} f(x, y)\mathrm{d}s = \int_{\alpha}^{\beta} f[\varphi(t), \psi(t)] \sqrt{[\varphi'(t)]^2 + [\psi'(t)]^2}\,\mathrm{d}t \quad (\alpha < \beta)$$

证 设参数 t 由 α 变至 β 时，Γ 上的点依次由 A 到 B，在 Γ 上任取点列

$$A = M_0, M_1, \cdots, M_{n-1}, M_n = B$$

它们对应的参数值分别为

$$\alpha = t_0 < t_1 < \cdots < t_{n-1} < t_n = \beta$$

由于

$$\int_{\Gamma} f(x, y)\mathrm{d}s = \lim_{\lambda \to 0} \sum_{i=1}^{n} f(\xi_i, \eta_i) \Delta s_i$$

设点 (ξ_i, η_i) 对应的参数值为 τ_i，即 $\xi_i = \varphi(\tau_i)$、$\eta_i = \psi(\tau_i)$，其中 $t_{i-1} < \tau_i < t_i$. 由定积分中值定理得

$$\Delta s_i = \int_{t_{i-1}}^{t_i} \sqrt{[\varphi'(t)]^2 + [\psi'(t)]^2}\,\mathrm{d}t = \sqrt{[\varphi'(\tau_i')]^2 + [\psi'(\tau_i')]^2}\,\Delta t_i$$

其中，$\Delta t_i = t_i - t_{i-1}$，$t_{i-1} \leqslant \tau_i \leqslant t_i$. 因 $\int_{\Gamma} f(x, y)\mathrm{d}s$ 存在，故 $\xi_i = \varphi(\tau_i)$，$\eta_i = \psi(\tau_i)$ 中的 τ_i 可以取为此处中值定理中所取 τ_i，于是

$$\int_{\Gamma} f(x, y)\mathrm{d}s = \lim_{\lambda \to 0} \sum_{i=1}^{n} f[\varphi(\tau_i), \psi(\tau_i)] \sqrt{[\varphi'(\tau_i')]^2 + [\psi'(\tau_i')]^2}\,\Delta t_i$$

由于 $\sqrt{[\varphi'(t)]^2 + [\psi'(t)]^2}$ 在闭区间 $[\alpha, \beta]$ 上连续，上式右端和式的极限就是函数 $f[\varphi(t), \psi(t)] \sqrt{[\varphi'(t)]^2 + [\psi'(t)]^2}$ 在 $[\alpha, \beta]$ 上的定积分，由于这个函数在 $[\alpha, \beta]$ 上连

续，所以这个定积分必定存在，因此上式左端的曲线积分$\int_{\Gamma} f(x, y)\mathrm{d}s$也存在，且

$$\int_{\Gamma} f(x, y)\mathrm{d}s = \int_{\alpha}^{\beta} f[\varphi(t), \psi(t)]\sqrt{[\varphi'(t)]^2 + [\psi'(t)]^2}\,\mathrm{d}t \quad (\alpha < \beta)$$

计算时把曲线方程代入被积函数，再把弧长的微元变换成定积分的微元，最后确定定积分上下限.

定积分的下限α一定要小于上限β. 这是因为小弧段的长度Δs_i总是正的，所以$\alpha<\beta$.

定理 11.1.1 可推广到空间曲线Γ，设Γ的参数方程为$\begin{cases} x=\varphi(t) \\ y=\psi(t)\,(\alpha\leqslant t\leqslant\beta) \\ z=\omega(t) \end{cases}$，则

$$\int_{\Gamma} f(x, y, z)\mathrm{d}s = \int_{\alpha}^{\beta} f[\varphi(t), \psi(t), \omega(t)]\sqrt{[\varphi'(t)]^2 + [\psi'(t)]^2 + [\omega'(t)]^2}\,\mathrm{d}t \quad (\alpha < \beta)$$

若曲线Γ的方程为$y=\varphi(x)$ $(a\leqslant x\leqslant b)$，则将$x$作为参数可得

$$\int_{\Gamma} f(x, y)\mathrm{d}x = \int_{a}^{b} f[x, \varphi(x)]\sqrt{1 + [\varphi'(x)]^2}\,\mathrm{d}x$$

若曲线Γ的方程为$x=\psi(y)$ $(c\leqslant y\leqslant d)$，则将$y$作为参数可得

$$\int_{\Gamma} f(x, y)\mathrm{d}x = \int_{c}^{d} f[\psi(y), y]\sqrt{1 + [\psi'(y)]^2}\,\mathrm{d}y$$

若曲线Γ的极坐标方程为$\rho=\rho(\theta)$ $(\alpha\leqslant\theta\leqslant\beta)$，则由$x=\rho(\theta)\cos\theta$，$y=\rho(\theta)\sin\theta$，得极坐标系下的弧长元素为

$$\mathrm{d}s=\sqrt{[\varphi'(t)]^2+[\psi'(t)]^2}\,\mathrm{d}t=\sqrt{\rho^2(\theta)+[\rho'(\theta)]^2}\,\mathrm{d}\theta$$

于是

$$\int_{\Gamma} f(x, y)\mathrm{d}x = \int_{\alpha}^{\beta} f[\rho(\theta)\cos\theta, \rho(\theta)\sin\theta]\sqrt{\rho^2(\theta) + [\rho'(\theta)]^2}\,\mathrm{d}\theta \quad (\alpha < \beta)$$

例 11.1.2　计算对弧长的曲线积分$\int_{\Gamma} y\mathrm{d}s$，其中$\Gamma$是曲线$y^2=2x$从点(0, 0)到点(2, 2)的弧段.

解　Γ的方程为$x=\dfrac{y^2}{2}(0\leqslant y\leqslant 2)$，故$\mathrm{d}s=\sqrt{1+\left(\dfrac{\mathrm{d}x}{\mathrm{d}y}\right)^2}\,\mathrm{d}y=\sqrt{1+y^2}\,\mathrm{d}y$，因此

$$\int_{\Gamma} y\mathrm{d}s = \int_{0}^{2} y\sqrt{1+y^2}\,\mathrm{d}y = \frac{1}{3}(1+y^2)^{\frac{3}{2}}\Big|_0^2 = \frac{5\sqrt{5}-1}{3}$$

例 11.1.3　计算$\int_{\Gamma} z\mathrm{d}s$，其中曲线$\Gamma$为$x=t\cos t$，$y=t\sin t$，$z=t$ $(0\leqslant t\leqslant\sqrt{2})$.

解　因为

$$\mathrm{d}s=\sqrt{(\cos t - t\sin t)^2+(\sin t + t\cos t)^2+1}\,\mathrm{d}t=\sqrt{2+t^2}\,\mathrm{d}t$$

所以

$$\int_{\Gamma} z\mathrm{d}s = \int_{0}^{\sqrt{2}} t\sqrt{2+t^2}\,\mathrm{d}t = \frac{1}{3}(2+t^2)^{\frac{3}{2}}\Big|_0^{\sqrt{2}} = \frac{8-2\sqrt{2}}{3}$$

例 11.1.4　设L为圆周$x^2+y^2=2x\,(y\geqslant 0)$及$x$轴围成的位于第一象限部分区域的边界曲线，如图 11.1.2 所示. 计算曲线积分

$$\oint_L \sqrt{x^2+y^2}\,\mathrm{d}s$$

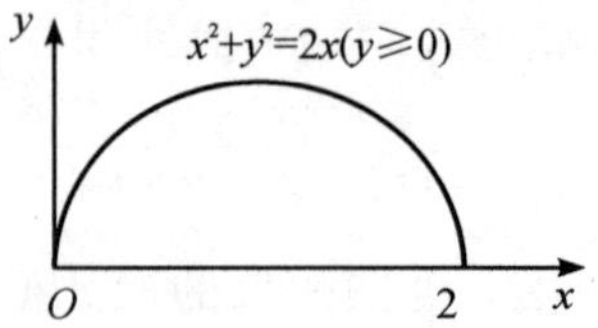

图 11.1.2

解 令 L_1: $y=0$ $(0\leqslant x\leqslant 2)$; L_2: $\rho=2\cos\theta$ $\left(0\leqslant\theta\leqslant\frac{\pi}{2}\right)$. 则

$$\oint_L \sqrt{x^2+y^2}\,\mathrm{d}s=\int_{L_1}\sqrt{x^2+y^2}\,\mathrm{d}s+\int_{L_2}\sqrt{x^2+y^2}\,\mathrm{d}s$$

$$=\int_0^2 x\,\mathrm{d}x+\int_0^{\frac{\pi}{2}}\sqrt{(2\cos^2\theta)^2+(2\cos\theta\sin\theta)^2}\sqrt{(2\cos\theta)^2+(-2\sin\theta)^2}\,\mathrm{d}\theta$$

$$=\int_0^2 x\,\mathrm{d}x+4\int_0^{\frac{\pi}{2}}\cos\theta\,\mathrm{d}\theta=6$$

习题 11.1

1. 计算下列对弧长的曲线积分.

(1) $\int_L y\,\mathrm{d}s$, 其中 L 是 $y^2=2x$ 从点(0, 0) 到点(2, 2) 的弧段;

(2) $\oint_L (x+y)\,\mathrm{d}s$, 其中 L 是定点为(0, 0), (1, 0), (0, 1) 的三角形边界;

(3) $\oint_L \mathrm{e}^{\sqrt{x^2+y^2}}\,\mathrm{d}s$, 其中 L 是由曲线 $r=a$ 与射线 $\theta=0$, $\theta=\frac{\pi}{4}$ 所围成的边界;

(4) $\oint_L (x+y)\,\mathrm{d}s$, 其中 L 是 $x^2+y^2=2x$;

(5) $\int_\Gamma \frac{1}{x^2+y^2+z^2}\,\mathrm{d}s$, 其中 Γ 为曲线 $x=\mathrm{e}^t\cos t$, $y=\mathrm{e}^t\sin t$, $z=\mathrm{e}^t(0\leqslant t\leqslant 2)$;

(6) $\int_\Gamma x^2yz\,\mathrm{d}s$, 其中 Γ 为折线 $ABCD$, 点 A, B, C, D 的坐标依次为(0, 0, 0), (0, 0, 2), (1, 0, 2), (1, 3, 2);

(7) $\oint_\Gamma (x^2+y^2+z^2)\,\mathrm{d}s$, 其中 Γ 为抛物面 $2z=x^2+y^2$ 被平面 $z=1$ 所截得的圆周.

2. 曲线 $x=a$, $y=at$, $z=\frac{1}{2}at^2(0\leqslant t\leqslant 1, a>0)$, 设其线密度为 $\rho=\sqrt{\frac{2z}{a}}$, 求这条曲线的质量.

11.2 对坐标的曲线积分

11.2.1 对坐标的曲线积分的概念与性质

例 11.2.1 求变力沿有向曲线所做的功.

设质点在平面 xOy 上点 (x, y) 处受变力 $\boldsymbol{F}(x, y)=P(x, y)\boldsymbol{i}+Q(x, y)\boldsymbol{j}$ 的作用，从点 A 沿光滑曲线弧 Γ 移动到点 B，其中 $P(x, y)$，$Q(x, y)$ 在 Γ 上连续. 求变力 $\boldsymbol{F}(x, y)$ 所做的功.

解　如果 $\boldsymbol{F}$ 是常力，且质点是从 A 沿直线移动到 B，那么 $\boldsymbol{F}$ 对质点所做的功 W 等于向量 $\boldsymbol{F}$ 与向量 $\overrightarrow{AB}$ 的数量积，即

$$W=\boldsymbol{F}\cdot\overrightarrow{AB}$$

由于 $\boldsymbol{F}(x, y)$ 是变力，且质点沿曲线 Γ 移动，故功 W 不能直接用上述公式来计算，此时可以采用“分割、近似、求和、取极限”的方法来解决这个问题.

(1) **分割**：在 Γ 上依次插入点 $A=M_0(x_0, y_0)$，$M_1(x_1, y_1)$，…，$M_{n-1}(x_{n-1}, y_{n-1})$，$M_n(x_n, y_n)=B$，将 Γ 分为 n 个小弧段 $\overset{\frown}{M_{i-1}M_i}$ $(i=1, 2, \cdots, n)$，记第 i 个小弧段 $\overset{\frown}{M_{i-1}M_i}$ 的长度为 Δs_i.

(2) **近似**：在第 i 个有向小弧段 $\overset{\frown}{M_{i-1}M_i}$ 上任取一点 (ξ_i, η_i)，用该点处的力 $\boldsymbol{F}(\xi_i, \eta_i)=P(\xi_i, \eta_i)\boldsymbol{i}+Q(\xi_i, \eta_i)\boldsymbol{j}$ 代替小弧段 $\overset{\frown}{M_{i-1}M_i}$ 上每一点处的力，用有向线段 $\overrightarrow{M_{i-1}M_i}=\Delta x_i\boldsymbol{i}+\Delta y_i\boldsymbol{j}$ 来近似代替沿小弧段 $\overset{\frown}{M_{i-1}M_i}$ 的位移，其中 $\Delta x_i=x_i-x_{i-1}$，$\Delta y_i=y_i-y_{i-1}$. 由此，变力 $\boldsymbol{F}(x, y)$ 沿有向小弧段 $\overset{\frown}{M_{i-1}M_i}$ 所做的功 ΔW_i 可近似看作恒力 $\boldsymbol{F}(\xi_i, \eta_i)$ 沿有向线段 $\overrightarrow{M_{i-1}M_i}$ 所做的功，即

$$\Delta W_i\approx\boldsymbol{F}(\xi_i, \eta_i)\cdot\overrightarrow{M_{i-1}M_i}=P(\xi_i, \eta_i)\Delta x_i+Q(\xi_i, \eta_i)\Delta y_i$$

(3) **求和**：总功

$$W=\sum_{i=1}^{n}\Delta W_i\approx\sum_{i=1}^{n}[P(\xi_i, \eta_i)\Delta x_i+Q(\xi_i, \eta_i)\Delta y_i]$$

(4) **取极限**：以 λ 表示 n 个小弧段的最大长度，即 $\lambda=\max\limits_{1\leqslant\lambda\leqslant n}\{\Delta s_i\}$，令 $\lambda\to0$，取上述和式的极限，所得到的极限值就是变力 $\boldsymbol{F}(x, y)$ 沿有向曲线 Γ 所做的功，即

$$W=\lim_{\lambda\to0}\sum_{i=1}^{n}[P(\xi_i, \eta_i)\Delta x_i+Q(\xi_i, \eta_i)\Delta y_i]$$

由此，我们抽象出下面的定义.

定义 11.2.1　如图 11.2.1 所示，设 Γ 为 xOy 面上从点 A 到点 B 的一条光滑有向曲线弧，函数 $P(x, y)$，$Q(x, y)$ 在 Γ 上有界. 在 Γ 上沿 Γ 的方向任意插入点列 $A=M_0(x_0, y_0)$，$M_1(x_1, y_1)$，…，$M_{n-1}(x_{n-1}, y_{n-1})$，$M_n(x_n, y_n)=B$，将 Γ 分为 n 个有向小弧段 $\overset{\frown}{M_{i-1}M_i}$ $(i=1, 2, \cdots, n)$. 设 $\Delta x_i=x_i-x_{i-1}$，$\Delta y_i=y_i-y_{i-1}$，点 (ξ_i, η_i) 为第 i 个有向小弧段 $\overset{\frown}{M_{i-1}M_i}$ 上任取的一点. 若当各个小弧段的最大长度 $\lambda\to0$ 时，$\sum\limits_{i=1}^{n}[P(\xi_i, \eta_i)\Delta x_i+$

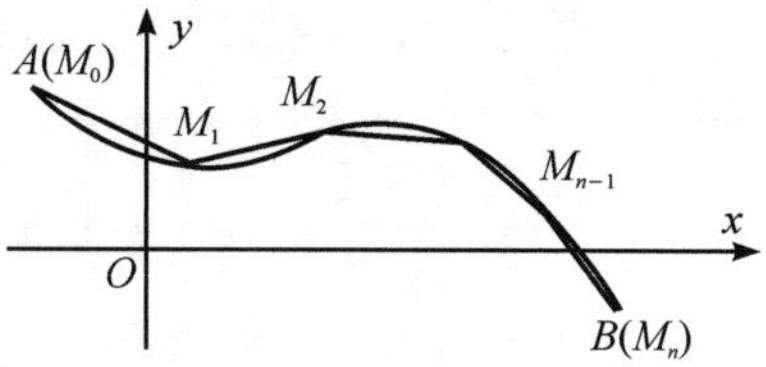

图 11.2.1

$Q(\xi_i, \eta_i)\Delta y_i]$ 的极限总存在，且与曲线弧 Γ 的分法及点 (ξ_i, η_i) 的取法无关，则称此极限为函数 $P(x, y)$，$Q(x, y)$ 在有向曲线 Γ 上**对坐标的曲线积分**或**第二类曲线积分**，记作

$$\int_\Gamma P(x, y)\mathrm{d}x + Q(x, y)\mathrm{d}y$$

其中，$P(x, y)$，$Q(x, y)$ 叫作被积函数，Γ 叫作积分弧段. 由定义可以看出

$$\int_\Gamma P(x, y)\mathrm{d}x + Q(x, y)\mathrm{d}y = \int_\Gamma P(x, y)\mathrm{d}x + \int_\Gamma Q(x, y)\mathrm{d}y \overset{\Delta}{=} \int_\Gamma \boldsymbol{F}(x, y)\cdot \mathrm{d}\boldsymbol{r}$$

其中，$\boldsymbol{F}(x, y)=P(x, y)\boldsymbol{i}+Q(x, y)\boldsymbol{j}$，$\mathrm{d}\boldsymbol{r}=\mathrm{d}x\boldsymbol{i}+\mathrm{d}y\boldsymbol{j}$.

因此，例 11.2.1 中的变力 $\boldsymbol{F}(x, y)$ 从点 A 沿光滑曲线弧 Γ 移动到点 B 所做的功可表示为

$$W = \int_\Gamma P(x, y)\mathrm{d}x + Q(x, y)\mathrm{d}y = \int_\Gamma \boldsymbol{F}(x, y)\cdot \mathrm{d}\boldsymbol{r}$$

当 $P(x, y)$，$Q(x, y)$在分段光滑曲线弧 Γ 上连续时，对坐标的曲线积分 $\int_\Gamma p(x, y)\mathrm{d}x + Q(x, y)\mathrm{d}y$ 存在.

第二类的曲线积分有与定积分类似的性质.

性质 11.2.1 设 α，β 为常数，则

$$\int_\Gamma [\alpha \boldsymbol{F}_1(x, y) + \beta \boldsymbol{F}_2(x, y)]\cdot \mathrm{d}\boldsymbol{r} = \alpha\int_\Gamma \boldsymbol{F}_1(x, y)\cdot \mathrm{d}\boldsymbol{r} + \beta\int_\Gamma \boldsymbol{F}_2(x, y)\cdot \mathrm{d}\boldsymbol{r}$$

性质 11.2.2 若有向曲线 Γ 可以分成两段光滑的有向曲线 L_1 和 L_2，则

$$\int_\Gamma \boldsymbol{F}(x, y)\cdot \mathrm{d}\boldsymbol{r} = \int_{\Gamma_1} \boldsymbol{F}(x, y)\cdot \mathrm{d}\boldsymbol{r} + \int_{\Gamma_2} \boldsymbol{F}(x, y)\cdot \mathrm{d}\boldsymbol{r}$$

性质 11.2.3 设 Γ^- 是 Γ 的反向曲线弧，则

$$\int_\Gamma \boldsymbol{F}(x, y)\cdot \mathrm{d}\boldsymbol{r} = -\int_{\Gamma^-} \boldsymbol{F}(x, y)\cdot \mathrm{d}\boldsymbol{r}$$

对坐标的曲线积分必须注意积分弧段的方向，当积分弧段的方向改变时，对坐标的曲线积分要改变符号.

上述在平面有向曲线上的第二类曲线积分的定义和性质可以类似地推广到积分弧段为空间有向曲线的情形. 例如函数 $P(x, y, z)$，$Q(x, y, z)$，$R(x, y, z)$在空间有向曲线 Γ 上对坐标的曲线积分为

$$\int_\Gamma P(x, y, z)\mathrm{d}x = \lim_{\lambda\to 0}\sum_{i=1}^{n} P(\xi_i, \eta_i, \zeta_i)\Delta x_i$$

$$\int_\Gamma Q(x, y, z)\mathrm{d}y = \lim_{\lambda\to 0}\sum_{i=1}^{n} Q(\xi_i, \eta_i, \zeta_i)\Delta y_i$$

$$\int_\Gamma R(x, y, z)\mathrm{d}z = \lim_{\lambda\to 0}\sum_{i=1}^{n} R(\xi_i, \eta_i, \zeta_i)\Delta z_i$$

合并起来为

$$\int_\Gamma P(x, y, z)\mathrm{d}x + \int_\Gamma Q(x, y, z)\mathrm{d}y + \int_\Gamma R(x, y, z)\mathrm{d}z$$

简便写成

$$\int_\Gamma P(x, y, z)\mathrm{d}x + Q(x, y, z)\mathrm{d}y + R(x, y, z)\mathrm{d}z$$

也可写成向量形式

$$\int_\Gamma \boldsymbol{F}(x, y, z) \cdot \mathrm{d}\boldsymbol{r}$$

其中，$\boldsymbol{F}(x, y, z)=P(x, y, z)\boldsymbol{i}+Q(x, y, z)\boldsymbol{j}+R(x, y, z)\boldsymbol{k}$，$\mathrm{d}\boldsymbol{r}=\mathrm{d}x\boldsymbol{i}+\mathrm{d}y\boldsymbol{j}+\mathrm{d}z\boldsymbol{k}$.

11.2.2　对坐标的曲线积分的计算

与第一类曲线积分类似，第二类曲线积分也可以转换为定积分来进行计算.

定理 11.2.1　设有向曲线弧 Γ 的参数方程为

$$x=\varphi(t),\ y=\psi(t)$$

当参数 t 单调地从 α 变到 β 时，点 $M(x, y)$ 从 Γ 的起点 A 沿 Γ 运动到终点 B，$\varphi(t)$，$\psi(t)$ 在以 α 及 β 为端点的闭区间上具有一阶连续导数，且 $[\varphi'(t)]^2+[\psi'(t)]^2\neq 0$，函数 $P(x, y)$，$Q(x, y)$ 在 Γ 上连续，则曲线积分 $\int_\Gamma P(x, y)\mathrm{d}x+Q(x, y)\mathrm{d}y$ 存在，且

$$\int_\Gamma P(x, y)\mathrm{d}x+Q(x, y)\mathrm{d}y=\int_\alpha^\beta\{P[\varphi(t), \psi(t)]\varphi'(t)+Q[\varphi(t), \psi(t)]\psi'(t)\}\mathrm{d}t$$

证　在 Γ 上任取点列 $A=M_0, M_1, \cdots, M_{n-1}, M_n=B$，它们对应一列单调变化的参数值

$$\alpha=t_0<t_1<\cdots<t_{n-1}<t_n=\beta$$

有

$$\int_\Gamma P(x, y)\mathrm{d}x=\lim_{\lambda\to 0}\sum_{i=1}^n P(\xi_i, \eta_i)\Delta x_i$$

设点 (ξ_i, η_i) 对应的参数值为 τ_i，即 $\xi_i=\varphi(\tau_i)$，$\eta_i=\psi(\tau_i)$，其中 τ_i 在 t_{i-1} 与 t_i 之间. 因

$$\Delta x_i=x_i-x_{i-1}=\varphi(t_i)-\varphi(t_{i-1})$$

应用微分中值定理，有

$$\Delta x_i=\varphi'(\tau_i)\Delta t_i$$

其中，$\Delta t_i=t_i-t_{i-1}$，τ_i 在 t_{i-1} 与 t_i 之间. 因 $\int_\Gamma P\mathrm{d}x+Q\mathrm{d}y$ 存在，$\xi_i=\varphi(\tau_i)$，$\eta_i=\psi(\tau_i)$ 可以取为此处微分中值定理中所取的 τ_i，于是

$$\int_\Gamma P(x, y)\mathrm{d}x=\lim_{\lambda\to 0}\sum_{i=1}^n P[\varphi(\tau_i), \psi(\tau_i)]\varphi'(\tau_i)\Delta t_i$$

即有

$$\int_\Gamma P(x, y)\mathrm{d}x=\lim_{\lambda\to 0}\sum_{i=1}^n P[\varphi(\tau_i), \psi(\tau_i)]\varphi'(\tau_i)\Delta t_i$$

上式右端和式的极限就是定积分 $\int_\alpha^\beta P[\varphi(t), \psi(t)]\varphi'(t)\mathrm{d}t$，由于函数 $P[\varphi(\tau_i), \psi(\tau_i)]\varphi'(\tau_i)$ 连续，所以这个定积分必定存在，因此上式左端的曲线积分 $\int_\Gamma P(x, y)\mathrm{d}x$ 也存在，并有

$$\int_\Gamma P(x, y)\mathrm{d}x=\int_\alpha^\beta P[\varphi(t), \psi(t)]\varphi'(t)\mathrm{d}t$$

同理可证

$$\int_{\Gamma} Q(x, y)\mathrm{d}y = \int_{\alpha}^{\beta} Q[\varphi(t), \psi(t)]\psi'(t)\mathrm{d}t$$

把以上两式相加，得

$$\int_{\Gamma} P(x, y)\mathrm{d}x + Q(x, y)\mathrm{d}y = \int_{\alpha}^{\beta}\{P[\varphi(t), \psi(t)]\varphi'(t) + Q[\varphi(t), \psi(t)]\psi'(t)\}\mathrm{d}t$$

这里，下限 α 对应于起点 A，上限 β 对应于终点 B.

计算时先把曲线方程代入被积函数，也就是将 x，y 依次换为 $\varphi(t)$，$\psi(t)$，再把曲线积分的微元换成定积分的微元，也就是将 $\mathrm{d}x$，$\mathrm{d}y$ 依次换为 $\varphi'(t)\mathrm{d}t$，$\psi'(t)\mathrm{d}t$，最后确定定积分下限对起点坐标，上限对终点坐标，也就是下限 α 是 Γ 的起点 A 对应的参数，上限 β 是 Γ 的终点 B 对应的参数. 下限 α 不一定小于上限 β.

对于封闭曲线弧 Γ，可在 Γ 上任意选取一点作为起点，沿 Γ 所指定的方向前进，最后回到这一点.

若曲线弧 Γ 的方程为 $y=\varphi(x)$，Γ 的起点 A 与终点 B 分别对应 $x=a$ 与 $x=b$，则

$$\int_{\Gamma} P\mathrm{d}x + Q\mathrm{d}y = \int_{a}^{b}\{P[x, \varphi(x)] + Q[x, \varphi(x)]\varphi'(x)\}\mathrm{d}x$$

若曲线弧 Γ 的方程为 $x=\psi(y)$，Γ 的起点 A 与终点 B 分别对应 $y=c$ 与 $y=d$，则

$$\int_{\Gamma} P\mathrm{d}x + Q\mathrm{d}y = \int_{c}^{d}\{P[\psi(y), y] + Q[\psi(y), y]\psi'(y)\}\mathrm{d}y$$

类似地，平面有向曲线弧段由参数方程确定的第二类曲线积分可推广到空间有向曲线 Γ 的情形，设 Γ 的参数方程为 $x=\varphi(t)$，$y=\psi(t)$，$z=\omega(t)$，则

$$\int_{\Gamma} P\mathrm{d}x + Q\mathrm{d}y + R\mathrm{d}z = \int_{\alpha}^{\beta}\{P[\varphi(t), \psi(t), \omega(t)]\varphi'(t) + Q[\varphi(t), \psi(t), \omega(t)]\psi'(t) + R[\varphi(t), \psi(t), \omega(t)]\omega'(t)\}\mathrm{d}t$$

其中，Γ 的起点对应参数 α，Γ 的终点对应参数 β.

例 11.2.2 计算 $\int_{L} y^2\mathrm{d}x + x^2\mathrm{d}y$，其中 L(见图 11.2.2) 为：

(1) 半径为 1，圆心为原点，逆时针方向绕行的上半圆周；

(2) 从点 $A(1, 0)$ 到点 $B(-1, 0)$ 的直线段.

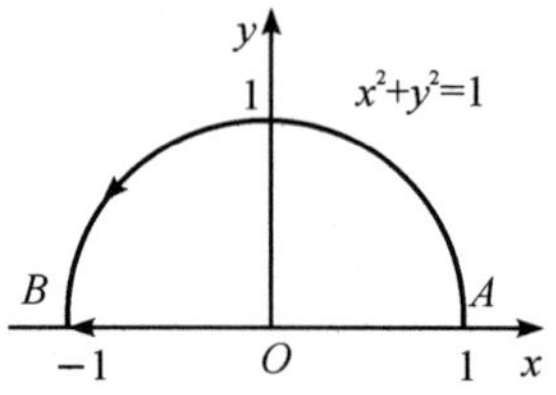

图 11.2.2

解 (1) L 的参数方程为：$x=\cos\theta$，$y=\sin\theta$，θ：$0\to\pi$，$\theta=0$ 对应于起点 A，$\theta=\pi$ 对应于终点 B. 所以

$$\begin{aligned}\int_{L} y^2\mathrm{d}x + x^2\mathrm{d}y &= \int_{0}^{\pi}[\sin^2\theta(-\sin\theta) + \cos^2\theta(\cos\theta)]\mathrm{d}\theta \\ &= \int_{0}^{\pi}[(1-\cos^2\theta)(-\sin\theta) + (1-\sin^2\theta)(\cos\theta)]\mathrm{d}\theta \\ &= -\frac{4}{3}\end{aligned}$$

(2) L 的方程为：$y=0$，x：$1\to -1$，所以

$$\int_{L} y^2\mathrm{d}x + x^2\mathrm{d}y = \int_{1}^{-1} 0\cdot\mathrm{d}x = 0$$

此例中，虽然两个曲线积分的被积函数相同，起点和终点也相同，但沿不同路径积分，得出的积分值并不相等.

例 11.2.3 计算 $\int_{L}(x+y)\mathrm{d}x + (x-y)\mathrm{d}y$，其中 L(见图 11.2.3) 为：

(1) 从点 $O(0, 0)$ 沿直线 $y=x$ 到点 $A(1, 1)$ 的直线段；

(2) 从点 $O(0, 0)$ 沿抛物线 $y=x^2$ 到点 $A(1, 1)$ 的一段弧；

(3) 有向折线 OBA，坐标分别为 $O(0, 0)$，$B(1, 0)$，$A(1, 1)$.

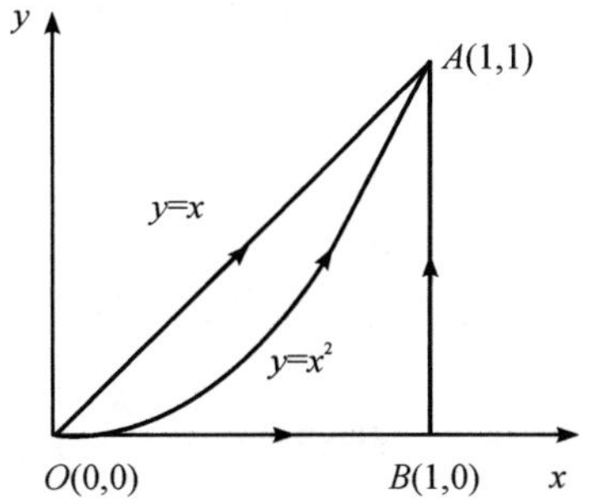

图 11.2.3

解　(1) L 的方程为：$y=x$，$x: 0\to 1$，所以

$$\int_L (x+y)\mathrm{d}x+(x-y)\mathrm{d}y=\int_0^1 [(x+x)+(x-x)]\mathrm{d}x=\int_0^1 2x\,\mathrm{d}x=1$$

(2) L 的方程为：$y=x^2$，$x: 0\to 1$，所以

$$\int_L (x+y)\mathrm{d}x+(x-y)\mathrm{d}y=\int_0^1 [(x+x^2)+2x(x-x^2)]\mathrm{d}x$$
$$=\int_0^1 (x+3x^2-2x^3)\,\mathrm{d}x=1$$

(3) 由于

$$\int_L (x+y)\mathrm{d}x+(x-y)\mathrm{d}y=\int_{\overrightarrow{OB}} (x+y)\mathrm{d}x+(x-y)\mathrm{d}y+\int_{\overrightarrow{BA}} (x+y)\mathrm{d}x+(x-y)\mathrm{d}y$$

在$\overrightarrow{OB}$上，$y=0$，$x: 0\to 1$，所以

$$\int_{\overrightarrow{OB}} (x+y)\mathrm{d}x+(x-y)\mathrm{d}y=\int_0^1 (x+0)\,\mathrm{d}x=\frac{1}{2}$$

在$\overrightarrow{BA}$上，$x=1$，$y: 0\to 1$，所以

$$\int_{\overrightarrow{BA}} (x+y)\mathrm{d}x+(x-y)\mathrm{d}y=\int_0^1 (1-y)\mathrm{d}y=\frac{1}{2}$$

因此

$$\int_L (x+y)\mathrm{d}x+(x-y)\mathrm{d}y=\frac{1}{2}+\frac{1}{2}=1$$

此例中，两个曲线积分的被积函数相同，起点和终点也相同，虽然沿不同路径积分，得出的积分值却相等.

例 11.2.4　有向封闭曲线 Γ：$\begin{cases} z=x^2+y^2 \\ z=4 \end{cases}$ 从 z 轴正向看为逆时针方向(见图 11.2.4). 计算

$$\oint_\Gamma 2y\,\mathrm{d}x+xz\,\mathrm{d}y-yz^2\,\mathrm{d}z$$

解　曲线参数方程为 Γ：$\begin{cases} x=2\cos t \\ y=2\sin t \\ z=4 \end{cases}$，其中 $t: 0\to 2\pi$，则

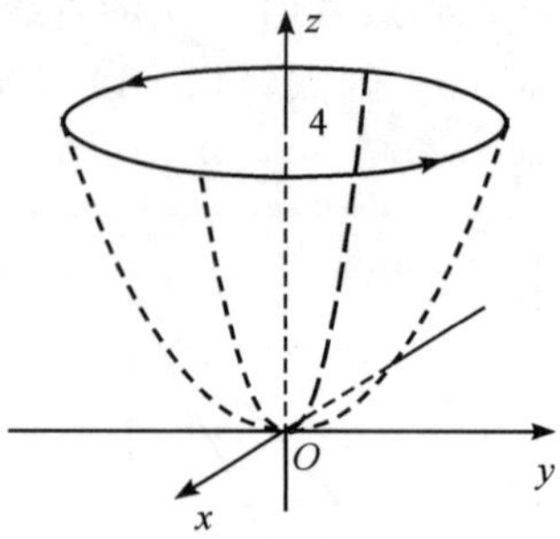

图 11.2.4

$$\oint_{\Gamma} 2y\,dx + xz\,dy - yz^2\,dz = \int_0^{2\pi} [4\sin t(-2\sin t) + 8\cos t \cdot 2\cos t]\,dt$$
$$= 8\int_0^{2\pi} (2\cos^2 t - \sin^2 t)\,dt = 8\pi$$

11.2.3 两类曲线积分的关系

虽然第一类曲线积分与第二类曲线积分是根据不同物理背景抽象出来的，但在一定条件下，可以建立它们之间的联系.

设 Γ 是起点为 A，终点为 B 的有向光滑曲线弧，它以弧长 s 为参数的参数方程为

$$\begin{cases} x = x(s) \\ y = y(s) \end{cases},\ 0 \leqslant s \leqslant l$$

起点 A 对应坐标为 $(x(0), y(0))$，终点 B 对应坐标为 $(x(l), y(l))$，曲线弧 Γ 上每一点的切线方向指向弧长增加的方向，现以 α，β 分别表示切线方向与 x，y 轴正方向的夹角，则在切线上每一点处的方向余弦为

$$\cos\alpha = \frac{dx}{ds},\ \cos\beta = \frac{dy}{ds}$$

函数 $P(x, y)$ 与 $Q(x, y)$ 在 Γ 上连续，则

$$\int_{\Gamma} P(x, y)dx + Q(x, y)dy = \int_0^l \{P[x(s), y(s)]\cos\alpha + Q[x(s), y(s)]\cos\beta\}\,ds$$
$$= \int_{\Gamma} [P(x, y)\cos\alpha + Q(x, y)\cos\beta]\,ds$$

由此可见，平面曲线 Γ 上的两类曲线积分之间具有如下关系：

$$\int_{\Gamma} P\,dx + Q\,dy = \int_{\Gamma} (P\cos\alpha + Q\cos\beta)\,ds$$

其中 $\cos\alpha$，$\cos\beta$ 为有向曲线弧 Γ 在点 $M(x, y)$ 处的切向量的方向余弦.

类似地，空间曲线 Γ 上的两类曲线积分之间具有如下关系：

$$\int_{\Gamma} P\,dx + Q\,dy + R\,dz = \int_{\Gamma} (P\cos\alpha + Q\cos\beta + R\cos\gamma)\,ds$$

其中 $\cos\alpha$，$\cos\beta$，$\cos\gamma$ 为有向曲线弧 Γ 在点 $M(x, y, z)$ 处的切向量的方向余弦.

两类曲线积分之间的关系也可用向量的形式表示. 例如，空间曲线 Γ 上的两类曲线积分之间的关系可写成

$$\int_\Gamma \boldsymbol{A}\cdot \mathrm{d}\boldsymbol{r}=\int_\Gamma \boldsymbol{A}\cdot \boldsymbol{\tau}\,\mathrm{d}s=\int_\Gamma \mathrm{Prj}_{\tau}\boldsymbol{A}\,\mathrm{d}s$$

其中，$\boldsymbol{A}=\{P, Q, R\}$，$\boldsymbol{\tau}=\{\cos\alpha, \cos\beta, \cos\gamma\}$ 为有向曲线弧 Γ 在点(x, y, z)处的单位切向量，$\mathrm{d}\boldsymbol{r}=\boldsymbol{\tau}\cdot \mathrm{d}s=\{\mathrm{d}x, \mathrm{d}y, \mathrm{d}z\}$，称为有向曲线元，$\mathrm{Prj}_{\tau}\boldsymbol{A}$ 为向量 $\boldsymbol{A}$ 在向量 $\boldsymbol{\tau}$ 上的投影.

例 11.2.5　将对坐标的曲线积分$\int_L P(x, y)\mathrm{d}x+Q(x, y)\mathrm{d}y$ 化为对弧长的曲线积分，其中 L 是沿上半圆周 $x^2+y^2-2x=0$ $(y\geqslant 0)$ 从 $O(0, 0)$ 到 $B(2, 0)$ 的曲线弧段(见图 11.2.5).

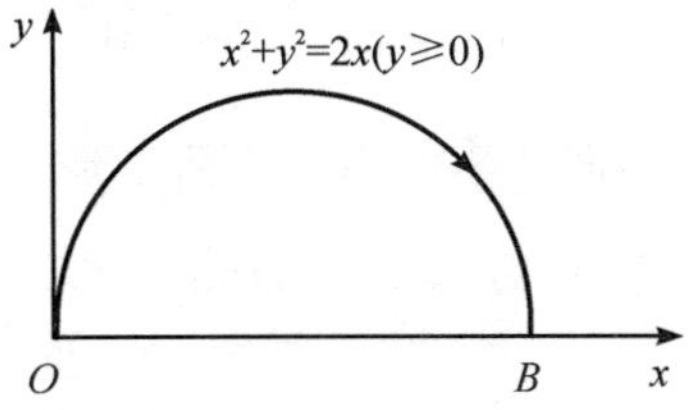

图 11.2.5

解　积分曲线为 L：$y=\sqrt{2x-x^2}$，x：$0\to 2$，则

$$\mathrm{d}y=\frac{1-x}{\sqrt{2x-x^2}}\mathrm{d}x, \quad \mathrm{d}s=\sqrt{1+(y')^2}\,\mathrm{d}x=\frac{1}{\sqrt{2x-x^2}}\mathrm{d}x$$

故切向量的方向余弦为

$$\cos\alpha=\frac{\mathrm{d}x}{\mathrm{d}s}=\sqrt{2x-x^2}, \quad \cos\beta=\frac{\mathrm{d}y}{\mathrm{d}s}=1-x$$

因此

$$\begin{aligned}\int_L P(x, y)\mathrm{d}x+Q(x, y)\mathrm{d}y&=\int_L [P(x, y)\cos\alpha+Q(x, y)\cos\beta]\,\mathrm{d}s\\&=\int_L \left[P(x, y)\sqrt{2x-x^2}+Q(x, y)(1-x)\right]\mathrm{d}s\end{aligned}$$

习题 11.2

1. 设 L 为 xOy 平面上从点 $A(a, 0)$ 到点 $B(b, 0)$的直线，证明

$$\int_L P(x, y)\mathrm{d}s=\int_a^b P(x, 0)\mathrm{d}x$$

2. 计算下列对坐标的曲线积分.

(1) $\oint_L \dfrac{(4x-y)\,\mathrm{d}x+(x+y)\mathrm{d}y}{4x^2+y^2}$，$L$ 为圆周 $x^2+y^2=2$，按逆时针方向；

(2) $\int_L xy^2\mathrm{d}x+(x+y)\mathrm{d}y$，$L$ 为抛物线 $y=x^2$ 上从点$(0, 0)$ 到点$(1, 1)$ 的弧；

(3) $\int_L (2a-y)\,\mathrm{d}x-(a-y)\,\mathrm{d}y$，$L$ 为$\begin{cases}x=a(t-\sin t)\\y=a(1-\cos t)\end{cases}$上从点$O(0, 0)$到点$B(2\pi a, 0)$的弧；

(4) $\int_\Gamma x\,\mathrm{d}x+y\mathrm{d}y+(x+y-1)\,\mathrm{d}z$，$\Gamma$ 为从点 $A(1, 1, 1)$ 到点 $B(2, 3, 4)$ 的直线段

AB；

(5) $\oint_{\Gamma} \mathrm{d}x - \mathrm{d}y + y\mathrm{d}z$，$\Gamma$ 为有向闭折线 $ABCA$，其中 A，B，C 依次为点(1，0，0)，(0，1，0)，(0，0，1)；

(6) $\int_{\Gamma} \sin x\mathrm{d}x + \cos y\mathrm{d}y + xz\mathrm{d}z$，$\Gamma$：$x=t^3$，$y=-t^3$，$z=t$，从点(1，−1，1)到点(0，0，0).

3. 计算下列曲线积分.

(1) $\oint_{\Gamma}(y^2-z^2)\mathrm{d}x+(z^2-x^2)\mathrm{d}y+(x^2-y^2)\mathrm{d}z$，$\Gamma$ 为球面 $x^2+y^2+z^2=R^2$ 在第一卦限部分的边界曲线，方向与球面在第一卦限的外法线方向构成右手系；

(2) $\oint_{L} \dfrac{\mathrm{d}x+\mathrm{d}y}{|x|+|y|}$，其中 L 是以 $A(2,0)$，$B(0,2)$，$C(-2,0)$，$D(0,-2)$ 为顶点的正方向闭曲线.

4. 计算$\int_{L}(x+y)\mathrm{d}x+(y-x)\mathrm{d}y$，其中 L 为：

(1) 从点(1，1)到点(4，2)的直线段；

(2) 抛物线 $x=y^2$ 上从点(1，1)到点(4，2)的一段弧；

(3) 先沿直线从点(1，1)到点(1，2)，再沿直线从点(1，2)到点(4，2)的折线；

(4) 曲线 $x=2t^2+t+1$，$y=t^2+1$ 上从点(1，1)到点(4，2)的一段弧.

5. 计算曲线积分$\oint_{L}(y-x)\mathrm{d}x+(3x+y)\mathrm{d}y$，其中 L 为下列曲线或折线.

(1) $(x-1)^2+(y-4)^2=9$；

(2) 顶点分别为(0，0)，(2，0)，(2，2)和(0，2)的正方形区域的边界.

6. 在力 $\boldsymbol{F}(x,y)=(x-y)\boldsymbol{i}+(x+y)\boldsymbol{j}$ 的作用下，质点沿圆周 $x^2+y^2=1$ 从点(1，0)移动到点(0，1)，求力所做的功.

7. 将对坐标的曲线积分$\int_{L}P(x,y)\mathrm{d}x+Q(x,y)\mathrm{d}y$ 化为对弧长的曲线积分，其中 L 为沿上半圆周 $x^2+y^2=2x$ 上的点 $O(0,0)$ 到点 $B(1,1)$.

11.3 格林公式

11.3.1 格林公式

本节讨论平面区域 D 上二重积分与区域 D 边界曲线 L 上的第二类曲线积分之间的关系.

设 D 为平面区域，若 D 内任一条曲线所围的部分都属于 D，则称 D 为**单连通区域**，否则称 D 为**复连通区域**. 直观地来看，平面单连通区域就是不含有“洞”(包括“点洞”)的区域(见图 11.3.1)，而复连通区域就是含有“洞”(包括“点洞”)的区域(见图 11.3.2).

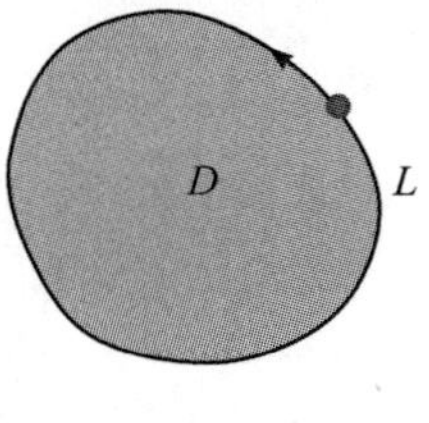

图 11.3.1

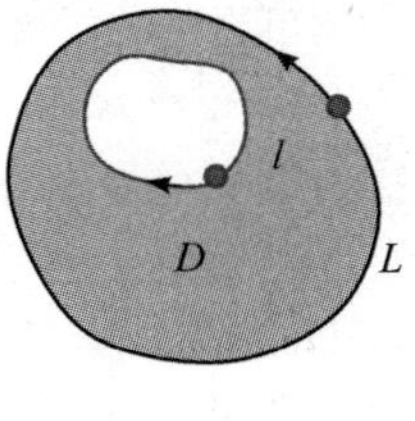

图 11.3.2

对于平面区域 D 的边界曲线 L，规定 L 的正向为：当动点沿曲线 L 运动时，如果区域 D 的内部总在动点左侧，则动点运动方向为边界曲线 L 的正向，反之则为 L 的负向. 由此规定可知，单连通区域边界曲线的正向是逆时针方向(见图 11.3.1)；复连通区域边界曲线的正向为：外边界 L 为逆时针方向，内边界 l 为顺时针方向(见图 11.3.2).

定理 11.3.1 格林(Green)公式　设平面闭区域 D 由分段光滑曲线 L 围成，函数 $P(x, y)$ 及 $Q(x, y)$ 在 D 上具有连续的一阶偏导数，则有

$$\iint_D \left(\frac{\partial Q}{\partial x} - \frac{\partial P}{\partial y}\right) \mathrm{d}x\,\mathrm{d}y = \oint_L P\,\mathrm{d}x + Q\,\mathrm{d}y$$

其中 L 为 D 的边界曲线的正向.

证　根据区域 D 的不同形状，分三种情形来证明：

(1) 若 D 既是 X 型区域，又是 Y 型区域，即穿过 D 的内部且平行于坐标轴的直线与 D 的边界曲线 L 的交点至多为两个(见图 10.3.3).

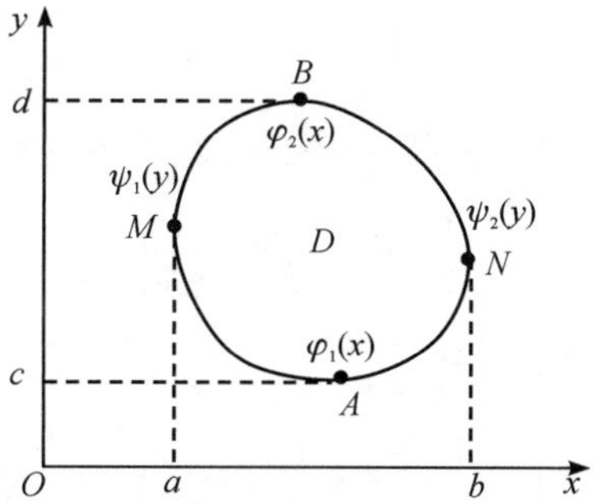

图 11.3.3

若视 D 为 X 型区域，则 D 可表示为

$$D = \{(x, y) \mid \varphi_1(x) \leqslant y \leqslant \varphi_2(x),\ a \leqslant x \leqslant b\}$$

若视 D 为 Y 型区域，则 D 可表示为

$$D = \{(x, y) \mid \psi_1(y) \leqslant x \leqslant \psi_2(y),\ c \leqslant y \leqslant d\}$$

由于 $\dfrac{\partial Q}{\partial x}$ 连续，所以

$$\begin{aligned}
\iint_D \frac{\partial Q}{\partial x}\mathrm{d}x\,\mathrm{d}y &= \int_c^d \mathrm{d}y \int_{\psi_1(y)}^{\psi_2(y)} \frac{\partial Q}{\partial x}\mathrm{d}x \\
&= \int_c^d Q[\psi_2(y), y]\,\mathrm{d}y - \int_c^d Q[\psi_1(y), y]\,\mathrm{d}y \\
&= \int_{\widehat{ANB}} Q(x, y)\,\mathrm{d}y - \int_{\widehat{AMB}} Q(x, y)\,\mathrm{d}y
\end{aligned}$$

$$=\int_{\overset{\frown}{ANB}} Q(x, y)\mathrm{d}y+\int_{\overset{\frown}{BMA}} Q(x, y)\mathrm{d}y$$

$$=\oint_L Q(x, y)\mathrm{d}y$$

同理可得

$$-\iint_D \frac{\partial P}{\partial y}\mathrm{d}x\mathrm{d}y=\oint_L P(x, y)\mathrm{d}x$$

将上述两式相加，有

$$\iint_D\left(\frac{\partial Q}{\partial x}-\frac{\partial P}{\partial y}\right)\mathrm{d}x\mathrm{d}y=\oint_L P\mathrm{d}x+Q\mathrm{d}y$$

(2) 若 D 为一般单连通区域，可通过加辅助线将其分割为有限个 X 型小区域或 Y 型小区域，然后逐块按照第一种情形得到它们的格林公式，并相加即可.

如图 11.3.4 所示，添加辅助线 AB，BC 将 D 分为三部分 D_1，D_2，D_3，则

$$\begin{aligned}\iint_D\left(\frac{\partial Q}{\partial x}-\frac{\partial P}{\partial y}\right)\mathrm{d}x\mathrm{d}y&=\left(\iint_{D_1}+\iint_{D_2}+\iint_{D_3}\right)\left(\frac{\partial Q}{\partial x}-\frac{\partial P}{\partial y}\right)\mathrm{d}x\mathrm{d}y\\&=\left(\oint_{\partial D_1}+\oint_{\partial D_2}+\oint_{\partial D_3}\right)\left(\frac{\partial Q}{\partial x}-\frac{\partial P}{\partial y}\right)\mathrm{d}x\mathrm{d}y\\&=\left(\int_{\overset{\frown}{BA}}+\int_{\overrightarrow{AB}}+\int_{\overset{\frown}{AC}}+\int_{\overrightarrow{CB}}+\int_{\overrightarrow{BA}}+\int_{\overset{\frown}{CB}}+\int_{\overrightarrow{BC}}\right)P\mathrm{d}x+Q\mathrm{d}y\\&=\oint_L P\mathrm{d}x+Q\mathrm{d}y\end{aligned}$$

其中∂D_i 表示 $D_i(i=1, 2, 3)$的正向边界.

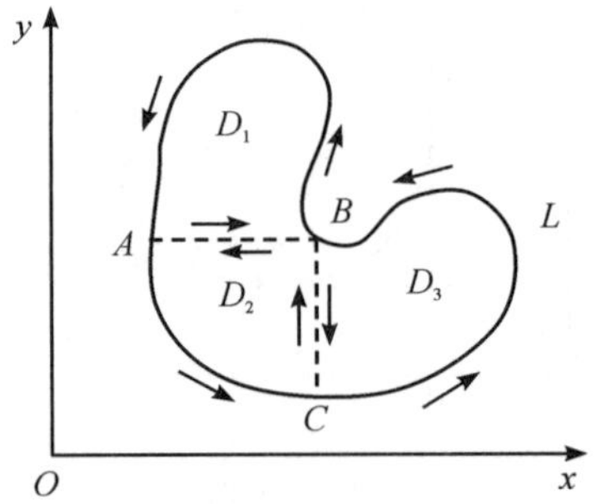

图 11.3.4

(3) 若 D 为复连通区域，可通过添加辅助线段将其转化为第一种情形.

如图 11.3.5 所示，添加辅助线段 AB，EF，若 L_1，L_2，L_3 对 D 均为正方向，则

$$\begin{aligned}\iint_D\left(\frac{\partial Q}{\partial x}-\frac{\partial P}{\partial y}\right)\mathrm{d}x\mathrm{d}y&=\left(\int_{\overrightarrow{AB}}+\int_{L_2}+\int_{\overrightarrow{BA}}+\int_{\overset{\frown}{ACE}}+\int_{\overrightarrow{EF}}+\int_{L_3}+\int_{\overrightarrow{FE}}+\int_{\overset{\frown}{EGA}}\right)P\mathrm{d}x+Q\mathrm{d}y\\&=\left(\int_{L_2}+\int_{L_3}+\int_{\overset{\frown}{ACE}}+\int_{\overset{\frown}{EGA}}\right)P\mathrm{d}x+Q\mathrm{d}y\\&=\left(\int_{L_2}+\int_{L_3}+\int_{L_1}\right)P\mathrm{d}x+Q\mathrm{d}y\\&=\oint_L P\mathrm{d}x+Q\mathrm{d}y\end{aligned}$$

无论区域 D 是单连通区域还是复连通区域，上述定理均成立.

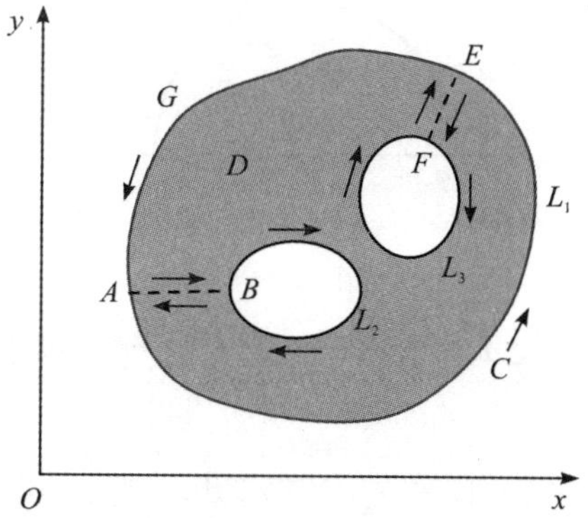

图 11.3.5

若曲线 L 不是封闭的，可以通过补充辅助线将其变为封闭的，且在封闭曲线上满足格林公式条件，然后再减去补的这段线上的曲线积分.

在格林公式中令 $P=-y$，$Q=x$，得区域 D 的面积公式

$$A=\iint_D \mathrm{d}x\mathrm{d}y=\frac{1}{2}\oint_L x\mathrm{d}y-y\mathrm{d}x$$

为了便于记忆，格林公式也可记为

$$\iint_D \begin{vmatrix} \dfrac{\partial}{\partial x} & \dfrac{\partial}{\partial y} \\ P & Q \end{vmatrix} \mathrm{d}x\mathrm{d}y=\oint_L P\mathrm{d}x+Q\mathrm{d}y$$

例 11.3.1　计算$\oint_L(1+y^2)\mathrm{d}x+xy\mathrm{d}y$，其中 L 是由 $y=\sin x$ 及 $y=2\sin x\,(0\leqslant x\leqslant\pi)$ 所围成的正向闭曲线，如图 11.3.6 所示.

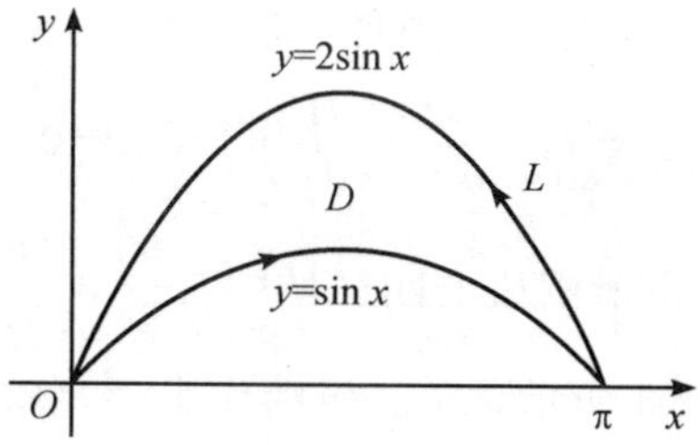

图 11.3.6

解　设由曲线 $y=\sin x$ 及 $y=2\sin x\,(0\leqslant x\leqslant\pi)$ 所围的区域为 D，由格林公式得

$$\oint_L(1+y^2)\mathrm{d}x+xy\mathrm{d}y=\iint_D(y-2y)\mathrm{d}x\mathrm{d}y=-\iint_D y\mathrm{d}x\mathrm{d}y$$

$$=-\int_0^{\pi}\mathrm{d}x\int_{\sin x}^{2\sin x}y\mathrm{d}y=-\frac{3\pi}{4}$$

例 11.3.2　计算$\int_L(x^2-y)\mathrm{d}x+(y^2+x)\mathrm{d}y$，其中 L 为沿上半圆周 $y=\sqrt{a^2-x^2}$ 从 $(a,0)$ 到 $(-a,0)$ 逆时针方向的半圆，如图 11.3.7 所示.

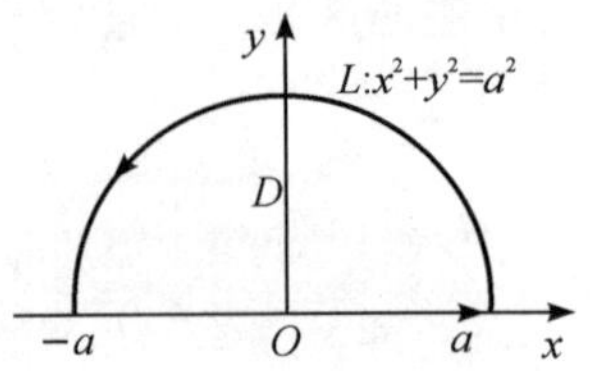

图 11.3.7

解 如图 11.3.7 所示，补充 L_0：$y=0$，x：$-a\to a$，设 L 与 L_0 所围区域为 D，由格林公式知

$$\oint_{L+L_0}(x^2-y)\,dx+(y^2+x)\,dy=2\iint_D dx\,dy=\pi a^2$$

又因为

$$\oint_{L_0}(x^2-y)\,dx+(y^2+x)\,dy=\int_{-a}^{a}x^2\,dx=\frac{2a^3}{3}$$

故有

$$\int_L(x^2-y)\,dx+(y^2+x)\,dy=\left(\oint_{L+L_0}-\oint_{L_0}\right)(x^2-y)\,dx+(y^2+x)\,dy=\pi a^2-\frac{2a^3}{3}$$

例 11.3.3 若 L 为无重点、分段光滑且不经过原点的连续封闭曲线，方向为逆时针. 计算

$$I=\oint_L\frac{x\,dy-y\,dx}{x^2+y^2}$$

解 $P=-\dfrac{y}{x^2+y^2}$，$Q=\dfrac{x}{x^2+y^2}$，若 $x^2+y^2\neq 0$，则

$$\frac{\partial Q}{\partial x}=\frac{y^2-x^2}{y^2+x^2}=\frac{\partial P}{\partial y}$$

(1) 当(0, 0) $\notin D$ 时，满足格林公式条件，有

$$I=\iint_D\left(\frac{\partial Q}{\partial x}-\frac{\partial P}{\partial y}\right)dx\,dy=0$$

(2) 当(0, 0) $\in D$ 时，在 L 所围成的闭区域中，$\dfrac{\partial Q}{\partial x}$，$\dfrac{\partial P}{\partial y}$在点(0, 0)处不连续，故不能直接应用格林公式. 如图 10.3.8 所示，在区域内作半径足够小的圆周 l：$x^2+y^2=r^2$，取逆时针方向，设 L 与 l^- 所围的区域为 D，在区域 D 应用格林公式有

$$\oint_L\frac{x\,dy-y\,dx}{x^2+y^2}-\oint_l\frac{x\,dy-y\,dx}{x^2+y^2}=\oint_{L+l^-}\frac{x\,dy-y\,dx}{x^2+y^2}=\iint_D 0\,dx\,dy=0$$

因此

$$\oint_L\frac{x\,dy-y\,dx}{x^2+y^2}=\oint_l\frac{x\,dy-y\,dx}{x^2+y^2}=\int_0^{2\pi}\frac{r^2\cos^2\theta+r^2\sin^2\theta}{r^2}d\theta=2\pi$$

例 11.3.4 求椭圆区域 D：$\dfrac{x^2}{a^2}+\dfrac{y^2}{b^2}\leqslant 1$ 的面积 A.

解 椭圆区域 D 的边界曲线 L 为：$x=a\cos\theta$，$y=b\sin\theta$，θ：$0\to 2\pi$，则

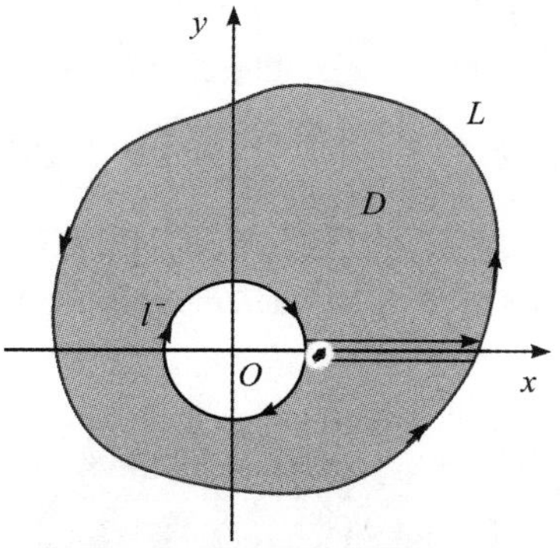

图 11.3.8

$$A=\frac{1}{2}\oint_L x\mathrm{d}y-y\mathrm{d}x=\frac{1}{2}\int_0^{2\pi}[a\cos\theta(b\cos\theta)-b\sin\theta(-a\sin\theta)]\mathrm{d}\theta$$

$$=\frac{1}{2}ab\int_0^{2\pi}\mathrm{d}\theta=\pi ab$$

11.3.2　平面上的曲线积分与路径无关的条件

在上一节计算第二类曲线积分的例题中，我们发现当积分曲线的起点和终点相同时，有些积分与路径有关，有些积分与路径无关.

定义 11.3.1　设 D 为一平面区域，函数 $P(x, y)$ 及 $Q(x, y)$ 在 D 内具有一阶连续的偏导数. 若对 D 内任意两点 A 和 B 以及 D 内从点 A 到点 B 的任意两条曲线 L_1 和 L_2，等式

$$\int_{L_1}P\mathrm{d}x+Q\mathrm{d}y=\int_{L_2}P\mathrm{d}x+Q\mathrm{d}y$$

恒成立，则称曲线积分 $\int_L P\mathrm{d}x+Q\mathrm{d}y$ 在 D 内与路径无关，否则便说与路径有关.

定理 11.3.2　设 D 是平面上的单连通区域，函数 $P(x, y)$，$Q(x, y)$ 在 D 内具有一阶连续的偏导数，则以下四个命题等价：

(1) 沿 D 中任意光滑(或分段光滑)闭曲线 L，有 $\oint_L P\mathrm{d}x+Q\mathrm{d}y=0$.

(2) 曲线积分 $\int_L P\mathrm{d}x+Q\mathrm{d}y$ 与路径无关，只与起点和终点有关.

(3) 在 D 内存在可微函数 $u(x, y)$，使得 $\mathrm{d}u=P\mathrm{d}x+Q\mathrm{d}y$.

(4) 在 D 内每一点都有 $\frac{\partial P}{\partial y}=\frac{\partial Q}{\partial x}$.

证　(1) ⇒ (2). 设 L_1，L_2 为 D 内任意两条由 A 到 B 的有向分段光滑曲线，则由(1)得

$$\int_{L_1}P\mathrm{d}x+Q\mathrm{d}y-\int_{L_2}P\mathrm{d}x+Q\mathrm{d}y=\oint_{L_1+L_2^-}P\mathrm{d}x+Q\mathrm{d}y=0\Rightarrow$$

$$\int_{L_1}P\mathrm{d}x+Q\mathrm{d}y=\int_{L_2}P\mathrm{d}x+Q\mathrm{d}y$$

因此曲线积分与路径无关，即(2) 成立.

(2) ⇒ (3). 在 D 内取定点 $A(x_0, y_0)$ 和任意点 $B(x, y)$，作函数

$$u(x, y)=\int_{(x_0, y_0)}^{(x, y)} P\mathrm{d}x+Q\mathrm{d}y$$

这里积分沿从 $A(x_0, y_0)$ 到 $B(x, y)$的任意路径，因为(2) 成立，曲线积分与路径无关，所以 $u(x, y)$ 是一个函数. 取如图 11.3.9 所示的路径，则

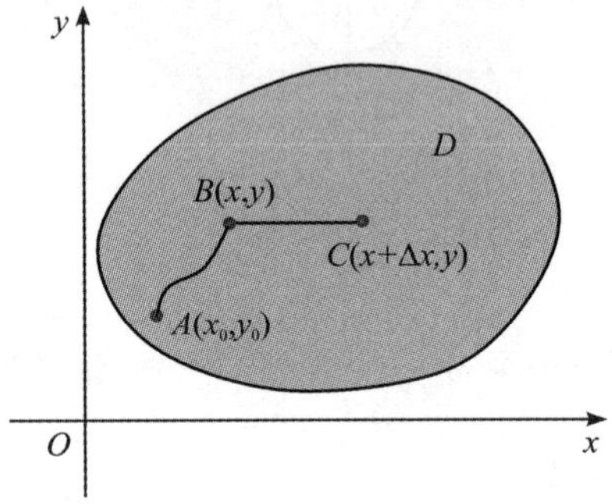

图 11.3.9

$$\frac{\Delta u}{\Delta x}=\frac{u(x+\Delta x, y)-u(x, y)}{\Delta x}=\frac{\int_{(x_0, y_0)}^{(x+\Delta x, y)} P\mathrm{d}x+Q\mathrm{d}y-\int_{(x_0, y_0)}^{(x, y)} P\mathrm{d}x+Q\mathrm{d}y}{\Delta x}$$

$$=\frac{\int_{(x, y)}^{(x+\Delta x, y)} P\mathrm{d}x+Q\mathrm{d}y}{\Delta x}=\frac{\int_{(x, y)}^{(x+\Delta x, y)} P\mathrm{d}x}{\Delta x}=\frac{P(\xi, y)\Delta x}{\Delta x}=P(\xi, y)$$

其中 ξ 介于 x 与 $x+\Delta x$ 之间，这里利用了积分中值定理. 因此

$$\frac{\partial u}{\partial x}=\lim_{\Delta x\to 0}\frac{\Delta u}{\Delta x}=\lim_{\Delta x\to 0}P(\xi, y)=\lim_{\xi\to x}P(\xi, y)=P(x, y)$$

同理可证$\frac{\partial u}{\partial y}=Q(x, y)$，又因为$\frac{\partial u}{\partial x}=P(x, y)$，$\frac{\partial u}{\partial y}=Q(x, y)$在 D 内连续，故 $u(x, y)$可微，且 $\mathrm{d}u=P\mathrm{d}x+Q\mathrm{d}y$.

(3) ⇒ (4). 由于在 D 内存在可微函数 $u(x, y)$，使得 $\mathrm{d}u=P\mathrm{d}x+Q\mathrm{d}y$，故

$$\frac{\partial u}{\partial x}=P(x, y), \frac{\partial u}{\partial y}=Q(x, y)\Rightarrow\frac{\partial P}{\partial y}=\frac{\partial^2 u}{\partial x\partial y}, \frac{\partial Q}{\partial x}=\frac{\partial^2 u}{\partial y\partial x}$$

又已知函数$\frac{\partial P}{\partial y}$，$\frac{\partial Q}{\partial x}$在 D 内连续，所以$\frac{\partial^2 u}{\partial x\partial y}=\frac{\partial^2 u}{\partial y\partial x}$，从而在 D 内每一点都有

$$\frac{\partial P}{\partial y}=\frac{\partial Q}{\partial x}$$

(4) ⇒ (1). 设 L 为 D 内任意一条分段光滑闭曲线，记 L 所围的区域为 D'，由(4)可知在 D'上$\frac{\partial P}{\partial y}=\frac{\partial Q}{\partial x}$，利用格林公式，得

$$\oint_L P\mathrm{d}x+Q\mathrm{d}y=\iint_{D'}\left(\frac{\partial Q}{\partial x}-\frac{\partial P}{\partial y}\right)\mathrm{d}x\mathrm{d}y=0$$

即(1)成立.

根据上述定理，如果在区域 D 内$\dfrac{\partial P}{\partial y}=\dfrac{\partial Q}{\partial x}$，计算曲线积分时，可选择方便的积分路径；

求曲线积分时，可利用格林公式简化计算，若积分路径不是闭曲线，可添加辅助线；

求 $\mathrm{d}u=P\mathrm{d}x+Q\mathrm{d}y$ 在区域 D 内的原函数时，可取定点$(x_0, y_0)\in D$ 及动点$(x, y)\in D$，沿平行于坐标轴的折线为路径作积分. 如图 11.3.10 所示，若选取有向折线段 $\overrightarrow{AB}+\overrightarrow{BC}$ 为积分路径，则原函数为

$$u(x, y)=\int_{(x_0, y_0)}^{(x, y)} P\mathrm{d}x+Q\mathrm{d}y=\int_{x_0}^{x} P(x, y_0)\mathrm{d}x+\int_{y_0}^{y} Q(x, y)\mathrm{d}y$$

若选取有向折线段 $\overrightarrow{AD}+\overrightarrow{DC}$ 为积分路径，则原函数为

$$u(x, y)=\int_{(x_0, y_0)}^{(x, y)} P\mathrm{d}x+Q\mathrm{d}y=\int_{x_0}^{x} P(x, y)\mathrm{d}x+\int_{y_0}^{y} Q(x_0, y)\mathrm{d}y$$

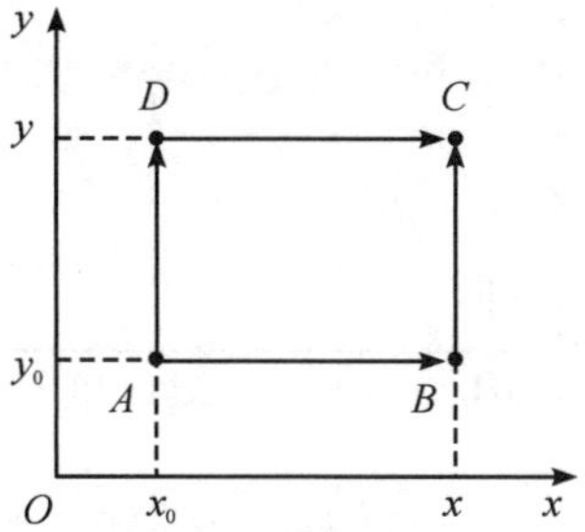

图 11.3.10

例 11.3.5　计算 $\int_L (x^2-y)\mathrm{d}x-(x+\sin^2 y)\mathrm{d}y$，其中 L 为上半圆 $y=\sqrt{2x-x^2}$ 上从点(0, 0) 到点(2, 0) 的一段弧.

解　设 $P=x^2-y$，$Q=-(x+\sin^2 y)$，则

$$\frac{\partial Q}{\partial x}=-1=\frac{\partial P}{\partial y}$$

因此积分与路径无关，如图 11.3.11 所示，选择积分路径为直线段 L_0：$y=0$，x：$0\to 2$，则

$$\int_L (x^2-y)\mathrm{d}x-(x+\sin^2 y)\mathrm{d}y=\int_{L_0} (x^2-y)\mathrm{d}x-(x+\sin^2 y)\mathrm{d}y=\int_0^2 x^2\mathrm{d}x=\frac{8}{3}$$

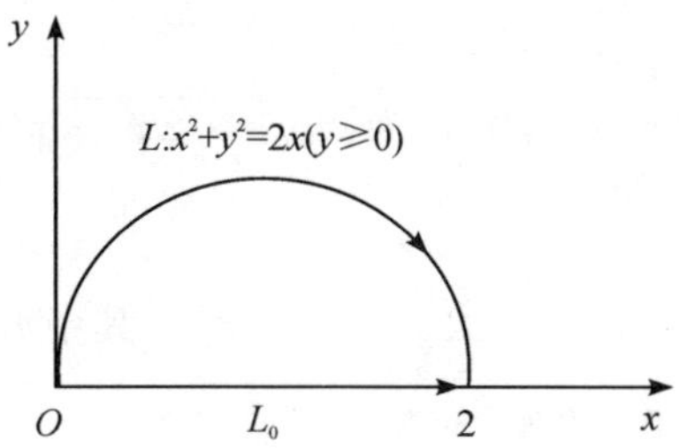

图 11.3.11

例 11.3.6　验证$\dfrac{x\mathrm{d}y-y\mathrm{d}x}{x^2+y^2}$在右半平面内$(x>0)$是某二元函数的全微分，并求此函数.

解 设 $P=\frac{-y}{x^2+y^2}$，$Q=\frac{x}{x^2+y^2}$，则

$$\frac{\partial P}{\partial y}=\frac{y^2-x^2}{(x^2+y^2)^2}=\frac{\partial Q}{\partial x}$$

在右半平面内恒成立，从而在右半平面内 $\frac{x\mathrm{d}y-y\mathrm{d}x}{x^2+y^2}$ 是某个二元函数 $u(x, y)$ 的全微分. 如图 11.3.12 所示，取积分路径为有向折线段 $\overrightarrow{AB}+\overrightarrow{BC}$，有

$$u(x, y)=\int_{(1,0)}^{(x,y)}\frac{x\mathrm{d}y-y\mathrm{d}x}{x^2+y^2}=\int_{\overrightarrow{AB}}\frac{x\mathrm{d}y-y\mathrm{d}x}{x^2+y^2}+\int_{\overrightarrow{BC}}\frac{x\mathrm{d}y-y\mathrm{d}x}{x^2+y^2}$$

$$=0+\int_0^y\frac{x\mathrm{d}y}{x^2+y^2}=\arctan\frac{y}{x}$$

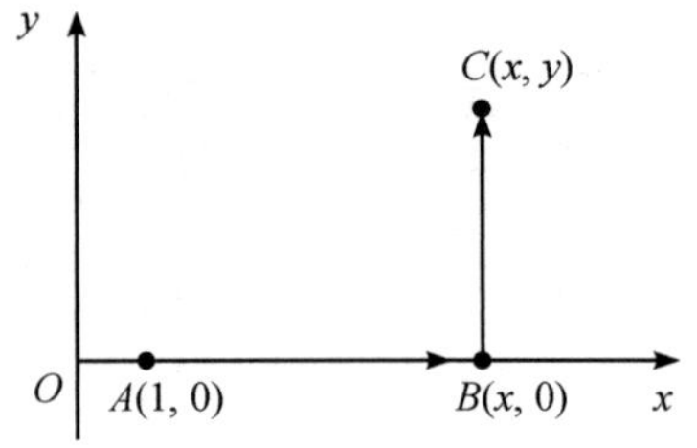

图 11.3.12

习题 11.3

1. 利用格林公式计算下列曲线积分.

(1) $\oint_L (x+y)\mathrm{d}x-(x-y)\mathrm{d}y$，其中 L 为椭圆 $\frac{x^2}{a^2}+\frac{y^2}{b^2}=1$，取正向；

(2) $\oint_L xy(1+y)\mathrm{d}x+(\mathrm{e}^y+x^2y)\mathrm{d}y$，其中 L 是由圆 $x^2+y^2=4$ 与 $x^2+y^2=9$ 所围区域在第一象限的部分，以及 x 轴和 y 轴上的直线段组成的闭曲线，取正向；

(3) $\oint_L (x-y)^2\mathrm{d}x+(x^2+y^2)\mathrm{d}y$，其中 L 以是 $A(4, 0)$，$B(2, 2)$，$C(0, 1)$ 为顶点的三角形边界，取正向；

(4) $\int_L (2x+1)y\mathrm{d}x+x^2\mathrm{d}y$，其中 L 为圆 $y=\sqrt{2x-x^2}$ 上从点 $O(0, 0)$ 到点 $B(1, 1)$ 的弧；

(5) $\int_L (\mathrm{e}^x\sin 2y-y)\mathrm{d}x+(2\mathrm{e}^x\cos 2y-100)\mathrm{d}y$，其中 L 是上半单位圆周 $y=\sqrt{1-x^2}$ 上从点 $A(1, 0)$ 到点 $B(-1, 0)$ 的弧.

2. 利用曲线积分，计算下列曲线所围成图形的面积：

(1) 星形线 $x=a\cos^3 t$，$y=a\sin^3 t$ $(0\leqslant t\leqslant 2\pi)$；

(2) 双纽线 $(x^2+y^2)^2=a^2(x^2-y^2)$.

3. 验证下列曲线积分在使被积函数有定义的单连通区域 D 内与路径无关，并求积分值.

(1) $\int_{(1,0)}^{(2,1)}(2xy-y^4+3)\,dx+(x^2-4xy^3)\,dy$；

(2) $\int_{(1,0)}^{(6,8)}\frac{x\,dx+y\,dy}{\sqrt{x^2+y^2}}$.

4. 计算下列曲线积分.

(1) $\int_L(x+y)dx+(x-y)dy$，其中 L 为从点 $(a,0)$ 沿曲线 $y=\sqrt{a^2-x^2}$ 到点 $(0,a)$ 的弧；

(2) $\int_L(2xy^3-y^3\cos x)\,dx+(1-2y\sin x+3x^2y^2)\,dy$，其中 L 为 $2x=\pi y^2$ 上由点 $(0,0)$ 到点 $\left(\frac{\pi}{2},1\right)$ 的弧；

(3) $\int_L(e^x\sin y-my)\,dx+(e^x\cos y-m)\,dy$，其中 m 为正常数，L 为 $y=\sqrt{ax-x^2}$ 上由点 $(a,0)$ 到点 $(0,a)$ 的弧.

5. 验证下列各式是 xOy 平面内某函数的全微分，并求原函数.

(1) $(2x\cos y+y^2\cos x)\,dx+(2y\sin x-x^2\sin y)\,dy$；

(2) $2xy\,dx+x^2dy$；

(3) $2\sin 2x\sin 3y\,dx-3\cos 3y\cos 2x\,dy$；

(4) $xy^2dx+x^2y\,dy$.

11.4 对面积的曲面积分

11.4.1 对面积的曲面积分的概念与性质

例 11.4.1 设空间中的光滑曲面 Σ，其面密度(单位面积的质量) 为连续函数 $\rho(x,y,z)$，计算曲面 Σ 的质量 M.

解 这个问题本质与前面计算曲线形构件的质量的思想类似，当密度均匀时，即 $\rho(x,y,z)\equiv C$(C 为常数)时，曲面的质量 $M=CS$，其中 S 为曲面的面积；当密度非均匀时，可以采用“分割、近似、求和、取极限”的方法计算(见图 11.4.1).

(1) 分割：将曲面 Σ 分为 n 个小块 ΔS_1，ΔS_2，…，ΔS_n，它们也表示相应小块的面积；

(2) 近似：在第 i 个小块 ΔS_i 上任取一点 (ξ_i,η_i,ζ_i)，用这点处的面密度代替这小块上其他各点处的面密度，则小块的质量为

$$\Delta M_i\approx\rho(\xi_i,\eta_i,\zeta_i)\cdot\Delta S_i$$

(3) 求和：整个物体的质量为

$$M=\sum_{i=1}^{n}\Delta M_i\approx\sum_{i=1}^{n}\rho(\xi_i,\eta_i,\zeta_i)\cdot\Delta S_i$$

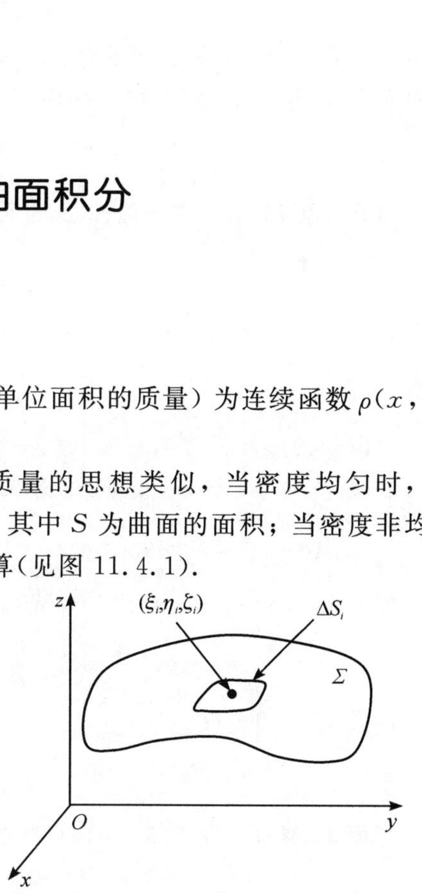

图 11.4.1

(4) **取极限**：用 λ 表示这 n 个小块的最大直径(曲面上任意两点距离的最大者)，取上述和式当 $\lambda\to 0$ 时的极限，便得到整个物体的质量精确值为

$$M=\lim_{\lambda\to 0}\sum_{i=1}^{n}\rho(\xi_i,\ \eta_i,\ \zeta_i)\cdot\Delta S_i$$

撇开上例的物理意义，由此抽象出对面积的曲面积分的定义.

定义 11.4.1 设曲面 Σ 是光滑的(指曲面上各点处都有切平面，且当点在曲面上移动时，切平面的法向量也连续移动)，函数 $f(x,\ y,\ z)$ 在 Σ 上有界. 用一个光滑的曲线网把 Σ 任意分成 n 个小块 ΔS_i(ΔS_i 也表示第 i 个小块的面积)，在 ΔS_i 上任取一点$(\xi_i,\ \eta_i,\ \zeta_i)$，作和

$$\sum_{i=1}^{n}f(\xi_i,\ \eta_i,\ \zeta_i)\cdot\Delta S_i$$

如果当各小块曲面的直径的最大值 $\lambda\to 0$ 时，此和式的极限存在，且与 Σ 的分割方法和点$(\xi_i,\ \eta_i,\ \zeta_i)$的取法无关，则称此极限为函数 $f(x,\ y,\ z)$ 在曲面 Σ 上对**面积的曲面积分**或**第一类曲面积分**，记为 $\iint_{\Sigma}f(x,\ y,\ z)\mathrm{d}S$ 即

$$\iint_{\Sigma}f(x,\ y,\ z)\mathrm{d}S=\lim_{\lambda\to 0}\sum_{i=1}^{n}f(\xi_i,\ \eta_i,\ \zeta_i)\cdot\Delta S_i$$

其中 $f(x,\ y,\ z)$ 称为**被积函数**，Σ 称为**积分曲面**，$\mathrm{d}S$ 称为**面积元素**. 当 $f(x,\ y,\ z)$在光滑曲面 Σ 上连续时，对面积的曲面积分存在. 当 Σ 为封闭曲面时，上述积分记为

$$\oiint_{\Sigma}f(x,\ y,\ z)\mathrm{d}S$$

因此，例 11.4.1 中的曲面 Σ 的质量可以表示为

$$M=\iint_{\Sigma}\rho(x,\ y,\ z)\mathrm{d}S$$

曲面 Σ 的面积可以表示为

$$S=\iint_{\Sigma}\mathrm{d}S$$

对面积的曲面积分与对弧长的曲线积分性质类似.

性质 11.4.1 设 α，β 为任意实数，有

$$\iint_{\Sigma}[\alpha f(x,\ y,\ z)+\beta g(x,\ y,\ z)]\mathrm{d}S=\alpha\iint_{\Sigma}f(x,\ y,\ z)\mathrm{d}S+\beta\iint_{\Sigma}g(x,\ y,\ z)\mathrm{d}S$$

性质 11.4.2 设 Σ 是由分片光滑的曲面 Σ_1 与 Σ_2 组成，则

$$\iint_{\Sigma}f(x,\ y,\ z)\mathrm{d}S=\iint_{\Sigma_1}f(x,\ y,\ z)\mathrm{d}S+\iint_{\Sigma_2}f(x,\ y,\ z)\mathrm{d}S$$

性质 11.4.3 设 $f(x,\ y,\ z)\leqslant g(x,\ y,\ z)$，则

$$\iint_{\Sigma}f(x,\ y,\ z)\mathrm{d}S\leqslant\iint_{\Sigma}g(x,\ y,\ z)\mathrm{d}S$$

性质 11.4.4 设 $f(x,\ y,\ z)$在 Σ 上连续，S 表示曲面 Σ 的面积，则 $\exists(\xi,\ \eta,\ \zeta)\in\Sigma$，使得

$$\iint_{\Sigma}f(x,\ y,\ z)\mathrm{d}S=f(\xi,\ \eta,\ \zeta)S$$

11.4.2 对面积的曲面积分的计算

由对面积的曲面积分与对弧长的曲线积分的定义可以看出，对弧长的曲线积分的计算方法，只要稍作处理，就可以迁移到对面积的曲面积分上来，这里给出如下对面积的曲面积分的计算方法：

定理 11.4.1 设函数 $f(x, y, z)$ 在 Σ 上连续，曲面 Σ 的方程为 $z=z(x, y)$，$(x, y)\in D_{xy}$，D_{xy} 是 Σ 在 xOy 面上的投影区域，且函数 $z(x, y)$ 在 D_{xy} 上具有连续的偏导数，则

$$\iint_{\Sigma} f(x, y, z)\mathrm{d}S=\iint_{D_{xy}} f[x, y, z(x, y)]\sqrt{1+z_x^2(x, y)+z_y^2(x, y)}\,\mathrm{d}\sigma$$

证 如图 11.4.2 所示，设 S 上第 i 小块曲面 ΔS_i（其面积也记作 ΔS_i）在 xOy 面上的投影区域为 $(\Delta\sigma_i)_{xy}$（其面积也记作 $(\Delta\sigma_i)_{xy}$），则

$$\Delta S_i=\iint_{(\Delta\sigma_i)_{xy}} \sqrt{1+z_x^2(x, y)+z_y^2(x, y)}\,\mathrm{d}\sigma$$

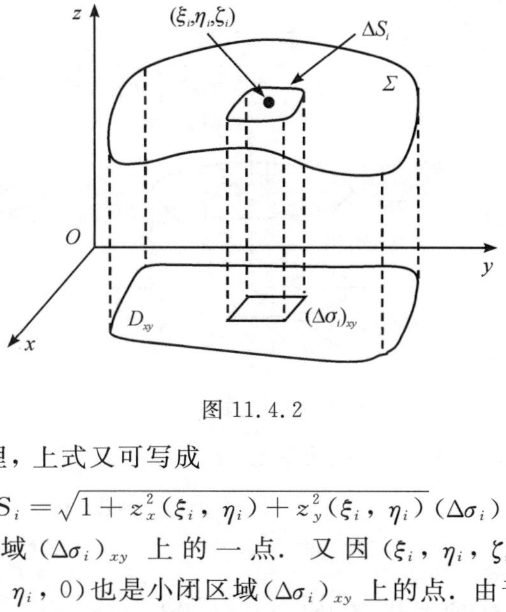

图 11.4.2

利用二重积分的中值定理，上式又可写成

$$\Delta S_i=\sqrt{1+z_x^2(\xi_i, \eta_i)+z_y^2(\xi_i, \eta_i)}\,(\Delta\sigma_i)_{xy}$$

其中 (ξ_i, η_i) 为小闭区域 $(\Delta\sigma_i)_{xy}$ 上的一点. 又因 (ξ_i, η_i, ζ_i) 在曲面 S 上，从而 $\zeta_i=z(\xi_i, \eta_i)$，这里 $(\xi_i, \eta_i, 0)$ 也是小闭区域 $(\Delta\sigma_i)_{xy}$ 上的点. 由于

$$\iint_S f(x, y, z)\mathrm{d}S=\lim_{\lambda\to 0}\sum_{i=1}^{n} f(\xi_i, \eta_i, \zeta_i)\cdot\Delta S_i$$

存在，上式中 ξ_i，η_i 可取为上述中值定理中的 ξ_i，η_i，则

$$\sum_{i=1}^{n} f(\xi_i, \eta_i, \zeta_i)\cdot\Delta S_i=\sum_{i=1}^{n} f[\xi_i, \eta_i, z(\xi_i, \eta_i)]\sqrt{1+z_x^2(x, y)+z_y^2(x, y)}\,(\Delta\sigma_i)$$

又因为函数 $f[x, y, z(x, y)]$ 及 $\sqrt{1+z_x^2(x, y)+z_y^2(x, y)}$ 都在闭区域 $(\Delta\sigma_i)_{xy}$ 上连续，从而

$$\begin{aligned}\iint_S f(x, y, z)\mathrm{d}S&=\lim_{\lambda\to 0}\sum_{i=1}^{n} f[\xi_i, \eta_i, z(\xi_i, \eta_i)]\sqrt{1+z_x^2(\xi_i, \eta_i)+z_y^2(\xi_i, \eta_i)}\,(\Delta\sigma_i)\\&=\iint_{D_{xy}} f[x, y, z(x, y)]\sqrt{1+z_x^2(x, y)+z_y^2(x, y)}\,\mathrm{d}\sigma\end{aligned}$$

从上述定理中可以总结出对面积的曲面积分的计算步骤，即“一投，二代，三变换”.

“一投”是指将 Σ 投影到 xOy 面上，并找出投影区域 D_{xy}；“二代”是指把被积函数中的 z 换为 $z(x, y)$；“三变换”是指把曲面面积元素 $\mathrm{d}S$ 换为 $\sqrt{1+z_x^2+z_y^2}\,\mathrm{d}\sigma$. 经过这三步就把对面积的曲线积分的计算转化为二重积分的计算.

同理，当曲面 Σ 的方程为 $x=x(y, z)$ 时，则

$$\iint_{\Sigma} f(x, y, z)\mathrm{d}S=\iint_{D_{yz}} f[x(y, z), y, z]\sqrt{1+x_y^2(y, z)+x_z^2(y, z)}\,\mathrm{d}\sigma$$

当曲面 Σ 的方程为 $y=y(x, z)$ 时，则

$$\iint_{\Sigma} f(x, y, z)\mathrm{d}S=\iint_{D_{xz}} f[x, y(x, z), z]\sqrt{1+y_x^2(x, z)+y_z^2(x, z)}\,\mathrm{d}\sigma$$

例 11.4.2 计算曲面积分 $\oiint_{\Sigma} z^2\mathrm{d}S$，其中 Σ 是区域 $\{(x, y, z)\,|\,\sqrt{x^2+y^2}\leqslant z\leqslant 1\}$ 的边界曲面.

解 如图 11.4.3 所示，设 Σ_1：$z=\sqrt{x^2+y^2}$，Σ_1 在 xOy 上的投影区域为 $D_{xy}=\{(x, y)\,|\,x^2+y^2\leqslant 1\}$，则

$$\mathrm{d}S=\sqrt{1+z_x^2+z_y^2}\,\mathrm{d}x\mathrm{d}y=\sqrt{1+\frac{x^2}{x^2+y^2}+\frac{y^2}{x^2+y^2}}\,\mathrm{d}x\mathrm{d}y=\sqrt{2}\,\mathrm{d}x\mathrm{d}y$$

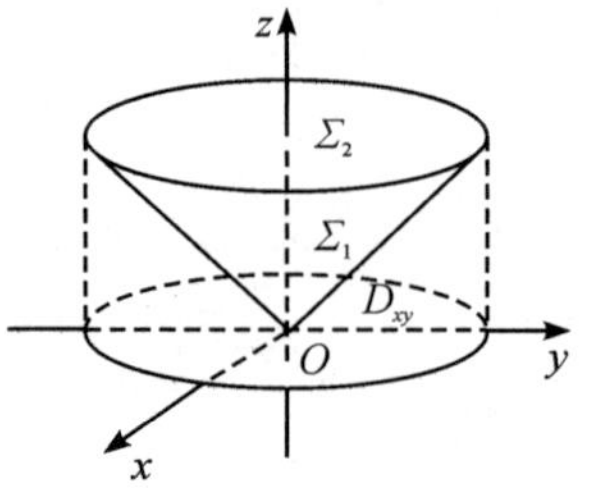

图 11.4.3

另设 Σ_2：$z=1$，Σ_2 在 xOy 上的投影区域为 $D_{xy}=\{(x, y)\,|\,x^2+y^2\leqslant 1\}$，则

$$\mathrm{d}S=\sqrt{1+z_x^2+z_y^2}\,\mathrm{d}x\mathrm{d}y=\mathrm{d}x\mathrm{d}y$$

因此

$$\begin{aligned}\oiint_{\Sigma} z^2\mathrm{d}S&=\iint_{\Sigma_1} z^2\mathrm{d}S+\iint_{\Sigma_2} z^2\mathrm{d}S\\&=\iint_{D_{xy}}(x^2+y^2)\sqrt{2}\,\mathrm{d}x\mathrm{d}y+\iint_{D_{xy}}\mathrm{d}x\mathrm{d}y\\&=\sqrt{2}\int_0^{2\pi}\mathrm{d}\theta\int_0^1 r^3\mathrm{d}r+\int_0^{2\pi}\mathrm{d}\theta\int_0^1 r\,\mathrm{d}r\\&=\frac{(\sqrt{2}+2)\pi}{2}\end{aligned}$$

例 11.4.3 计算曲面积分 $\iint_{\Sigma}(x^2y+z)\mathrm{d}S$，其中 Σ 是上半球面 $z=\sqrt{4-x^2-y^2}$.

解 如图 11.4.4 所示，因为 x^2y 关于 y 是奇函数，Σ 关于 xOz 面对称，所以 $\iint_{\Sigma} x^2y\mathrm{d}S=0$，因此

$$\iint_{\Sigma}(x^2y+z)\,\mathrm{d}S=\iint_{\Sigma}z\,\mathrm{d}S$$

Σ 在 xOy 上的投影区域为 $D_{xy}=\{(x,\ y)\,|\,x^2+y^2\leqslant 4\}$，且

$$\mathrm{d}S=\sqrt{1+z_x^2+z_y^2}\,\mathrm{d}x\,\mathrm{d}y=\frac{2}{\sqrt{4-x^2-y^2}}\mathrm{d}x\,\mathrm{d}y$$

因此

$$\iint_{\Sigma}(x^2y+z)\,\mathrm{d}S=\iint_{D_{xy}}\sqrt{4-x^2-y^2}\cdot\frac{2}{\sqrt{4-x^2-y^2}}\mathrm{d}x\,\mathrm{d}y=2\iint_{D_{xy}}\mathrm{d}x\,\mathrm{d}y=8\pi$$

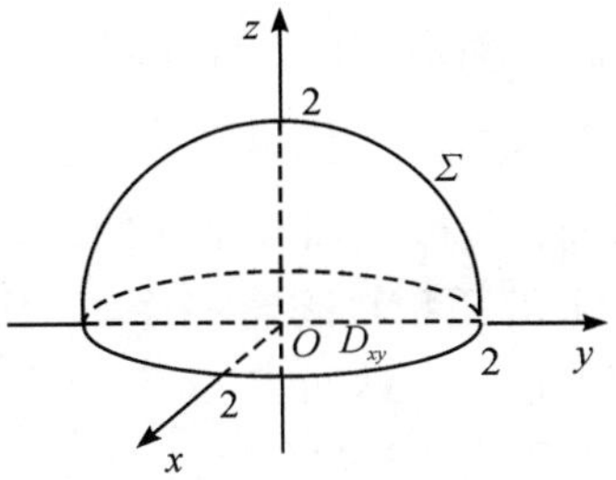

图 11.4.4

例 11.4.4　求圆锥面 $z=\sqrt{x^2+y^2}\,(z\leqslant 1)$的面积.

解　圆锥面在 xOy 上的投影区域为 $D=\{(x,\ y)\,|\,x^2+y^2\leqslant 1\}$，因此面积

$$S=\iint_{D}\sqrt{1+z_x^2+z_y^2}\,\mathrm{d}x\,\mathrm{d}y=\iint_{x^2+y^2\leqslant 1}\sqrt{1+\frac{x^2}{x^2+y^2}+\frac{y^2}{x^2+y^2}}\,\mathrm{d}x\,\mathrm{d}y$$

$$=\sqrt{2}\iint_{x^2+y^2\leqslant 1}\mathrm{d}x\,\mathrm{d}y=\sqrt{2}\,\pi$$

习题 11.4

1. Σ 是 xOy 面内的一个闭区域，面积曲面积分 $\iint_{\Sigma}f(x,\ y,\ z)\mathrm{d}S$ 与二重积分有什么关系？

2. 计算下列对面积的曲面积分.

(1) $\iint_{\Sigma}\frac{\mathrm{d}S}{(1+x+y)^2}$，其中 Σ 为闭区域 $x+y+z\leqslant 1$，$x\geqslant 0$，$y\geqslant 0$，$z\geqslant 0$ 的边界；

(2) $\iint_{\Sigma}(x+y+z)\,\mathrm{d}S$，其中 Σ 为球面 $x^2+y^2+z^2=a^2$ 上 $z\geqslant h\,(0<h<a)$ 的部分；

(3) $\iint_{\Sigma}|xyz|\,\mathrm{d}S$，其中 Σ 为 $x^2+y^2=z^2$ 被平面 $z=1$ 所割后得到的部分；

(4) $\iint_{\Sigma}\left(2x+\frac{4}{3}y+z\right)\mathrm{d}S$，其中 Σ 是平面 $\frac{x}{2}+\frac{y}{3}+\frac{z}{4}=1$ 在第一卦限的部分；

(5) $\iint_{\Sigma}\frac{\mathrm{d}S}{x^2+y^2+z^2}$，其中 Σ 是介于 $z=0$ 和 $z=h$ 之间的圆柱面 $x^2+y^2=R^2$.

3. 求面密度为 $\mu(x,\ y,\ z)=\sqrt{x^2+y^2}$ 的圆锥面 $z=1-\sqrt{x^2+y^2}\,(0\leqslant z\leqslant 1)$ 的质量.

4. 求锥面 $z=\sqrt{x^2+y^2}$ 被柱面 $z^2=2x$ 所截下部分的面积.

5. 求平面 $x+y=1$ 上被坐标面与曲面 $z=xy$ 所截下的在第一卦限部分的面积.

11.5 对坐标的曲面积分

11.5.1 对坐标的曲面积分的概念与性质

对坐标的曲面积分是对有向曲线的积分，类似地，本节所要讨论的对坐标的曲面积分是针对有向曲面定义的. 为了给曲面确定方向，首先要阐明曲面侧的概念.

1. 有向曲面

曲面分为双侧曲面和单侧曲面. 一般曲面都是双侧的，若光滑曲面 Σ 上任意一点 P 处指定了方向的法向量，在曲面 Σ 上沿任意轨迹连续移动(不越过边界)返回 P 点后，法向量的方向不变，则称曲面 Σ 为双侧曲面；若返回 P 点后，法向量的方向相反，则称曲面 Σ 为单侧曲面，莫比乌斯带是典型的单侧曲面(见图 11.5.1). 以后总假设所考虑的曲面是双侧且光滑的曲面.

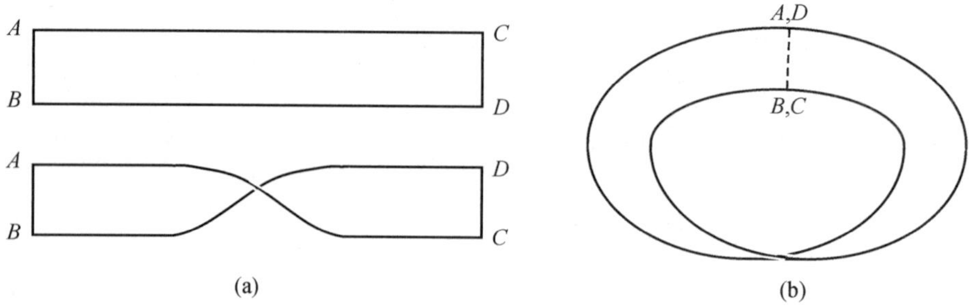

图 11.5.1

用曲面上法向量的指向来表示曲面的侧，并且将曲面的法向量与坐标轴正向的夹角为锐角的一侧规定为正侧，则另一侧为负侧. 对于曲面 Σ，若其方程为 $z=z(x, y)$，$(x, y)\in D_{xy}$，则其上侧为正，下侧为负. 同理可以规定，右侧为正，左侧为负；前侧为正，后侧为负. 特别地，当 Σ 为封闭曲面时，规定其外侧为正，内侧为负. 将取定了侧的曲面称为有向曲面.

设 Σ 是有向曲面，在 Σ 上取一小块曲面 ΔS，$(\Delta\sigma)_{xy}$ 为 ΔS 在 xOy 面上的投影区域的面积. 假定 ΔS 上任一点的法向量与 z 轴夹角 γ 的余弦 $\cos\gamma$ 同号(即 $\cos\gamma$ 皆正或者皆负)，则规定 ΔS 在 xOy 面上的投影 $(\Delta S)_{xy}$ 为

$$(\Delta S)_{xy}=\begin{cases}(\Delta\sigma)_{xy}, & \cos\gamma>0\\ -(\Delta\sigma)_{xy}, & \cos\gamma<0\\ 0, & \cos\gamma=0\end{cases}$$

其中，$\cos\gamma=0$ 即为 $(\Delta\sigma)_{xy}=0$ 的情形. $(\Delta S)_{xy}$ 实质上就是将投影区域的面积附以一定的符号.

类似地，可以定义 ΔS 在 yOz 面和 zOx 面上的投影分别为

$$(\Delta S)_{yz}=\begin{cases}(\Delta\sigma)_{yz}, & \cos\alpha>0\\ -(\Delta\sigma)_{yz}, & \cos\alpha<0,\\ 0, & \cos\alpha=0\end{cases}\qquad (\Delta S)_{zx}=\begin{cases}(\Delta\sigma)_{zx}, & \cos\beta>0\\ -(\Delta\sigma)_{zx}, & \cos\beta<0\\ 0, & \cos\beta=0\end{cases}$$

其中 α，β 分别为法向量与 x 轴和 y 轴正向的夹角.

2. 对坐标的曲面积分

例 11.5.1　设不可压缩流体(假设密度为 1)的流速与时间无关，只与点的位置有关，且在点(x, y, z)处的流速为

$$\boldsymbol{v}(x, y, z)=P(x, y, z)\boldsymbol{i}+Q(x, y, z)\boldsymbol{j}+R(x, y, z)\boldsymbol{k}$$

Σ 为一双侧有向曲面，函数 $P(x, y, z)$、$Q(x, y, z)$、$R(x, y, z)$都在 Σ 上连续. 求单位时间内流向 Σ 指定侧的流体的质量，即流量 Φ.

解　显然，当流体的流速为常向量 $\boldsymbol{v}$，且曲面 Σ 为平面时(其面积记为 A)，设平面 Σ 的单位法向量为 $\boldsymbol{n}$，则在单位时间内流过这一闭区域的流体组成底面积为 A，斜高为$|\boldsymbol{v}|$的斜柱体(见图 11.5.2).

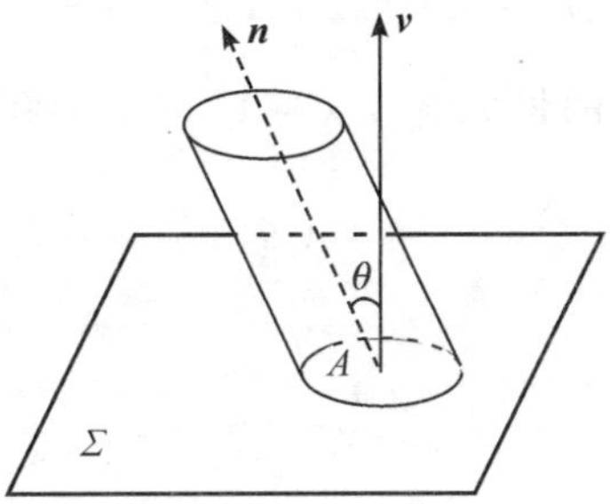

图 11.5.2

当$(\widehat{\boldsymbol{n}, \boldsymbol{v}})=\theta<\dfrac{\pi}{2}$时，这一斜柱体的体积为

$$A|\boldsymbol{v}|\cdot\cos\theta=A\boldsymbol{v}\cdot\boldsymbol{n}$$

这就是通过闭区域 Σ 流向 $\boldsymbol{n}$ 所指一侧的流量 Φ；

当$(\widehat{\boldsymbol{n}, \boldsymbol{v}})=\theta=\dfrac{\pi}{2}$时，显然 $\Phi=A\boldsymbol{v}\cdot\boldsymbol{n}=0$；

当$(\widehat{\boldsymbol{n}, \boldsymbol{v}})=\theta>\dfrac{\pi}{2}$时，$A\boldsymbol{v}\cdot\boldsymbol{n}<0$，此时流体实际上流向$-\boldsymbol{n}$ 所指一侧，且流向$-\boldsymbol{n}$ 所指一侧的流量为$-A\boldsymbol{v}\cdot\boldsymbol{n}$.

因此，无论$(\widehat{\boldsymbol{n}, \boldsymbol{v}})$为何值，流体通过闭区域 Σ 流向 $\boldsymbol{n}$ 所指一侧的流量 Φ 均为 $A\boldsymbol{v}\cdot\boldsymbol{n}$.

如果曲面 Σ 不是平面，流速 $\boldsymbol{v}$ 不是常向量，即随(x, y, z)而变化，此时采用“分割、近似、求和、取极限”的思想计算.

(1) **分割**：将 Σ 划分为 n 个小块 $\Delta S_i\ (i=1, 2, \cdots, n)$($\Delta S_i$ 也表示第 i 个小块的面积)；

(2) **近似**：当 Σ 光滑和 $\boldsymbol{v}$ 连续时，若 ΔS_i 的直径很小，则用 ΔS_i 上任一点(ξ_i, η_i, ζ_i)处的流速

$$\boldsymbol{v}_i(\xi_i, \eta_i, \zeta_i)=P(\xi_i, \eta_i, \zeta_i)\boldsymbol{i}+Q(\xi_i, \eta_i, \zeta_i)\boldsymbol{j}+R(\xi_i, \eta_i, \zeta_i)\boldsymbol{k}$$

代替 ΔS_i 上其他各点处的流速，以该点处曲面 Σ 的单位法向量

$$\boldsymbol{n}_i(\xi_i, \eta_i, \zeta_i)=\cos\alpha_i\boldsymbol{i}+\cos\beta_i\boldsymbol{j}+\cos\gamma_i\boldsymbol{k}$$

代替 ΔS_i 上其他各点处的单位法向量(见图 11.5.3). 从而流体流向 ΔS_i 指定侧的流量的近似值为

$$\Delta\Phi_i \approx \boldsymbol{v}_i \cdot \boldsymbol{n}_i \Delta S_i \quad (i=1, 2, \cdots, n)$$

(3) 求和：流体流向 Σ 指定侧的流量为

$$\begin{aligned}\Phi &= \sum_{i=1}^{n}\Delta\Phi_i \approx \sum_{i=1}^{n}\boldsymbol{v}_i \cdot \boldsymbol{n}_i\Delta S_i \\ &= \sum_{i=1}^{n}[P(\xi_i, \eta_i, \zeta_i)\cos\alpha_i+Q(\xi_i, \eta_i, \zeta_i)\cos\beta_i+R(\xi_i, \eta_i, \zeta_i)\cos\gamma_i]\Delta S_i\end{aligned}$$

又因为

$$\cos\alpha_i \cdot \Delta S_i \approx (\Delta S_i)_{yz},\ \cos\beta_i \cdot \Delta S_i \approx (\Delta S_i)_{zx},\ \cos\gamma_i \cdot \Delta S_i \approx (\Delta S_i)_{xy}$$

所以

$$\Phi \approx \sum_{i=1}^{n}[P(\xi_i, \eta_i, \zeta_i)(\Delta S_i)_{yz}+Q(\xi_i, \eta_i, \zeta_i)(\Delta S_i)_{zx}+R(\xi_i, \eta_i, \zeta_i)(\Delta S_i)_{xy}]$$

(4) 取极限：令各小块曲面的最大直径 $\lambda\to0$，取上述和式的极限便得流量 Φ 的精确值

$$\Phi=\lim_{\lambda\to0}\sum_{i=1}^{n}[P(\xi_i, \eta_i, \zeta_i)(\Delta S_i)_{yz}+Q(\xi_i, \eta_i, \zeta_i)(\Delta S_i)_{zx}+R(\xi_i, \eta_i, \zeta_i)(\Delta S_i)_{xy}]$$

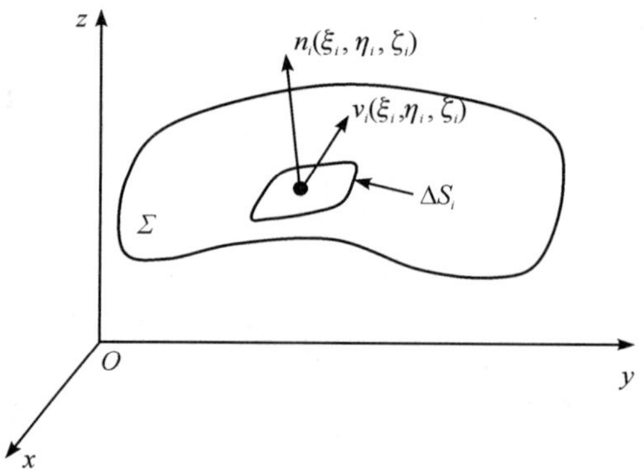

图 11.5.3

上面这种与曲面的侧有关的和式极限就是本节要介绍的第二类曲面积分.

定义 11.5.1 设 Σ 为光滑的有向曲面，函数 $R(x, y, z)$在 Σ 上有界，把 Σ 任意分成 n 块小曲面 ΔS_i(其面积也记作 ΔS_i)，ΔS_i 在 xOy 面上的投影为$(\Delta S)_{xy}$，(ξ_i, η_i, ζ_i) 为 ΔS_i 上的任意一点，λ 为各小块曲面的最大直径，若

$$\lim_{\lambda\to0}\sum_{i=1}^{n}R(\xi_i, \eta_i, \zeta_i)(\Delta S_i)_{xy}$$

存在，称其为函数 $R(x, y, z)$在有向曲面 Σ 上**对坐标 x，y 的曲面积分**或**第二类曲面积分**，记作

$$\iint_{\Sigma}R(x, y, z)\mathrm{d}x\mathrm{d}y$$

即

$$\iint_{\Sigma} R(x, y, z)\mathrm{d}x\mathrm{d}y = \lim_{\lambda \to 0} \sum_{i=1}^{n} R(\xi_i, \eta_i, \zeta_i)(\Delta S_i)_{xy}$$

其中 $R(x, y, z)$ 称为**被积函数**，Σ 称为**积分曲面**.

类似地，可以定义函数 $P(x, y, z)$ 在曲面 Σ 上的对坐标 y，z 的曲面积分为

$$\iint_{\Sigma} P(x, y, z)\mathrm{d}y\mathrm{d}z = \lim_{\lambda \to 0} \sum_{i=1}^{n} P(\xi_i, \eta_i, \zeta_i)(\Delta S_i)_{yz}$$

函数 $Q(x, y, z)$ 在曲面 Σ 上的对坐标 z，x 的曲面积分为

$$\iint_{\Sigma} Q(x, y, z)\mathrm{d}z\mathrm{d}x = \lim_{\lambda \to 0} \sum_{i=1}^{n} Q(\xi_i, \eta_i, \zeta_i)(\Delta S_i)_{zx}$$

以上三个曲面积分也称为第二类曲面积分. 有时会使用合并形式，即将上述三式左侧合并为

$$\iint_{\Sigma} P\mathrm{d}y\mathrm{d}z + \iint_{\Sigma} Q\mathrm{d}z\mathrm{d}x + \iint_{\Sigma} R\mathrm{d}x\mathrm{d}y$$

为简便起见，上述形式常写成

$$\iint_{\Sigma} P\mathrm{d}y\mathrm{d}z + Q\mathrm{d}z\mathrm{d}x + R\mathrm{d}x\mathrm{d}y$$

若令

$$\mathrm{d}\boldsymbol{S} = \boldsymbol{n}\mathrm{d}S = \{\mathrm{d}y\mathrm{d}z, \mathrm{d}z\mathrm{d}x, \mathrm{d}x\mathrm{d}y\}, \boldsymbol{A} = \{P(x, y, z), Q(x, y, z), R(x, y, z)\}$$

则对坐标的曲面积分也常写成如下向量形式

$$\iint_{\Sigma} P\mathrm{d}y\mathrm{d}z + Q\mathrm{d}z\mathrm{d}x + R\mathrm{d}x\mathrm{d}y = \iint_{\Sigma} \boldsymbol{A} \cdot \boldsymbol{n}\mathrm{d}S = \iint_{\Sigma} \boldsymbol{A} \cdot \mathrm{d}\boldsymbol{S}$$

例 11.5.1 中流向 Σ 指定侧的流量 Φ 可表示为 $\Phi = \iint_{\Sigma} P\mathrm{d}y\mathrm{d}z + Q\mathrm{d}z\mathrm{d}x + R\mathrm{d}x\mathrm{d}y$.

当 $P(x, y, z)$，$Q(x, y, z)$，$R(x, y, z)$ 在光滑有向曲面 Σ 上连续时，对坐标的曲面积分必存在.

虽然二重积分 $\iint_{D} f(x, y)\mathrm{d}x\mathrm{d}y$ 与曲面积分 $\iint_{D} R(x, y, z)\mathrm{d}x\mathrm{d}y$ 记号相似，但其中的 $\mathrm{d}x\mathrm{d}y$ 的意义不同，二重积分中的 $\mathrm{d}x\mathrm{d}y$ 为区域 D 中的面积，恒为正，而曲面积分中的 $\mathrm{d}x\mathrm{d}y$ 为 Σ 中的面积元素在 xOy 面上的有向投影，有正有负.

对坐标的曲面积分与对坐标的曲线积分具有相似的性质，如下所述：

性质 11.5.1　设 Σ 为有向曲面，Σ^- 表示与 Σ 相反一侧的有向曲面，则

$$\iint_{\Sigma^-} P\mathrm{d}y\mathrm{d}z + Q\mathrm{d}z\mathrm{d}x + R\mathrm{d}x\mathrm{d}y = -\iint_{\Sigma} P\mathrm{d}y\mathrm{d}z + Q\mathrm{d}z\mathrm{d}x + R\mathrm{d}x\mathrm{d}y$$

性质 11.5.2　对任意实数 α，β，有

$$\begin{aligned}&\iint_{\Sigma} (\alpha P_1 + \beta P_2)\mathrm{d}y\mathrm{d}z + (\alpha Q_1 + \beta Q_2)\mathrm{d}z\mathrm{d}x + (\alpha R_1 + \beta R_2)\mathrm{d}x\mathrm{d}y \\ &= \alpha \iint_{\Sigma} P_1\mathrm{d}y\mathrm{d}z + Q_1\mathrm{d}z\mathrm{d}x + R_1\mathrm{d}x\mathrm{d}y + \beta \iint_{\Sigma} P_2\mathrm{d}y\mathrm{d}z + Q_2\mathrm{d}z\mathrm{d}x + R_2\mathrm{d}x\mathrm{d}y\end{aligned}$$

性质 11.5.3　设有向曲面 Σ 分成了两片 Σ_1 和 Σ_2，则

$$\begin{aligned}&\iint_{\Sigma} P\mathrm{d}y\mathrm{d}z + Q\mathrm{d}z\mathrm{d}x + R\mathrm{d}x\mathrm{d}y \\ &= \iint_{\Sigma_1} P\mathrm{d}y\mathrm{d}z + Q\mathrm{d}z\mathrm{d}x + R\mathrm{d}x\mathrm{d}y + \iint_{\Sigma_2} P\mathrm{d}y\mathrm{d}z + Q\mathrm{d}z\mathrm{d}x + R\mathrm{d}x\mathrm{d}y\end{aligned}$$

11.5.2 对坐标的曲面积分的计算

定理 11.5.1 有向光滑曲面 Σ 的方程为 $z=z(x, y)$，$(x, y)\in D_{xy}$. D_{xy} 为 Σ 在 xOy 面上的投影区域，函数 $R(x, y, z)$ 在 Σ 上连续，则

$$\iint_{\Sigma}R(x, y, z)\mathrm{d}x\mathrm{d}y=\pm\iint_{D_{xy}}R[x, y, z(x, y)]\mathrm{d}x\mathrm{d}y$$

当曲面方向为上侧时，等号右端取“+”号，当曲面方向为下侧时，等号右端取“−”号.

证 设 λ 是对曲面 S 分割后各小曲面中的最大直径，由于

$$\iint_{\Sigma}R(x, y, z)\mathrm{d}x\mathrm{d}y=\lim_{\lambda\to 0}\sum_{i=1}^{n}R(\xi_i, \eta_i, \zeta_i)(\Delta S_i)_{xy}$$

若曲面方向取上侧，则 $\cos\gamma>0$，$(\Delta S_i)_{xy}=(\Delta\sigma_i)_{xy}$，而 (ξ_i, η_i, ζ_i) 在曲面上，$\zeta_i=z(\xi_i, \eta_i)$，则

$$\sum_{i=1}^{n}R(\xi_i, \eta_i, \zeta_i)(\Delta S_i)_{xy}=\sum_{i=1}^{n}R[\xi_i, \eta_i, z(\xi_i, \eta_i)](\Delta\sigma_i)_{xy}$$

令 $\lambda\to 0$，上式两端取极限，则有

$$\iint_{\Sigma}R(x, y, z)\mathrm{d}x\mathrm{d}y=\iint_{D_{xy}}R[x, y, z(x, y)]\mathrm{d}x\mathrm{d}y$$

若曲面方向取下侧，由于 $\cos\gamma<0$，$(\Delta S_i)_{xy}=-(\Delta\sigma_i)_{xy}$，同理可得

$$\iint_{\Sigma}R(x, y, z)\mathrm{d}x\mathrm{d}y=-\iint_{D_{xy}}R[x, y, z(x, y)]\mathrm{d}x\mathrm{d}y$$

从上面的定理可以看出计算第二类曲面积分 $\iint_{\Sigma}R(x, y, z)\mathrm{d}x\mathrm{d}y$ 应按照“一投，二代，三定号”的步骤进行. “一投”，即将积分曲面 Σ 投向指定的 xOy 坐标面上，投影区域为 D_{xy}；“二代”，即将 Σ 的方程 $z=z(x, y)$ 代入被积函数 $R(x, y, z)$ 中，将被积函数变为 $R[x, y, z(x, y)]$；“三定号”，即依据 Σ 所取的侧，确定二重积分前面所要取的“+”或“−”，其中“+”号对应于 Σ 的上侧，“−”号对应于 Σ 的下侧. 最后计算在投影区域 D_{xy} 上的二重积分即可.

若积分曲面与某坐标面垂直，则关于该坐标面的曲面积分为零.

类似地，若曲面 Σ 的方程为 $x=x(y, z)$，$(y, z)\in D_{yz}$，则有

$$\iint_{\Sigma}P(x, y, z)\mathrm{d}y\mathrm{d}z=\pm\iint_{D_{yz}}P[x(y, z), y, z]\mathrm{d}y\mathrm{d}z$$

其中，曲面取前侧对应“+”号，曲面取后侧对应“−”号.

若曲面 Σ 的方程为 $y=y(x, z)$，$(x, z)\in D_{xz}$，则有

$$\iint_{\Sigma}Q(x, y, z)\mathrm{d}x\mathrm{d}z=\pm\iint_{D_{xz}}Q[x, y(x, z), z]\mathrm{d}x\mathrm{d}z$$

其中，曲面取右侧对应“+”号，曲面取左侧对应“−”号.

例 11.5.2 已知曲面 Σ：$x^2+y^2+z^2=1(z\geqslant 0)$，取上侧. 计算 $\iint_{\Sigma}(x^2+y^2+z)\mathrm{d}x\mathrm{d}y$.

解 如图 11.5.4 所示，积分曲面可表示为

$$\Sigma：z=\sqrt{1-x^2-y^2}，(x, y)\in D_{xy}$$

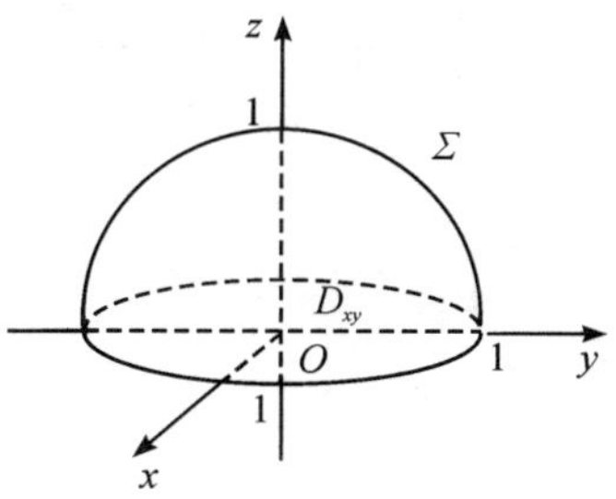

图 11.5.4

其中 $D_{xy}=\{(x,\ y)\mid x^2+y^2\leqslant 1\}$，取上侧，因此

$$\iint_{\Sigma}(x^2+y^2+z)\,\mathrm{d}x\mathrm{d}y=\iint_{D_{xy}}(x^2+y^2+\sqrt{1-x^2-y^2})\,\mathrm{d}x\mathrm{d}y$$

$$=\int_0^{2\pi}\mathrm{d}\theta\int_0^1(\rho^2+\sqrt{1-\rho^2})\,\rho\mathrm{d}\rho=\frac{7\pi}{6}$$

例 11.5.3　Σ 是由平面 $x=0$，$y=0$，$z=0$，$x+y+z=1$ 所围成的空间区域的整个边界的外侧. 计算 $\oiint_{\Sigma}xy\mathrm{d}y\mathrm{d}z+yz\mathrm{d}z\mathrm{d}x+xz\mathrm{d}x\mathrm{d}y$.

解　如图 11.5.5 所示，将 Σ 分为四个部分，分别为 Σ_1：$x=0$，取后侧；Σ_2：$y=0$，取左侧；Σ_3：$z=0$，取下侧；Σ_4：$x+y+z=1$，取上侧，则

$$\oiint_{\Sigma}xy\mathrm{d}y\mathrm{d}z+yz\mathrm{d}z\mathrm{d}x+xz\mathrm{d}x\mathrm{d}y$$

$$=\left(\iint_{\Sigma_1}+\iint_{\Sigma_2}+\iint_{\Sigma_3}+\iint_{\Sigma_4}\right)xy\mathrm{d}y\mathrm{d}z+yz\mathrm{d}z\mathrm{d}x+xz\mathrm{d}x\mathrm{d}y$$

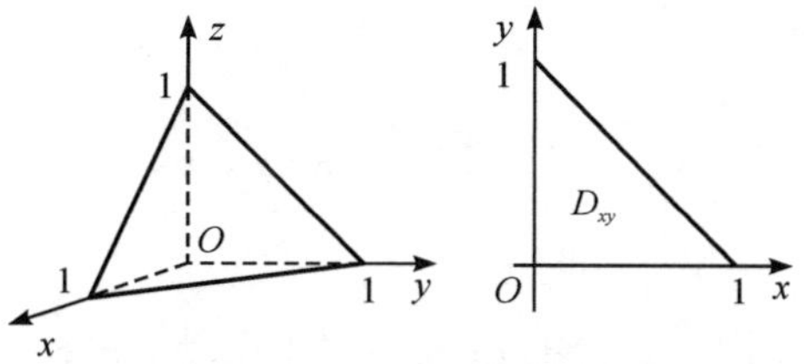

图 11.5.5

在 Σ_1 上，因为 Σ_1 垂直于 xOy 坐标面和 xOz 坐标面，故 $\iint_{\Sigma_1}xz\mathrm{d}x\mathrm{d}y+yz\mathrm{d}z\mathrm{d}x=0$，又因为 Σ_1 的方程为 $x=0$，故 $\iint_{\Sigma_1}xy\mathrm{d}y\mathrm{d}z=0$，因此

$$\iint_{\Sigma_1}xy\mathrm{d}y\mathrm{d}z+yz\mathrm{d}z\mathrm{d}x+xz\mathrm{d}x\mathrm{d}y=0$$

同理，在 Σ_2、Σ_3 上

$$\iint_{\Sigma_2}xy\mathrm{d}y\mathrm{d}z+yz\mathrm{d}z\mathrm{d}x+xz\mathrm{d}x\mathrm{d}y=0$$

$$\iint_{\Sigma_3}xy\mathrm{d}y\mathrm{d}z+yz\mathrm{d}z\mathrm{d}x+xz\mathrm{d}x\mathrm{d}y=0$$

在 Σ_4 上有

$$\iint_{\Sigma_4} xz\mathrm{d}x\mathrm{d}y = \iint_{D_{xy}} x(1-x-y)\mathrm{d}x\mathrm{d}y = \int_0^1 \mathrm{d}x\int_0^{1-x} x(1-x-y)\mathrm{d}y = \frac{1}{24}$$

同理可得

$$\iint_{\Sigma_4} xy\mathrm{d}y\mathrm{d}z = \frac{1}{24},\ \iint_{\Sigma_4} yz\mathrm{d}z\mathrm{d}x = \frac{1}{24}$$

$$\Rightarrow \iint_{\Sigma_4} xz\mathrm{d}x\mathrm{d}y + xy\mathrm{d}y\mathrm{d}z + yz\mathrm{d}z\mathrm{d}x = \frac{1}{8}$$

$$\Rightarrow \oiint_{\Sigma} xz\mathrm{d}x\mathrm{d}y + xy\mathrm{d}y\mathrm{d}z + yz\mathrm{d}z\mathrm{d}x = 0+0+0+\frac{1}{8} = \frac{1}{8}$$

11.5.3 两类曲面积分之间的关系

设有向曲面 Σ：$z=z(x,y)$ 在 xOy 面上的投影区域为 D_{xy}，函数 $z=z(x,y)$ 在 D_{xy} 上具有一阶连续的偏导数，$R(x,y,z)$ 在 Σ 上连续，则由对坐标的曲面积分计算公式有

$$\iint_{\Sigma} R(x,y,z)\mathrm{d}x\mathrm{d}y = \pm\iint_{D_{xy}} R[x,y,z(x,y)]\mathrm{d}x\mathrm{d}y$$

其中"+"对应曲面的上侧($\cos\gamma>0$)，"−"对应曲面的下侧($\cos\gamma<0$). 又因为

$$\cos\alpha = \frac{\mp z_x}{\sqrt{1+z_x^2+z_y^2}},\ \cos\beta = \frac{\mp z_y}{\sqrt{1+z_x^2+z_y^2}},\ \cos\gamma = \frac{\pm 1}{\sqrt{1+z_x^2+z_y^2}}$$

所以

$$\begin{aligned}\iint_{\Sigma} R(x,y,z)\cos\gamma\mathrm{d}S &= \iint_{D_{xy}} R[x,y,z(z,y)]\cos\gamma\sqrt{1+z_y^2+z_x^2}\mathrm{d}x\mathrm{d}y \\ &= \pm\iint_{D_{xy}} R[x,y,z(x,y)]\mathrm{d}x\mathrm{d}y\end{aligned}$$

因此

$$\iint_{\Sigma} R(x,y,z)\mathrm{d}x\mathrm{d}y = \iint_{\Sigma} R(x,y,z)\cos\gamma\mathrm{d}S$$

类似地，有

$$\iint_{\Sigma} P(x,y,z)\mathrm{d}y\mathrm{d}z = \iint_{\Sigma} P(x,y,z)\cos\alpha\mathrm{d}S$$

$$\iint_{\Sigma} Q(x,y,z)\mathrm{d}z\mathrm{d}x = \iint_{\Sigma} Q(x,y,z)\cos\beta\mathrm{d}S$$

合并以上三式，得

$$\iint_{\Sigma} P\mathrm{d}y\mathrm{d}z + Q\mathrm{d}z\mathrm{d}x + R\mathrm{d}x\mathrm{d}y = \iint_{\Sigma}(P\cos\alpha + Q\cos\beta + R\cos\gamma)\mathrm{d}S$$

其中 $\cos\alpha$，$\cos\beta$，$\cos\gamma$ 是有向曲面 Σ 在点 (x,y,z) 处的法向量的方向余弦.

例 11.5.4 将对坐标的曲面积分

$$\iint_{\Sigma} P\mathrm{d}y\mathrm{d}z + Q\mathrm{d}z\mathrm{d}x + R\mathrm{d}x\mathrm{d}y$$

转化成对面积的曲面积分，其中 Σ 是平面 $2x+3y+2\sqrt{3}z=1$ 在第一卦限部分的下侧.

解 Σ 的法向量为 $\{2,3,2\sqrt{3}\}$，故 Σ 的法向量的方向余弦分别为

$$\cos\alpha = -\frac{2}{5},\ \cos\beta = -\frac{3}{5},\ \cos\gamma = -\frac{2\sqrt{3}}{5}$$

因此

$$\iint_{\Sigma} P\,dy\,dz + Q\,dz\,dx + R\,dx\,dy = \iint_{\Sigma}\left(-\frac{2}{5}P - \frac{3}{5}Q - \frac{2\sqrt{3}}{5}R\right)dS$$

习题 11.5

1. 当 Σ 是 xOy 面内的一个闭区域时，曲面积分 $\iint_{\Sigma} R(x, y, z)\,dx\,dy$ 与二重积分有什么关系？

2. 计算下列对坐标的曲面积分.

(1) $\iint_{\Sigma} x^2y^2z\,dx\,dy$，其中 Σ 是球面 $x^2+y^2+z^2=R^2$ 的下半部分的下侧；

(2) $\iint_{\Sigma} x\,dy\,dz + y\,dx\,dz + z\,dx\,dy$，其中 Σ 为 $x^2+y^2+z^2=a^2$，$z\geqslant 0$ 的上侧；

(3) $\iint_{\Sigma} (z^2+x)\,dy\,dz - z\,dx\,dy$，其中 Σ 是 $z=\frac{1}{2}(x^2+y^2)$ 介于 $z=0$ 和 $z=2$ 之间部分的下侧；

(4) $\oiint_{\Sigma} (x+y)\,dy\,dz + (y+z)\,dz\,dx + (z+x)\,dx\,dy$，其中 Σ 是以原点为中心，边长为 2 的立方体表面外侧；

(5) $\oiint_{\Sigma} x(y-z)\,dy\,dz + (z-x)\,dz\,dx + (x-y)\,dx\,dy$，其中 Σ 为 $z^2=x^2+y^2$ 与 $z=h(h>0)$ 围成的曲面，取外侧；

(6) $\oiint_{\Sigma} z\,dx\,dy$，其中 Σ 为椭球面 $\frac{x^2}{a^2}+\frac{y^2}{b^2}+\frac{z^2}{c^2}=1$ 的外侧.

3. 把下列对坐标的曲面积分转换成对面积的曲面积分，其中 Σ 是抛物面 $z=8-(x^2+y^2)$ 在 xOy 面上方部分的上侧.

$$\iint_{\Sigma} P(x, y, z)\,dy\,dz + Q(x, y, z)\,dz\,dx + R(x, y, z)\,dx\,dy$$

11.6　高斯公式

高斯(Gauss)公式是牛顿-莱布尼茨(Newton-Leibniz)公式在三重积分情形下的推广，它刻画了空间闭区域上的三重积分与其边界曲面上的曲面积分之间的关系.

定理 11.6.1　设空间闭区域 Ω 是由分片光滑的闭曲面 Σ 围成的，Σ 的方向取外侧，函数 $P(x, y, z)$，$Q(x, y, z)$，$R(x, y, z)$ 在 Ω 上连续，且具有一阶连续的偏导数，则

$$\iiint_{\Omega}\left(\frac{\partial P}{\partial x}+\frac{\partial Q}{\partial y}+\frac{\partial R}{\partial z}\right)dv = \oiint_{\Sigma} P\,dy\,dz + Q\,dz\,dx + R\,dx\,dy$$

上式称为**高斯公式**.

证　如图 11.6.1 所示，设 $\Omega=\{(x, y, z)\mid z_1(x, y)\leqslant z\leqslant z_2(x, y), (x, y)\in D_{xy}\}$，其中 D_{xy} 是 Ω 在 xOy 面上的投影区域. 设 Σ 由 Σ_1，Σ_2，Σ_3 三部分组成，其中，Σ_1：$z=$

$z_1(x, y)$取下侧；Σ_2：$z=z_2(x, y)$取上侧，且$z_1(x, y)\leqslant z_2(x, y)$；$\Sigma_3$是以$D_{xy}$的边界曲线为准线，母线平行于$z$轴的柱面的一部分，取外侧.

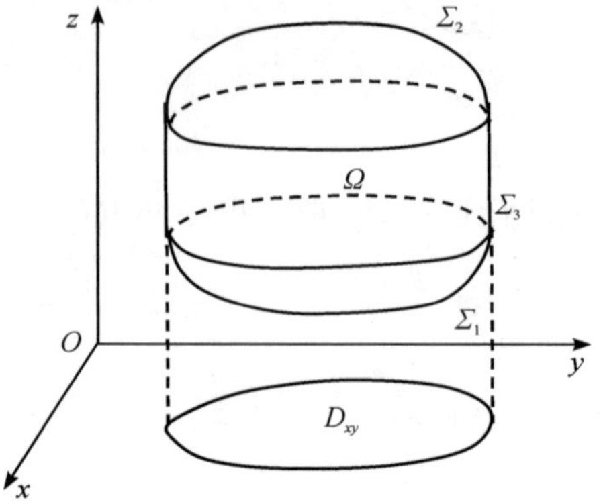

图 11.6.1

由三重积分的计算法知

$$\iiint_{\Omega}\frac{\partial R}{\partial z}\mathrm{d}v=\iint_{D_{xy}}\mathrm{d}x\mathrm{d}y\int_{z_1(x, y)}^{z_2(x, y)}\frac{\partial R}{\partial z}\mathrm{d}z$$
$$=\iint_{D_{xy}}\{R[x, y, z_2(x, y)]-R[x, y, z_1(x, y)]\}\mathrm{d}x\mathrm{d}y$$

由曲面积分的计算方法有

$$\iint_{\Sigma_1}R(x, y, z)\mathrm{d}x\mathrm{d}y=-\iint_{D_{xy}}R[x, y, z_1(x, y)]\mathrm{d}x\mathrm{d}y \tag{11.6.1}$$

$$\iint_{\Sigma_2}R(x, y, z)\mathrm{d}x\mathrm{d}y=\iint_{D_{xy}}R[x, y, z_2(x, y)]\mathrm{d}x\mathrm{d}y \tag{11.6.2}$$

由于Σ_3在xOy面上的投影为零，所以

$$\iint_{\Sigma_3}R(x, y, z)\mathrm{d}x\mathrm{d}y=0 \tag{11.6.3}$$

将式(11.6.1)～(11.6.3)相加，得

$$\iint_{\Sigma}R(x, y, z)\mathrm{d}x\mathrm{d}y=\iint_{D_{xy}}\{R[x, y, z_2(x, y)]-R[x, y, z_1(x, y)]\}\mathrm{d}x\mathrm{d}y$$

所以

$$\iiint_{\Omega}\frac{\partial R}{\partial z}\mathrm{d}v=\iint_{\Sigma}R(x, y, z)\mathrm{d}x\mathrm{d}y \tag{11.6.4}$$

同理可得

$$\iiint_{\Omega}\frac{\partial P}{\partial x}\mathrm{d}v=\iint_{\Sigma}P(x, y, z)\mathrm{d}y\mathrm{d}z \tag{11.6.5}$$

$$\iiint_{\Omega}\frac{\partial Q}{\partial y}\mathrm{d}v=\iint_{\Sigma}Q(x, y, z)\mathrm{d}z\mathrm{d}x \tag{11.6.6}$$

再将式(11.6.4)～(11.6.6)三式相加，即得高斯公式.

若Ω不满足定理中的条件，可引进辅助曲面，将Ω分为几个有限闭区域，使每个小区域满足所给条件，并注意到沿辅助曲面两侧的曲面积分其绝对值相等，符号相反，相加时正好抵消. 因此，高斯公式同样适用这样的闭区域.

若 Ω 不是封闭曲面时，可以通过添加辅助面来计算.

在高斯公式中，若 $P=x$，$Q=y$，$R=z$，则

$$\oiint_{\Sigma} x\,\mathrm{d}y\mathrm{d}z+y\,\mathrm{d}z\mathrm{d}x+z\,\mathrm{d}x\mathrm{d}y=\iiint_{\Omega}(1+1+1)\,\mathrm{d}x\mathrm{d}y\mathrm{d}z=3\iiint_{\Omega}\mathrm{d}x\mathrm{d}y\mathrm{d}z=3V_{\Omega}$$

于是得到应用第二类曲面积分计算空间区域 Ω 的体积的公式

$$V_{\Omega}=\frac{1}{3}\oiint_{\Sigma} x\,\mathrm{d}y\mathrm{d}z+y\,\mathrm{d}z\mathrm{d}x+z\,\mathrm{d}x\mathrm{d}y$$

其中 Σ 的方向取外侧.

例 11.6.1　Σ 是 $z^2=x^2+y^2$ 与 $z=h>0$ 围成表面的外侧. 计算

$$I=\oiint_{\Sigma} x(y-z)\,\mathrm{d}y\mathrm{d}z+(z-x)\,\mathrm{d}z\mathrm{d}x+(x-y)\mathrm{d}x\mathrm{d}y$$

解　令 $P=x(y-z)$，$Q=z-x$，$R=x-y$，则

$$\frac{\partial P}{\partial x}+\frac{\partial Q}{\partial y}+\frac{\partial R}{\partial z}=y-z$$

由高斯公式得

$$I=\iiint_{\Omega}(y-z)\,\mathrm{d}v=\int_0^{2\pi}\mathrm{d}\theta\int_0^h r\,\mathrm{d}r\int_{\sqrt{r^2}}^h(r\sin\theta-z)\,\mathrm{d}z=-\frac{\pi h^4}{4}$$

例 11.6.2　Σ 是 $x^2+y^2+z^2=a^2$ 的外侧，$\cos\alpha$，$\cos\beta$，$\cos\gamma$ 是 Σ 的法向量方向余弦. 计算

$$I=\oiint_{\Sigma}\frac{x\cos\alpha+y\cos\beta+z\cos\gamma}{(x^2+y^2+z^2)^{\frac{3}{2}}}\mathrm{d}S$$

解　因为

$$I=\frac{1}{a^3}\oiint_{\Sigma}(x\cos\alpha+y\cos\beta+z\cos\gamma)\,\mathrm{d}S=\frac{1}{a^3}\oiint_{\Sigma}x\,\mathrm{d}y\mathrm{d}z+y\,\mathrm{d}z\mathrm{d}x+z\,\mathrm{d}x\mathrm{d}y$$

故由高斯公式得

$$I=\frac{1}{a^3}\iiint_{\Omega}(1+1+1)\,\mathrm{d}x\mathrm{d}y\mathrm{d}z=\frac{3}{a^3}\iiint_{\Omega}\mathrm{d}x\mathrm{d}y\mathrm{d}z=\frac{3}{a^3}\cdot\frac{4\pi a^3}{3}=4\pi$$

例 11.6.3　Σ 为球面 $z=\sqrt{R^2-x^2-y^2}$ 的上侧. 计算曲面积分

$$\iint_{\Sigma}x\,\mathrm{d}y\mathrm{d}z+y\,\mathrm{d}z\mathrm{d}x+(z+2)\,\mathrm{d}x\mathrm{d}y$$

解　补充 Σ_0：$z=0$，$(x,y)\in D_{xy}$，$D_{xy}=\{(x,y)\mid x^2+y^2\leqslant R^2\}$，取下侧，设 Σ 与 Σ_0 所围的区域为 Ω，在封闭曲面 $\Sigma+\Sigma_0$ 所围的区域上应用高斯公式，得

$$\oiint_{\Sigma+\Sigma_0}x\,\mathrm{d}y\mathrm{d}z+y\,\mathrm{d}z\mathrm{d}x+(z+2)\,\mathrm{d}x\mathrm{d}y=3\iiint_{\Omega}\mathrm{d}v=3\times\frac{2\pi R^3}{3}=2\pi R^3$$

又因为

$$\begin{aligned}\iint_{\Sigma_0}x\,\mathrm{d}y\mathrm{d}z+y\,\mathrm{d}z\mathrm{d}x+(z+2)\,\mathrm{d}x\mathrm{d}y&=\iint_{\Sigma_0}(z+2)\,\mathrm{d}x\mathrm{d}y\\&=-\iint_{D_{xy}}2\mathrm{d}x\mathrm{d}y\\&=-2\pi R^2\end{aligned}$$

于是

$$\iint_{\Sigma} x\mathrm{d}y\mathrm{d}z + y\mathrm{d}z\mathrm{d}x + (z+2)\,\mathrm{d}x\mathrm{d}y$$
$$= \left(\oiint_{\Sigma+\Sigma_0} - \iint_{\Sigma_0}\right) x\mathrm{d}y\mathrm{d}z + y\mathrm{d}z\mathrm{d}x + (z+2)\,\mathrm{d}x\mathrm{d}y = 2\pi R^3 + 2\pi R^2$$

设有向量场

$$\boldsymbol{A}(x, y, z) = P(x, y, z)\boldsymbol{i} + Q(x, y, z)\boldsymbol{j} + R(x, y, z)\boldsymbol{k}$$

其中函数 P, Q, R 均具有一阶连续偏导数，Σ 是场内的一片有向曲面，$\boldsymbol{n}$ 是 Σ 在点(x, y, z)处的单位法向量，则积分 $\iint_{\Sigma} \boldsymbol{A} \cdot \boldsymbol{n}\mathrm{d}S$ 称为向量场 $\boldsymbol{A}$ 通过曲面 Σ 流向指定侧的**通量**(或**流量**).

由两类曲面积分的关系，通量又可表示为

$$\iint_{\Sigma} \boldsymbol{A} \cdot \boldsymbol{n}\mathrm{d}S = \iint_{\Sigma} \boldsymbol{A} \cdot \mathrm{d}\boldsymbol{S} = \iint_{\Sigma} P\mathrm{d}y\mathrm{d}z + Q\mathrm{d}z\mathrm{d}x + R\mathrm{d}x\mathrm{d}y$$

高斯公式有明确的物理意义. 设在闭区域 Ω 上有稳定流动且不可压缩的流体(假定流体的密度为 1)的速度场

$$\boldsymbol{v}(x, y, z) = P(x, y, z)\boldsymbol{i} + Q(x, y, z)\boldsymbol{j} + R(x, y, z)\boldsymbol{k}$$

其中函数 P, Q, R 均具有一阶连续偏导数，Σ 是闭区域 Ω 的边界曲面的外侧，$\boldsymbol{n}$ 是曲面 Σ 在点(x, y, z)处的单位法向量，则单位时间内流体经过曲面 Σ 流向指定侧的流体总质量就是

$$\iint_{\Sigma} \boldsymbol{v} \cdot \boldsymbol{n}\mathrm{d}S = \iint_{\Sigma} v_n\mathrm{d}S = \iint_{\Sigma} P\mathrm{d}y\mathrm{d}z + Q\mathrm{d}z\mathrm{d}x + R\mathrm{d}x\mathrm{d}y$$

因此，高斯公式中的$\oiint_{\Sigma} P\mathrm{d}y\mathrm{d}z + Q\mathrm{d}z\mathrm{d}x + R\mathrm{d}x\mathrm{d}y$ **可解释为速度场 $\boldsymbol{v}$** 通过闭曲面 Σ 流向外**侧的通量**，即流体在单位时间内离开闭区域 Ω 的总质量. 由于我们假定流体是不可压缩且**流动是稳定的，因此在流体离**开 Ω 的同时，Ω 内部**必**须有产生**流体的**“源头”产生出同样多的流体来进行补充. 所以高斯公式中的 $\iiint_{\Omega}\left(\dfrac{\partial P}{\partial x} + \dfrac{\partial Q}{\partial y} + \dfrac{\partial R}{\partial z}\right)\mathrm{d}v$ 可解释为分布在 Ω 内的源头在单位时间内所产生的流体的总质量. 为简便起见，把高斯公式改写成

$$\iiint_{\Omega}\left(\frac{\partial P}{\partial x} + \frac{\partial Q}{\partial y} + \frac{\partial R}{\partial z}\right)\mathrm{d}v = \oiint_{\Sigma} v_n\mathrm{d}S$$

以闭区域 Ω 的体积 V 除上式两端，得

$$\frac{1}{V}\iiint_{\Omega}\left(\frac{\partial P}{\partial x} + \frac{\partial Q}{\partial y} + \frac{\partial R}{\partial z}\right)\mathrm{d}v = \frac{1}{V}\oiint_{\Sigma} v_n\mathrm{d}S$$

上式左端表示 Ω 内的源头在单位时间单位体积内所产生的流体质量的平均值. 将积分中值定理应用于上式左端，得

$$\left(\frac{\partial P}{\partial x} + \frac{\partial Q}{\partial y} + \frac{\partial R}{\partial z}\right)\bigg|_{(\xi, n, \zeta)} = \frac{1}{V}\oiint_{\Sigma} v_n\mathrm{d}S$$

这里(ξ, η, ζ) 是 Ω 内的某个点. 令 Ω 缩向一点 $M(x, y, z)$，取上式的极限，得

$$\frac{\partial P}{\partial x} + \frac{\partial Q}{\partial y} + \frac{\partial R}{\partial z} = \lim_{n \to H}\frac{1}{V}\oiint_{\Sigma} v_n\mathrm{d}S$$

上式左端称为速度场 $\boldsymbol{v}$ 在点 M 的通量密度或散度，记作 $\mathrm{div}\,\boldsymbol{v}(M)$，即

$$\operatorname{div} \boldsymbol{v}(M)=\frac{\partial P}{\partial x}+\frac{\partial Q}{\partial y}+\frac{\partial R}{\partial z}$$

$\operatorname{div}\boldsymbol{v}(M)$在这里可看成稳定流动的不可压缩流体在点 M 的源头强度. 在 $\operatorname{div}\boldsymbol{v}(M)>0$ 的点处，流体向外发散，表示流体在该点处有正源；在 $\operatorname{div}\boldsymbol{v}(M)<0$ 的点处，流体向该点汇聚，表示流体在该点处有吸收流体的负源(又称为汇或洞)；而 $\operatorname{div}\boldsymbol{v}(M)=0$ 表示流体在该点处无源.

对于一般向量场

$$\boldsymbol{A}(x, y, z)=P(x, y, z)\boldsymbol{i}+Q(x, y, z)\boldsymbol{j}+R(x, y, z)\boldsymbol{k}$$

将$\dfrac{\partial P}{\partial x}+\dfrac{\partial Q}{\partial y}+\dfrac{\partial R}{\partial z}$称为向量场 $\boldsymbol{A}$ 的散度，记作 $\operatorname{div}\boldsymbol{A}$，即

$$\operatorname{div}\boldsymbol{A}=\frac{\partial P}{\partial x}+\frac{\partial Q}{\partial y}+\frac{\partial R}{\partial z}$$

利用向量微分算子$\nabla=\left\{\dfrac{\partial}{\partial x}, \dfrac{\partial}{\partial y}, \dfrac{\partial}{\partial z}\right\}$，$\boldsymbol{A}$ 的散度 $\operatorname{div}\boldsymbol{A}$ 也可表达为$\nabla\cdot\boldsymbol{A}$，即 $\operatorname{div}\boldsymbol{A}=\nabla\cdot\boldsymbol{A}$.

如果向量场 $\boldsymbol{A}$ 的散度 $\operatorname{div}\boldsymbol{A}$ 处处为零，那么称向量场 $\boldsymbol{A}$ 为无源场.

例 11.6.4　求向量场 $\boldsymbol{A}=yz\boldsymbol{j}+z^2\boldsymbol{k}$ 穿过曲面 Σ 流向上侧的通量及向量场 $\boldsymbol{A}$ 的散度，其中 Σ 为柱面 $y^2+z^2=1(z\geqslant 0)$ 被平面 $x=0$ 及 $x=1$ 截下的有限部分.

解　曲面 Σ 上侧的法向量可以由 $f(x, y, z)=y^2+z^2$ 的梯度∇f 得出，即

$$\boldsymbol{n}=\frac{\nabla f}{|\nabla f|}=\frac{2y\boldsymbol{j}+2z\boldsymbol{k}}{\sqrt{(2y)^2+(2z)^2}}=y\boldsymbol{j}+z\boldsymbol{k}$$

在曲面 Σ 上，

$$\boldsymbol{A}\cdot\boldsymbol{n}=y^2z+z^3=z(y^2+z^2)=z$$

因此，$\boldsymbol{A}$ 穿过 Σ 流向上侧的通量为

$$\begin{aligned}\iint_{\Sigma}\boldsymbol{A}\cdot\boldsymbol{n}\,\mathrm{d}S&=\iint_{\Sigma}z\,\mathrm{d}S=\iint_{D_{xy}}\sqrt{1-y^2}\cdot\frac{1}{\sqrt{1-y^2}}\mathrm{d}x\,\mathrm{d}y\\&=\iint_{D_{xy}}\mathrm{d}x\,\mathrm{d}y=2\end{aligned}$$

向量场 $\boldsymbol{A}$ 的散度为

$$\operatorname{div}\boldsymbol{A}=\nabla\cdot\boldsymbol{A}=\frac{\partial}{\partial y}(yz)+\frac{\partial}{\partial z}(z^2)=z+2z=3z$$

利用向量场的通量和散度，高斯公式可以写成下面的向量形式

$$\iiint_{\Omega}\operatorname{div}\boldsymbol{A}\,\mathrm{d}v=\iint_{\Sigma}A_n\,\mathrm{d}S$$

或

$$\iiint_{\Omega}\nabla\cdot\boldsymbol{A}\,\mathrm{d}v=\iint_{\Sigma}A_n\,\mathrm{d}S$$

其中 $A_n=\boldsymbol{A}\cdot\boldsymbol{n}=P\cos\alpha+Q\cos\beta+R\cos\gamma$. 上式表示，向量场 $\boldsymbol{A}$ 通过闭曲面 Σ 流向外侧的通量等于向量场 $\boldsymbol{A}$ 的散度在闭曲面 Σ 所围闭区域 Ω 上的积分.

习题 11.6

1. 利用高斯公式计算曲面积分.

(1) $\oiint_{\Sigma} x^2\mathrm{d}y\mathrm{d}z+y^2\mathrm{d}x\mathrm{d}z+z^2\mathrm{d}x\mathrm{d}y$，其中$\Sigma$为平面$x=0$，$y=0$，$z=0$，$x=a$，$y=a$，$z=a(a>0)$所围成的立体的表面的外侧；

(2) $\oiint_{\Sigma}(y^2-x)\mathrm{d}y\mathrm{d}z+(z^2-y)\mathrm{d}x\mathrm{d}z+(x^2-z)\mathrm{d}x\mathrm{d}y$，其中$\Sigma$为曲面$z=2-x^2-y^2$与平面$z=0$所围立体的表面外侧；

(3) $\iint_{\Sigma}(x^2\cos\alpha+y^2\cos\beta+z^2\cos\gamma)\mathrm{d}S$，其中$\Sigma$为$z^2=x^2+y^2$介于$z=0$和$z=h(h>0)$之间的部分的下侧，$\cos\alpha$，$\cos\beta$，$\cos\gamma$是$\Sigma$上点$(x, y, z)$处的单位法向量的方向余弦；

(4) $\oiint_{\Sigma}2zx\mathrm{d}y\mathrm{d}z+y\mathrm{d}z\mathrm{d}x-z^2\mathrm{d}x\mathrm{d}y$，其中$\Sigma$为曲线$z=\sqrt{x^2+y^2}$与$z=\sqrt{2-x^2-y^2}$所围立体表面的外侧；

(5) $\iint_{\Sigma}(x^3+az^2)\mathrm{d}y\mathrm{d}z+(y^3+ax^2)\mathrm{d}z\mathrm{d}x+(z^3+ay^2)\mathrm{d}x\mathrm{d}y$，其中$\Sigma$为上半球面$z=\sqrt{a^2-x^2-y^2}$的上侧.

2. Σ由$z=\sqrt{y-1}$，$x=0$，$1\leqslant y\leqslant 3$绕y轴旋转一周而成，其法向量与y轴正向的夹角大于$\frac{\pi}{2}$. 计算

$$I=\iint_{\Sigma}x(8y+1)\mathrm{d}y\mathrm{d}z+2(1-y^2)\mathrm{d}z\mathrm{d}x-4yz\mathrm{d}x\mathrm{d}y$$

3. 求下列向量$\boldsymbol{A}$穿过曲面Σ流向指定侧的通量.

(1) $\boldsymbol{A}=yz\boldsymbol{i}+xz\boldsymbol{j}+xy\boldsymbol{k}$，$\Sigma$为圆柱$x^2+y^2\leqslant a^2(0\leqslant z\leqslant h)$的全表面，流向外侧；

(2) $\boldsymbol{A}=(2x-z)\boldsymbol{i}+x^2y\boldsymbol{j}-xz^2\boldsymbol{k}$，$\Sigma$为立方体$0\leqslant x\leqslant a$，$0\leqslant y\leqslant a$，$0\leqslant z\leqslant a$的全表面，流向外侧；

(3) $\boldsymbol{A}=(2x+3z)\boldsymbol{i}-(xz+y)\boldsymbol{j}+(y^2+2z)\boldsymbol{k}$，$\Sigma$是以点$(3, -1, 2)$为球心，半径$R=3$的球面，流向外侧.

4. 求下列向量场$\boldsymbol{A}$的散度.

(1) $\boldsymbol{A}=(x^2+yz)\boldsymbol{i}+(y^2+xz)\boldsymbol{j}+(z^2+xy)\boldsymbol{k}$；

(2) $\boldsymbol{A}=\mathrm{e}^{xy}\boldsymbol{i}+\cos(xy)\boldsymbol{j}+\cos(xz^2)\boldsymbol{k}$；

(3) $\boldsymbol{A}=y^2\boldsymbol{i}+xy\boldsymbol{j}+xz\boldsymbol{k}$.

11.7 斯托克斯公式

斯托克斯(Stokes)公式是格林公式的推广. 格林公式表达了平面闭区域上的二重积分与其边界曲线上的曲线积分间的关系，而斯托克斯公式则把曲面Σ上的曲面积分与沿着Σ的边界曲线的曲线积分联系了起来.

定理 11.7.1 设Γ为分段光滑的空间有向闭曲线，Σ是以Γ为边界的分片光滑的有向曲面，Γ的正向与Σ的侧符合右手规则(当右手除拇指外的四指依Γ的绕行方向时，拇指所指的方向与Σ上法向量的指向相同. 这时称Γ是有向曲面Σ的正向边界曲线)，若函数

$P(x, y, z)$，$Q(x, y, z)$，$R(x, y, z)$在曲面 Σ 及其边界 Γ 上具有一阶连续偏导数，则有

$$\iint_{\Sigma}\left(\frac{\partial R}{\partial y}-\frac{\partial Q}{\partial z}\right)\mathrm{d}y\mathrm{d}z+\left(\frac{\partial P}{\partial z}-\frac{\partial R}{\partial x}\right)\mathrm{d}z\mathrm{d}x+\left(\frac{\partial Q}{\partial x}-\frac{\partial P}{\partial y}\right)\mathrm{d}x\mathrm{d}y=\oint_{\Gamma}P\mathrm{d}x+Q\mathrm{d}y+R\mathrm{d}z$$

该公式称为**斯托克斯公式**.

证　先假定 Σ 与平行于 z 轴的直线相交不多于一点，并设 Σ 为曲面 $z=f(x, y)$的上侧，Σ 的正向边界曲线 Γ 在 xOy 面上的投影为平面有向曲线 C，C 所围成的闭区域为 D_{xy}. 设法把曲面积分

$$\iint_{\Sigma}\frac{\partial P}{\partial z}\mathrm{d}z\mathrm{d}x-\frac{\partial P}{\partial y}\mathrm{d}x\mathrm{d}y$$

化为闭区域 D_{xy} 上的二重积分，然后通过格林公式使它与曲线积分相联系. 根据对面积的曲面积分和对坐标的曲面积分之间的关系，有

$$\iint_{\Sigma}\frac{\partial P}{\partial z}\mathrm{d}z\mathrm{d}x-\frac{\partial P}{\partial y}\mathrm{d}x\mathrm{d}y=\iint_{\Sigma}\left(\frac{\partial P}{\partial z}\cos\beta-\frac{\partial P}{\partial y}\cos\gamma\right)\mathrm{d}S \tag{11.7.1}$$

有向曲面 Σ 的法向量的方向余弦为

$$\cos\alpha=\frac{-f_x}{\sqrt{1+f_x^2+f_y^2}},\ \cos\beta=\frac{-f_y}{\sqrt{1+f_x^2+f_y^2}},\ \cos\gamma=\frac{1}{\sqrt{1+f_x^2+f_y^2}}$$

因此 $\cos\beta=-f_y\cdot\cos\gamma$，把它代入式(11.7.1)，得

$$\iint_{\Sigma}\frac{\partial P}{\partial z}\mathrm{d}z\mathrm{d}x-\frac{\partial P}{\partial y}\mathrm{d}x\mathrm{d}y=-\iint_{\Sigma}\left(\frac{\partial P}{\partial y}+\frac{\partial P}{\partial z}f_y\right)\cos\gamma\mathrm{d}S$$

即

$$\iint_{\Sigma}\frac{\partial P}{\partial z}\mathrm{d}z\mathrm{d}x-\frac{\partial P}{\partial y}\mathrm{d}x\mathrm{d}y=-\iint_{\Sigma}\left(\frac{\partial P}{\partial y}+\frac{\partial P}{\partial z}f_y\right)\mathrm{d}x\mathrm{d}y$$

上式右端的曲面积分化为二重积分时，应把 $P(x, y, z)$ 中的 z 用 $f(x, y)$ 来代替. 因为由复合函数的微分法，有

$$\frac{\partial}{\partial y}P[x, y, f(x, y)]=\frac{\partial P}{\partial y}+\frac{\partial P}{\partial z}\cdot f_y$$

所以

$$\iint_{\Sigma}\frac{\partial P}{\partial z}\mathrm{d}z\mathrm{d}x-\frac{\partial P}{\partial y}\mathrm{d}x\mathrm{d}y=-\iint_{D_{xy}}\frac{\partial}{\partial y}P[x, y, f(x, y)]\mathrm{d}x\mathrm{d}y$$

根据格林公式，上式右端的二重积分可化为沿闭区域 D_{xy} 的边界 C 的曲线积分

$$-\iint_{D_{xy}}\frac{\partial}{\partial y}P[x, y, f(x, y)]\mathrm{d}x\mathrm{d}y=\oint_{C}P[x, y, f(x, y)]\mathrm{d}x$$

于是

$$\iint_{\Sigma}\frac{\partial P}{\partial z}\mathrm{d}z\mathrm{d}x-\frac{\partial P}{\partial y}\mathrm{d}x\mathrm{d}y=\oint_{C}P[x, y, f(x, y)]\mathrm{d}x$$

因为函数 $P[x, y, f(x, y)]$在曲线 C 上点(x, y)处的值与函数 $P(x, y, z)$在曲线 Γ 上对应点(x, y, z)处的值是一样的，并且两曲线上的对应小弧段在 x 轴上的投影也一样，根据曲线积分的定义，上式右端的曲线积分等于曲线 Γ 上的曲线积分 $\oint_{\Gamma}P(x, y, z)\mathrm{d}x$，因此，证得

$$\iint_{\Sigma}\frac{\partial P}{\partial z}\mathrm{d}z\mathrm{d}x-\frac{\partial P}{\partial y}\mathrm{d}x\mathrm{d}y=\oint_{\Gamma}P\mathrm{d}x \tag{11.7.2}$$

如果Σ取下侧，Γ也相应地改成相反的方向，那么上式两端同时改变符号，等式仍成立. 如果曲面与平行于z轴的直线的交点多于一个，那么可作辅助曲线把曲面分成几部分，然后应用上式并相加. 因为沿辅助曲线而方向相反的两个曲线积分相加时正好抵消，所以对于这一类曲面上式也成立. 同样可证

$$\iint_{\Sigma}\frac{\partial Q}{\partial x}\mathrm{d}x\mathrm{d}y-\frac{\partial Q}{\partial z}\mathrm{d}y\mathrm{d}z=\oint_{\Gamma}Q\mathrm{d}y \tag{11.7.3}$$

$$\iint_{\Sigma}\frac{\partial R}{\partial y}\mathrm{d}y\mathrm{d}z-\frac{\partial R}{\partial x}\mathrm{d}z\mathrm{d}x=\oint_{\Gamma}R\mathrm{d}z \tag{11.7.4}$$

将式(11.7.2)～(11.7.4)三式相加即得欲证公式.

为了便于记忆，利用行列式记号把斯托克斯公式写成

$$\iint_{\Sigma}\begin{vmatrix}\mathrm{d}y\mathrm{d}z & \mathrm{d}z\mathrm{d}x & \mathrm{d}x\mathrm{d}y\\ \dfrac{\partial}{\partial x} & \dfrac{\partial}{\partial y} & \dfrac{\partial}{\partial z}\\ P & Q & R\end{vmatrix}=\oint_{\Gamma}P\mathrm{d}x+Q\mathrm{d}y+R\mathrm{d}z$$

利用两类曲面积分间的联系，可得斯托克斯公式的另一形式

$$\iint_{\Sigma}\begin{vmatrix}\cos\alpha & \cos\beta & \cos\gamma\\ \dfrac{\partial}{\partial x} & \dfrac{\partial}{\partial y} & \dfrac{\partial}{\partial z}\\ P & Q & R\end{vmatrix}\mathrm{d}S=\oint_{\Gamma}P\mathrm{d}x+Q\mathrm{d}y+R\mathrm{d}z$$

其中$\boldsymbol{n}=\{\cos\alpha,\cos\beta,\cos\gamma\}$为有向曲面$\Sigma$在点$(x,y,z)$处的单位法向量. 若$\Sigma$是$xOy$面上的一块平面闭区域，斯托克斯公式就变成格林公式. 因此，格林公式是斯托克斯公式的特殊情形.

例 11.7.1 利用斯托克斯公式计算曲线积分$\oint_{\Gamma}z\mathrm{d}x+x\mathrm{d}y+y\mathrm{d}z$，$\Gamma$为平面$x+y+z=1$被三个坐标面所截成的三角形的边界，正向与该平面三角形Σ上侧法向量之间符合右手规则(见图 11.7.1).

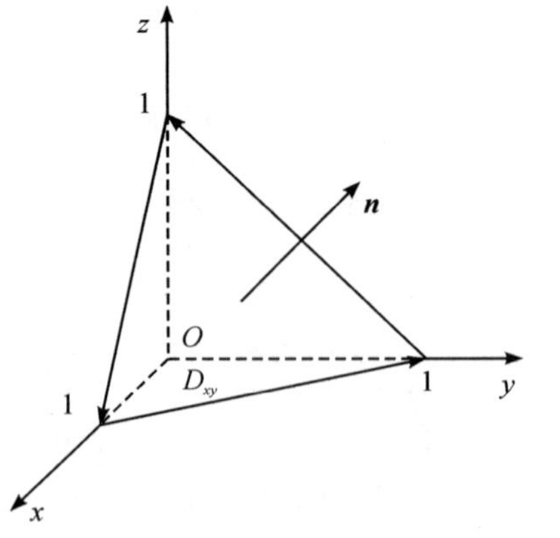

图 11.7.1

解　根据斯托克斯公式，有

$$\oint_{\Gamma} z\mathrm{d}x + x\mathrm{d}y + y\mathrm{d}z = \iint_{\Sigma} \mathrm{d}y\mathrm{d}z + \mathrm{d}z\mathrm{d}x + \mathrm{d}x\mathrm{d}y$$

而

$$\iint_{\Sigma} \mathrm{d}y\mathrm{d}z = \iint_{D_{yz}} \mathrm{d}\sigma = \frac{1}{2}$$

$$\iint_{\Sigma} \mathrm{d}z\mathrm{d}x = \iint_{D_{zx}} \mathrm{d}\sigma = \frac{1}{2}$$

$$\iint_{\Sigma} \mathrm{d}x\mathrm{d}y = \iint_{D_{xy}} \mathrm{d}\sigma = \frac{1}{2}$$

其中 D_{yz}，D_{zx}，D_{xy} 分别为 Σ 在 yOz，zOx，xOy 面上的投影区域，故

$$\oint_{\Gamma} z\mathrm{d}x + x\mathrm{d}y + y\mathrm{d}z = \frac{3}{2}$$

例 11.7.2　利用斯托克斯公式计算曲线积分

$$I = \oint_{\Gamma} (y^2 - z^2)\mathrm{d}x + (z^2 - x^2)\mathrm{d}y + (x^2 - y^2)\mathrm{d}z$$

其中 Γ 是用平面 $x+y+z=\frac{3}{2}$ 截立方体 $\{(x, y, z) \mid 0\leqslant x\leqslant 1, 0\leqslant y\leqslant 1, 0\leqslant z\leqslant 1\}$ 所得的截痕，若从 Ox 轴的正向看去，取逆时针方向(见图 11.7.2(a)).

解　取 Σ 为平面 $x+y+z=\frac{3}{2}$ 的上侧被 Γ 所围成的部分，Σ 的单位法向量 $\boldsymbol{n}=\frac{1}{\sqrt{3}}\{1, 1, 1\}$，即 $\cos\alpha=\cos\beta=\cos\gamma=\frac{1}{\sqrt{3}}$. 根据斯托克斯公式，有

$$I = \iint_{\Sigma} \begin{vmatrix} \frac{1}{\sqrt{3}} & \frac{1}{\sqrt{3}} & \frac{1}{\sqrt{3}} \\ \frac{\partial}{\partial x} & \frac{\partial}{\partial y} & \frac{\partial}{\partial z} \\ y^2 - z^2 & z^2 - x^2 & x^2 - y^2 \end{vmatrix} \mathrm{d}S$$

$$= -\frac{4}{\sqrt{3}} \iint_{\Sigma} (x + y + z)\,\mathrm{d}S$$

因为在 Σ 上 $x+y+z=\frac{3}{2}$，故

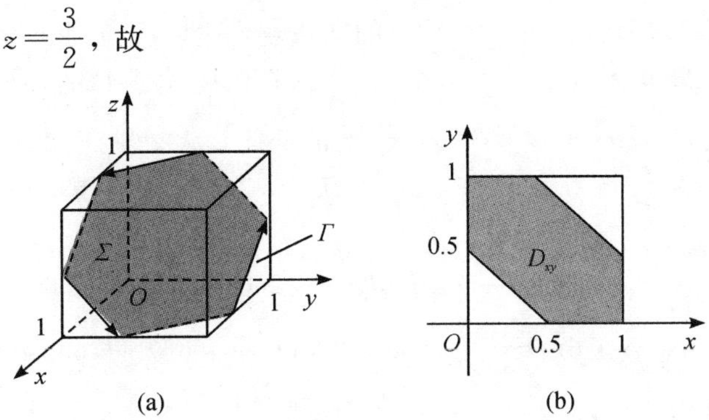

图 11.7.2

$$I=-\frac{4}{\sqrt{3}}\cdot\frac{3}{2}\iint_{\Sigma}\mathrm{d}S=-2\sqrt{3}\iint_{D_{xy}}\sqrt{3}\,\mathrm{d}x\mathrm{d}y=-6\sigma_{xy}$$

其中 D_{xy} 为 Σ 在 xOy 平面上的投影区域(见图 11.7.2(b)),σ_{xy} 为 D_{xy} 的面积,故

$$\sigma_{xy}=1-2\times\frac{1}{8}=\frac{3}{4},\ I=-\frac{9}{2}$$

设有向量场

$$\boldsymbol{A}(x, y, z)=P(x, y, z)\boldsymbol{i}+Q(x, y, z)\boldsymbol{j}+R(x, y, z)\boldsymbol{k}$$

其中函数 P,Q,R 均连续,Γ 是 $\boldsymbol{A}$ 的定义域内的一条分段光滑的有向闭曲线,$\boldsymbol{\tau}$ 是 Γ 在点 (x, y, z) 处的单位切向量,则积分 $\oint_{\Gamma}\boldsymbol{A}\cdot\boldsymbol{\tau}\mathrm{d}s$ 称为向量场 $\boldsymbol{A}$ 沿有向闭曲线 Γ 的环流量. 由两类曲线积分的关系,环流量又可表示为

$$\oint_{\Gamma}\boldsymbol{A}\cdot\boldsymbol{\tau}\mathrm{d}s=\oint_{\Gamma}\boldsymbol{A}\cdot\mathrm{d}\boldsymbol{r}=\oint_{\Gamma}P\mathrm{d}x+Q\mathrm{d}y+R\mathrm{d}z$$

类似于由向量场 $\boldsymbol{A}$ 的通量可以引出向量场 $\boldsymbol{A}$ 在一点的通量密度(即散度)一样,由向量场 $\boldsymbol{A}$ 沿闭曲线的环流量可引出向量场 $\boldsymbol{A}$ 在一点的环量密度或旋度. 它是一个向量,定义如下.

设有向量场

$$\boldsymbol{A}(x, y, z)=P(x, y, z)\boldsymbol{i}+Q(x, y, z)\boldsymbol{j}+R(x, y, z)\boldsymbol{k}$$

其中函数 P,Q,R 均具有一阶连续偏导数,则向量

$$\left(\frac{\partial R}{\partial y}-\frac{\partial Q}{\partial z}\right)\boldsymbol{i}+\left(\frac{\partial P}{\partial z}-\frac{\partial R}{\partial x}\right)\boldsymbol{j}+\left(\frac{\partial Q}{\partial x}-\frac{\partial P}{\partial y}\right)\boldsymbol{k}$$

称为向量场 $\boldsymbol{A}$ 的旋度,记作 $\mathrm{rot}\boldsymbol{A}$,即

$$\mathrm{rot}\boldsymbol{A}=\left(\frac{\partial R}{\partial y}-\frac{\partial Q}{\partial z}\right)\boldsymbol{i}+\left(\frac{\partial P}{\partial z}-\frac{\partial R}{\partial x}\right)\boldsymbol{j}+\left(\frac{\partial Q}{\partial x}-\frac{\partial P}{\partial y}\right)\boldsymbol{k}$$

利用向量微分算子∇,向量场 $\boldsymbol{A}$ 的旋度 $\mathrm{rot}\boldsymbol{A}$ 可表示为$\nabla\times\boldsymbol{A}$,即

$$\mathrm{rot}\boldsymbol{A}=\nabla\times\boldsymbol{A}=\begin{vmatrix}\boldsymbol{i} & \boldsymbol{j} & \boldsymbol{k}\\ \dfrac{\partial}{\partial x} & \dfrac{\partial}{\partial y} & \dfrac{\partial}{\partial z}\\ P & Q & R\end{vmatrix}$$

若向量场 $\boldsymbol{A}$ 的旋度 $\mathrm{rot}\boldsymbol{A}$ 处处为零,则称向量场 $\boldsymbol{A}$ 为无旋场. 而一个无源且无旋的向量场称为调和场. 调和场是物理学中另一类重要的向量场,这种场与调和函数有密切的关系.

例 11.7.3 求向量场 $\boldsymbol{A}=(x^2-y)\boldsymbol{i}+4z\boldsymbol{j}+x^2\boldsymbol{k}$ 沿闭曲线 Γ 的环流量及其向量场 $\boldsymbol{A}$ 的旋度,其中 Γ 为锥面 $z=\sqrt{x^2+y^2}$ 和平面 $z=2$ 的交线,从 z 轴正向看 Γ 为逆时针方向.

解 Γ 的向量方程为 $\boldsymbol{r}=2\cos\theta\boldsymbol{i}+2\sin\theta\boldsymbol{j}+2\boldsymbol{k}$,$0\leqslant\theta\leqslant2\pi$. 于是

$$\boldsymbol{A}=(x^2-y)\boldsymbol{i}+4z\boldsymbol{j}+x^2\boldsymbol{k}=(4\cos^2\theta-2\sin\theta)\boldsymbol{i}+8\boldsymbol{j}+4\cos^2\theta\boldsymbol{k}$$

$$\mathrm{d}\boldsymbol{r}=(-2\sin\theta\mathrm{d}\theta)\boldsymbol{i}+(2\cos\theta\mathrm{d}\theta)\boldsymbol{j}$$

$$\oint_{\Gamma}\boldsymbol{A}\cdot\boldsymbol{\tau}\mathrm{d}s=\oint_{\Gamma}\boldsymbol{A}\cdot\mathrm{d}\boldsymbol{r}=\int_0^{2\pi}(-8\cos^2\theta\sin\theta+4\sin^2\theta+16\cos\theta)\mathrm{d}\theta=4\pi$$

所求向量场 $\boldsymbol{A}$ 的旋度为

$$\text{rot}\boldsymbol{A}=\nabla\times\boldsymbol{A}=\begin{vmatrix}\boldsymbol{i} & \boldsymbol{j} & \boldsymbol{k}\\ \dfrac{\partial}{\partial x} & \dfrac{\partial}{\partial y} & \dfrac{\partial}{\partial z}\\ x^2-y & 4z & x^2\end{vmatrix}=-4\boldsymbol{i}-2x\boldsymbol{j}+\boldsymbol{k}$$

设斯托克斯公式中的有向曲面 Σ 在点 (x, y, z) 处的单位法向量为

$$\boldsymbol{n}=\cos\alpha\boldsymbol{i}+\cos\beta\boldsymbol{j}+\cos\gamma\boldsymbol{k}$$

则

$$\text{rot}\boldsymbol{A}\cdot\boldsymbol{n}=\nabla\times\boldsymbol{A}\cdot\boldsymbol{n}=\begin{vmatrix}\cos\alpha & \cos\beta & \cos\gamma\\ \dfrac{\partial}{\partial x} & \dfrac{\partial}{\partial y} & \dfrac{\partial}{\partial z}\\ P & Q & R\end{vmatrix}$$

于是，斯托克斯公式可以写成下面的向量形式

$$\iint_{\Sigma}\text{rot}\boldsymbol{A}\cdot\boldsymbol{n}\,\mathrm{d}S=\oint_{\Gamma}\boldsymbol{A}\cdot\boldsymbol{\tau}\,\mathrm{d}s$$

上式表示，向量场 $\boldsymbol{A}$ 沿有向闭曲线 Γ 的环流量等于向量场 $\boldsymbol{A}$ 的旋度通过曲面 Σ 的通量，这里 Γ 的正向与 Σ 的侧应符合右手规则.

从力学角度来看，$\text{rot}\boldsymbol{A}$ 也有明确的物理意义. 设有刚体绕定轴 l 转动，角速度为 $\boldsymbol{\omega}$，M 为刚体内任意一点. 在定轴 l 上任取一点 O 为坐标原点，作空间直角坐标系，使 z 轴与定轴 l 重合，则 $\boldsymbol{\omega}=\omega\boldsymbol{k}$，而点 M 可用向量 $\boldsymbol{r}=\overrightarrow{OM}=\{x, y, z\}$ 来确定. 由力学知道，点 M 的线速度 $\boldsymbol{v}$ 可表示为 $\boldsymbol{v}=\boldsymbol{\omega}\times\boldsymbol{r}$. 由此有

$$\boldsymbol{v}=\begin{vmatrix}\boldsymbol{i} & \boldsymbol{j} & \boldsymbol{k}\\ 0 & 0 & \omega\\ x & y & z\end{vmatrix}=\{-\omega y, \omega x, 0\}$$

$$\text{rot}\boldsymbol{v}=\begin{vmatrix}\boldsymbol{i} & \boldsymbol{j} & \boldsymbol{k}\\ \dfrac{\partial}{\partial x} & \dfrac{\partial}{\partial y} & \dfrac{\partial}{\partial z}\\ -\omega y & \omega x & 0\end{vmatrix}=\{0, 0, 2\omega\}=2\boldsymbol{\omega}$$

从速度场 $\boldsymbol{v}$ 的旋度与旋转角速度的这个关系，可见“旋度”这一名词的由来.

习题 11.7

1. Γ 为封闭曲线，从 z 轴正向看是逆时针方向. 利用斯托克斯公式计算下列曲线积分.

(1) $\oint_{\Gamma} y\,\mathrm{d}x+z\,\mathrm{d}y+x\,\mathrm{d}z$，其中 Γ：$x^2+y^2+z^2=a^2$，$x+y+z=0$；

(2) $\oint_{\Gamma}(y-z)\,\mathrm{d}x+(z-x)\,\mathrm{d}y+(x-y)\,\mathrm{d}z$，其中 Γ：$x^2+y^2=a^2$，$\dfrac{x}{a}+\dfrac{z}{b}=1(a>0, b>0)$；

(3) $\oint_{\Gamma}3y\,\mathrm{d}x-xz\,\mathrm{d}y+yz^2\,\mathrm{d}z$，其中 Γ：$x^2+y^2=2z$，$z=2$；

(4) $\oint_{\Gamma}2y\,\mathrm{d}x+3x\,\mathrm{d}y-z^2\,\mathrm{d}z$，其中 Γ：$x^2+y^2+z^2=9$，$z=0$.

2. 利用斯托克斯公式计算曲线积分.

(1) 有向曲线Γ：$\begin{cases} y^2+z^2=1 \\ x=y \end{cases}$从 x 轴正向看是逆时针方向. 计算$\int_\Gamma x^2y^3\mathrm{d}x+\mathrm{d}y+z\mathrm{d}z$.

(2) Γ 为以 $A(1, 0, 0)$，$B(0, 3, 0)$，$C(0, 0, 3)$ 为顶点的三角形边界，方向为 $A\to B\to C\to A$. 计算

$$\oint_\Gamma y^2\mathrm{d}x+z^2\mathrm{d}y+x^2\mathrm{d}z$$

3. 求下列向量场 $\boldsymbol{A}(x, y, z)$ 的旋度.

(1) $\boldsymbol{A}=(z-2y)\boldsymbol{i}+(x-3z)\boldsymbol{j}+(-4x+y)\boldsymbol{k}$；

(2) $\boldsymbol{A}=(z+\sin y)\boldsymbol{i}-(z-x\cos y)\boldsymbol{j}$；

(3) $\boldsymbol{A}=x^2\sin y\boldsymbol{i}+y^2\sin(xz)\boldsymbol{j}+xy\ \sin(\cos z)\boldsymbol{k}$.

4. 利用斯托克斯公式把曲面积分$\iint_\Sigma \mathrm{rot}\boldsymbol{A}$化为曲线积分，并计算积分值，其中$\boldsymbol{A}$，$\Sigma$，$\boldsymbol{n}$分别如下.

(1) $\boldsymbol{A}=y^2\boldsymbol{i}+xy\boldsymbol{j}+xz\boldsymbol{k}$，$\Sigma$ 为上半球面 $z=\sqrt{1-x^2-y^2}$ 的上侧，$\boldsymbol{n}$ 是 Σ 的单位法向量；

(2) $\boldsymbol{A}=(y-z)\boldsymbol{i}+yz\boldsymbol{j}-xz\boldsymbol{k}$，$\Sigma$ 为立方体$\{(x, y, z) \mid 0\leqslant x\leqslant 2, 0\leqslant y\leqslant 2, 0\leqslant z\leqslant 2\}$ 的表面外侧去掉 xOy 面上的那个底面，$\boldsymbol{n}$ 是 Σ 的单位法向量.

5. 求下列向量场 $\boldsymbol{A}$ 沿闭曲线Γ(从 z 轴正向看Γ 依逆时针方向) 的环流量.

(1) $\boldsymbol{A}=-y\boldsymbol{i}+x\boldsymbol{j}+c\boldsymbol{k}$($c$ 为常量)，其中 Γ 为圆周 $x^2+y^2=1$，$z=0$；

(2) $\boldsymbol{A}=(x-z)\boldsymbol{i}+(x^3+yz)\boldsymbol{j}-3xy^2\boldsymbol{k}$，其中 Γ 为圆周 $z=2-\sqrt{x^2+y^2}$，$z=0$.

11.8 巩固与提高▲

联系的观点是唯物辩证法的一个显著特征. 所谓联系就是事物之间以及事物内部诸要素之间的相互影响、相互制约和相互作用的关系. 唯物辩证法认为世界上一切事物都不是孤立存在的，而是和周围其他事物相互联系着的，整个世界就是一个普遍联系着的有机整体.

本章知识之间具有普遍的联系，多种积分之间可以互相转换. 两类曲线积分可以互相转换，两类曲面之间也可以互相转换. 平面上的第二类曲线积分和二重积分可以通过格林公式互相转换，第二型曲面积分和三重积分可以通过高斯公式互相转换，第二类曲线积分和第二类曲面积分之间通过斯托克斯公式互相转换. 此外，曲线积分和曲面积分最终都要转换为定积分计算，而牛顿-莱布尼茨公式可以将不定积分应用于定积分的计算，因此不定积分和定积分是整个积分学的基础.

通过本章的学习，要懂得事物本身是普遍联系的，只有正确认识事物间的相互关系，才能有效地认识世界和改造世界，进而逐步树立辩证唯物主义的世界观. 要学会运用联系的观点去认识事物，使用正确的方法处理事情.

11.8.1　知识图谱

本章知识图谱如图 11.8.1 所示.

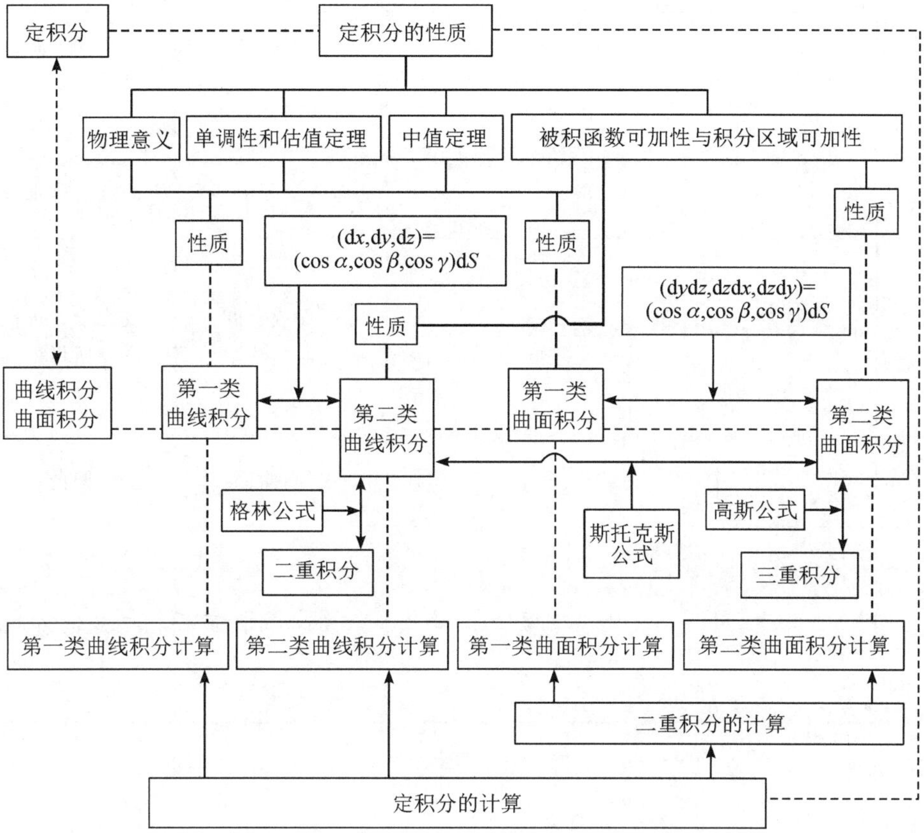

图 11.8.1

图 11.8.1 中，形如"$A \overset{C}{\leftrightarrow} B$"表示应用 C 公式，表达式 A，B 之间可以互相转化.

11.8.2　积分模型

定积分、二重积分、三重积分、对弧长的曲线积分、对坐标的曲线积分、对面积的曲面积分、对坐标的曲面积分，这些积分的定义都是经过"分割，近似，求和，取极限"四个步骤产生的和式极限，所以从定义看，它们是同一个模型产生的. 不同的是积分区域都不一样，当然，所解决的几何问题、物理问题或其他实际问题也不一样. 其中对坐标的曲线积分和对坐标的曲面积分的积分区域都是有向区域，所以可以解决实际中一些带有方向的物理问题或其他问题. 而另外五种积分可以解决不同形态几何体的质量问题. 表 11.8.1 给出了以上 7 种积分类型的相关说明.

表 11.8.1

积分类型	积分表达式	积分区域	物理意义
定积分	$\int_a^b f(x)\mathrm{d}x$	闭区间$[a, b]$	直线段质量
二重积分	$\iint_D f(x, y)\mathrm{d}x\mathrm{d}y$	平面闭区域 D	平面薄片质量
三重积分	$\iiint_\Omega f(x, y, z)\mathrm{d}x\mathrm{d}y\mathrm{d}z$	空间闭区域 Ω	空间立体质量
对弧长曲线积分	$\int_\Gamma f(x, y, z)\mathrm{d}s$	平面或空间曲线段	平面或空间曲线段质量
对坐标曲线积分	$\int_\Gamma \boldsymbol{F}(x, y, z)\cdot\mathrm{d}\boldsymbol{r}$ $\boldsymbol{F}(x, y, z)=\{P(x, y, z), Q(x, y, z), R(x, y, z)\}$ $\mathrm{d}\boldsymbol{r}=\{\mathrm{d}x, \mathrm{d}y, \mathrm{d}z\}$	平面或空间有向曲线段	变力沿有向曲线段所做的功
对面积曲面积分	$\int_\Sigma f(x, y, z)\mathrm{d}S$	空间曲面	空间曲面质量
对坐标曲面积分	$\iint_\Sigma \boldsymbol{V}(x, y, z)\cdot\mathrm{d}\boldsymbol{S}$ $\boldsymbol{V}(x, y, z)=\{P(x, y, z), Q(x, y, z), R(x, y, z)\}$ $\mathrm{d}\boldsymbol{S}=\{\mathrm{d}y\mathrm{d}z, \mathrm{d}z\mathrm{d}x, \mathrm{d}x\mathrm{d}y\}$	空间有向曲面	流过有向曲面的流量

既然这些积分的定义具有共性，那么和定积分一样，可以使用元素法解决实际问题.

例 11.8.1 计算 $\iint_S \frac{1}{z}\mathrm{d}S$，其中 S 为 $x^2+y^2+z^2=a^2$ 中 $z\geqslant h(h>0)$ 的部分.

解法一 将 S 投影到 xOy 平面上，投影区域为 D：$x^2+y^2\leqslant a^2-h^2$，有

$$\begin{aligned}\iint_S \frac{1}{z}\mathrm{d}S&=\iint_D \frac{1}{\sqrt{a^2-x^2-y^2}}\cdot\sqrt{1+\frac{x^2}{a^2-x^2-y^2}+\frac{y^2}{a^2-x^2-y^2}}\mathrm{d}x\mathrm{d}y\\&=\iint_D \frac{a}{a^2-x^2-y^2}\mathrm{d}x\mathrm{d}y=\int_0^{2\pi}\mathrm{d}\theta\int_0^{\sqrt{a^2-h^2}}\frac{a}{a^2-r^2}r\mathrm{d}r\\&=2\pi a\left[-\frac{1}{2}\ln(a^2-r^2)\right]_0^{\sqrt{a^2-h^2}}\\&=2\pi a\ln\frac{a}{h}\end{aligned}$$

解法二 由于曲面方向余弦

$$\cos\gamma=\frac{F_z}{\sqrt{F_x^2+F_y^2+F_z^2}}=\frac{z}{a}$$

如图 11.8.2 所示，在 $z=z$ 处作圆台，其下底中心为点$(0, 0, z)$，上底中心为点$(0, 0, z+\mathrm{d}z)$，侧面母线长为 $\mathrm{d}l$，下底半径为

$$R=\sqrt{a^2-z^2}$$

由元素法，圆台侧面积元素为

$$dS=2\pi\sqrt{a^2-z^2}\,dl$$

因 $dl=\dfrac{dz}{\sin\gamma}=\dfrac{a}{\sqrt{a^2-z^2}}dz$，则所求积分为

$$\iint_S\frac{1}{z}dS=\int_{\widehat{AB}}\frac{1}{z}2\pi\sqrt{a^2-z^2}\,dl=\int_h^a\frac{1}{z}2\pi\sqrt{a^2-z^2}\ \frac{a}{\sqrt{a^2-z^2}}dz=2\pi a\int_h^a\frac{1}{z}dz=2\pi a\ln\frac{a}{h}$$

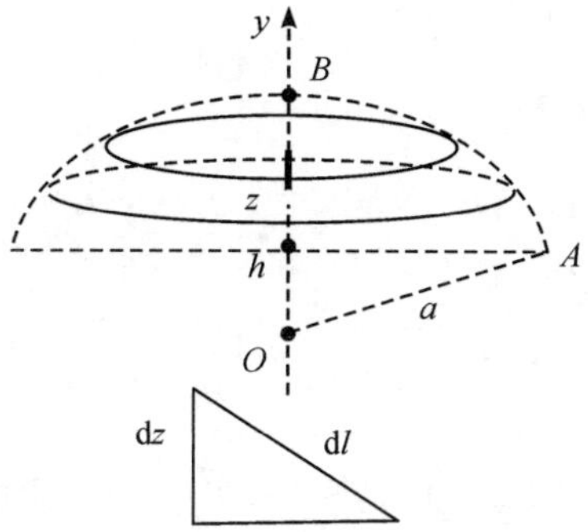

图 11.8.2

解法三　由于积分只与 z 有关，可将 z 处圆周的质量集中于 z 处弧段 L 上相应点处(见图 11.8.3)，这样第一类曲面积分就变为第一类曲线积分. 注意到 L 的方程为 $y^2+z^2=a^2$，则

$$dl=\sqrt{1+y_z^2}\,dz=\frac{a}{\sqrt{a^2-z^2}}dz$$

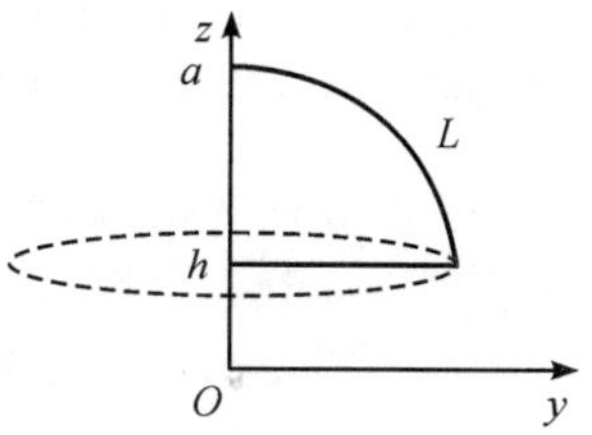

图 11.8.3

故有

$$\begin{aligned}\iint_S\frac{1}{z}dS&=\int_L\frac{1}{z}\cdot 2\pi\sqrt{a^2-z^2}\,dl\\&=\int_h^a\frac{1}{z}\cdot 2\pi\sqrt{a^2-z^2}\ \frac{a}{\sqrt{a^2-z^2}}dz\\&=2\pi a\int_h^a\frac{1}{z}dz\\&=2\pi a\ln\frac{a}{h}\end{aligned}$$

11.8.3　利用对称性计算曲线积分和曲面积分

1. 利用对称性计算对弧长的曲线积分

(1) 设曲线 Γ 关于 y 轴对称，位于 y 轴右侧的部分为 Γ_1，若被积函数 $f(x, y)$ 关于 x 是奇函数，即 $f(-x, y)=-f(x, y)$，则

$$\int_\Gamma f(x, y)ds=0$$

若被积函数 $f(x, y)$ 关于 x 是偶函数，即 $f(-x, y)=f(x, y)$，则

$$\int_{\Gamma} f(x, y)\mathrm{d}s=2\int_{\Gamma_1} f(x, y)\mathrm{d}s$$

(2) 设曲线 Γ 关于 x 轴对称，位于 x 轴上方的部分为 Γ_1，若被积函数 $f(x, y)$ 关于 y 是奇函数，即 $f(x, -y)=-f(x, y)$，则

$$\int_{\Gamma} f(x, y)\mathrm{d}s=0$$

若被积函数 $f(x, y)$ 关于 y 是偶函数，即 $f(x, -y)=f(x, y)$，则

$$\int_{\Gamma} f(x, y)\mathrm{d}s=2\int_{\Gamma_1} f(x, y)\mathrm{d}s$$

(3) 设曲线 Γ 关于 $y=x$ 对称，则

$$\int_{\Gamma} f(x, y)\mathrm{d}s=\int_{\Gamma} f(y, x)\mathrm{d}s$$

例 11.8.2 计算下列曲线积分.

(1) $\int_L (x+y)^2\mathrm{d}s$，其中 L：$x^2+y^2=9(y\geqslant 0)$；

(2) $\oint_L (4x^2+xy+3y^2)\,\mathrm{d}s$，其中 L：$\dfrac{x^2}{3}+\dfrac{y^2}{4}=1$，设曲线 L 的长度为 a.

解 (1) 因为曲线 L 关于 y 轴对称，所以 $\int_L 2xy\mathrm{d}s=0$，故

$$\int_L (x+y)^2\mathrm{d}s=\int_L (x^2+y^2)\,\mathrm{d}s=9\int_L \mathrm{d}s=27\pi$$

(2) 因为曲线 L 关于 x 轴对称，所以 $\int_L xy\mathrm{d}s=0$，故

$$\oint_L (4x^2+xy+3y^2)\,\mathrm{d}s=\oint_L (4x^2+3y^2)\,\mathrm{d}s=12\oint_L \left(\frac{x^2}{3}+\frac{y^2}{4}\right)\mathrm{d}s=12\oint_L \mathrm{d}s=12a$$

例 11.8.3 设曲线 L 是上半圆周 $x^2+y^2=2x$，求 $I=\int_L x\,\mathrm{d}s$.

解法一 平移极坐标. 令 L：$\begin{cases}x=1+\cos t\\ y=\sin t\end{cases}(0\leqslant t\leqslant \pi)$，则

$$I=\int_L x\,\mathrm{d}s=\int_0^{\pi}(1+\cos t)\cdot\sqrt{(-\sin t)^2+(\cos t)^2}\,\mathrm{d}t=\pi$$

解法二 利用平移对称性. 由于曲线 L 关于直线 $x=1$ 对称，故

$$\int_L (x-1)\mathrm{d}s=0$$

因此

$$I=\int_L x\,\mathrm{d}s=\int_L [1+(x-1)]\,\mathrm{d}s=\int_L \mathrm{d}s=\pi$$

解法三 利用形心坐标. 由于曲线 L 形心的横坐标 $\bar{x}=1$，因此

$$I=\bar{x}=\frac{\int_L x\,\mathrm{d}s}{\int_L \mathrm{d}s}=\frac{\int_L x\,\mathrm{d}s}{\pi}=1\Rightarrow I=\int_L x\,\mathrm{d}s=\pi$$

例 11.8.4 已知曲线 L 是平面 $x+y+z=0$ 与球面 $x^2+y^2+z^2=R^2$ 的交线，计算

$$I=\int_{L}(x^{2}+y^{2}+z)\,\mathrm{d}s$$

解　根据轮换对称性，有

$$\oint_{L}x^{2}\mathrm{d}s=\oint_{L}y^{2}\mathrm{d}s=\oint_{L}z^{2}\mathrm{d}s$$

$$\oint_{L}x\,\mathrm{d}s=\oint_{L}y\,\mathrm{d}s=\oint_{L}z\,\mathrm{d}s$$

因此

$$\begin{aligned}I&=\oint_{L}(x^{2}+y^{2}+z)\mathrm{d}s=\oint_{L}(x^{2}+y^{2})\mathrm{d}s+\oint_{L}z\,\mathrm{d}s\\&=\frac{2}{3}\oint_{L}(x^{2}+y^{2}+z^{2})\,\mathrm{d}s+\frac{1}{3}\oint_{L}(x+y+z)\,\mathrm{d}s\\&=\frac{2}{3}\oint_{L}R^{2}\cdot\mathrm{d}s+\frac{1}{3}\oint_{L}0\cdot\mathrm{d}s\\&=\frac{2R^{2}}{3}\oint_{L}\mathrm{d}s=\frac{4\pi R^{3}}{3}\end{aligned}$$

2. 利用对称性计算对坐标的曲线积分

(1) 设 Γ 关于 y 轴对称，Γ_- 和 Γ_+ 为 Γ 的左半部分和右半部分，则

$$\int_{\Gamma}P(x,y)\mathrm{d}x=\begin{cases}2\displaystyle\int_{\Gamma_+}P(x,y)\mathrm{d}x, & P(-x,y)=P(x,y)\\0, & P(-x,y)=-P(x,y)\end{cases}$$

$$\int_{\Gamma}Q(x,y)\mathrm{d}y=\begin{cases}2\displaystyle\int_{\Gamma_+}Q(x,y)\mathrm{d}y, & Q(-x,y)=-Q(x,y)\\0, & Q(-x,y)=Q(x,y)\end{cases}$$

这里只证明第二个公式.

记 Γ_+ 的参数方程为 $\begin{cases}x=x(t)\\y=y(t)\end{cases}$，$t$ 从 a 到 b；Γ_- 的参数方程为 $\begin{cases}x=-x(t)\\y=y(t)\end{cases}$，$t$ 从 b 到 a，则

$$\int_{\Gamma_+}Q\mathrm{d}y=\int_{a}^{b}Q[x(t),y(t)]y'(t)\mathrm{d}t$$

$$\begin{aligned}\int_{\Gamma_-}Q\mathrm{d}y&=\int_{b}^{a}Q[-x(t),y(t)]y'(t)\mathrm{d}t\\&=\begin{cases}-\displaystyle\int_{a}^{b}Q[x(t),y(t)]y'(t)\mathrm{d}t, & Q(-x,y)=Q(x,y)\\\displaystyle\int_{a}^{b}Q[x(t),y(t)]y'(t)\mathrm{d}t, & Q(-x,y)=-Q(x,y)\end{cases}\end{aligned}$$

$$\Rightarrow\int_{\Gamma}Q\mathrm{d}y=\int_{\Gamma_+}Q\mathrm{d}y+\int_{\Gamma_-}Q\mathrm{d}y=\begin{cases}2\displaystyle\int_{\Gamma_+}Q\mathrm{d}y, & Q(-x,y)=-Q(x,y)\\0, & Q(-x,y)=Q(x,y)\end{cases}$$

(2) 设 Γ 关于 x 轴对称，Γ_- 和 Γ_+ 为 Γ 的下半部分和上半部分，则

$$\int_{\Gamma}P(x,y)\mathrm{d}x=\begin{cases}2\displaystyle\int_{\Gamma_+}P(x,y)\mathrm{d}x, & P(x,-y)=-P(x,y)\\0, & P(x,-y)=P(x,y)\end{cases}$$

$$\int_{\Gamma} Q(x, y)\mathrm{d}y = \begin{cases} 2\int_{\Gamma_+} Q(x, y)\mathrm{d}x, & Q(x, -y) = Q(x, y) \\ 0, & Q(x, -y) = -Q(x, y) \end{cases}$$

(3) 设 Γ 关于原点对称，Γ_+ 为 Γ 的右半部分或上半部分，则

$$\int_{\Gamma} P\mathrm{d}x + Q\mathrm{d}y = \begin{cases} 2\int_{\Gamma_+} P\mathrm{d}x + Q\mathrm{d}y, & P(-x, -y) = P(x, y), Q(-x, -y) = Q(x, y) \\ 0, & P(-x, -y) = -P(x, y), Q(-x, -y) = -Q(x, y) \end{cases}$$

例 11.8.5 已知曲线 $L: y = 1 - |x|$，$x \in [-1, 1]$，起点为 $(-1, 0)$，终点为 $(1, 0)$，求

$$\int_L xy\mathrm{d}x + x^2\mathrm{d}y$$

解 曲线 L 关于 y 轴对称，由于 xy 是关于 x 的奇函数，故 $\int_L xy\mathrm{d}x = 0$；由于 x^2 是关于 x 的偶函数，故 $\int_L x^2\mathrm{d}y = 0$. 因此

$$\int_L xy\mathrm{d}x + x^2\mathrm{d}y = 0$$

例 11.8.6 L 是从点 $A(-\pi, 0)$ 沿曲线 $y = \sin x$ 到点 $B(\pi, 0)$ 的弧段，计算

$$I = \int_L (\mathrm{e}^{-x^2}\sin x + 3y - \cos y)\mathrm{d}x + (x\sin y - y^4)\mathrm{d}y$$

解 曲线 L 关于原点对称，函数 $\mathrm{e}^{-x^2}\sin x + 3y$ 满足

$$P(-x, -y) = -P(x, y)$$

$-\cos y$ 和 $x\sin y - y^4$ 满足

$$P(-x, -y) = P(x, y), Q(-x, -y) = Q(x, y)$$

由对称性，并注意到满足积分与路径无关的条件，可选择路径 Γ：$y = 0(A \to B)$ 进行积分，有

$$\begin{aligned} I &= \int_L (-\cos y)\mathrm{d}x + (x\sin y - y^4)\mathrm{d}y \\ &= \int_{\Gamma} (-\cos y)\mathrm{d}x + (x\sin y - y^4)\mathrm{d}y \\ &= -2\int_0^{\pi}\mathrm{d}x = -2\pi \end{aligned}$$

例 11.8.7 已知曲线的方程为 $L: \begin{cases} z = \sqrt{2 - x^2 - y^2} \\ z = x \end{cases}$，起点为 $A(0, \sqrt{2}, 0)$，终点为 $B(0, -\sqrt{2}, 0)$，计算曲线积分

$$I = \int_L (y + z)\mathrm{d}x + (z^2 - x^2 + y)\mathrm{d}y + x^2y^2\mathrm{d}z$$

解法一 直接计算. 如图 11.8.4 所示，C 点坐标为 $C(1, 0, 1)$，记

L_1：$A \to C$，即 L 的右半部分；

L_2：$C \to B$，即 L 的左半部分.

则分别计算如下：

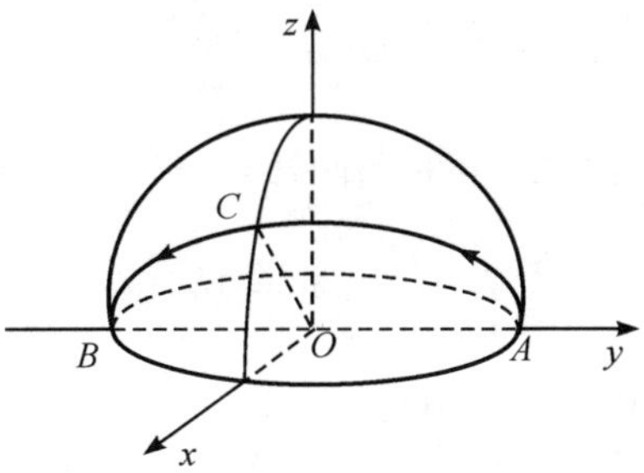

图 11.8.4

$$\int_L (y+z)\mathrm{d}x=\int_L (y+x)\,\mathrm{d}x=\int_{L_1}(y+x)\,\mathrm{d}x+\int_{L_2}(y+x)\,\mathrm{d}x$$

$$=\int_0^1\left(\sqrt{2-2x^2}+x\right)\mathrm{d}x+\int_1^0\left(-\sqrt{2-2x^2}+x\right)\mathrm{d}x$$

$$=2\sqrt{2}\int_0^1\sqrt{1-x^2}\,\mathrm{d}x=2\sqrt{2}\cdot\frac{\pi}{4}=\frac{\sqrt{2}}{2}\pi$$

$$\int_L (z^2-x^2+y)\,\mathrm{d}y=\int_L y\,\mathrm{d}y=\int_1^{-1}y\,\mathrm{d}y=0$$

$$\int_L x^2y^2\,\mathrm{d}z=\int_L z^2(2-2z^2)\,\mathrm{d}z=\int_{L_1}z^2(2-2z^2)\,\mathrm{d}z+\int_{L_2}z^2(2-2z^2)\,\mathrm{d}z$$

$$=\int_0^1 z^2(2-2z^2)\,\mathrm{d}z+\int_1^0 z^2(2-2z^2)\,\mathrm{d}z=0$$

因此，$I=\frac{\sqrt{2}}{2}\pi$.

解法二　应用斯托克斯公式. 设 Γ 为 B 到 A 的直线段，则 $L+\Gamma$ 构成封闭曲线. 再设 Σ 为由 $L+\Gamma$ 围成的在 $z=x$ 平面上，且法向量为 $\left\{\frac{1}{\sqrt{2}},0,-\frac{1}{\sqrt{2}}\right\}$ 的曲面，由斯托克斯公式，有

$$I=\left(\int_{L+\Gamma}-\int_{\Gamma}\right)(y+z)\,\mathrm{d}x+(z^2-x^2+y)\,\mathrm{d}y+x^2y^2\mathrm{d}z$$

$$=\iint_\Sigma\begin{vmatrix}\frac{1}{\sqrt{2}} & 0 & -\frac{1}{\sqrt{2}}\\ \frac{\partial}{\partial x} & \frac{\partial}{\partial y} & \frac{\partial}{\partial z}\\ y+x & z^2-x^2+y & x^2y^2\end{vmatrix}\mathrm{d}S-\int_{-1}^1 y\,\mathrm{d}y$$

$$=\frac{1}{\sqrt{2}}\iint_\Sigma(2x^2y+1)\,\mathrm{d}S=\frac{1}{\sqrt{2}}\iint_\Sigma\mathrm{d}S=\frac{1}{\sqrt{2}}\cdot\pi=\frac{\sqrt{2}}{2}\pi$$

解法三　应用对称性. 曲线 L：$A\to C\to B$ 关于 xOz 面对称，记 L_1：$A\to C$，即 L 的右半部分；L_2：$C\to B$，即 L 的左半部分. 注意到 L 在平面 $z=x$ 上，C 点坐标为 $C(1,0,1)$. 逐个计算积分：

$\int_L y\,\mathrm{d}x$，被积函数是 L 上的奇函数，$\mathrm{d}x$ 在 L_1 上为正，在 L_2 上为负，则

$$\int_L y\,dx = 2\int_{L_1} y\,dx = 2\int_0^1 \sqrt{2-2x^2}\,dx = 2\sqrt{2}\int_0^1 \sqrt{1-x^2}\,dx = 2\sqrt{2}\cdot\frac{\pi}{4} = \frac{\sqrt{2}}{2}\pi$$

$\int_L z\,dx = \int_L x\,dx$，被积函数是 L 上的偶函数，dx 在 L_1 上为正，在 L_2 上为负，则

$$\int_L z\,dx = 0$$

$\int_L (z^2 - x^2)dy$，被积函数在 L 上恒为 0，则

$$\int_L (z^2 - x^2)\,dy = 0$$

$\int_L y\,dy$，被积函数是 L 上的奇函数，dy 在 L 上不变号，则

$$\int_L y\,dy = 0$$

$\int_L x^2y^2\,dz$，被积函数是 L 上的奇函数，dz 在 L_1 上为正，在 L_2 上为负，则

$$\int_L x^2y^2\,dz = 0$$

综上，$I = \frac{\sqrt{2}}{2}\pi$.

例 11.8.8 设曲线 L：$\begin{cases} x^2+y^2+z^2=4 \\ x^2+y^2=2x \end{cases}$ $(z \geqslant 0)$，从 x 轴正向看去，L 取逆时针方向. 计算

$$I = \oint_L y^2\,dx + z^2\,dy + x^2\,dz$$

解 应用对称性. 如图 11.8.5 所示，曲线 L 关于 xOz 面对称，记 L_1 为 L 的右半部分；L_2 为 L 的左半部分. 逐个计算积分：

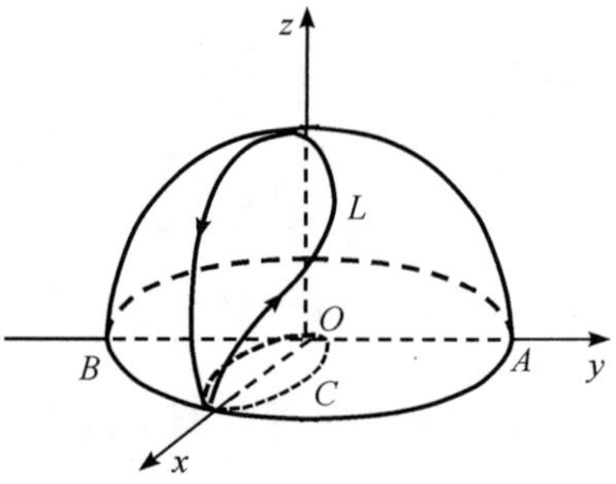

图 11.8.5

$\oint_L y^2\,dx$，被积函数是 L 上的偶函数，dx 在 L_1 上为负，在 L_2 上为正，则

$$\oint_L y^2\,dx = 0$$

$\oint_L z^2\,dy$，被积函数是 L 上的偶函数，dy 在 L 上有正有负，但总体上 xOz 面左右两侧 dy 的符号保持一致. 故

$$\oint_L z^2\,dy = 2\oint_{L_1} z^2\,dy = 2\int_0^{\pi} (2-2\cos\theta)\,d(\sin\theta) = -2\pi$$

$\oint_L x^2\,dz$，被积函数是 L 上的偶函数，dz 在 L_1 上为正，在 L_2 上为负，则

$$\oint_L x^2\,dz = 0$$

综上，$I = -2\pi$.

3. 利用对称性计算对面积的曲面积分

(1) Σ 关于 xOy 面对称，Σ_+ 为 Σ 的上半部分，则

$$\iint_{\Sigma} f(x, y, z)\mathrm{d}S = \begin{cases} 2\iint_{\Sigma_+} f(x, y, z)\mathrm{d}S, & f(x, y, -z) = f(x, y, -z) \\ 0, & f(x, y, -z) = -f(x, y, -z) \end{cases}$$

(2) Σ 关于 xOy 和 xOz 面都对称，Σ_+ 为 Σ 的上半部分或右半部分，则

$$\iint_{\Sigma} f(x, y, z)\mathrm{d}S = \begin{cases} 4\iint_{\Sigma_+} f(x, y, z)\mathrm{d}S, & f(x, -y, -z) = f(x, y, z) \\ 0, & f(x, -y, z)\ .\mathrm{OR.}\ f(x, y, -z) = -f(x, y, z) \end{cases}$$

(3) Σ 关于 3 个坐标面都对称，Σ_+ 为 Σ 的上半部分或右半部分或前半部分，则

$$\iint_{\Sigma} f(x, y, z)\mathrm{d}S = \begin{cases} 8\iint_{\Sigma_+} f(x, y, z)\mathrm{d}S, & f(-x, -y, -z) = f(x, y, z) \\ 0, & f(-x, y, z)\ .\mathrm{OR.}\ f(x, -y, z)\ .\mathrm{OR.} \\ & f(x, y, -z) = -f(x, y, z) \end{cases}$$

(4) Σ 关于 x，y 轮换对称，则

$$\iint_{\Sigma} f(x, y, z)\mathrm{d}S = \iint_{\Sigma} f(y, x, z)\,\mathrm{d}S$$

(5) 曲面 Σ 关于平面 $x=a$ 对称，则

$$\iint_{\Sigma} (x-a)\mathrm{d}S = 0$$

例 11.8.9　设 S 为 $|x|+|y|+|z| \leqslant 1$ 的全表面，计算

$$I = \iint_S (x+2y+3z-4)^2\mathrm{d}S$$

解　$(x+2y+3z-4)^2 = x^2+4y^2+9z^2+16+4xy+6xz+12yz-8x-16y-24z$，因为 S 关于 xOz 面对称，$4xy$，$12zy$，$-16y$ 均为 y 的奇函数，积分为 0；

S 关于 xOy 面对称，$6xz$，$-24z$ 均为 z 的奇函数，积分为 0；

S 关于 yOz 面对称，$-8x$ 为 x 的奇函数，积分为 0；

所以

$$I = \iint_S (x^2+4y^2+9z^2)\mathrm{d}S + 16\iint_S \mathrm{d}S \stackrel{\Delta}{=} I_1 + I_2$$

由轮换对称知

$$\iint_S x^2\mathrm{d}S = \iint_S y^2\mathrm{d}S = \iint_S z^2\mathrm{d}S = \frac{1}{3}\iint_S (x^2+y^2+z^2)\,\mathrm{d}S$$

$$I_1 = \iint_S x^2\mathrm{d}S + 4\iint_S y^2\mathrm{d}S + 9\iint_S z^2\mathrm{d}S = 14\iint_S x^2\mathrm{d}S$$

再由 S 的对称性知，取第一象限中的部分投影到 xOy 面，得

$$D_{xy} = \{(x, y) \mid x+y \leqslant 1, x \geqslant 0, y \geqslant 0\}$$

在 D_{xy} 上，S：$z=1-x-y$，

$$\mathrm{d}S = \sqrt{1+z_x^2+z_y^2}\,\mathrm{d}x\,\mathrm{d}y = \sqrt{3}\,\mathrm{d}x\,\mathrm{d}y$$

$$I_1 = 8 \times 14\sqrt{3}\iint_{D_{xy}} x^2\mathrm{d}x\,\mathrm{d}y = 112\sqrt{3}\int_0^1 \mathrm{d}x\int_0^{1-x} x^2\mathrm{d}y = \frac{28}{3}\sqrt{3}$$

$$I_2=8\times 16\sqrt{3}\iint_{D_{xy}}\mathrm{d}x\,\mathrm{d}y=8\times 16\sqrt{3}\times\frac{1}{2}=64\sqrt{3}$$

$$I=I_1+I_2=\frac{220}{3}\sqrt{3}$$

例 11.8.10 设 S 为球面 $(x-a)^2+(y-a)^2+(z-a)^2=a^2$，计算

$$I=\iint_S(x+y+z+a)^2\mathrm{d}S$$

解 由于 S 关于 $(x-a)$，$(y-a)$，$(z-a)$ 都对称，故有

$$\begin{aligned}I&=\iint_S(x+y+z+a)^2\mathrm{d}S=\iint_S[(x-a)+(y-a)+(z-a)+4a]^2\mathrm{d}S\\&=\iint_S[(x-a)^2+(y-a)^2+(z-a)^2+16a^2]\mathrm{d}S\\&\quad+2\iint_S[(x-a)(y-a)+(x-a)(z-a)+(y-a)(z-a)]\mathrm{d}S\\&\quad+4a\iint_S[(x-a)+(y-a)+(z-a)]\mathrm{d}S\end{aligned}$$

而

$$\iint_S(x-a)\mathrm{d}S=\iint_S(y-a)\mathrm{d}S=\iint_S(z-a)\mathrm{d}S=0$$

$$\iint_S(x-a)(y-a)\mathrm{d}S=\iint_S(y-a)(z-a)\mathrm{d}S=\iint_S(x-a)(z-a)\mathrm{d}S=0$$

因此

$$\begin{aligned}I&=\iint_S(x+y+z+a)^2\mathrm{d}S=\iint_S[(x-a)^2+(y-a)^2+(z-a)^2+16a^2]\mathrm{d}S\\&=\iint_S(a^2+16a^2)\mathrm{d}S=17a^2\iint_S\mathrm{d}S=17a^2\cdot 4\pi a^2=68\pi a^4\end{aligned}$$

例 11.8.11 已知 S：$x^2+y^2+z^2=R^2$，$z\geqslant 0$，方向取上侧，计算

$$I=\iint_S[(z^6-y^6)\cos\alpha+(x^6-z^6)\cos\beta+(y^6-x^6)\cos\gamma]\mathrm{d}S$$

解 S 关于 yOz 面和 xOz 面都对称，并且关于 x，y 轮换对称. 又

$$\boldsymbol{n}_0=\frac{1}{R}\{x,y,z\}=\{\cos\alpha,\cos\beta,\cos\gamma\}$$

因此

$$\begin{aligned}I&=\iint_S\left[(z^6-y^6)\frac{x}{R}+(x^6-z^6)\frac{y}{R}+(y^6-x^6)\frac{z}{R}\right]\mathrm{d}S\\&=\iint_S\left[0+0+(y^6-x^6)\frac{z}{R}\right]\mathrm{d}S=0\end{aligned}$$

4. 利用对称性计算对坐标的曲面积分

设 Σ 关于 xOy 面对称，Σ_+ 为 Σ 的上半部分，则

$$\iint_\Sigma f(x,y,z)\mathrm{d}S=\begin{cases}0, & f(x,y,-z)=f(x,y,z)\\ 2\iint_{\Sigma_+}f(x,y,z)\mathrm{d}S, & f(x,y,-z)=-f(x,y,z)\end{cases}$$

若设 Σ 关于 xOz 面、yOz 面对称，也有类似结论.

例 11.8.12　设 $S=\{(x,y,z)\mid x^2+y^2+z^2=R^2,\ z\geqslant 0\}$，方向取上侧，则下列哪个积分不为 0？

A. $\iint_S x^2\,\mathrm{d}y\,\mathrm{d}z$　　B. $\iint_S x\,\mathrm{d}y\,\mathrm{d}z$　　C. $\iint_S z\,\mathrm{d}z\,\mathrm{d}x$　　D. $\iint_S y\,\mathrm{d}x\,\mathrm{d}y$

解　可以直接投影进行判断，也可以按照物理意义即流过曲面的流量进行判断. 区域关于 yOz 和 xOz 面对称，因此也可根据对称性进行直接判断，还可转换成第一类曲面积分，再利用对称性判断. 令 $F=x^2+y^2+z^2-R^2$，则有

$$F_x=2x,\ F_y=2y,\ F_z=2z,\ \sqrt{F_x^2+F_y^2+F_z^2}=2\sqrt{x^2+y^2+z^2}=2R$$

A. $\iint_S x^2\,\mathrm{d}y\,\mathrm{d}z=\iint_S x^2\,\dfrac{2x}{2R}\mathrm{d}S=\dfrac{1}{R}\iint_S x^3\,\mathrm{d}S=0$；

B. $\iint_S x\,\mathrm{d}y\,\mathrm{d}z=\iint_S x\,\dfrac{2x}{2R}\mathrm{d}S=\dfrac{1}{R}\iint_S x^2\,\mathrm{d}S\neq 0$；

C. $\iint_S z\,\mathrm{d}z\,\mathrm{d}x=\iint_S z\,\dfrac{2y}{2R}\mathrm{d}S=\dfrac{1}{R}\iint_S zy\,\mathrm{d}S=0$；

D. $\iint_S y\,\mathrm{d}x\,\mathrm{d}y=\iint_S y\,\dfrac{2z}{2R}\mathrm{d}S=\dfrac{1}{R}\iint_S yz\,\mathrm{d}S=0$.

答案选择 B.

例 11.8.13　设 S 为由 $x^2+y^2=R^2$，$z=\pm R$ 所围的表面外侧，计算

$$I=\iint_S \frac{x\,\mathrm{d}y\,\mathrm{d}z+z^2\,\mathrm{d}x\,\mathrm{d}y}{x^2+y^2+z^2}$$

解　记上底 $z=R$ 为 S_1，方向向上，下底 $z=-R$ 为 S_2，方向向下，侧面为 S_3. 注意 S_1，S_2 在 yOz 面投影为一直线，积分为零，S_3 在 xOy 面投影为一圆，积分为零. 因此

$$I=\iint_S \frac{x\,\mathrm{d}y\,\mathrm{d}z}{x^2+y^2+z^2}+\iint_S \frac{z^2\,\mathrm{d}x\,\mathrm{d}y}{x^2+y^2+z^2}\overset{\Delta}{=}I_1+I_2$$

$$I_1=\left(\iint_{S_1}+\iint_{S_2}+\iint_{S_3}\right)\frac{x\,\mathrm{d}y\,\mathrm{d}z}{x^2+y^2+z^2}=\iint_{S_3}\frac{x\,\mathrm{d}y\,\mathrm{d}z}{x^2+y^2+z^2}$$

$$I_2=\left(\iint_{S_1+S_2}+\iint_{S_3}\right)\frac{z^2\,\mathrm{d}x\,\mathrm{d}y}{x^2+y^2+z^2}=\iint_{S_1+S_2}\frac{z^2\,\mathrm{d}x\,\mathrm{d}y}{x^2+y^2+z^2}$$

方法一：对 S_3，前侧 S_+：$x=\sqrt{R^2-y^2}$，后侧 S_-：$x=-\sqrt{R^2-y^2}$.

$$I_1=\left(\iint_{S_+}+\iint_{S_-}\right)\frac{x\,\mathrm{d}y\,\mathrm{d}z}{x^2+y^2+z^2}=\iint_{D_{yz}}\frac{\sqrt{R^2-y^2}}{R^2+z^2}\mathrm{d}y\,\mathrm{d}z-\iint_{D_{yz}}\frac{-\sqrt{R^2-y^2}}{R^2+z^2}\mathrm{d}y\,\mathrm{d}z$$

$$=2\int_{-R}^{R}\sqrt{R^2-y^2}\,\mathrm{d}y\int_{-R}^{R}\frac{\mathrm{d}z}{R^2+z^2}=\frac{\pi^2}{2}R$$

$$I_2=\left(\iint_{S_1}+\iint_{S_2}\right)\frac{x\,\mathrm{d}y\,\mathrm{d}z}{x^2+y^2+z^2}=\iint_{D_{xy}}\frac{R^2\,\mathrm{d}x\,\mathrm{d}y}{x^2+y^2+R^2}-\iint_{D_{xy}}\frac{(-R)^2\,\mathrm{d}x\,\mathrm{d}y}{x^2+y^2+R^2}=0$$

$$\Rightarrow I=I_1+I_2=\frac{\pi^2}{2}R$$

方法二：应用对称性. 对于 I_1，曲面 S_3 关于 yOz 面对称，且被积函数关于 x 是奇函数. 由于积分沿外侧，故在 S_3 的前半部分 $\mathrm{d}y\,\mathrm{d}z>0$，$S_3$ 后半部分 $\mathrm{d}y\,\mathrm{d}z<0$. 因此

$$I_1=\iint_{S_3}\frac{x\,\mathrm{d}y\,\mathrm{d}z}{x^2+y^2+z^2}=2\iint_{S_3^+}\frac{x\,\mathrm{d}y\,\mathrm{d}z}{x^2+y^2+z^2}=2\iint_{D_{yz}}\frac{\sqrt{R^2-y^2}}{R^2+z^2}\mathrm{d}y\,\mathrm{d}z=\frac{R\pi^2}{2}$$

对于 I_2，曲面 S_1，S_2 关于 xOy 面对称，且被积函数关于 z 是偶函数. 由于积分沿外侧，故在 S_1 部分 $dxdy>0$，S_2 后半部分 $dxdy<0$. 因此 $I_2=0$.

所以

$$I=I_1+I_2=\frac{R\pi^2}{2}$$

11.8.4 第二类曲面积分"三向一投"公式

定理 11.8.1 设 P，Q，R 是定义在光滑曲面 S：$z=z(x,y)$，$(x,y)\in D$ 上的连续函数，以 S 的上侧为正侧，则

$$\begin{aligned}&\iint_S P(x,y,z)\mathrm{d}y\mathrm{d}z+Q(x,y,z)\mathrm{d}z\mathrm{d}x+R(x,y,z)\mathrm{d}x\mathrm{d}y\\=&\iint_D\Big\{P[x,y,z(x,y)](-z_x)+Q[x,y,z(x,y)](-z_y)+\\&R[x,y,z(x,y)]\Big\}\mathrm{d}x\mathrm{d}y\end{aligned}$$

证 由于

$$\cos\alpha=\frac{-z_x}{\sqrt{1+z_x^2+z_y^2}},\ \cos\beta=\frac{-z_y}{\sqrt{1+z_x^2+z_y^2}},\ \cos\gamma=1,\ \mathrm{d}S=\sqrt{1+z_x^2+z_y^2}\,\mathrm{d}x\mathrm{d}y$$

因此

$$\begin{aligned}&\iint_S P(x,y,z)\mathrm{d}y\mathrm{d}z+Q(x,y,z)\mathrm{d}z\mathrm{d}x+R(x,y,z)\mathrm{d}x\mathrm{d}y\\=&\iint_S[P(x,y,z)\cos\alpha+Q(x,y,z)\cos\beta+R(x,y,z)\cos\gamma]\mathrm{d}S\\=&\iint_D\Big\{P[x,y,z(x,y)](-z_x)+Q[x,y,z(x,y)](-z_y)+\\&R[x,y,z(x,y)]\Big\}\mathrm{d}x\mathrm{d}y\end{aligned}$$

此定理将 x，y，z 三个方向的第二类曲面积分全部投影到 xOy 平面上，转换为积分区域为 xOy 平面上的二重积分，称为"三向一投"公式. 这种方法对于一些特定题目具有立竿见影的效果.

例 11.8.14 求 $\int_L \mathrm{d}x-\mathrm{d}y+y\mathrm{d}z$，其中 L：$\begin{cases}x^2+y^2=1\\x+y-z=1\end{cases}$，从 z 轴正向看去为逆时针方向.

解 先应用斯托克斯公式，再应用"三向一投"公式，有

$$\int_L \mathrm{d}x-\mathrm{d}y+y\mathrm{d}z=\iint_S \mathrm{d}y\mathrm{d}z=\iint_D(-1)\,\mathrm{d}x\mathrm{d}y=-\pi$$

其中，S：$\begin{cases}x+y-z=1\\x^2+y^2\leqslant 1\end{cases}$，方向取上侧；平面区域 D：$x^2+y^2\leqslant 1$.

例 11.8.15 曲面 $S=\{(x,y,z)\,|\,z=x^2+y^2,\ z\in[0,1]\}$，方向取上侧，计算

$$I=\iint_S(2x+z)\,\mathrm{d}y\mathrm{d}z+z\mathrm{d}x\mathrm{d}y$$

解 因为 $z_x=2x$，$z_y=2y$，而 $x(x^2+y^2)$ 是 x 的奇函数，有

$$\iint_D x(x^2+y^2)\,dx\,dy=0$$

又由对称性，有

$$\iint_D x^2\,dx\,dy=\iint_D y^2\,dx\,dy$$

因此

$$I=\iint_D[(2x+x^2+y^2)(-2x)+x^2+y^2]\,dx\,dy=\iint_D(y^2-3x^2)\,dx\,dy$$

$$=-\iint_D 2x^2\,dx\,dy=-2\int_0^{2\pi}d\theta\int_0^1 r^2\cos^2\theta r\,dr=-\frac{\pi}{2}$$

例 11.8.16　设 Σ 为 $z=x^2+y^2$ 与 $z=1$ 所围区域 Ω 的表面，方向取外侧，计算曲面积分

$$I=\oiint_\Sigma |xy|z^2\,dx\,dy+|x|y^2z\,dy\,dz$$

解　记 $I=I_1+I_2$，对于 I_1，应用高斯公式，有

$$I_1=\oiint_\Sigma |xy|z^2\,dx\,dy=\iiint_\Omega 2|xy|z\,dV=8\iiint_{\Omega_1} xyz\,dV$$

$$=8\int_0^{\frac{\pi}{2}}d\theta\int_0^1 r\,dr\int_{r^2}^1 zr^2\cos\theta\sin\theta\,dz=2\int_0^1 r^3(1-r^4)\,dr=\frac{1}{4}$$

对于 I_2，因被积函数对 x 偏导数不存在，不可用高斯公式求解. 将 Σ 分为两部分，第一部分为平面上侧的 Σ_1，第二部分为椭圆抛物面下侧的 Σ_2. 应用“三向一投”公式，有

$$I_2=\oiint_\Sigma |x|y^2z\,dy\,dz=\oiint_{\Sigma_2} |x|y^2z\,dy\,dz$$

$$=\iint_{D_{xy}} |x|y^2(x^2+y^2)\left(-\frac{\partial z}{\partial x}\right)dx\,dy$$

$$=\iint_{D_{xy}} |x|y^2(x^2+y^2)(-2x)\,dx\,dy=0$$

上式最后一步由二重积分对称性可得.

也可以由对坐标的曲面积分的对称性直接计算 I_2，因为 Σ_2 关于 yOz 面对称，Σ_2 前侧 $dy\,dz>0$，Σ_2 后侧 $dy\,dz<0$. 故

$$I_2=\oiint_\Sigma |x|y^2z\,dy\,dz=\oiint_{\Sigma_2} |x|y^2z\,dy\,dz=0$$

11.8.5　杂例

例 11.8.17　L 是平面 $x+y+z=2$ 和柱面 $|x|+|y|=1$ 的交线，L 方向从 z 轴的正向看去是逆时针，计算

$$I=\oint_L (y^2-z^2)\,dx+(2z^2-x^2)\,dy+(3x^2-y^2)\,dz$$

解　设 L_0 为 L 在 xOy 平面上的投影，其方程为 $|x|+|y|=1$，应用格林公式，有

$$I=\oint_L (y^2-z^2)\,dx+(2z^2-x^2)\,dy+(3x^2-y^2)\,dz$$

$$=\oint_{L_0}[y^2-(2-x-y)^2]dx+[2(2-x-y)^2-x^2]dy+(3x^2-y^2)(-dx-dy)$$

$$=\oint_{L_0}[2y^2-(2-x-y)^2-3x^2]\mathrm{d}x+[2(2-x-y)^2-4x^2+y^2]\mathrm{d}y$$

$$=-2\iint_{|x|+|y|\leqslant 1}(6+x-y)\mathrm{d}x\mathrm{d}y$$

$$=-12\iint_{|x|+|y|\leqslant 1}\mathrm{d}x\mathrm{d}y=-12\times 4\times\frac{1}{2}=-24$$

例 11.8.18 计算 $\int_C[\mathrm{e}^x\sin y-b(x+y)]\mathrm{d}x+(\mathrm{e}^x\cos y-ax)\mathrm{d}y$，其中 C：$y=\sqrt{2xa-x^2}$ 从点 $A(2a,0)$ 到点 $O(0,0)$ 的曲线.

解 补充 L：$y=0$ 从点 $O(0,0)$ 到点 $A(2a,0)$ 的一段，使曲线成封闭的半圆. 则由格林公式有

$$\int_C[\mathrm{e}^x\sin y-b(x+y)]\mathrm{d}x+(\mathrm{e}^x\cos y-ax)\mathrm{d}y$$

$$=\oint_{C+L}[\mathrm{e}^x\sin y-b(x+y)]\mathrm{d}x+(\mathrm{e}^x\cos y-ax)\mathrm{d}y-b\int_L x\,\mathrm{d}x$$

$$=\iint_D(b-a)\mathrm{d}x\mathrm{d}y-b\int_0^{2a}x\,\mathrm{d}x=\frac{\pi}{2}a^2(b-a)-2a^2b$$

例 11.8.19 函数 $f(x)$ 具有一阶连续导数，L 是上半平面($y>0$)上从 $M(a,b)$ 到 $N(c,d)$ 的分段光滑的有向曲线，设 $I=\int\frac{1}{y}[1+y^2f(xy)]\mathrm{d}x+\frac{x}{y^2}[y^2f(xy)-1]\mathrm{d}y$.

(1) 证明积分 I 与路径无关；

(2) 若 $ab=cd$，求 I.

解 (1) 由于 $\frac{\partial Q}{\partial x}=f(xy)+xyf'(xy)-\frac{1}{y^2}=\frac{\partial P}{\partial y}$，故积分与路径无关.

(2) 因为积分与路径无关，则可选择折线路径：$\overrightarrow{MH}+\overrightarrow{HN}$ 作积分，其中 H 表示点 $H(c,b)$，注意到 $ab=cd$，则

$$I=\int_a^c\left[\frac{1}{b}+bf(bx)\right]\mathrm{d}x+\int_b^d\left[cf(cy)-\frac{c}{y^2}\right]\mathrm{d}y$$

$$=\frac{c-a}{b}+\int_a^c bf(bx)\mathrm{d}x+\int_b^d cf(cy)\mathrm{d}y+c\left(\frac{1}{d}-\frac{1}{b}\right)$$

$$=\frac{bc-ad}{bd}+\int_{ab}^{bc}f(t)\mathrm{d}t+\int_{bc}^{cd}f(t)\mathrm{d}t=\frac{bc-ad}{bd}$$

例 11.8.20 设 C 是平面上分段光滑的封闭曲线，D 是由 C 围成的平面区域，$\boldsymbol{n}$ 是 C 的外法线向量，函数 $u(x,y)$ 具有二阶连续偏导数. 证明

$$\oint\frac{\partial u}{\partial\boldsymbol{n}}\mathrm{d}s=\iint_D\left(\frac{\partial^2u}{\partial x^2}+\frac{\partial^2u}{\partial y^2}\right)\mathrm{d}x\mathrm{d}y$$

证 设 C 的外法线向量 $\boldsymbol{n}$ 的方向余弦为 $\cos\alpha$，$\cos\beta$，则其相应切向量的方向余弦为 $-\cos\beta$，$\cos\alpha$，则 $\mathrm{d}x=-\cos\beta\mathrm{d}s$，$\mathrm{d}y=\cos\alpha\mathrm{d}s$，由格林公式得

$$\oint_C\frac{\partial u}{\partial\boldsymbol{n}}\mathrm{d}s=\oint_C\left(\frac{\partial u}{\partial x}\cos\alpha+\frac{\partial u}{\partial y}\cos\beta\right)\mathrm{d}s$$

$$=\oint_C\frac{\partial u}{\partial x}\mathrm{d}y-\frac{\partial u}{\partial y}\mathrm{d}x=\iint_D\left(\frac{\partial^2u}{\partial x^2}+\frac{\partial^2u}{\partial y^2}\right)\mathrm{d}x\mathrm{d}y$$

例 11.8.21　设 $\varphi(y)$ 可导，且 $\varphi(1)=1$，$\oint_L \frac{x\mathrm{d}y-y\mathrm{d}x}{x^2+\varphi(y)}=a$，其中 L 为绕原点(0，0)一周的任意正向曲线，求 $\varphi(y)$ 及常数 a 的值.

解　(1) 对于任意不包含原点的有向闭曲线 C，一定有 $\oint_L \frac{x\mathrm{d}y-y\mathrm{d}x}{x^2+\varphi(y)}=a$. 证明如下：

在 C 上取两点 A，B 将 C 分为两截 C_1，C_2. 另取一段曲线 C_0，使其端点分别连接 A，B，并适当选择 C_0 的方向，构成方向相反的两个有向闭曲线 C_1+C_0，$C_2+C_0^-$，使其都包含原点，这里 C_0^- 为 C_0 的反向曲线，则

$$\oint_C \frac{x\mathrm{d}y-y\mathrm{d}x}{x^2+\varphi(y)}=\oint_{C_1+C_0} \frac{x\mathrm{d}y-y\mathrm{d}x}{x^2+\varphi(y)}+\oint_{C_2+C_0^-} \frac{x\mathrm{d}y-y\mathrm{d}x}{x^2+\varphi(y)}=a-a=0$$

(2) 设 $P=-\frac{y}{x^2+\varphi(y)}$，$Q=\frac{x}{x^2+\varphi(y)}$，由(1) 知 $\frac{\partial Q}{\partial x}=\frac{\partial P}{\partial y}$，即

$$\frac{-x^2+\varphi(y)}{[x^2+\varphi(y)]^2}=-\frac{x^2+\varphi(y)-y\varphi'(y)}{[x^2+\varphi(y)]^2}$$

$$\Rightarrow -x^2+\varphi(y)=-x^2-\varphi(y)+y\varphi'(y)$$

只需解微分方程

$$\begin{cases} y\varphi'(y)=2\varphi(y) \\ \varphi(1)=1 \end{cases}$$

$$\Rightarrow \varphi(y)=y^2$$

只需选择 L_0：$x^2+y^2=r^2$，其中 r 足够小，使得 L_0 包含于 L 的内部，则

$$a=\oint_L \frac{x\mathrm{d}y-y\mathrm{d}x}{x^2+\varphi(y)}=\oint_{L_0} \frac{x\mathrm{d}y-y\mathrm{d}x}{x^2+y^2}=\int_0^{2\pi} \frac{r\cos x\cdot r\cos x-r\sin x\cdot(-r\sin x)}{r^2}\mathrm{d}\theta=2\pi$$

例 11.8.22　解微分方程 $(xy^2+y-1)\mathrm{d}x+(x^2y+x+2)\mathrm{d}y=0$.

解法一　设所求方程为 $u(x,y)=0$，则

$$u_x(x,y)=xy^2+y-1,\quad u_y(x,y)=x^2y+x+2$$

$$u(x,y)=\int(xy^2+y-1)\,\mathrm{d}x=\frac{1}{2}x^2y^2+xy-x+\varphi(y)$$

为求 $\varphi(y)$，将上式对 y 求偏导数，得

$$u_y(x,y)=x^2y+x+\varphi'(y)$$

与 $u_y(x,y)=x^2y+x+2$ 对比知，$\varphi'(y)=2$，故 $\varphi(y)=2y+C$，故有

$$u(x,y)=\frac{1}{2}x^2y^2+xy-x+2y+C$$

解法二　设 $P(x,y)=xy^2+y-1$，$Q(x,y)=x^2y+x+2$，因 $\frac{\partial Q}{\partial x}=2xy+1=\frac{\partial P}{\partial y}$，故一定存在某 $u(x,y)$，使得 $\mathrm{d}u=P(x,y)\mathrm{d}x+Q(x,y)\mathrm{d}y$，且

$$u(x,y)=\int_L P(x,y)\mathrm{d}x+Q(x,y)\mathrm{d}y=\int_L (xy^2+y-1)\,\mathrm{d}x+(x^2y+x+2)\,\mathrm{d}y$$

其中，L：$(x_0,y_0)\rightarrow(x,y)$ 的任意路径. 由于 $\frac{\partial Q}{\partial x}=\frac{\partial P}{\partial y}$，因而曲线积分与路径无关，故可选择折线 L_1：$(x_0,y_0)\rightarrow(x_0,y)$；$L_2$：$(x_0,y)\rightarrow(x,y)$，则

$$u(x, y) = \int_{L_1} P(x, y)\mathrm{d}x + Q(x, y)\mathrm{d}y + \int_{L_2} P(x, y)\mathrm{d}x + Q(x, y)\mathrm{d}y$$
$$= \int_{y_0}^{y} (x_0^2 y + x_0 + 2)\,\mathrm{d}y + \int_{x_0}^{x} (xy^2 + y - 1)\,\mathrm{d}x$$
$$= \frac{1}{2}x^2y^2 + xy - x + 2y - \frac{1}{2}x_0^2y_0^2 - x_0y_0 + x_0 - 2y_0$$
$$= \frac{1}{2}x^2y^2 + xy - x + 2y + C$$

例 11.8.23 曲线 L 是 $x^2 + y^2 + z^2 = 1$ 和 $x + y + z = 1$ 的交线，从 x 轴的正向看是逆时针方向，计算 $\oint_L y\mathrm{d}x + z\mathrm{d}y + x\mathrm{d}z$.

解 L 的切向量为 $\pm\left\{\begin{vmatrix} F_y & F_z \\ G_y & G_z \end{vmatrix}, \begin{vmatrix} F_z & F_x \\ G_z & G_x \end{vmatrix}, \begin{vmatrix} F_x & F_y \\ G_x & G_y \end{vmatrix}\right\}$，即 $\pm\{y-z, z-x, x-y\}$. 只需确定该向量的方向与 L 一致，并单位化，即为方向余弦.

因 L 是以 $A(0, 0, 1)$，$B(0, 1, 0)$，$C(0, 0, 1)$ 为顶点的正三角形外接圆，故在 C 点处切向量平行于 xOy 平面，且在 xOy 面上投影方向为从第二象限到第四象限的直线 $y = -x$. 故 C 点处的切向量为 $\{1, -1, 0\}$，对照 $\pm\{y-z, z-x, x-y\}$ 知，应取负号. 故 L 的切向量应为

$$-\{y-z, z-x, x-y\} = \{z-y, x-z, y-x\}$$

将切向量单位化，因

$$(z-y)^2 + (x-z)^2 + (y-x)^2 = 3(x^2 + y^2 + z^2) - (x+y+z)^2 = 3 - 1 = 2$$

故 L 的单位切向量为

$$\{\cos\alpha, \cos\beta, \cos\gamma\} = \frac{1}{\sqrt{2}}\{z-y, x-z, y-x\}$$

由两类曲线积分的关系知

$$\oint_L y\mathrm{d}x + z\mathrm{d}y + x\mathrm{d}z = \oint_L (y\cos\alpha + z\cos\beta + x\cos\gamma)\,\mathrm{d}s$$
$$= \frac{1}{\sqrt{2}}\oint_L [y(z-y) + z(x-z) + x(y-x)]\,\mathrm{d}s$$
$$= -\frac{1}{\sqrt{2}}\oint_L \left[\frac{3}{2}(x^2 + y^2 + z^2) - \frac{1}{2}(x+y+z)^2\right]\mathrm{d}s$$
$$= -\frac{1}{\sqrt{2}}\oint_L \mathrm{d}s = -\frac{1}{\sqrt{2}}C_L = -\frac{2\sqrt{3}}{3}\pi$$

其中 $C_L = \dfrac{2\sqrt{6}}{3}\pi$ 为圆 L 的周长，圆 L 为正 ΔABC 的外接圆.

例 11.8.24 求双纽线 $(x^2 + y^2)^2 = a^2(x^2 - y^2)$ 所围的平面图形的面积.

解 双纽线关于 x 轴和 y 轴都对称，故所求面积是第一象限面积的 4 倍. 只需求得双细线的参数方程即可由 $S = \dfrac{1}{2}\oint x\mathrm{d}y - y\mathrm{d}x$ 计算，计算过程略，结果为 a^2.

方法一：参数方程：$x = r(\theta)\cos\theta$，$y = r(\theta)\sin\theta$，其中

$$r(\theta)=a\sqrt{\cos 2\theta},\ \theta\in\left[-\frac{\pi}{4},\ \frac{\pi}{4}\right]\cup\left[\frac{3\pi}{4},\ \frac{5\pi}{4}\right]$$

方法二：令 $x^2+y^2=t$，则 $x^2-y^2=\dfrac{t^2}{a^2}$，联立解得参数方程为

$$x^2=\frac{1}{2}\left(t+\frac{t^2}{a^2}\right),\ y^2=\frac{1}{2}\left(t-\frac{t^2}{a^2}\right)$$

曲线在第一象限的参数方程为

$$x=\sqrt{\frac{1}{2}\left(t+\frac{t^2}{a^2}\right)},\ y=\sqrt{\frac{1}{2}\left(t-\frac{t^2}{a^2}\right)},\ t：从\ a\ 到\ 0.$$

例 11.8.25　设 Σ 分别为(1) $z=\sqrt{r^2-x^2-y^2}$，方向取外侧；(2) $\dfrac{x^2}{a^2}+\dfrac{y^2}{b^2}+\dfrac{z^2}{c^2}=1(z\geqslant 0;\ a,b,c>0)$，方向取外侧，计算

$$I=\iint_{\Sigma}\frac{x\,\mathrm{d}y\mathrm{d}z+y\,\mathrm{d}z\mathrm{d}x+z\,\mathrm{d}x\mathrm{d}y}{\sqrt{(x^2+y^2+z^2)^3}}$$

解　(1) 以 Σ_{x+}、Σ_{x-} 表示曲面 Σ 的前侧、后侧，D_{yz} 表示 yOz 平面上半径为 r 的上半圆域，则

$$\begin{aligned}\iint_{\Sigma}\frac{x\,\mathrm{d}y\mathrm{d}z}{\sqrt{(x^2+y^2+z^2)^3}}&=\frac{1}{r^3}\iint_{\Sigma_{x+}}x\,\mathrm{d}y\mathrm{d}z+\frac{1}{r^3}\iint_{\Sigma_{x-}}x\,\mathrm{d}y\mathrm{d}z\\&=\frac{1}{r^3}\iint_{D_{yz}}\sqrt{r^2-y^2-z^2}\,\mathrm{d}y\mathrm{d}z-\frac{1}{r^3}\iint_{D_{yz}}\left(-\sqrt{r^2-y^2-z^2}\right)\mathrm{d}y\mathrm{d}z\\&=\frac{2}{r^3}\iint_{D_{yz}}\sqrt{r^2-y^2-z^2}\,\mathrm{d}y\mathrm{d}z\\&=\frac{2}{r^3}\int_0^{\pi}\mathrm{d}\theta\int_0^{r}\sqrt{r^2-\rho^2}\,\rho\,\mathrm{d}\rho=\frac{2\pi}{3}\end{aligned}$$

同理得

$$\iint_{\Sigma}\frac{y\,\mathrm{d}z\mathrm{d}x}{\sqrt{(x^2+y^2+z^2)^3}}=\frac{2\pi}{3},\quad \iint_{\Sigma}\frac{z\,\mathrm{d}x\mathrm{d}y}{\sqrt{(x^2+y^2+z^2)^3}}=\frac{2\pi}{3}$$

故所求积分为 $I=2\pi$.

(2) 由于$\dfrac{\partial P}{\partial x}+\dfrac{\partial Q}{\partial y}+\dfrac{\partial R}{\partial z}=0$，而所求积分曲面为椭球面，计算烦琐，故可使用高斯公式将所求积分转换为在球面上的积分. 但由于 P，Q，R 在原点偏导数不连续，故需要用一个小半球面挖去原点. 为此添加下列曲面及平面：

Σ_1：$x^2+y^2+z^2=r^2$，$r<\min\{a,b,c\}$，方向取下侧；

Σ_2：$z=0$，$\dfrac{x^2}{a^2}+\dfrac{y^2}{b^2}\leqslant 1$，$x^2+y^2\geqslant r^2$，方向取下侧.

注意到(1) 的结论，则由高斯公式，有

$$\begin{aligned}I&=\left(\oiint_{\Sigma+\Sigma_1+\Sigma_2}-\iint_{\Sigma_1}-\iint_{\Sigma_2}\right)\frac{x\,\mathrm{d}y\mathrm{d}z+y\,\mathrm{d}z\mathrm{d}x+z\,\mathrm{d}x\mathrm{d}y}{\sqrt{(x^2+y^2+z^2)^3}}\\&=-\iint_{\Sigma_2}\frac{x\,\mathrm{d}y\mathrm{d}z+y\,\mathrm{d}z\mathrm{d}x+z\,\mathrm{d}x\mathrm{d}y}{\sqrt{(x^2+y^2+z^2)^3}}=2\pi\end{aligned}$$

例 11.8.26 设 S 为 $|x-y+z|+|y-z+x|+|z-x+y|=1$ 的外表面，计算

$$I=\iint_S (x-y+z)\,\mathrm{d}y\mathrm{d}z+(y-z+x)\,\mathrm{d}z\mathrm{d}x+(z-x+y)\,\mathrm{d}x\mathrm{d}y$$

解 根据高斯公式，有

$$I=\iiint_\Omega 3\mathrm{d}x\mathrm{d}y\mathrm{d}z$$

令 $\begin{cases}u=x-y+z\\ v=y-z+x\\ w=z-x+y\end{cases}$，则有 $|u|+|v|+|w|=1$，因此

$$J=\frac{\partial(x,y,z)}{\partial(u,v,w)}=\frac{1}{\dfrac{\partial(u,v,w)}{\partial(x,y,z)}}=\frac{1}{\begin{vmatrix}u_x & u_y & u_z\\ v_x & v_y & v_z\\ w_x & w_y & w_z\end{vmatrix}}=\frac{1}{\begin{vmatrix}1 & -1 & 1\\ 1 & 1 & -1\\ -1 & 1 & 1\end{vmatrix}}=\frac{1}{4}$$

$$\Rightarrow I=\iiint_\Omega 3\mathrm{d}x\mathrm{d}y\mathrm{d}z=8\iiint_\Omega 3|J|\,\mathrm{d}u\mathrm{d}v\mathrm{d}w=24\times\frac{1}{4}\times\left(\frac{1}{3}\times\frac{1}{2}\times1\times1\right)=1$$

例 11.8.27 设 S 为单位球面，方向取外侧，$a>0$，$b>0$，$c>0$，计算

$$I=\int_{x^2+y^2+z^2=1}\frac{x\mathrm{d}y\mathrm{d}z+y\mathrm{d}z\mathrm{d}x+z\mathrm{d}x\mathrm{d}y}{(ax^2+by^2+cz^2)^{\frac{3}{2}}}$$

解 因为 P，Q，R 在单位球所包围的区域中心处不连续，无法直接用高斯公式. 但是 P，Q，R 在去球心后的单位球上满足高斯公式条件. 以 ρ 表示以原点为中心的椭球 $ax^2+by^2+cz^2=r^2$ 的表面外侧($-\rho$ 表示内侧)，注意到 $\dfrac{\partial P}{\partial x}+\dfrac{\partial Q}{\partial y}+\dfrac{\partial R}{\partial z}=0$，并两次使用高斯公式，有

$$\begin{aligned}
I&=\iint_{x^2+y^2+z^2=1}\frac{x\mathrm{d}y\mathrm{d}z+y\mathrm{d}z\mathrm{d}x+z\mathrm{d}x\mathrm{d}y}{(ax^2+by^2+cz^2)^{\frac{3}{2}}}\\
&=\iint_{S-\rho+\rho}\frac{x\mathrm{d}y\mathrm{d}z+y\mathrm{d}z\mathrm{d}x+z\mathrm{d}x\mathrm{d}y}{(ax^2+by^2+cz^2)^{\frac{3}{2}}}\\
&=\left(\iint_{S-\rho}+\iint_{\rho}\right)\frac{x\mathrm{d}y\mathrm{d}z+y\mathrm{d}z\mathrm{d}x+z\mathrm{d}x\mathrm{d}y}{(ax^2+by^2+cz^2)^{\frac{3}{2}}}\\
&=\iint_{\rho}\frac{x\mathrm{d}y\mathrm{d}z+y\mathrm{d}z\mathrm{d}x+z\mathrm{d}x\mathrm{d}y}{(ax^2+by^2+cz^2)^{\frac{3}{2}}}\\
&=\iint_{\rho}\frac{x\mathrm{d}y\mathrm{d}z+y\mathrm{d}z\mathrm{d}x+z\mathrm{d}x\mathrm{d}y}{(r^2)^{\frac{3}{2}}}\\
&=\frac{1}{r^3}\iint_{\rho}x\mathrm{d}y\mathrm{d}z+y\mathrm{d}z\mathrm{d}x+z\mathrm{d}x\mathrm{d}y\\
&=\frac{3}{r^3}\iiint_{ax^2+by^2+cz^2\leqslant r^2}\mathrm{d}x\mathrm{d}y\mathrm{d}z\\
&=\frac{3}{r^3}\cdot\frac{4\pi}{3}\cdot\frac{r}{\sqrt{a}}\cdot\frac{r}{\sqrt{b}}\cdot\frac{r}{\sqrt{c}}=\frac{4\pi}{\sqrt{abc}}
\end{aligned}$$

习题 11.8

1. 单项选择题.

(1) 设 L 为双曲线 $xy=1$ 从点 $\left(\frac{1}{2}, 2\right)$ 到点 $(1, 1)$ 的一段弧，则 $\int_L y\,\mathrm{d}s$(　　).

A. $\int_2^1 y\sqrt{1+\frac{1}{y^4}}\,\mathrm{d}y$　　B. $\int_1^2 y\sqrt{1+\frac{1}{y^4}}\,\mathrm{d}y$

C. $\int_{\frac{1}{2}}^2 y\sqrt{1+\frac{1}{x^2}}\,\mathrm{d}x$　　D. $\int_{\frac{1}{2}}^2 \left(-\frac{1}{x^3}\right)\mathrm{d}x$

(2) D 是分段光滑闭曲线 L 围成的区域，对于格林公式 $\oint_L P\,\mathrm{d}x+Q\,\mathrm{d}y=\iint_D\left(\frac{\partial Q}{\partial x}-\frac{\partial P}{\partial y}\right)\mathrm{d}x\,\mathrm{d}y$，下列说法正确的是(　　).

A. L 取逆时针方向，函数 P，Q 在闭区域 D 上存在一阶偏导数，且 $\frac{\partial Q}{\partial x}=\frac{\partial P}{\partial y}$

B. L 取顺时针方向，函数 P，Q 在闭区域 D 上存在一阶偏导数，且 $\frac{\partial Q}{\partial x}=\frac{\partial P}{\partial y}$

C. L 取逆时针方向，函数 P，Q 在闭区域 D 上存在连续的一阶偏导数

D. L 取顺时针方向，函数 P，Q 在闭区域 D 上存在连续的一阶偏导数

(3) Σ 为 $z=x^2+y^2\,(z\in[0, 1])$，取下侧，则 $\iint_\Sigma (x+y)\mathrm{d}y\mathrm{d}z+(y+z)\mathrm{d}z\mathrm{d}x+(z+x)\mathrm{d}x\mathrm{d}y=$(　　).

A. $\frac{\pi}{2}$　　B. $\frac{\pi}{3}$　　C. $\frac{\pi}{4}$　　D. $\frac{\pi}{5}$

(4) 设 L 是 $D=\{(x, y)\mid 1\leqslant x\leqslant 2, 2\leqslant y\leqslant 3\}$ 的正向边界，则 $\oint_L x\,\mathrm{d}y-2y\,\mathrm{d}x=$(　　).

A. 1　　B. 2　　C. 3　　D. 4

(5) 设 Σ 是 $x^2+y^2+z^2=R^2\,(z\geqslant 0)$，曲面 Σ_1 是 Σ 在第一卦限的部分，则有(　　).

A. $\iint_\Sigma x\,\mathrm{d}S=4\iint_{\Sigma_1} x\,\mathrm{d}S$　　B. $\iint_\Sigma y\,\mathrm{d}S=4\iint_{\Sigma_1} x\,\mathrm{d}S$

C. $\iint_\Sigma z\,\mathrm{d}S=4\iint_{\Sigma_1} x\,\mathrm{d}S$　　D. $\iint_\Sigma xyz\,\mathrm{d}S=4\iint_{\Sigma_1} xyz\,\mathrm{d}S$

(6) 设 L_1：$x^2+y^2=1$，L_2：$x^2+y^2=2$，L_3：$x^2+2y^2=2$，L_4：$2x^2+y^2=2$ 为 4 条逆时针方向的平面有向曲线，记

$$I_i=\oint_{L_4}\left(y+\frac{y^3}{6}\right)\mathrm{d}x+\left(2x-\frac{x^3}{3}\right)\mathrm{d}y\ (i=1, 2, 3, 4)$$

则 $\max\{I_1, I_2, I_3, I_4\}=$(　　).

A. I_1　　B. I_2　　C. I_3　　D. I_4

(7) 设函数 $f(x, y)$ 具有一阶连续偏导数，曲线 L：$f(x, y)=1$ 过第二象限内的点 M 和第四象限内的点 N，Γ 为 L 上从点 M 到点 N 的一段弧，则下列积分小于零的是(　　).

A. $\int_{\Gamma} f(x, y)\mathrm{d}x$　　B. $\int_{\Gamma} f(x, y)\mathrm{d}y$

C. $\int_{\Gamma} f(x, y)\mathrm{d}s$　　D. $\int_{\Gamma} f'_x(x, y)\mathrm{d}x + f'_y(x, y)\mathrm{d}y$

(8) 已知曲线 L：$y=x^2(0\leqslant x\leqslant\sqrt{2})$，则$\int_L x\,\mathrm{d}s=$(　　).

A. $\frac{5}{6}$　　B. $\frac{7}{6}$　　C. $\frac{11}{6}$　　D. $\frac{13}{6}$

(9) 设 Σ：$z=\sqrt{4-x^2-y^2}$，取上侧，则$\iint_{\Sigma} xy\,\mathrm{d}y\mathrm{d}z + x\,\mathrm{d}z\mathrm{d}x + x^2\mathrm{d}x\mathrm{d}y=$(　　).

A. π　　B. 2π　　C. $\frac{3\pi}{2}$　　D. 4π

2. 填空题.

(1) 设 L 为正向圆周 $x^2+y^2=2$ 在第一象限的部分，则$\int_L x\,\mathrm{d}y-2y\,\mathrm{d}x=$________.

(2) 已知曲线 L 的方程为 $y=1-|x|$，$x\in[-1, 1]$，起点是$(-1, 0)$，终点是$(1, 0)$，则曲线积分$\int_L xy\,\mathrm{d}x+x^2\mathrm{d}y=$________.

(3) 设 L 是柱面 $x^2+y^2=1$ 与平面 $z=x+y$ 的交线，从 z 轴正向往 z 轴负向看去为逆时针方向，则曲线积分 $\oint_L xz\,\mathrm{d}x+x\,\mathrm{d}y+\frac{y^2}{2}\mathrm{d}z=$________.

(4) 设曲面 Σ：$|x|+|y|+|z|=1$，则$\oiint_{\Sigma}(x+|y|)\mathrm{d}s=$________.

(5) 设 Ω 是由锥面 $z=\sqrt{x^2+y^2}$ 与半球面 $z=\sqrt{R^2-x^2-y^2}$ 围成的空间区域，Σ 是 Ω 的整个边界的外侧，则 $\oiint_{\Sigma} x\,\mathrm{d}y\mathrm{d}z+y\,\mathrm{d}z\mathrm{d}x+z\,\mathrm{d}x\mathrm{d}y=$________.

(6) 设 L 为 $x^2+y^2=a^2$ 在第一象限内的部分，则$\int_L \mathrm{e}^{\sqrt{x^2+y^2}}\mathrm{d}s=$________.

(7) 设 L 为椭圆 $\frac{x^2}{4}+\frac{y^2}{3}=1$，其周长为 a，则 $\oint_L(2xy+3x^2+4y^2)\mathrm{d}s=$________.

(8) 设 L 为抛物线 $y=x^2$ 上从点$(0, 0)$到点$(2, 4)$的一段弧，则$\int_L(x^2-y^2)\mathrm{d}x$ $=$________.

(9) 设 Σ 为球面 $x^2+y^2+z^2=a^2(z\geqslant 0)$，则 $\iint_{\Sigma}\frac{\mathrm{d}S}{\sqrt{x^2+y^2+z^2}}=$________.

(10) 设 Σ 为球面 $x^2+y^2+z^2=1$ 的外侧，则 $\iint_{\Sigma} x^2\mathrm{d}y\mathrm{d}z=$________.

3. 计算下列曲线积分.

(1) $\oint_L \sqrt{x^2+y^2}\,\mathrm{d}s$，其中 L 为圆周 $x^2+y^2=ax$；

(2) $\int_{\Gamma} z\,\mathrm{d}s$，其中 Γ 为曲线 $x=t\cos t$，$y=t\sin t$，$z=t$ $(0\leqslant t\leqslant t_0)$；

(3) $\int_L(2a-y)\mathrm{d}x+x\,\mathrm{d}y$，其中 L 为 $\begin{cases}x=a(t-\sin t)\\ y=a(1-\cos t)\end{cases}$ 上对应 $t(0\sim 2\pi)$ 的弧；

(4) $\int_{\Gamma}(y^2-z^2)\mathrm{d}x+2yz\mathrm{d}y-x^2\mathrm{d}z$，其中$\Gamma$是$x=t$，$y=t^2$，$z=t^3$上对应$t$（$0\sim1$）的弧；

(5) $\int_L(\mathrm{e}^x\sin y-2y)\mathrm{d}x+(\mathrm{e}^x\cos y-2)\mathrm{d}y$，其中$L$为$(x-a)^2+y^2=a^2$，$y\geqslant0$，取逆时针方向；

(6) $\oint_{\Gamma}xyz\mathrm{d}z$，$\Gamma$是用$y=z$截$x^2+y^2+z^2=1$的截痕，从$z$轴的正向看$\Gamma$为沿逆时针方向.

4. 证明$\dfrac{x\mathrm{d}x+y\mathrm{d}y}{x^2+y^2}$在整个$xOy$平面除去$y$的负半轴及原点的区域$G$内是某个二元函数的全微分，并求出一个这样的二元函数.

5. 设在半平面$x>0$内有力$\boldsymbol{F}=-\dfrac{k}{\rho^3}(x\boldsymbol{i}+y\boldsymbol{j})$构成力场，其中$k$为常数，$\rho=\sqrt{x^2+y^2}$. 证明在此力场中力所做的功与所取的路径无关.

6. 试导出下列用极坐标$\rho=\rho(\theta)$（$\alpha\leqslant\theta\leqslant\beta$）表示的曲线$L$的线积分计算公式.

$$\int_L f(x,y)\mathrm{d}s=\int_{\alpha}^{\beta}f[\rho(\theta)\cos\theta,\rho(\theta)\sin\theta]\sqrt{\rho^2(\theta)+[\rho'(\theta)]^2}\mathrm{d}\theta$$

7. 若$f(u)$有一阶连续导数，证明对任意光滑闭曲线L，有$\oint_L f(xy)(y\mathrm{d}x+x\mathrm{d}y)=0$.

8. 已知平面区域$D=\{(x,y)\mid 0\leqslant x\leqslant\pi,0\leqslant y\leqslant\pi\}$，$L$为$D$的正向边界，试证

$$\oint_L x\mathrm{e}^{\sin y}\mathrm{d}y-y\mathrm{e}^{-\sin x}\mathrm{d}x=\oint_L x\mathrm{e}^{-\sin y}\mathrm{d}y-y\mathrm{e}^{\sin x}\mathrm{d}x\geqslant2\pi^2$$

9. 已知$f(0)=\dfrac{1}{2}$，确定$f(x)$，使$\int_A^B[\mathrm{e}^x+f(x)]y\mathrm{d}x-f(x)\mathrm{d}y$与路径无关.

10. 计算对坐标的曲线积分$I=\int_{\Gamma}(1+x\mathrm{e}^{2y})\mathrm{d}x+(x^2\mathrm{e}^{2y}-y)\mathrm{d}y$，其中$L$为以$O(0,0)$为起点，$A(4,0)$为终点的半圆$(x-2)^2+y^2=4(y\geqslant0)$.

11. 计算曲线积分$\int_L\sin2x\mathrm{d}x+2(x^2-1)y\mathrm{d}y$，其中$L$是曲线$y=\sin x$上从点$(0,0)$到点$(\pi,0)$的一段弧.

12. 已知L是第一象限中从点$(0,0)$沿圆周$x^2+y^2=2x$到点$(2,0)$，再沿圆周$x^2+y^2=4$到点$(0,2)$的曲线段，计算积分$\int_L3x^2y\mathrm{d}x+(x^3+x-2y)\mathrm{d}y$.

13. 设闭曲线L：$\begin{cases}x^2+y^2+z^2=1\\x^2+y^2+z^2=2z\end{cases}$的方向与$z$轴正向满足右手法则，求曲线积分

$$\oint_L|y-x|\mathrm{d}x+z\mathrm{d}z$$

14. 计算$I=\oint_L(y^2-z^2)\mathrm{d}x+(2z^2-x^2)\mathrm{d}y+(3x^2-y^2)\mathrm{d}z$，其中$L$是平面$x+y+z=2$与柱面$|x|+|y|=1$的交线，从$z$轴正向看去，$L$为逆时针方向.

15. 计算下列曲面积分.

(1) $\iint_{\Sigma}\dfrac{\mathrm{d}S}{x^2+y^2+z^2}$，其中$\Sigma$是介于平面$z=0$及$z=H$之间的圆柱面$x^2+y^2=R^2$；

(2) $\iint_{\Sigma}(y^2-z)\mathrm{d}y\mathrm{d}z+(z^2-x)\mathrm{d}z\mathrm{d}x+(x^2-y)\mathrm{d}x\mathrm{d}y$，其中$\Sigma$：$z=\sqrt{x^2+y^2}$，$z\in[0,h]$，方向取外侧；

(3) $\iint_{\Sigma}x\mathrm{d}y\mathrm{d}z+y\mathrm{d}z\mathrm{d}x+z\mathrm{d}x\mathrm{d}y$，其中$\Sigma$为半球面$z=\sqrt{R^2-x^2-y^2}$的上侧；

(4) $\iint_{\Sigma}xyz\mathrm{d}x\mathrm{d}y$，其中$\Sigma$为球面$x^2+y^2+z^2=1(x\geqslant 0, y\geqslant 0)$的外侧；

(5) $\iint_{\Sigma}\dfrac{x\mathrm{d}y\mathrm{d}z+y\mathrm{d}z\mathrm{d}x+z\mathrm{d}x\mathrm{d}y}{\sqrt{(x^2+y^2+z^2)^3}}$，其中$\Sigma$为曲面$1-\dfrac{z}{5}=\dfrac{(x-z)^2}{16}+\dfrac{(y-1)^2}{9}(z\geqslant 0)$的上侧.

16. $f(x, y, z)$为连续函数，Σ是平面$x-y+z=1$在第四卦限部分的上侧. 计算积分

$$\iint_{\Sigma}[f(x,y,z)+x]\mathrm{d}y\mathrm{d}z+[2f(x,y,z)+y]\mathrm{d}z\mathrm{d}x+[f(x,y,z)+z]\mathrm{d}x\mathrm{d}y$$

17. 曲面Σ：$z=1-x^2-\dfrac{y^2}{4}(0\leqslant z\leqslant 1)$，取上侧. 计算曲面积分

$$\iint_{\Sigma}xz\mathrm{d}y\mathrm{d}z+2zy\mathrm{d}z\mathrm{d}x+3xy\mathrm{d}x\mathrm{d}y$$

18. Σ是曲面$2x^2+2y^2+z^2=4$的外侧. 计算曲面积分

$$\oiint_{\Sigma}\frac{x\mathrm{d}y\mathrm{d}z+y\mathrm{d}z\mathrm{d}x+z\mathrm{d}x\mathrm{d}y}{(x^2+y^2+z^2)^{\frac{3}{2}}}$$

19. Σ是曲面$z=1-x^2-y^2(z\geqslant 0)$的上侧. 计算曲面积分

$$I=\iint_{\Sigma}2x^3\mathrm{d}y\mathrm{d}z+2y^3\mathrm{d}z\mathrm{d}x+3(z^2-1)\mathrm{d}x\mathrm{d}y$$

20. 设$u(x, y)$与$v(x, y)$在闭区域D上都具有二阶连续偏导数，分段光滑的曲线L为D的正向边界曲线，$\dfrac{\partial u}{\partial n}$与$\dfrac{\partial v}{\partial n}$分别是$u$与$v$沿$L$的外法线向量$\boldsymbol{n}$的方向导数，证明：

(1) $\iint_{D}v\Delta u\mathrm{d}x\mathrm{d}y=-\iint_{D}(\mathbf{grad}u\cdot\mathbf{grad}v)\mathrm{d}x\mathrm{d}y+\oint_{L}v\dfrac{\partial u}{\partial n}\mathrm{d}s$；

(2) $\iint_{D}(u\Delta v-v\Delta u)\mathrm{d}x\mathrm{d}y=\oint_{L}\left(u\dfrac{\partial v}{\partial n}-v\dfrac{\partial u}{\partial n}\right)\mathrm{d}s$.

其中符号$\Delta=\dfrac{\partial^2}{\partial x^2}+\dfrac{\partial^2}{\partial y^2}$称二维拉普拉斯算子.

21. 设$u(x, y, z)$，$v(x, y, z)$是两个定义在闭区域Ω上的具有二阶连续偏导数的函数，$\dfrac{\partial u}{\partial n}$，$\dfrac{\partial v}{\partial n}$分别表示$u(x, y, z)$，$v(x, y, z)$沿$\Sigma$的外法线方向的方向导数. 证明

$$\iiint_{\Omega}(u\Delta v-v\Delta u)\mathrm{d}x\mathrm{d}y\mathrm{d}z=\oiint_{\Sigma}\left(u\frac{\partial v}{\partial n}-v\frac{\partial u}{\partial n}\right)\mathrm{d}S$$

其中Σ是空间闭区域Ω的整个边界曲面. 这个公式叫作格林第二公式.

22. 求均匀曲面$z=\sqrt{a^2-x^2-y^2}$的质心的坐标.

23. 求向量$\boldsymbol{A}=x\boldsymbol{i}+y\boldsymbol{j}+z\boldsymbol{k}$通过闭区域

$$\Omega=\{(x, y, z)\mid 0\leqslant x\leqslant 1, 0\leqslant y\leqslant 1, 0\leqslant z\leqslant 1\}$$

的边界曲面流向外侧的通量.

24. 求力 $\boldsymbol{F}=y\boldsymbol{i}+z\boldsymbol{j}+x\boldsymbol{k}$ 沿有向闭曲线 Γ 所做的功，其中 Γ 为平面 $x+y+z=1$ 被三个坐标面所截成的三角形的整个边界，从 z 轴正向看去沿顺时针方向.

25. 设有无穷长导线与 Oz 轴一致，通以电流 $I_0\boldsymbol{k}$（I_0 是常数）后，在导线周围便产生磁场，其在点 $M(x, y, z)$ 处的磁场强度为 $\boldsymbol{H}=\dfrac{1}{2\pi r^2}(-y\boldsymbol{i}+x\boldsymbol{j})$，其中 $r=\sqrt{x^2+y^2}$，求 $\mathrm{div}\boldsymbol{H}$.

26. 设 $u=u(x, y, z)$ 具有二阶连续偏导数，求 $\mathrm{rot}(\mathbf{grad}\, u)$.

27. 已知 $\boldsymbol{A}=3y\boldsymbol{i}+2z^2\boldsymbol{j}+xy\boldsymbol{k}$，$\boldsymbol{B}=x^2\boldsymbol{i}-4\boldsymbol{k}$，求 $\mathrm{rot}(\boldsymbol{A}\times\boldsymbol{B})$.

28. 求向量场 $\boldsymbol{A}=-y\boldsymbol{i}+x\boldsymbol{j}+c\boldsymbol{k}$（$c$ 为常数）沿闭曲线 Γ 的环流量，其中 Γ 为 $x^2+y^2=1$ 与 $z=0$ 的交线，从 z 轴正向看 Γ 取逆时针方向.

29. 设上半球面 Σ：$x^2+y^2+z^2=a^2(z\geqslant 0)$，磁场强度为 $\boldsymbol{E}(x, y, z)=\{x^2, y^2, z^2\}$，求从球内通过 Σ 的磁通量.

第12章 无穷级数

无穷级数是高等数学的一个重要组成部分，是表示和研究函数以及进行数值计算的重要数学工具. 本章先讨论常数项级数的一些基本概念、性质及判定其敛散性的方法，然后讨论幂级数的基本性质及如何将函数展开成幂级数. 最后介绍傅里叶级数的相关知识.

12.1 常数项级数的概念与性质

12.1.1 常数项级数的概念

人们认识事物数量方面的特征，往往有一个由近似到精确的逼近过程. 在这个认识过程中，常会遇到由有限个数量相加转到无限个数量相加的问题. 例如，我国古代重要典籍《庄子》一书中有“一尺之锤，日取其半，万世不竭”的说法. 从数学的角度看，即

$$\frac{1}{2}+\frac{1}{4}+\frac{1}{8}+\cdots+\frac{1}{2^n}+\cdots=1$$

其前 n 项和$\frac{1}{2}+\frac{1}{4}+\frac{1}{8}+\cdots+\frac{1}{2^n}$是有限项相加，是 1 的近似值. 当 n 越大，这个值越精确. 当 $n\to\infty$时，和式中的项数无限增多，这就出现了“无穷和”的问题. “无穷和”可以通过“有限项和”的极限来解决.

定义 12.1.1 给定数列$\{u_n\}$，由该数列的各项所构成的表达式

$$u_1+u_2+\cdots+u_n+\cdots$$

称为**常数项级数**，记为$\sum_{n=1}^{\infty}u_n$，其中第 n 项 u_n 称为该级数的**通项**或**一般项**.

级数前 n 项之和

$$s_n=u_1+u_2+\cdots+u_n$$

称为该级数的**前 n 项部分和**. 当 n 依次取 1，2，3，… 时，它们构成一个新的数列

$$s_1=u_1,\ s_2=u_1+u_2,\ \cdots,\ s_n=u_1+u_2+\cdots+u_n,\ \cdots$$

这个数列$\{s_n\}$称为级数的**部分和数列**.

定义 12.1.2 若无穷级数$\sum_{n=1}^{\infty}u_n$ 的部分和数列$\{s_n\}$有极限 s，即

$$\lim_{n\to\infty}s_n=s$$

则称无穷级数 $\sum_{n=1}^{\infty} u_n$ **收敛**. 这时极限 s 称为该级数的**和**，并写成

$$s = \sum_{n=1}^{\infty} u_n = u_1 + u_2 + \cdots + u_n + \cdots$$

若数列 $\{s_n\}$ 没有极限，则称无穷级数 $\sum_{n=1}^{\infty} u_n$ **发散**.

显然，当级数 $\sum_{n=1}^{\infty} u_n$ 收敛时，其部分和 s_n 是级数 $\sum_{n=1}^{\infty} u_n$ 的和 s 的近似值，它们之间的差值

$$r_n = s - s_n = u_{n+1} + u_{n+2} + \cdots$$

称为级数 $\sum_{n=1}^{\infty} u_n$ 的余项. 用近似值 s_n 代替和 s 所产生的误差为 $|r_n|$.

级数 $\sum_{n=1}^{\infty} u_n$ 是否收敛，关键取决于其部分和数列 $\{s_n\}$ 当 $n \to \infty$ 时的极限是否存在. 因此，级数 $\sum_{n=1}^{\infty} u_n$ 与数列 $\{s_n\}$ 具有相同的敛散性. 理解这一点非常重要.

例 12.1.1　讨论**几何级数**(又称**等比级数**)

$$\sum_{n=0}^{\infty} aq^n = a + aq + aq^2 + \cdots + aq^n + \cdots$$

的敛散性，其中 $a \neq 0$.

解　(1) 如果 $|q| = 1$，则

当 $q = 1$ 时，$s_n = na$，$\lim\limits_{n\to\infty} s_n = \lim\limits_{n\to\infty} na = \infty$，因此级数 $\sum_{n=0}^{\infty} aq^n$ 发散；

当 $q = -1$ 时，级数 $\sum_{n=0}^{\infty} aq^n = a - a + a - a + \cdots$，由于 s_n 随着 n 为奇数或偶数而等于 a 或 0，所以 s_n 的极限不存在，从而这时级数 $\sum_{n=0}^{\infty} aq^n$ 也发散.

(2) 如果 $|q| \neq 1$，则部分和

$$s_n = a + aq + aq^2 + \cdots + aq^{n-1} = \frac{a - aq^n}{1-q} = \frac{a}{1-q} - \frac{aq^n}{1-q}$$

当 $|q| < 1$ 时，因为 $\lim\limits_{n\to\infty} s_n = \dfrac{a}{1-q}$，所以此时级数 $\sum_{n=0}^{\infty} aq^n$ 收敛，其和为 $\dfrac{a}{1-q}$.

当 $|q| > 1$ 时，因为 $\lim\limits_{n\to\infty} s_n = \infty$，所以此时级数 $\sum_{n=0}^{\infty} aq^n$ 发散.

综上所述，几何级数 $\sum_{n=0}^{\infty} aq^n$ 当 $|q| < 1$ 时收敛，其和为 $\dfrac{a}{1-q}$；当 $|q| \geqslant 1$ 时发散.

例 12.1.2　证明级数 $1 + 2 + 3 + \cdots + n + \cdots$ 是发散的.

证　此级数的部分和为 $s_n = 1 + 2 + 3 + \cdots + n = \dfrac{n(n+1)}{2}$，显然，$\lim\limits_{n\to\infty} s_n = \infty$，因此该级数是发散的.

例 12.1.3　判别级数 $\sum_{n=1}^{\infty} (\sqrt{n+1} - \sqrt{n})$ 的敛散性.

解 因为

$$\begin{aligned} s_n &= \sum_{k=1}^{n}(\sqrt{k+1}-\sqrt{k}) \\ &= (\sqrt{2}-1)+(\sqrt{3}-\sqrt{2})+(\sqrt{4}-\sqrt{3})+\cdots+(\sqrt{n+1}-\sqrt{n}) \\ &= \sqrt{n+1}-1 \to \infty \quad (n\to\infty) \end{aligned}$$

所以级数$\sum\limits_{n=1}^{\infty}(\sqrt{n+1}-\sqrt{n})$发散.

例 12.1.4 判别无穷级数$\dfrac{1}{1\cdot 2}+\dfrac{1}{2\cdot 3}+\dfrac{1}{3\cdot 4}+\cdots+\dfrac{1}{n(n+1)}+\cdots$的敛散性.

解 由于

$$u_n=\frac{1}{n(n+1)}=\frac{1}{n}-\frac{1}{n+1}$$

因此

$$\begin{aligned} s_n &= \frac{1}{1\cdot 2}+\frac{1}{2\cdot 3}+\frac{1}{3\cdot 4}+\cdots+\frac{1}{n(n+1)} \\ &= \left(1-\frac{1}{2}\right)+\left(\frac{1}{2}-\frac{1}{3}\right)+\cdots+\left(\frac{1}{n}-\frac{1}{n+1}\right)=1-\frac{1}{n+1} \end{aligned}$$

从而

$$\lim_{n\to\infty}s_n=\lim_{n\to\infty}\left(1-\frac{1}{n+1}\right)=1$$

所以该级数收敛，它的和是 1.

12.1.2 常数项级数的性质

根据无穷级数收敛、发散以及和的概念，可以得出收敛级数的几个基本性质.

性质 12.1.1 如果$\sum\limits_{n=1}^{\infty}u_n$收敛，和为 s，则$\sum\limits_{n=1}^{\infty}ku_n$也收敛(其中 k 为常数)，且其和为 ks.

证 设$\sum\limits_{n=1}^{\infty}u_n$与$\sum\limits_{n=1}^{\infty}ku_n$的部分和分别为 s_n 与 σ_n，则

$$\lim_{n\to\infty}\sigma_n=\lim_{n\to\infty}(ku_1+ku_2+\cdots+ku_n)=k\lim_{n\to\infty}(u_1+u_2+\cdots+u_n)=k\lim_{n\to\infty}s_n=ks$$

这表明级数$\sum\limits_{n=1}^{\infty}ku_n$收敛，且和为 ks.

推论 12.1.1 如果$\sum\limits_{n=1}^{\infty}u_n$发散，则$\sum\limits_{n=1}^{\infty}ku_n$也发散(其中 k 为非零常数).

由此可知，级数的每一项同乘一个不为零的常数后，其敛散性不变.

性质 12.1.2 如果$\sum\limits_{n=1}^{\infty}u_n$收敛，和为 s；$\sum\limits_{n=1}^{\infty}v_n$收敛，和为 σ，则$\sum\limits_{n=1}^{\infty}(u_n\pm v_n)$也收敛，且其和为 $s\pm\sigma$.

证 设级数$\sum\limits_{n=1}^{\infty}u_n$，$\sum\limits_{n=1}^{\infty}v_n$，$\sum\limits_{n=1}^{\infty}(u_n\pm v_n)$的部分和分别为 s_n，σ_n，τ_n，则

$$\begin{aligned}\lim_{n\to\infty}\tau_n &= \lim_{n\to\infty}[(u_1\pm v_1)+(u_2\pm v_2)+\cdots+(u_n\pm v_n)]\\ &= \lim_{n\to\infty}[(u_1+u_2+\cdots+u_n)\pm(v_1+v_2+\cdots+v_n)]\\ &= \lim_{n\to\infty}(s_n\pm\sigma_n)=s\pm\sigma\end{aligned}$$

这表明级数 $\sum_{n=1}^{\infty}(u_n\pm v_n)$ 收敛，且和为 $s\pm\sigma$.

性质 12.1.2 表明，两个收敛级数可以逐项相加与逐项相减.

推论 12.1.2　如果 $\sum_{n=1}^{\infty}u_n$ 收敛，$\sum_{n=1}^{\infty}v_n$ 发散，则 $\sum_{n=1}^{\infty}(u_n\pm v_n)$ 发散.

注意　如果 $\sum_{n=1}^{\infty}u_n$ 发散，$\sum_{n=1}^{\infty}v_n$ 发散，则 $\sum_{n=1}^{\infty}(u_n\pm v_n)$ 可能发散，也可能收敛. 读者可以自己举例.

性质 12.1.3　在级数 $\sum_{n=1}^{\infty}u_n$ 中去掉、加上或改变有限项，不会改变级数的敛散性.

证　这里只需证明“在级数的前面部分去掉或加上有限项，不会改变级数的敛散性”，因为其他情形都可看成在级数的前面部分先去掉有限项，然后再加上有限项的结果.

设将级数

$$u_1+u_2+\cdots+u_k+u_{k+1}+\cdots+u_{k+n}+\cdots$$

的前 k 项去掉，则得级数

$$u_{k+1}+u_{k+2}+\cdots+u_{k+n}+\cdots$$

于是新得级数的部分和为

$$s'_n=u_{k+1}+u_{k+2}+\cdots+u_{k+n}=s_{k+n}-s_k$$

其中，s_{k+n} 是原级数的前 $k+n$ 项的和，s_k 是常数，故当 $n\to\infty$ 时，s'_n 与 s_{k+n} 要么都有极限，要么都没有极限.

类似地，可以证明在级数的前面加上有限项，不会改变级数的敛散性.

例如，级数 $\frac{1}{1\cdot 2}+\frac{1}{2\cdot 3}+\cdots+\frac{1}{n(n+1)}+\cdots$ 收敛，级数 $\frac{1}{3\cdot 4}+\frac{1}{4\cdot 5}+\cdots+\frac{1}{n(n+1)}+\cdots$ 也收敛，级数 $10\ 000+\frac{1}{1\cdot 2}+\frac{1}{2\cdot 3}+\frac{1}{3\cdot 4}+\cdots+\frac{1}{n(n+1)}+\cdots$ 也是收敛的.

性质 12.1.4　如果级数 $\sum_{n=1}^{\infty}u_n$ 收敛，则对该级数的项任意合并(即加上括号)后所成的级数 $(u_1+u_2+\cdots+u_{n_1})+(u_{n_1+1}+\cdots+u_{n_2})+\cdots+(u_{n_{k-1}+1}+\cdots+u_{n_k})+\cdots$ 仍收敛，且其和不变.

证　设级数 $\sum_{n=1}^{\infty}u_n$ 的前 n 项部分和为 s_n，相应于新级数的前 k 项部分和为 A_k，则

$$A_1=u_1+u_2+\cdots+u_{n_1}=s_{n_1}$$

$$A_2=(u_1+u_2+\cdots+u_{n_1})+(u_{n_1+1}+\cdots+u_{n_2})=s_{n_2}$$

$$\vdots$$

$$A_k=(u_1+u_2+\cdots+u_{n_1})+(u_{n_1+1}+\cdots+u_{n_2})+\cdots+(u_{n_{k-1}+1}+\cdots+u_{n_k})=s_{n_k}$$

$$\vdots$$

可见，数列$\{A_k\}$是数列$\{s_n\}$的子数列. 而$\{s_n\}$收敛，故子数列$\{A_k\}$必收敛，且有

$$\lim_{k\to\infty}A_k=\lim_{n\to\infty}s_n$$

即加括号后所成的新级数收敛，且其和不变.

注意 如果加括号后所成的级数收敛，则不能断定去括号后原来的级数也收敛. 例如，级数$(1-1)+(1-1)+\cdots$收敛于零，但级数$1-1+1-1+\cdots$却是发散的.

推论 12.1.3 如果加括号后所成的级数发散，则原来级数也发散.

性质 12.1.5(级数收敛的必要条件) 若$\sum\limits_{n=1}^{\infty}u_n$收敛，则其通项$u_n$趋于零，即$\lim\limits_{n\to\infty}u_n=0$.

证 设级数$\sum\limits_{n=1}^{\infty}u_n$的部分和为$s_n$，且$\lim\limits_{n\to\infty}s_n=s$，则

$$\lim_{n\to\infty}u_n=\lim_{n\to\infty}(s_n-s_{n-1})=\lim_{n\to\infty}s_n-\lim_{n\to\infty}s_{n-1}=s-s=0$$

推论 12.1.4 若当$n\to\infty$时，级数$\sum\limits_{n=1}^{\infty}u_n$的通项$u_n$趋于零，则此级数必发散.

级数的一般项趋于零并不是级数收敛的充分条件. 例如在例 12.1.3 中，通项u_n趋于零，即

$$\lim_{n\to\infty}u_n=\lim_{n\to\infty}(\sqrt{n+1}-\sqrt{n})=0$$

但该级数发散.

例 12.1.5 证明**调和级数**$\sum\limits_{n=1}^{\infty}\frac{1}{n}=1+\frac{1}{2}+\frac{1}{3}+\cdots+\frac{1}{n}+\cdots$发散.

证法一 假设调和级数$\sum\limits_{n=1}^{\infty}\frac{1}{n}$收敛，记其和为$s$，即$s=\sum\limits_{n=1}^{\infty}\frac{1}{n}$，由于级数若收敛，则加括号后仍收敛，且和不变，可知

$$\begin{aligned}s&=\sum_{n=1}^{\infty}\frac{1}{n}=1+\frac{1}{2}+\frac{1}{3}+\cdots+\frac{1}{2n-1}+\frac{1}{2n}+\cdots\\&=\left(1+\frac{1}{2}\right)+\left(\frac{1}{3}+\frac{1}{4}\right)+\cdots+\left(\frac{1}{2n-1}+\frac{1}{2n}\right)+\cdots\\&\geqslant\left(1+\frac{1}{2}\right)+\left(\frac{1}{4}+\frac{1}{4}\right)+\cdots+\left(\frac{1}{2n}+\frac{1}{2n}\right)+\cdots\\&=\frac{1}{2}+\left(1+\frac{1}{2}+\cdots+\frac{1}{n}+\cdots\right)=\frac{1}{2}+s\\&\Rightarrow s\geqslant\frac{1}{2}+s\end{aligned}$$

矛盾，所以调和级数必发散.

证法二 假若级数$\sum\limits_{n=1}^{\infty}\frac{1}{n}$收敛且其和为$s$，$s_n$是它的部分和. 显然$\lim\limits_{n\to\infty}s_n=s$，$\lim\limits_{n\to\infty}s_{2n}=s$. 于是$\lim\limits_{n\to\infty}(s_{2n}-s_n)=0$. 但另一方面

$$s_{2n}-s_n=\frac{1}{n+1}+\frac{1}{n+2}+\cdots+\frac{1}{2n}>\frac{1}{2n}+\frac{1}{2n}+\cdots+\frac{1}{2n}=\frac{1}{2}$$

故$\lim\limits_{n\to\infty}(s_{2n}-s_n)\neq0$，与$\lim\limits_{n\to\infty}(s_{2n}-s_n)=0$矛盾. 这说明级数$\sum\limits_{n=1}^{\infty}\frac{1}{n}$必定发散.

习题 12.1

1. 利用级数 $\sum\limits_{n=1}^{\infty} u_n$ 的部分和 $s_n = \dfrac{2^n - 3}{4^n}$，求 u_1，u_2，u_n 以及和 s.

2. 判断下列级数是否收敛；若收敛，求其和.

(1) $\sum\limits_{n=1}^{\infty} \dfrac{1}{(3n-1)(3n+2)}$；

(2) $\sum\limits_{n=1}^{\infty} \ln \dfrac{n}{n+1}$.

3. 已知级数 $\sum\limits_{n=1}^{\infty} u_n$ 收敛，且和为 s，证明下列各题.

(1) 级数 $\sum\limits_{n=1}^{\infty} (u_{n+1} + u_{n+2})$ 收敛，且和为 $2s - 2u_1 - u_2$；

(2) 级数 $\sum\limits_{n=1}^{\infty} \left(u_n + \dfrac{1}{2^n}\right)$ 收敛.

4. 利用无穷级数性质以及几何级数与调和级数的敛散性，判别下列级数的敛散性.

(1) $\dfrac{1}{20} + \dfrac{1}{\sqrt{20}} + \dfrac{1}{\sqrt[3]{20}} + \cdots + \dfrac{1}{\sqrt[n]{20}} + \cdots$；

(2) $1 + \dfrac{1}{5} + \sum\limits_{n=1}^{\infty} \left(\dfrac{2}{n^2} + \dfrac{1}{3^n}\right)$；

(3) $\dfrac{2}{1} - \dfrac{2}{3} + \dfrac{4}{3} - \dfrac{2^2}{3^2} + \dfrac{6}{5} - \dfrac{2^3}{3^3} + \dfrac{8}{7} - \dfrac{2^4}{3^4} + \cdots$.

5. 利用级数定义判别下列级数的敛散性，并求出其中收敛级数的和.

(1) $\sum\limits_{n=1}^{\infty} \left(\dfrac{3}{4}\right)^n$；　　(2) $\sum\limits_{n=1}^{\infty} \sin \dfrac{n\pi}{6}$；　　(3) $\sum\limits_{n=1}^{\infty} \ln\left(1 + \dfrac{1}{n}\right)$.

6. 利用级数的性质判断下列级数的敛散性.

(1) $\sum\limits_{n=1}^{\infty} \left(\dfrac{1}{2^n} - \dfrac{1}{3^n}\right)$；　　(2) $\sum\limits_{n=1}^{\infty} \left(\dfrac{1}{n} - \dfrac{1}{3^n}\right)$；

(3) $\sum\limits_{n=1}^{\infty} \dfrac{n}{3n+1}$；　　(4) $\sum\limits_{n=1}^{\infty} n \ln\left(1 + \dfrac{1}{n}\right)$.

7. 判断下列级数的敛散性.

(1) $\dfrac{3}{4} - \dfrac{3^2}{4^2} + \dfrac{3^3}{4^3} - \dfrac{3^4}{4^4} + \cdots + (-1)^{n-1}\left(\dfrac{3}{4}\right)^n + \cdots$；

(2) $\left(\dfrac{2}{3} - \dfrac{3}{5}\right) + \left(\dfrac{2}{3^2} - \dfrac{3}{5^2}\right) + \cdots + \left(\dfrac{2}{3^n} - \dfrac{2}{5^n}\right) + \cdots$；

(3) $1 + \sqrt{\dfrac{4}{5}} + \sqrt{\dfrac{6}{8}} + \sqrt{\dfrac{8}{11}} + \cdots + \sqrt{\dfrac{2n}{3n-1}} + \cdots$.

12.2 正项级数及其判别法

12.2.1 正项级数的概念

定义 12.2.1 若级数$\sum_{n=1}^{\infty}u_n$通项u_n满足$u_n \geqslant 0(n=1, 2, \cdots)$，则$\sum_{n=1}^{\infty}u_n$称为**正项级数**.

正项级数是常数项级数中比较特殊而又非常重要的一类，许多级数的敛散性问题可归结为正项级数的敛散性问题.

定理 12.2.1 正项级数$\sum_{n=1}^{\infty}u_n$收敛的充要条件是它的部分和数列$\{s_n\}$有界.

证 充分性. 因$u_n \geqslant 0$，故正项级数$\sum_{n=1}^{\infty}u_n$的部分和数列$\{s_n\}$是单调递增的数列，即$s_{n+1}=s_n+u_{n+1}\geqslant s_n$. 又因数列$\{s_n\}$有界，由极限存在的准则知$\lim\limits_{n\to\infty}s_n$存在，故$\sum_{n=1}^{\infty}u_n$收敛.

必要性. 若$\sum_{n=1}^{\infty}u_n$收敛，由级数收敛的定义知$\lim\limits_{n\to\infty}s_n$存在，则数列$\{s_n\}$必有界.

12.2.2 正项级数的判别法

1. 比较判别法

定理 12.2.2(比较判别法) 设$\sum_{n=1}^{\infty}u_n$和$\sum_{n=1}^{\infty}v_n$都是正项级数，且$u_n \leqslant v_n(n=1, 2, \cdots)$.

(1) 若$\sum_{n=1}^{\infty}v_n$收敛，则$\sum_{n=1}^{\infty}u_n$收敛；

(2) 若$\sum_{n=1}^{\infty}u_n$发散，则$\sum_{n=1}^{\infty}v_n$发散.

证 (1) 设级数$\sum_{n=1}^{\infty}v_n$收敛于和σ，则级数$\sum_{n=1}^{\infty}u_n$的部分和

$$s_n=u_1+u_2+\cdots+u_n\leqslant v_1+v_2+\cdots+v_n\leqslant \sigma,\ n=1, 2, \cdots$$

即部分和数列$\{s_n\}$有界，由定理 12.2.1 知级数$\sum_{n=1}^{\infty}u_n$收敛.

(2) 是(1) 的逆否命题，即(2) 也成立.

推论 12.2.1 设$\sum_{n=1}^{\infty}u_n$和$\sum_{n=1}^{\infty}v_n$都是正项级数，如果级数$\sum_{n=1}^{\infty}v_n$收敛，且存在正整数N，使当$n\geqslant N$时有$u_n\leqslant kv_n(k>0)$成立，则级数$\sum_{n=1}^{\infty}u_n$收敛；如果级数$\sum_{n=1}^{\infty}v_n$发散，且当$n\geqslant N$时有$u_n\geqslant kv_n(k>0)$成立，则级数$\sum_{n=1}^{\infty}u_n$发散.

例 12.2.1 判别级数$\sum_{n=1}^{\infty}\frac{n}{2^n(n+1)}$的敛散性.

解 因为$\frac{n}{2^n(n+1)}\leqslant\frac{1}{2^n}$，而级数$\sum_{n=1}^{\infty}\frac{1}{2^n}$是公比为$\frac{1}{2}$的几何级数，且收敛，由比较判别法知级数$\sum_{n=1}^{\infty}\frac{n}{2^n(n+1)}$收敛.

例 12.2.2 证明级数$\sum_{n=1}^{\infty}\frac{1}{\sqrt{n(n-1)}}$发散.

证 因为$\frac{1}{\sqrt{n(n-1)}}>\frac{1}{\sqrt{n^2}}=\frac{1}{n}$，而调和级数$\sum_{n=1}^{\infty}\frac{1}{n}$发散，由比较判别法知$\sum_{n=1}^{\infty}\frac{1}{\sqrt{n(n-1)}}$也发散.

例 12.2.3 讨论p级数$\sum_{n=1}^{\infty}\frac{1}{n^p}$的敛散性，其中常数$p>0$.

解 当$p\leqslant 1$时，$\frac{1}{n^p}\geqslant\frac{1}{n}(n=1, 2, \cdots)$，而调和级数$\sum_{n=1}^{\infty}\frac{1}{n}$发散，由比较判别法知，$p$级数$\sum_{n=1}^{\infty}\frac{1}{n^p}$发散.

当$p>1$时，取$k-1\leqslant x\leqslant k$，则有$\frac{1}{k^p}\leqslant\frac{1}{x^p}$，所以

$$\frac{1}{k^p}=\int_{k-1}^{k}\frac{1}{k^p}\mathrm{d}x\leqslant\int_{k-1}^{k}\frac{1}{x^p}\mathrm{d}x\ (k=2, 3, \cdots)$$

从而p级数的部分和

$$s_n=1+\sum_{k=2}^{n}\frac{1}{k^p}\leqslant 1+\sum_{k=2}^{n}\int_{k-1}^{k}\frac{1}{x^p}\mathrm{d}x=1+\int_{1}^{n}\frac{1}{x^p}\mathrm{d}x$$

$$=1+\frac{1}{1-p}x^{1-p}\Big|_1^n=1+\frac{1}{1-p}\left(1-\frac{1}{n^{p-1}}\right)<1+\frac{1}{1-p}$$

即$\{s_n\}$有上界，由定理 12.2.1 知，p级数$\sum_{n=1}^{\infty}\frac{1}{n^p}$收敛.

综上所述，p级数$\sum_{n=1}^{\infty}\frac{1}{n^p}$当$p>1$时收敛，当$p\leqslant 1$时发散.

推论 12.2.2(比较判别法的极限形式) 设$\sum_{n=1}^{\infty}u_n$和$\sum_{n=1}^{\infty}v_n$都是正项级数，且$\lim_{n\to\infty}\frac{u_n}{v_n}=l$.

(1) 若$0<l<+\infty$，则级数$\sum_{n=1}^{\infty}u_n$和$\sum_{n=1}^{\infty}v_n$同时收敛或同时发散；

(2) 若$l=0$，且$\sum_{n=1}^{\infty}v_n$收敛，则$\sum_{n=1}^{\infty}u_n$也收敛；

(3) 若$l=+\infty$，且$\sum_{n=1}^{\infty}v_n$发散，则$\sum_{n=1}^{\infty}u_n$也发散.

证 (1) 由极限定义知，对于 $\varepsilon=\dfrac{l}{2}$，存在正整数 N，使得当 $n>N$ 时，有

$$\left|\frac{u_n}{v_n}-l\right|\leqslant\frac{l}{2}\Rightarrow l-\frac{l}{2}<\frac{u_n}{v_n}<l+\frac{l}{2}\Rightarrow\frac{l}{2}v_n<u_n<\frac{3l}{2}v_n$$

由推论 12.2.1，得证.

(2)、(3) 可类似得证.

极限形式的比较判别法，在两个正项级数的一般项均趋于零的情况下，其实是比较它们的一般项作为无穷小的阶. 特别地，推论 12.2.2 进一步表明，当 $n\to\infty$ 时，若 u_n 与 v_n 是同阶无穷小，级数 $\sum\limits_{n=1}^{\infty}u_n$ 和 $\sum\limits_{n=1}^{\infty}v_n$ 同时收敛或同时发散；当 $n\to\infty$ 时，若 u_n 是 v_n 的高阶无穷小，级数 $\sum\limits_{n=1}^{\infty}v_n$ 收敛，则级数 $\sum\limits_{n=1}^{\infty}u_n$ 也收敛；若 u_n 是 v_n 的低阶无穷小，级数 $\sum\limits_{n=1}^{\infty}v_n$ 发散，则级数 $\sum\limits_{n=1}^{\infty}u_n$ 也发散.

例 12.2.4 判别级数 $\sum\limits_{n=1}^{\infty}\sin\dfrac{1}{n}$ 的敛散性.

解 因为 $\lim\limits_{n\to\infty}\dfrac{\sin\dfrac{1}{n}}{\dfrac{1}{n}}=1$，而级数 $\sum\limits_{n=1}^{\infty}\dfrac{1}{n}$ 发散，根据比较判别法的极限形式，级数 $\sum\limits_{n=1}^{\infty}\sin\dfrac{1}{n}$ 发散.

例 12.2.5 判别级数 $\sum\limits_{n=1}^{\infty}\ln\left(1+\dfrac{1}{n^2}\right)$ 的敛散性.

解 因为 $\lim\limits_{n\to\infty}\dfrac{\ln\left(1+\dfrac{1}{n^2}\right)}{\dfrac{1}{n^2}}=1$，而级数 $\sum\limits_{n=1}^{\infty}\dfrac{1}{n^2}$ 收敛，根据比较判别法的极限形式，级数 $\sum\limits_{n=1}^{\infty}\ln\left(1+\dfrac{1}{n^2}\right)$ 收敛.

用比较判别法判别正项级数的敛散性时，需适当地选取一个已知其收敛性的级数 $\sum\limits_{n=1}^{\infty}v_n$ 作为比较的参照级数. 最常选用的是等比级数和 p 级数.

将所给正项级数与 p 级数比较，便得到在实用上较方便的极限判别法.

推论 12.2.3(极限判别法) 设 $\sum\limits_{n=1}^{\infty}u_n$ 为正项级数.

(1) 如果 $0<p\leqslant1$，而 $\lim\limits_{n\to\infty}n^pu_n=l>0$(或 $\lim\limits_{n\to\infty}n^pu_n=+\infty$)，则级数 $\sum\limits_{n=1}^{\infty}u_n$ 发散；

(2) 如果 $p>1$，而 $\lim\limits_{n\to\infty}n^pu_n=l(0\leqslant l<+\infty)$，则级数 $\sum\limits_{n=1}^{\infty}u_n$ 收敛.

证 (1) 在极限形式的比较判别法中，取 $v_n=\dfrac{1}{n}$，由调和级数 $\sum\limits_{n=1}^{\infty}\dfrac{1}{n}$ 发散知结论成立.

若取 $v_n=\dfrac{1}{n^p}$，由比较判别法可知 $\sum\limits_{n=1}^{\infty}\dfrac{1}{n^p}$ 发散，其中 $0<p\leqslant 1$.

(2) 在极限形式的比较判别法中，取 $v_n=\dfrac{1}{n^p}$，当 $p>1$ 时，p 级数 $\sum\limits_{n=1}^{\infty}\dfrac{1}{n^p}$ 收敛，故结论成立.

例 12.2.6　判别级数 $\sum\limits_{n=1}^{\infty}\sqrt{n}\left(1-\cos\dfrac{\pi}{n}\right)$ 的敛散性.

解　因为 $\sqrt{n}\left(1-\cos\dfrac{\pi}{n}\right)\sim\sqrt{n}\,\dfrac{1}{2}\left(\dfrac{\pi}{n}\right)^2=\dfrac{1}{2}\,\dfrac{\pi^2}{n^{\frac{3}{2}}}(n\to\infty)$，故

$$\lim_{n\to\infty}n^{\frac{3}{2}}\sqrt{n}\left(1-\cos\frac{\pi}{n}\right)=\frac{1}{2}\pi^2$$

根据极限判别法知所给级数收敛.

2. 根值判别法

定理 12.2.3(根值判别法)　设 $\sum\limits_{n=1}^{\infty}u_n$ 是正项级数，如果 $\lim\limits_{n\to\infty}\sqrt[n]{u_n}=\rho$，则

(1) 当 $0\leqslant\rho<1$ 时，级数收敛；

(2) 当 $\rho>1$(或为 $+\infty$) 时，级数发散；

(3) 当 $\rho=1$ 时，级数可能收敛也可能发散.

证　(1) 当 $0\leqslant\rho<1$ 时，取 q 满足 $\rho<q<1$，可知存在 N，对一切 $n>N$，

$$\sqrt[n]{u_n}<q\Rightarrow u_n<q^n,\ 0<q<1$$

根据比较判别法知级数 $\sum\limits_{n=1}^{\infty}u_n$ 收敛.

(2) 当 $\rho>1$ 时，可知存在无穷多个 n 满足 $\sqrt[n]{u_n}>1$，这说明数列 $\{u_n\}$ 不是无穷小，从而级数 $\sum\limits_{n=1}^{\infty}u_n$ 发散.

(3) 当 $\rho=1$ 时，由级数 $\sum\limits_{n=1}^{\infty}\dfrac{1}{n^2}$ 与 $\sum\limits_{n=1}^{\infty}\dfrac{1}{n}$ 的敛散性说明 $\sum\limits_{n=1}^{\infty}u_n$ 可能收敛也可能发散.

例 12.2.7　证明级数 $1+\dfrac{1}{2^2}+\dfrac{1}{3^3}+\cdots+\dfrac{1}{n^n}+\cdots$ 是收敛的.

证　因为 $\lim\limits_{n\to\infty}\sqrt[n]{u_n}=\lim\limits_{n\to\infty}\sqrt[n]{\dfrac{1}{n^n}}=\lim\limits_{n\to\infty}\dfrac{1}{n}=0$，由根值判别法知所给级数收敛.

例 12.2.8　判别级数 $\sum\limits_{n=1}^{\infty}\dfrac{2+(-1)^n}{2^n}$ 的敛散性.

解　因为 $\lim\limits_{n\to\infty}\sqrt[n]{u_n}=\lim\limits_{n\to\infty}\dfrac{1}{2}\sqrt[n]{2+(-1)^n}=\dfrac{1}{2}$，由根值判别法知所给级数收敛.

3. 比值判别法

定理 12.2.4(比值判别法)　若正项级数 $\sum\limits_{n=1}^{\infty}u_n$ 的后项与前项之比值的极限等于 ρ，即

$\lim\limits_{n\to\infty}\dfrac{u_{n+1}}{u_n}=\rho$，则：

(1) 当 $0\leqslant\rho<1$ 时，级数收敛；

(2) 当 $\rho>1$(或为 $+\infty$) 时，级数发散；

(3) 当 $\rho=1$ 时，级数可能收敛也可能发散.

证 (1) 当 $0\leqslant\rho<1$ 时，取一个适当小的正数 ε，使 $\rho+\varepsilon=\gamma<1$，根据极限定义，存在正整数 m，当 $n\geqslant m$ 时，有

$$\frac{u_{n+1}}{u_n}<\rho+\varepsilon=\gamma$$

因此

$$u_{m+1}<\gamma u_m,\ u_{m+2}<\gamma u_{m+1}<\gamma^2u_m,\ \cdots,\ u_{m+k}<\gamma u_{m+k-1}<\gamma^k u_m,\ \cdots$$

这样，级数 $u_{m+1}+u_{m+2}+u_{m+3}+\cdots=\sum\limits_{n=m+1}^{\infty}u_n$ 各项小于收敛的等比级数 $\gamma u_m+\gamma^2u_m+\gamma^3u_m+\cdots$ 的各对应项，所以 $\sum\limits_{n=m+1}^{\infty}u_n$ 也收敛. 由于 $\sum\limits_{n=1}^{\infty}u_n$ 只比 $\sum\limits_{n=m+1}^{\infty}u_n$ 多了前 m 项，因此 $\sum\limits_{n=1}^{\infty}u_n$ 也收敛.

(2) 当 $\rho>1$ 时，取适当小的正数 ε，使 $\rho-\varepsilon>1$，根据极限定义，当 $n\geqslant m$ 时，有

$$\frac{u_{n+1}}{u_n}>\rho-\varepsilon>1\Rightarrow u_{n+1}>u_n$$

这说明当 $n\geqslant m$ 时，级数的一般项是逐渐增大的，从而 $\lim\limits_{n\to\infty}u_n\neq 0$，可知 $\sum\limits_{n=1}^{\infty}u_n$ 发散.

类似可证，当 $\lim\limits_{n\to\infty}\dfrac{u_{n+1}}{u_n}=\infty$ 时，$\sum\limits_{n=1}^{\infty}u_n$ 发散.

(3) 当 $\rho=1$ 时，由 p 级数可知结论正确.

例 12.2.9 判别级数 $\sum\limits_{n=1}^{\infty}\dfrac{2^n\cdot n!}{n^n}$ 的敛散性.

解 因为

$$\frac{u_{n+1}}{u_n}=\frac{2^{n+1}\cdot(n+1)!}{(n+1)^{n+1}}\cdot\frac{n^n}{2^n\cdot n!}=2\cdot\left(\frac{n}{n+1}\right)^n=2\cdot\frac{1}{\left(1+\dfrac{1}{n}\right)^n}$$

$$\lim_{n\to\infty}\frac{u_{n+1}}{u_n}=\lim_{n\to\infty}\frac{2}{\left(1+\dfrac{1}{n}\right)^n}=\frac{2}{\mathrm{e}}<1$$

由比值判别法知所给级数收敛.

例 12.2.10 判别级数 $\dfrac{1}{10}+\dfrac{1\cdot 2}{10^2}+\dfrac{1\cdot 2\cdot 3}{10^3}+\cdots+\dfrac{n!}{10^n}+\cdots$ 的敛散性.

解 因为

$$\lim_{n\to\infty}\frac{u_{n+1}}{u_n}=\lim_{n\to\infty}\frac{(n+1)!}{10^{n+1}}\cdot\frac{10^n}{n!}=\lim_{n\to\infty}\frac{n+1}{10}=\infty$$

由比值判别法知所给级数发散.

习题 12.2

1. 用比较判别法或其极限形式判别下列级数的敛散性.

(1) $\sum_{n=1}^{\infty} \frac{1}{2n}$;　(2) $\sum_{n=1}^{\infty} \frac{1}{\ln(n+1)}$;

(3) $\sum_{n=1}^{\infty} \left(\frac{n}{2n+1}\right)^n$;　(4) $\sum_{n=1}^{\infty} \frac{n}{(n+1)(2n+1)}$;

(5) $\sum_{n=1}^{\infty} \sin \frac{\pi}{2^n}$;　(6) $\sum_{n=1}^{\infty} \frac{1}{\sqrt{n^2+2n-2}}$;

(7) $\sum_{n=1}^{\infty} 2^n \sin \frac{\pi}{5^n}$;　(8) $\sum_{n=1}^{\infty} (\sqrt[n]{4}-1)$;

(9) $\sum_{n=1}^{\infty} \sqrt{n+3}\left(1-\cos \frac{\pi}{n}\right)$;　(10) $\sum_{n=1}^{\infty} \frac{\ln n}{\sqrt{n^3+1}}$.

2. 利用比值判别法或根值法判别下列级数的敛散性.

(1) $\sum_{n=1}^{\infty} \frac{3^n}{(2n+1)!}$;　(2) $\sum_{n=1}^{\infty} \frac{1 \cdot 5 \cdot 9 \cdot \cdots \cdot (4n-3)}{2 \cdot 5 \cdot 8 \cdot \cdots \cdot (3n-1)}$;

(3) $\sum_{n=1}^{\infty} n \sin \frac{\pi}{3^n}$;　(4) $\sum_{n=1}^{\infty} \frac{1}{2^n}\left(\frac{n+1}{n}\right)^{n^2}$;

(5) $\sum_{n=1}^{\infty} \frac{n!}{n^n}$;　(6) $\sum_{n=1}^{\infty} \frac{3^n n!}{n^n}$;

(7) $\sum_{n=1}^{\infty} \frac{n}{2^n}$;　(8) $\sum_{n=1}^{\infty} \left(\frac{2nx}{1+n}\right)^n (x>0)$;

(9) $\sum_{n=1}^{\infty} n \sin \frac{1}{2^n}$;　(10) $\sum_{n=1}^{\infty} \frac{3^n}{n \cdot 2^n}$;

(11) $\sum_{n=1}^{\infty} \frac{1}{[\ln(1+n)]^n}$;　(12) $\sum_{n=1}^{\infty} \frac{n}{e^n}$;

(13) $\sum_{n=1}^{\infty} \frac{3^n}{1+e^n}$;　(14) $\sum_{n=1}^{\infty} \left(\frac{n}{3n+1}\right)^{2n-1}$;

(15) $\sum_{n=1}^{\infty} \left(\frac{n+1}{n \cdot 2^n}\right)^{n^2}$.

3. 判别下列级数的敛散性.

(1) $\sum_{n=1}^{\infty} \frac{1}{2n+1}$;　(2) $\sum_{n=1}^{\infty} \frac{1}{n}(\sqrt{n+1}-\sqrt{n-1})$;

(3) $\sum_{n=1}^{\infty} \frac{n}{1 \cdot 3 \cdot 5 \cdot \cdots \cdot (2n+1)}$;　(4) $\sum_{n=1}^{\infty} \frac{1}{\sqrt[n]{n+2}}$;

(5) $\sum_{n=1}^{\infty} \left(1-\cos \frac{\pi}{n}\right)$;　(6) $\sum_{n=1}^{\infty} \sin \frac{1}{n^p} (p>0)$.

12.3 任意项级数

12.3.1 交错级数及其判别法

定义 12.3.1 在常数项级数$\sum_{n=1}^{\infty} u_n$中，若通项u_n为任意实数，则称$\sum_{n=1}^{\infty} u_n$为**任意项级数**；若级数$\sum_{n=1}^{\infty} u_n$的各项符号正负交错，则称其为**交错级数**.

交错级数的一般形式为

$$\sum_{n=1}^{\infty}(-1)^{n-1}u_n = u_1 - u_2 + u_3 - u_4 + \cdots + (-1)^{n-1}u_n + \cdots$$

或

$$\sum_{n=1}^{\infty}(-1)^{n}u_n = -u_1 + u_2 - u_3 + u_4 + \cdots + (-1)^{n}u_n + \cdots$$

其中$u_n \neq 0(n=1, 2, \cdots)$. 如$\sum_{n=1}^{\infty}(-1)^{n-1}\frac{1}{n}$是交错级数，$\sum_{n=1}^{\infty}(-1)^{n-1}\frac{1-\cos n\pi}{n}$不是交错级数.

定理 12.3.1(莱布尼茨判别法) 若交错级数$\sum_{n=1}^{\infty}(-1)^{n-1}u_n$满足条件：

(1) $u_n \geqslant u_{n+1}(n=1, 2, 3, \cdots)$；

(2) $\lim\limits_{n\to\infty} u_n = 0$,

则级数$\sum_{n=1}^{\infty}(-1)^{n-1}u_n$收敛，且其和$s \leqslant u_1$，其余项$r_n$的绝对值$|r_n| \leqslant u_{n+1}$.

证 设级数$\sum_{n=1}^{\infty}(-1)^{n-1}u_n$前$2n$项部分和为$s_{2n}$，则

$$s_{2n} = (u_1 - u_2) + (u_3 - u_4) + \cdots + (u_{2n-1} - u_{2n})$$

由$u_n \geqslant u_{n+1}$知上式括号中的差值都是非负的，所以$\{s_{2n}\}$为单调增加数列，且$s_{2n} \geqslant 0$. 又因

$$s_{2n} = u_1 - (u_2 - u_3) - (u_4 - u_5) - \cdots - (u_{2n-2} - u_{2n-1}) - u_{2n} \leqslant u_1$$

由极限存在的准则知，$\lim\limits_{n\to\infty} s_{2n}$存在且不超过$u_1$，即$\lim\limits_{n\to\infty} s_{2n} = s \leqslant u_1$. 而前$2n+1$项部分和$s_{2n+1} = s_{2n} + u_{2n+1}$，且$\lim\limits_{n\to\infty} u_n = 0$，所以

$$\lim_{n\to\infty} s_{2n+1} = \lim_{n\to\infty}(s_{2n} + u_{2n+1}) = s$$

由于级数前偶数项的和与前奇数项的和有相同极限，所以$\lim\limits_{n\to\infty} s_n = s$，从而级数$\sum_{n=1}^{\infty}(-1)^{n-1}u_n$是收敛的，且其和$s \leqslant u_1$.

而$r_n = \pm(u_{n+1} - u_{n+2} + \cdots)$，$|r_n| = u_{n+1} - u_{n+2} + \cdots$，所以$|r_n|$也是交错级数，且满足

定理中的条件，故$|r_n|$必收敛，且其和不超过首项u_{n+1}，即$|r_n|\leqslant u_{n+1}$.

例 12.3.1 证明级数$\sum_{n=1}^{\infty}(-1)^{n-1}\frac{1}{n}$收敛，并估计其和及余项.

证 这是一个交错级数. 它满足：

(1) $u_n=\frac{1}{n}>\frac{1}{n+1}=u_{n+1}(n=1, 2, 3, \cdots)$；

(2) $\lim\limits_{n\to\infty}u_n=\lim\limits_{n\to\infty}\frac{1}{n}=0$.

由莱布尼茨判别法知该级数是收敛的，且其和$s\leqslant u_1=1$，余项$|r_n|\leqslant u_{n+1}=\frac{1}{n+1}$.

12.3.2 绝对收敛与条件收敛

对任意项级数$\sum_{n=1}^{\infty}u_n$中的各项u_n都取绝对值，得正项级数$\sum_{n=1}^{\infty}|u_n|$.

定义 12.3.2 若级数$\sum_{n=1}^{\infty}|u_n|$收敛，则称级数$\sum_{n=1}^{\infty}u_n$**绝对收敛**；若级数$\sum_{n=1}^{\infty}u_n$收敛，而级数$\sum_{n=1}^{\infty}|u_n|$发散，则称级数$\sum_{n=1}^{\infty}u_n$**条件收敛**.

例如，级数$\sum_{n=1}^{\infty}(-1)^{n-1}\frac{1}{n^2}$是绝对收敛的，而级数$\sum_{n=1}^{\infty}(-1)^{n-1}\frac{1}{n}$是条件收敛的.

任意项级数$\sum_{n=1}^{\infty}u_n$的敛散性与正项级数$\sum_{n=1}^{\infty}|u_n|$的敛散性有如下的关系.

定理 12.3.2 若正项级数$\sum_{n=1}^{\infty}|u_n|$收敛，则任意项级数$\sum_{n=1}^{\infty}u_n$必收敛.

证 令$v_n=\frac{1}{2}(u_n+|u_n|)$，则$v_n\geqslant 0$，即$\sum_{n=1}^{\infty}v_n$为正项级数，且$v_n\leqslant|u_n|(n=1, 2, \cdots)$. 因为级数$\sum_{n=1}^{\infty}|u_n|$收敛，由比较判别法知级数$\sum_{n=1}^{\infty}v_n$收敛. 而$u_n=2v_n-|u_n|(n=1, 2, \cdots)$，且级数$\sum_{n=1}^{\infty}v_n$，$\sum_{n=1}^{\infty}|u_n|$都收敛，由收敛级数的性质知，级数$\sum_{n=1}^{\infty}u_n$收敛.

定理 12.3.2 说明，对于任意项级数$\sum_{n=1}^{\infty}u_n$，如果用正项级数的判别法判定级数$\sum_{n=1}^{\infty}|u_n|$收敛，则此级数收敛. 这使得一大类级数的敛散性问题转化成正项级数的敛散性问题.

如果级数$\sum_{n=1}^{\infty}|u_n|$发散，不能断定级数$\sum_{n=1}^{\infty}u_n$也发散. 但是，如果用比值法或根值法判定级数$\sum_{n=1}^{\infty}|u_n|$发散，则可以断定级数$\sum_{n=1}^{\infty}u_n$必定发散. 这是因为此时$|u_n|$不趋向于零，从

而 u_n 也不趋向于零，因此级数 $\sum\limits_{n=1}^{\infty} u_n$ 也是发散的.

定理 12.3.2 的逆命题不成立，即由级数 $\sum\limits_{n=1}^{\infty} u_n$ 收敛不能推出级数 $\sum\limits_{n=1}^{\infty} |u_n|$ 收敛. 如 $\sum\limits_{n=1}^{\infty} (-1)^{n-1} \dfrac{1}{n}$ 是收敛的，但级数各项取绝对值后为调和级数，却是发散的.

例 12.3.2 判别级数 $\sum\limits_{n=1}^{\infty} \dfrac{\sin na}{n^2}$ 的敛散性.

解 因为 $\left|\dfrac{\sin na}{n^2}\right| \leqslant \dfrac{1}{n^2}$，且级数 $\sum\limits_{n=1}^{\infty} \dfrac{1}{n^2}$ 是收敛的，所以级数 $\sum\limits_{n=1}^{\infty} \left|\dfrac{\sin na}{n^2}\right|$ 也收敛，从而级数 $\sum\limits_{n=1}^{\infty} \dfrac{\sin na}{n^2}$ 绝对收敛.

例 12.3.3 判别级数 $\sum\limits_{n=1}^{\infty} (-1)^{n-1} \dfrac{2^n}{2n+1}$ 的敛散性.

解 所给级数是发散的. 事实上，

$$\lim_{n\to\infty}\left|\frac{u_{n+1}}{u_n}\right| = \lim_{n\to\infty}\frac{2^{n+1}}{2n+3}\cdot\frac{2n+1}{2^n} = 2 > 1$$

绝对收敛级数有很多性质是条件收敛所没有的，下面不加证明地给出关于绝对收敛的一个性质，供读者了解.

性质 12.3.1 若任意项级数 $\sum\limits_{n=1}^{\infty} u_n$ 绝对收敛，则改变该级数的项的位置后构成的级数也收敛，且与原级数有相同的和.

习题 12.3

1. 判别下列交错级数的敛散性.

(1) $\sum\limits_{n=1}^{\infty} \dfrac{(-1)^n n}{3^{n-1}}$； (2) $\sum\limits_{n=1}^{\infty} \dfrac{(-1)^n n}{2n-1}$；

(3) $\sum\limits_{n=2}^{\infty} \dfrac{(-1)^n}{\ln n}$； (4) $\sum\limits_{n=1}^{\infty} \dfrac{(-1)^n}{\sqrt{n}}$；

(5) $\dfrac{1}{\sqrt{2}-1} - \dfrac{1}{\sqrt{2}+1} + \dfrac{1}{\sqrt{3}-1} - \dfrac{1}{\sqrt{3}+1} + \cdots + \dfrac{1}{\sqrt{n}-1} - \dfrac{1}{\sqrt{n}+1} + \cdots$.

2. 判别下列级数的敛散性，若收敛，试说明是绝对收敛还是条件收敛.

(1) $\sum\limits_{n=1}^{\infty} (-1)^{n-1} \dfrac{1}{\sqrt{n}}$； (2) $\sum\limits_{n=1}^{\infty} \dfrac{(-1)^n}{\sqrt{n}(n+2)}$；

(3) $\sum\limits_{n=2}^{\infty} \dfrac{(-1)^{n-1}}{[n+(-1)^n]^2}$； (4) $\sum\limits_{n=1}^{\infty} (-1)^{n-1}(\sqrt{n+1}-\sqrt{n})$；

(5) $\sum\limits_{n=1}^{\infty} (-1)^{n-1} \dfrac{\sqrt{n}}{n+1}$； (6) $\sum\limits_{n=1}^{\infty} (-1)^n \dfrac{3^n}{n!}$；

(7) $\sum_{n=1}^{\infty}(-1)^n\frac{(2n+1)^n}{(2n+1)!}$；　　(8) $\sum_{n=1}^{\infty}(-1)^{\frac{n(n+1)}{2}}\frac{n}{2^n}$；

(9) $\sum_{n=1}^{\infty}(-1)^{n-1}2^n\sin\frac{\pi}{3^n}$.

3. 判别下列级数是绝对收敛、条件收敛还是发散.

(1) $\sum_{n=1}^{\infty}(-1)^n\sqrt{\frac{n}{n+2}}$；　　(2) $\sum_{n=1}^{\infty}\frac{(-1)^{n-1}2^{n^2}}{n!}$；

(3) $\sum_{n=1}^{\infty}\frac{\cos(n!)}{n\sqrt{n}}$；　　(4) $\sum_{n=1}^{\infty}(-1)^n(1-\sqrt[n]{3})$.

12.4 幂 级 数

12.4.1 函数项级数的概念

前几节讨论的都是常数项级数及其收敛性，本节开始研究各项都是定义在某区间 I 上函数的级数.

定义 12.4.1 设$\{u_n(x)\}$为定义在区间 I 上的函数列，由该函数列各项所构成的表达式

$$u_1(x)+u_2(x)+u_3(x)+\cdots+u_n(x)+\cdots$$

称为定义在区间 I 上的**函数项级数**，记为$\sum_{n=1}^{\infty}u_n(x)$.

当给变量 x 以确定的值 $x=x_0(x_0\in I)$ 时，函数项级数$\sum_{n=1}^{\infty}u_n(x)$就变成一个常数项级数$\sum_{n=1}^{\infty}u_n(x_0)$.

定义 12.4.2 对于区间 I 内的某一定点 x_0：

(1) 若常数项级数$\sum_{n=1}^{\infty}u_n(x_0)$收敛，则称点 x_0 是级数$\sum_{n=1}^{\infty}u_n(x)$的**收敛点**；

(2) 若常数项级数$\sum_{n=1}^{\infty}u_n(x_0)$发散，则称点 x_0 是级数$\sum_{n=1}^{\infty}u_n(x)$的**发散点**.

函数项级数$\sum_{n=1}^{\infty}u_n(x)$的所有收敛点的全体称为它的**收敛域**；所有发散点的全体称为它的**发散域**. 对应于收敛域内的任意数 x，函数项级数为收敛的常数项级数，因而有一确定的和 s. 这样，在收敛域上，函数项级数$\sum_{n=1}^{\infty}u_n(x)$的和是 x 的函数，记为 $s(x)$，称 $s(x)$ 为函数项级数$\sum_{n=1}^{\infty}u_n(x)$的**和函数**，并写成

$$s(x)=\sum_{n=1}^{\infty}u_n(x)$$

和函数 $s(x)$ 的定义域就是函数项级数 $\sum_{n=1}^{\infty}u_n(x)$ 的收敛域.

函数项级数 $\sum_{n=1}^{\infty}u_n(x)$ 的前 n 项部分和记作 $s_n(x)$，即

$$s_n(x)=u_1(x)+u_2(x)+\cdots+u_n(x)$$

在收敛域上有

$$\lim_{n\to\infty}s_n(x)=s(x)$$

和函数 $s(x)$ 与部分和 $s_n(x)$ 的差 $s(x)-s_n(x)$ 称为函数项级数 $\sum_{n=1}^{\infty}u_n(x)$ 的余项，记为 $r_n(x)$. 在收敛域上有

$$\lim_{n\to\infty}r_n(x)=0$$

例如，函数项级数 $1+x+x^2+\cdots+x^n+\cdots$ 可以看成是公比为 x 的几何级数. 当 $|x|<1$ 时，它是收敛的；当 $|x|\geqslant 1$ 时，它是发散的. 因此它的收敛域为 $(-1, 1)$，在收敛域内有和函数

$$\frac{1}{1-x}=1+x+x^2+x^3+\cdots+x^n+\cdots$$

12.4.2 幂级数及其收敛域

定义 12.4.3 当函数项级数的各项都是幂函数，即 $u_n(x)=a_nx^n(n=0, 1, 2, \cdots)$ 时，级数

$$a_0+a_1x+a_2x^2+\cdots+a_nx^n+\cdots$$

称为 x 的幂级数，记为 $\sum_{n=0}^{\infty}a_nx^n$，其中常数 $a_n(n=0, 1, 2, \cdots)$ 称为 x 的幂级数的系数.

规定幂级数 $\sum_{n=0}^{\infty}a_nx^n$ 的首项为 a_0.

幂级数是函数项级数中简单而常见的一类，其一般形式为

$$\sum_{n=0}^{\infty}a_n(x-x_0)^n=a_0+a_1(x-x_0)+a_2(x-x_0)^2+\cdots+a_n(x-x_0)^n+\cdots$$

作变换 $t=x-x_0$，该幂级数就转换成幂级数

$$\sum_{n=0}^{\infty}a_nt^n=a_0+a_1t+a_2t^2+\cdots+a_nt^n+\cdots$$

故在以下的讨论中，只研究幂级数 $\sum_{n=0}^{\infty}a_nx^n$ 的敛散性及其在收敛域上的性质.

定理 12.4.1(阿贝尔定理) (1) 如果幂级数 $\sum_{n=0}^{\infty}a_nx^n$ 当 $x=x_0(x_0\neq 0)$ 时收敛，则当 $|x|<|x_0|$ 时，该幂级数绝对收敛；

(2) 如果幂级数 $\sum_{n=0}^{\infty}a_nx^n$ 当 $x=x_0$ 时发散，则当 $|x|>|x_0|$ 时，该幂级数发散.

证 (1) 先设 x_0 是幂级数 $\sum_{n=0}^{\infty} a_n x^n$ 的收敛点，即级数 $\sum_{n=0}^{\infty} a_n x^n$ 收敛. 根据级数收敛的必要条件，有 $\lim_{n\to\infty} a_n x_0^n = 0$，于是存在一个常数 M，使 $|a_n x_0^n| \leqslant M(n=0, 1, 2, \cdots)$. 则 $\sum_{n=0}^{\infty} a_n x^n$ 的一般项的绝对值

$$|a_n x^n| = \left|a_n x_0^n \cdot \frac{x^n}{x_0^n}\right| = |a_n x_0^n| \cdot \left|\frac{x}{x_0}\right|^n \leqslant M \cdot \left|\frac{x}{x_0}\right|^n$$

因为当 $|x_1| < |x_0|$ 时，等比级数 $\sum_{n=0}^{\infty} M\left|\frac{x}{x_0}\right|^n$ 收敛，所以级数 $\sum_{n=0}^{\infty} |a_n x^n|$ 收敛，也就是级数 $\sum_{n=0}^{\infty} a_n x^n$ 绝对收敛.

(2) 用反证法证明. 倘若幂级数当 $x = x_0$ 时发散而有一点 x_1 且 $|x_1| > |x_0|$ 使级数收敛，则根据本定理的第一部分，级数当 $x = x_0$ 时应收敛，这与所设矛盾. 定理得证.

推论 12.4.1 如果幂级数 $\sum_{n=0}^{\infty} a_n x^n$ 不是仅在点 $x=0$ 上收敛，也不是在整个数轴上都收敛，则必有一个完全确定的正数 R 存在，使得

当 $|x| < R$ 时，幂级数 $\sum_{n=0}^{\infty} a_n x^n$ 绝对收敛；

当 $|x| > R$ 时，幂级数 $\sum_{n=0}^{\infty} a_n x^n$ 发散；

当 $x = R$ 与 $x = -R$ 时，幂级数 $\sum_{n=0}^{\infty} a_n x^n$ 可能收敛也可能发散.

正数 R 通常叫作幂级数 $\sum_{n=0}^{\infty} a_n x^n$ 的收敛半径. 开区间 $(-R, R)$ 叫作幂级数 $\sum_{n=0}^{\infty} a_n x^n$ 的收敛区间. 再由幂级数在 $x = \pm R$ 处的收敛性就可以决定它的收敛域. 幂级数 $\sum_{n=0}^{\infty} a_n x^n$ 的收敛域是 $(-R, R)$ 或 $[-R, R)$、$(-R, R]$、$[-R, R]$ 之一.

规定若幂级数 $\sum_{n=0}^{\infty} a_n x^n$ 只在 $x=0$ 收敛，则规定收敛半径 $R=0$；若幂级数 $\sum_{n=0}^{\infty} a_n x^n$ 对一切 x 都收敛，则规定收敛半径 $R=+\infty$，这时收敛域为 $(-\infty, +\infty)$.

定理 12.4.2 若幂级数 $\sum_{n=0}^{\infty} a_n x^n$ 的系数满足 $\lim_{n\to\infty}\left|\frac{a_{n+1}}{a_n}\right| = \rho$，则：

(1) 若 $0 < \rho < +\infty$，则当 $|x| < \frac{1}{\rho}$ 时，幂级数 $\sum_{n=0}^{\infty} a_n x^n$ 绝对收敛；当 $|x| > \frac{1}{\rho}$ 时，幂级数 $\sum_{n=0}^{\infty} a_n x^n$ 发散，即幂级数 $\sum_{n=0}^{\infty} a_n x^n$ 收敛半径为 $R = \frac{1}{\rho}$；

(2) 若 $\rho = 0$，则对任意 x，幂级数 $\sum_{n=0}^{\infty} a_n x^n$ 绝对收敛，即幂级数 $\sum_{n=0}^{\infty} a_n x^n$ 收敛半径为 $R = +\infty$；

(3) 若 $\rho=+\infty$，则幂级数 $\sum_{n=0}^{\infty}a_nx^n$ 仅在 $x=0$ 处收敛，即幂级数 $\sum_{n=0}^{\infty}a_nx^n$ 收敛半径为 $R=0$.

证 作正项级数 $\sum_{n=0}^{\infty}|a_nx^n|$，则

$$\lim_{n\to\infty}\left|\frac{a_{n+1}x^{n+1}}{a_nx^n}\right|=\lim_{n\to\infty}\left|\frac{a_{n+1}}{a_n}\right|\cdot|x|=\rho|x|$$

(1) 若 $0<\rho<+\infty$，当 $|x|<\dfrac{1}{\rho}$ 时，则 $\rho|x|<1$，故幂级数 $\sum_{n=0}^{\infty}a_nx^n$ 绝对收敛；当 $|x|>\dfrac{1}{\rho}$ 时，有 $\rho|x|>1$，故幂级数 $\sum_{n=0}^{\infty}a_nx^n$ 发散；

(2) 若 $\rho=0$，则对任意的 x 都有 $\rho|x|=0<1$，故幂级数 $\sum_{n=0}^{\infty}a_nx^n$ 对任意 x 都绝对收敛；

(3) 若 $\rho=+\infty$，则当 $x=0$ 时，有 $\rho|x|=0$，故幂级数 $\sum_{n=0}^{\infty}a_nx^n$ 收敛；当 $x\neq0$ 时，有 $\rho|x|=+\infty$，幂级数 $\sum_{n=0}^{\infty}a_nx^n$ 发散.

由定理 12.4.2 知，若幂级数 $\sum_{n=0}^{\infty}a_nx^n$ 的系数满足 $\lim_{n\to\infty}\left|\dfrac{a_{n+1}}{a_n}\right|=\rho$，则其收敛半径为

$$R=\begin{cases}\dfrac{1}{\rho}, & 0<\rho<+\infty\\ +\infty, & \rho=0\\ 0, & \rho=+\infty\end{cases}$$

例 12.4.1 求幂级数 $\sum_{n=1}^{\infty}(-1)^{n-1}\dfrac{x^n}{n}=x-\dfrac{x^2}{2}+\dfrac{x^3}{3}-\cdots+(-1)^{n-1}\dfrac{x^n}{n}+\cdots$ 的收敛半径与收敛域.

解 因为

$$\rho=\lim_{n\to\infty}\left|\frac{a_{n+1}}{a_n}\right|=\lim_{n\to\infty}\frac{n}{n+1}=1$$

所以收敛半径 $R=\dfrac{1}{\rho}=1$.

当 $x=1$ 时，幂级数为 $\sum_{n=1}^{\infty}(-1)^{n-1}\dfrac{1}{n}$，是收敛的；

当 $x=-1$ 时，幂级数为 $\sum_{n=1}^{\infty}\left(-\dfrac{1}{n}\right)$，是发散的.

因此，收敛域为 $(-1, 1]$.

例 12.4.2 求幂级数 $\sum_{n=0}^{\infty}\dfrac{1}{n!}x^n=1+x+\dfrac{1}{2!}x^2+\dfrac{1}{3!}x^3+\cdots+\dfrac{1}{n!}x^n+\cdots$ 的收敛域.

解 因为

$$\rho=\lim_{n\to\infty}\left|\frac{a_{n+1}}{a_n}\right|=\lim_{n\to\infty}\frac{n!}{(n+1)!}=0$$

所以收敛半径 $R=+\infty$，从而收敛域为$(-\infty,+\infty)$.

例 12.4.3 求幂级数 $\sum_{n=1}^{\infty}(-nx)^n$ 的收敛域.

解 因为 $\rho=\lim_{n\to\infty}\sqrt[n]{|a_n|}=\lim_{n\to\infty}n=+\infty$，所以幂级数 $\sum_{n=1}^{\infty}(-nx)^n$ 的收敛半径 $R=0$，且只在 $x=0$ 处收敛.

例 12.4.4 求幂级数 $\sum_{n=1}^{\infty}\frac{(x-1)^n}{2^n n}$ 的收敛域.

解 令 $t=x-1$，上述级数变为 $\sum_{n=1}^{\infty}\frac{t^n}{2^n n}$. 因为

$$\rho=\lim_{n\to\infty}\left|\frac{a_{n+1}}{a_n}\right|=\lim_{n\to\infty}\frac{2^n\cdot n}{2^{n+1}\cdot(n+1)}=\frac{1}{2}$$

所以收敛半径 $R=2$.

当 $t=2$ 时，级数成为 $\sum_{n=1}^{\infty}\frac{1}{n}$，此级数发散；当 $t=-2$ 时，级数成为 $\sum_{n=1}^{\infty}\frac{(-1)^n}{n}$，此级数收敛. 因此级数 $\sum_{n=1}^{\infty}\frac{t^n}{2^n n}$ 的收敛域为 $-2\leqslant t<2$，即 $-1\leqslant x<3$，所以原级数的收敛域为 $[-1,3)$.

例 12.4.5 求幂级数 $\sum_{n=1}^{\infty}\frac{2n-1}{2^n}x^{2n-2}$ 的收敛域.

解 因为该级数中只出现 x 的偶次幂，所以不能直接用定理12.4.1来求 R. 可设 $u_n=\frac{2n-1}{2^n}x^{2n-2}$，由比值判别法有

$$\lim_{n\to\infty}\left|\frac{u_{n+1}(x)}{u_n(x)}\right|=\lim_{n\to\infty}\left|\frac{\frac{2n+1}{2^{n+1}}x^{2n}}{\frac{2n-1}{2^n}x^{2n-2}}\right|=\frac{x^2}{2}$$

当 $\frac{x^2}{2}<1$，即 $|x|<\sqrt{2}$ 时，幂级数 $\sum_{n=1}^{\infty}\frac{2n-1}{2^n}x^{2n-2}$ 绝对收敛；

当 $\frac{x^2}{2}>1$，即 $|x|>\sqrt{2}$ 时，幂级数 $\sum_{n=1}^{\infty}\frac{2n-1}{2^n}x^{2n-2}$ 发散，故 $R=\sqrt{2}$；

当 $x=\pm\sqrt{2}$ 时，幂级数 $\sum_{n=1}^{\infty}\frac{2n-1}{2^n}x^{2n-2}$ 成为 $\sum_{n=1}^{\infty}\frac{2n-1}{2}$，它是发散的，因此幂级数 $\sum_{n=1}^{\infty}\frac{2n-1}{2^n}x^{2n-2}$ 的收敛域是$(-\sqrt{2},\sqrt{2})$.

12.4.3 幂级数和函数的性质

下面不加证明地给出幂级数的运算性质. 主要是幂级数的加、减、求导及积分运算.

设幂级数$\sum\limits_{n=0}^{\infty}a_nx^n$，$\sum\limits_{n=0}^{\infty}b_nx^n$分别在区间$(-R_1, R_1)$及$(-R_2, R_2)$内收敛，令$R=\min(R_1, R_2)$，则在区间$(-R, R)$内，有

$$\sum_{n=0}^{\infty}a_nx^n \pm \sum_{n=0}^{\infty}b_nx^n = \sum_{n=0}^{\infty}(a_n \pm b_n)x^n$$

性质 12.4.1(和函数连续性) 幂级数$\sum\limits_{n=0}^{\infty}a_nx^n$的和函数$s(x)$在其收敛域$I$上连续.

性质 12.4.2(逐项微分运算) 幂级数$\sum\limits_{n=0}^{\infty}a_nx^n$的和函数$s(x)$在其收敛区间$(-R, R)$内可导，并且有逐项求导公式

$$s'(x) = \left(\sum_{n=0}^{\infty}a_nx^n\right)' = \sum_{n=0}^{\infty}(a_nx^n)' = \sum_{n=1}^{\infty}na_nx^{n-1} \quad (|x|<R)$$

且逐项求导后所得到的幂级数和原幂级数有相同的收敛半径.

性质 12.4.3(逐项积分运算) 幂级数$\sum\limits_{n=0}^{\infty}a_nx^n$的和函数$s(x)$在其收敛域$I$上可积，并且有逐项积分公式

$$\int_0^x s(x)\mathrm{d}x = \int_0^x\left(\sum_{n=0}^{\infty}a_nx^n\right)\mathrm{d}x = \sum_{n=0}^{\infty}\int_0^x a_nx^n\mathrm{d}x = \sum_{n=0}^{\infty}\frac{a_n}{n+1}x^{n+1} \quad (x \in I)$$

且逐项积分后所得到的幂级数和原幂级数有相同的收敛半径.

例 12.4.6 求幂级数$\sum\limits_{n=0}^{\infty}\dfrac{1}{n+1}x^n$的和函数，并求级数$\sum\limits_{n=0}^{\infty}\dfrac{(-1)^n}{n+1}$的和.

解 由

$$\lim_{n\to\infty}\left|\frac{a_{n+1}}{a_n}\right| = \lim_{n\to\infty}\frac{n+1}{n+2} = 1$$

得收敛半径$R=1$.

当$x=1$时，幂级数$\sum\limits_{n=0}^{\infty}\dfrac{1}{n+1}$是发散的；

当$x=-1$时，幂级数$\sum\limits_{n=0}^{\infty}\dfrac{(-1)^n}{n+1}$是收敛的交错级数. 因此，幂级数$\sum\limits_{n=0}^{\infty}\dfrac{1}{n+1}x^n$的收敛域为$[-1, 1)$.

设幂级数$\sum\limits_{n=0}^{\infty}\dfrac{1}{n+1}x^n$的和函数为$s(x)$，即$s(x)=\sum\limits_{n=0}^{\infty}\dfrac{1}{n+1}x^n$，$x \in (-1, 1)$，显然$s(0)=1$. 因为

$$[xs(x)]' = \sum_{n=0}^{\infty}\left(\frac{1}{n+1}x^{n+1}\right)' = \sum_{n=0}^{\infty}x^n = \frac{1}{1-x}$$

对上式从 0 到 x 积分，得

$$xs(x) = \int_0^x\frac{1}{1-x}\mathrm{d}x = -\ln(1-x)$$

于是，当$x \neq 0$时，有

$$s(x)=-\frac{1}{x}\ln(1-x)$$

当 $x=0$ 时，由和函数连续性知 $s(0)=\lim\limits_{x\to 0}s(x)=1$；当 $x=-1$ 时，由和函数连续性知 $s_{(-1)}=\lim\limits_{x\to -1^+}s(x)$，从而

$$s(x)=\begin{cases}-\dfrac{1}{x}\ln(1-x), & -1\leqslant x<0\ .\mathrm{OR.}\ 0<x<1\\ 1, & x=0\end{cases}$$

因幂级数 $\sum\limits_{n=0}^{\infty}\frac{1}{n+1}x^n$ 在$[-1, 1)$ 上收敛，则

$$s(-1)=\sum_{n=0}^{\infty}\frac{(-1)^n}{n+1}$$

又知 $s(x)=-\frac{1}{x}\ln(1-x)$，于是 $s(-1)=\ln 2$，即

$$\sum_{n=0}^{\infty}\frac{(-1)^n}{n+1}=\ln 2$$

习题 12.4

1. 单项选择题.

(1) 已知幂级数 $\sum\limits_{n=1}^{\infty}a_n(x+1)^n$ 在 $x=1$ 处收敛，则该幂级数在 $x=-2$ 处(　　).

A. 条件收敛　　B. 绝对收敛

C. 发散　　D. 无法确定敛散性

(2) 若级数 $\sum\limits_{n=1}^{\infty}a_n$ 条件收敛，则 $x=\sqrt{3}$ 与 $x=3$ 依次为幂级数 $\sum\limits_{n=1}^{\infty}\frac{a_n}{n}(x-1)^n$ 的(　　).

A. 收敛点，收敛点　　B. 收敛点，发散点

C. 发散点，收敛点　　D. 发散点，发散点

2. 填空题.

(1) 幂级数 $\sum\limits_{n=1}^{\infty}a_nx^n$ 的收敛半径为 $R=3$，则幂级数 $\sum\limits_{n=1}^{\infty}na_n(x-1)^n$ 的收敛区间为 ________.

(2) 幂级数 $\sum\limits_{n=1}^{\infty}a_n(x+1)^n$ 在 $x=0$ 收敛，在 $x=-2$ 发散，则幂级数 $\sum\limits_{n=1}^{\infty}\frac{a_n}{2^n}(x-3)^n$ 的收敛域为 ________.

3. 已知级数 $\sum\limits_{n=0}^{\infty}a_n(2x-3)^n$ 在 $x=3$ 时收敛，试判别该级数在以下各点处的敛散性，并说明理由.

(1) $x=0$；　(2) $x=2$；　(3) $x=\frac{1}{2}$；　(4) $x=4$.

4. 求下列幂级数的收敛区间.

(1) $\sum_{n=0}^{\infty}\frac{2^n}{n^2+1}x^n$；　(2) $\sum_{n=1}^{\infty}\frac{x^n}{\ln(n+1)}$；

(3) $\sum_{n=1}^{\infty}\frac{(x-1)^n}{n\cdot 2^n}$；　(4) $\sum_{n=1}^{\infty}\frac{x^{2n-1}}{2^n}$；

(5) $\sum_{n=1}^{\infty}\frac{n^2}{n!}x^n$；　(6) $\sum_{n=1}^{\infty}(-1)^n\frac{2^n}{\sqrt{n}}x^n$；

(7) $\sum_{n=1}^{\infty}n^n x^n$；　(8) $\sum_{n=1}^{\infty}\frac{x^{2n+1}}{3^n}$.

5. 求下列幂级数的收敛域.

(1) $\sum_{n=0}^{\infty}\frac{2n+1}{n!}x^n$；　(2) $\sum_{n=1}^{\infty}(-1)^{n-1}\frac{1}{n^2}x^{n-1}$；

(3) $\sum_{n=1}^{\infty}\frac{(2x+1)^n}{n}$；　(4) $\sum_{n=1}^{\infty}\frac{(x-5)^n}{\sqrt{n}}$；

(5) $\sum_{n=1}^{\infty}\frac{x^{2n+1}}{2n+1}$；　(6) $\sum_{n=1}^{\infty}\frac{2^n+(-3)^n}{n}x^n$.

6. 求下列幂级数的和函数.

(1) $\sum_{n=1}^{\infty}(-1)^{n-1}nx^{n-1}$；　(2) $\sum_{n=1}^{\infty}\frac{x^n}{n\cdot 4^n}$；

(3) $\sum_{n=1}^{\infty}(2n+1)x^n$；　(4) $\sum_{n=1}^{\infty}\frac{2n}{2n-1}x^{2n-1}$；

(5) $\sum_{n=0}^{\infty}(-1)^n\frac{x^{n+1}}{n+1}$；　(6) $\sum_{n=0}^{\infty}\frac{x^n}{2^n}$；

(7) $\sum_{n=1}^{\infty}\frac{1}{2n+1}x^{2n+1}$；　(8) $\sum_{n=0}^{\infty}n(n+1)x^n$.

7. 求幂级数 $\sum_{n=1}^{\infty}\frac{2n-1}{2^n}x^{2n-2}$ 的收敛域及和函数，并求 $\sum_{n=1}^{\infty}\frac{2n-1}{2^n}$ 的值.

12.5 函数的幂级数展开

在实际应用中，经常要用 n 次多项式来表示一个函数 $f(x)$，可寻找一个幂级数，使这个幂级数的和函数恰好为 $f(x)$. 这就是将函数 $f(x)$ 展开成幂级数.

12.5.1 泰勒级数

若函数 $f(x)$ 为幂级数 $\sum_{n=0}^{\infty}a_n(x-x_0)^n$ 在 (x_0-R, x_0+R) 内的和函数，则称函数 $f(x)$ 在点 x_0 处可展开成幂级数，或称 $f(x)=\sum_{n=0}^{\infty}a_n(x-x_0)^n$ 为函数 $f(x)$ 在点 $x=x_0$

处的**幂级数展开式**.

由幂级数和函数的性质知，若 $f(x)=\sum_{n=0}^{\infty}a_n(x-x_0)^n$ 成立，则在 $x=x_0$ 的邻域内，$f(x)$ 有任意阶的导数，且

$$f^{(k)}(x)=\sum_{n=k}^{\infty}n(n-1)\cdots(n-k+1)a_n(x-x_0)^{n-k}$$

由此可以得到

$$f(x_0)=a_0,\ f'(x_0)=a_1,\ f''(x_0)=2!a_2,\ \cdots,\ f^{(k)}(x_0)=k!a_k$$

即

$$a_k=\frac{1}{k!}f^{(k)}(x_0)\ (k=0,1,2,\cdots)$$

由此可知，若 $f(x)$ 在点 x_0 处可展开成幂级数，则 $f(x)$ 在点 x_0 的邻域内必有任意阶导数，且其展开式为

$$f(x)=f(x_0)+f'(x_0)(x-x_0)+\frac{f''(x_0)}{2!}(x-x_0)^2+\cdots+\frac{f^{(n)}(x_0)}{n!}(x-x_0)^n+\cdots$$

上式称为 $f(x)$ 在点 x_0 处的**泰勒(Taylor)展开式**，右端的幂级数称为 $f(x)$ 在点 x_0 处的**泰勒(Taylor)级数**.

显然，当 $x=x_0$ 时，$f(x)$ 的泰勒级数收敛于 $f(x_0)$. 但除了 $x=x_0$ 外，$f(x)$ 的泰勒级数是否收敛？如果收敛，它是否一定收敛于 $f(x)$？

定理 12.5.1 设函数 $f(x)$ 在点 x_0 的某一邻域 $U(x_0)$ 内具有各阶导数，则 $f(x)$ 在该邻域内能展开成泰勒级数的充要条件是 $f(x)$ 的泰勒公式中的余项 $R_n(x)$ 当 $n\to 0$ 时的极限为零，即

$$\lim_{n\to\infty}R_n(x)=0,\ x\in U(x_0)$$

证 必要性. 设 $f(x)$ 在 $U(x_0)$ 内能展开为泰勒级数，即

$$f(x)=f(x_0)+f'(x_0)(x-x_0)+\frac{f''(x_0)}{2!}(x-x_0)^2+\cdots+\frac{f^{(n)}(x_0)}{n!}(x-x_0)^n+\cdots$$

又设 $s_{n+1}(x)$ 是 $f(x)$ 的泰勒级数的前 $n+1$ 项的和，则在 $U(x_0)$ 内

$$s_{n+1}(x)\to f(x)\quad(n\to\infty)$$

而 $f(x)$ 的 n 阶泰勒公式可写成

$$f(x)=s_{n+1}(x)+R_n(x)$$

于是

$$R_n(x)=f(x)-s_{n+1}(x)\to 0\quad(n\to\infty)$$

充分性. 设对一切 $x\in U(x_0)$，$R_n(x)\to 0(n\to\infty)$ 成立，于是

$$s_{n+1}(x)=f(x)-R_n(x)\to f(x)$$

即 $f(x)$ 的泰勒级数在 $U(x_0)$ 内收敛，并且收敛于 $f(x)$.

由此可见，$f(x)$ 与其泰勒级数的和函数 $s(x)$ 在 x_0 的邻域内近似相等，但若 $f(x)$ 是初等函数，则 $f(x)=s(x)$. 也就是说，初等函数的幂级数展开式就是泰勒展开式.

若令 $x_0=0$，则 $f(x)$ 的泰勒级数展开式为

$$f(x)=f(0)+f'(0)x+\frac{f''(0)}{2!}x^2+\cdots+\frac{f^{(n)}(0)}{n!}x^n+\cdots$$

上式称为 $f(x)$ 的**麦克劳林(Maclaurin)展开式**，右端的幂级数称为 $f(x)$ 的**麦克劳林(Maclaurin)级数**.

如果 $f(x)$ 能展开成 x 的幂级数，那么这种展开式是唯一的，它一定与 $f(x)$ 的麦克劳林级数一致. 这是因为，如果 $f(x)$ 在包含点 $x_0=0$ 的某区间 $(-R, R)$ 内能展开成 x 的幂级数，即

$$f(x)=a_0+a_1x+a_2x^2+\cdots+a_nx^n+\cdots$$

那么根据幂级数在收敛区间内可以逐项求导，有

$$f'(x)=a_1+2a_2x+3a_3x^2+\cdots+na_nx^{n-1}+\cdots$$

$$f''(x)=2!a_2+3\cdot 2a_3x+\cdots+n\cdot(n-1)a_nx^{n-2}+\cdots$$

$$\vdots$$

$$f^{(n)}(x)=n!a_n+(n+1)n(n-1)\cdots 2a_{n+1}x+\cdots$$

于是得

$$a_0=f(0),\ a_1=f'(0),\ a_2=\frac{f''(0)}{2!},\ \cdots,\ a_n=\frac{f^{(n)}(0)}{n!},\ \cdots$$

如果 $f(x)$ 能展开成 x 的幂级数，那么这个幂级数就是 $f(x)$ 的麦克劳林级数. 但是，反过来如果 $f(x)$ 的麦克劳林级数在点包含 $x_0=0$ 的某区间内收敛，它却不一定收敛于 $f(x)$. 因此，如果 $f(x)$ 在点 $x_0=0$ 处具有各阶导数，则 $f(x)$ 的麦克劳林级数虽然能做出来，但这个级数是否在某个区间内收敛，以及是否收敛于 $f(x)$ 却需要进一步考察. 据此，将初等函数 $f(x)$ 展开成关于 x 的幂级数的一般步骤如下：

(1) 求出 $f(x)$ 的各阶导数 $f'(x)$，$f''(x)$，…，$f^{(n)}(x)$，…，如果在 $x=0$ 处的导数不存在，就停止进行；

(2) 求 $f^{(n)}(x)$ 在 $x=0$ 处的值 $f^{(n)}(0)(n=0, 1, 2, \cdots)$；

(3) 写出幂级数

$$f(0)+f'(0)x+\frac{f''(0)}{2!}x^2+\cdots+\frac{f^{(n)}(0)}{n!}x^n+\cdots$$

并求出其收敛半径与收敛域；

(4) 考察在收敛域内 $R_n(x)$ 的极限

$$\lim_{n\to\infty}R_n(x)=\lim_{n\to\infty}\frac{f^{(n+1)}(\xi)}{(n+1)!}x^{n+1}\quad(\xi\text{ 介于 }0\text{ 与 }x\text{ 之间})$$

是否为零. 若该极限为零，则 $f(x)$ 在收敛域内的幂级数展开式为

$$f(x)=f(0)+f'(0)x+\frac{f''(0)}{2!}x^2+\cdots+\frac{f^{(n)}(0)}{n!}x^n+\cdots$$

例 12.5.1 将函数 $f(x)=e^x$ 展开成 x 的幂级数.

解 因为 $f^{(n)}(x)=e^x(n=1, 2, \cdots)$，所以 $f^{(n)}(0)=e^0=1(n=1, 2, \cdots)$，于是得级数

$$1+x+\frac{1}{2!}x^2+\cdots+\frac{1}{n!}x^n+\cdots$$

由于

$$\lim_{n\to\infty}\left|\frac{a_{n+1}}{a_n}\right|=\lim_{n\to\infty}\frac{1}{n+1}=0$$

所以 $R=+\infty$.

对于任意数 x，ξ(ξ 介于 0 与 x 之间)，有

$$|R_n(x)|=\left|\frac{\mathrm{e}^{\xi}}{(n+1)!}x^{n+1}\right|<\mathrm{e}^{|x|}\cdot\frac{|x|^{n+1}}{(n+1)!}\to 0\quad(n\to\infty)$$

从而得 e^x 的展开式

$$\mathrm{e}^x=\sum_{n=0}^{\infty}\frac{x^n}{n!}=1+x+\frac{1}{2!}x^2+\cdots+\frac{1}{n!}x^n+\cdots\quad(x\in\mathbf{R})$$

例 12.5.2 将函数 $f(x)=\sin x$ 展开成 x 的幂级数.

解 因为

$$f^{(n)}(x)=\sin\left(x+\frac{n\pi}{2}\right)\quad(n=1,2,\cdots)$$

$f^{(n)}(0)$ 依次循环地取 0，1，0，-1，$\cdots(n=0,1,2,\cdots)$，于是得级数

$$x-\frac{x^3}{3!}+\frac{x^5}{5!}-\cdots+(-1)^{n-1}\frac{x^{2n-1}}{(2n-1)!}+\cdots$$

易得其收敛半径为 $R=+\infty$，对于任意 x，ξ (ξ 介于 0 与 x 之间)，有

$$|R_n(x)|=\left|\frac{\sin\left[\xi+\frac{(n+1)\pi}{2}\right]}{(n+1)!}x^{n+1}\right|\leqslant\frac{|x|^{n+1}}{(n+1)!}\to 0\quad(n\to\infty)$$

因此得 $\sin x$ 的展开式

$$\sin x=\sum_{n=0}^{\infty}\frac{(-1)^n x^{2n+1}}{(2n+1)!}=x-\frac{x^3}{3!}+\frac{x^5}{5!}-\cdots+(-1)^n\frac{x^{2n+1}}{(2n+1)!}+\cdots\quad(x\in\mathbf{R})$$

同理可得 $\cos x$ 的展开式

$$\cos x=\sum_{n=0}^{\infty}\frac{(-1)^n x^{2n}}{(2n)!}=1-\frac{x^2}{2!}+\frac{x^4}{4!}-\cdots+(-1)^n\frac{x^{2n}}{(2n)!}+\cdots\quad(x\in\mathbf{R})$$

例 12.5.3 将函数 $f(x)=(1+x)^m$ 展开成 x 的幂级数，其中 m 为任意常数.

解 $f(x)$ 的各阶导数为

$$f^{(n)}(x)=m(m-1)\cdots(m-n+1)(1+x)^{m-n}\quad(n=1,2,3,\cdots)$$

所以 $f(0)=1$，$f'(0)=m$，$f''(0)=m(m-1)$，$\cdots$，$f^{(n)}(0)=m(m-1)\cdots(m-n+1)$.

于是得幂级数

$$1+mx+\frac{m(m-1)}{2!}x^2+\cdots+\frac{m(m-1)\cdots(m-n+1)}{n!}x^n+\cdots$$

可以证明

$$(1+x)^m=1+mx+\frac{m(m-1)}{2!}x^2+\cdots+\frac{m(m-1)\cdots(m-n+1)}{n!}x^n+\cdots\quad(|x|<1)$$

端点处是否成立需根据 m 的值确定.

12.5.2 函数展开成幂级数

利用泰勒或麦克劳林展开式把初等函数展开成幂级数的方法称为**直接展开法**. 但它需要求出函数的各阶导数，有时计算量很大. 在很多情况下，可以用已知的一些函数的展开式，运用幂级数的运算性质(四则运算、逐项微分、逐项积分)及变量替换，将函数展开成幂级数，这种方法称为**间接展开法**.

例 12.5.4 将函数 $f(x)=\dfrac{1}{1+x^2}$ 展开成 x 的幂级数.

解 因为

$$\frac{1}{1-x}=1+x+x^2+\cdots+x^n+\cdots \quad (-1<x<1)$$

把 x 换成 $-x^2$，得

$$\frac{1}{1+x^2}=1-x^2+x^4-\cdots+(-1)^n x^{2n}+\cdots \quad (-1<x<1)$$

收敛半径由 $-1<-x^2<1$ 得 $-1<x<1$.

例 12.5.5 将函数 $f(x)=\ln(1+x)$ 展开成 x 的幂级数.

解 因为

$$f'(x)=\frac{1}{1+x}=\sum_{n=0}^{\infty}(-1)^n x^n=1-x+x^2-x^3+\cdots+(-1)^n x^n+\cdots \quad (-1<x<1)$$

将上式从 0 到 x 逐项积分，得

$$\ln(1+x)=\int_0^x \frac{1}{1+x}\mathrm{d}x=x-\frac{x^2}{2}+\frac{x^3}{3}-\frac{x^4}{4}+\cdots+(-1)^n\frac{x^{n+1}}{n+1}+\cdots \quad (-1<x\leqslant 1)$$

上述展开式对 $x=1$ 也成立，这是因为上式右端的幂级数当 $x=1$ 时收敛，而 $\ln(1+x)$ 在 $x=1$ 处有定义且连续.

例 12.5.6 将函数 $f(x)=\dfrac{1}{x^2+4x+3}$ 展开成$(x-1)$ 的幂级数.

解 因为

$$f(x)=\frac{1}{x^2+4x+3}=\frac{1}{(x+1)(x+3)}=\frac{1}{2(1+x)}-\frac{1}{2(3+x)}$$
$$=\frac{1}{4\left(1+\dfrac{x-1}{2}\right)}-\frac{1}{8\left(1+\dfrac{x-1}{4}\right)}$$

而

$$\frac{1}{1+\dfrac{x-1}{2}}=\sum_{n=0}^{\infty}(-1)^n\frac{(x-1)^n}{2^n} \quad \left(-1<\frac{x-1}{2}<1\right)$$

$$\frac{1}{1+\dfrac{x-1}{4}}=\sum_{n=0}^{\infty}(-1)^n\frac{(x-1)^n}{4^n} \quad \left(-1<\frac{x-1}{4}<1\right)$$

所以

$$f(x)=\frac{1}{4}\sum_{n=0}^{\infty}(-1)^n\frac{(x-1)^n}{2^n}-\frac{1}{8}\sum_{n=0}^{\infty}(-1)^n\frac{(x-1)^n}{4^n}$$
$$=\sum_{n=0}^{\infty}(-1)^n\left(\frac{1}{2^{n+2}}-\frac{1}{2^{2n+3}}\right)(x-1)^n \quad (-1<x<3)$$

例 12.5.7　将函数 $f(x)=\sin x$ 展开成 $\left(x-\frac{\pi}{4}\right)$ 的幂级数.

解　因为

$$\sin x=\sin\left[\frac{\pi}{4}+\left(x-\frac{\pi}{4}\right)\right]=\frac{\sqrt{2}}{2}\left[\cos\left(x-\frac{\pi}{4}\right)+\sin\left(x-\frac{\pi}{4}\right)\right]$$

而

$$\cos\left(x-\frac{\pi}{4}\right)=1-\frac{1}{2!}\left(x-\frac{\pi}{4}\right)^2+\frac{1}{4!}\left(x-\frac{\pi}{4}\right)^4-\cdots \quad (-\infty<x<+\infty)$$
$$\sin\left(x-\frac{\pi}{4}\right)=\left(x-\frac{\pi}{4}\right)-\frac{1}{3!}\left(x-\frac{\pi}{4}\right)^3+\frac{1}{5!}\left(x-\frac{\pi}{4}\right)^5-\cdots \quad (-\infty<x<+\infty)$$

所以

$$\sin x=\frac{\sqrt{2}}{2}\left[1+\left(x-\frac{\pi}{4}\right)-\frac{1}{2!}\left(x-\frac{\pi}{4}\right)^2-\frac{1}{3!}\left(x-\frac{\pi}{4}\right)^3+\cdots\right] \quad (-\infty<x<+\infty)$$

习题 12.5

1. 将下列函数展开成 x 的幂级数，指出幂级数的收敛域.

(1) $f(x)=\dfrac{x^2}{1+x}$；　(2) $f(x)=\ln(4-3x)$.

2. 把函数 $f(x)=\dfrac{2}{(1-x)^3}$展开成 x 的幂级数.

3. 将下列函数展开成 x 的幂级数，并指出其收敛区间.

(1) xe^{-x^2}；　(2) $\sin^2 x$；　(3) $\dfrac{x^3}{1-x^2}$；　(4) $\dfrac{1}{\sqrt{1-x^2}}$.

4. 将 $f(x)=\dfrac{1}{3-x}$分别展开成$(x-1)$ 和$(x-2)$的幂级数.

5. 将 $f(x)=\dfrac{1}{x^2+3x+2}$展开成$(x+4)$的幂级数.

6. 将函数 $f(x)=\dfrac{1}{4}\ln\dfrac{1+x}{1-x}+\dfrac{1}{2}\arctan x-x$ 展开成 x 的幂级数，并求展开式成立的区间.

7. 将函数 $f(x)=\arctan\dfrac{1-2x}{1+2x}$ 展开成 x 的幂级数，并求级数 $\sum\limits_{n=1}^{\infty}\dfrac{(-1)^{n-1}}{2n-1}$ 的和.

8. 将函数 $f(x)=\arccos x$ 展开成 x 的幂级数，写出收敛区间，并利用所得级数，导出一个求圆周率 π 的公式.

12.6 傅里叶级数*

12.6.1 三角级数及三角函数系的正交性

周期函数反映了客观世界中的周期运动. 正弦函数是一种常见而简单的周期函数. 例如描述简谐振动的函数 $y=A\sin(\omega t+\varphi)$ 就是一个以 $\frac{2\pi}{|\omega|}$ 为周期的正弦函数，其中 y 表示动点的位置，t 表示时间，A 为振幅，ω 为角频率，φ 为初相. 在实际问题中，除了正弦函数外，还会遇到非正弦函数的周期函数，它们反映了较复杂的周期运动.

如何深入研究非正弦周期函数呢？联系到前面介绍过的用函数的幂级数展开式表示与讨论函数，可以想到将周期函数展开成由简单的周期函数，例如三角函数组成的级数. 具体地说，将周期为 $T\left(\frac{2\pi}{|\omega|}\right)$ 的周期函数用一系列以 T 为周期的正弦函数 $A_n\sin(n\omega t+\varphi_n)$ 组成的级数来表示，记为

$$f(t)=A_0+\sum_{n=1}^{\infty}A_n\sin(n\omega t+\varphi_n) \tag{12.6.1}$$

其中 A_0，A_n，$\varphi_n(n=1, 2, 3, \cdots)$ 都是常数. 将周期函数按上述方式展开，它的物理意义是很明确的，就是把一个比较复杂的周期运动看成是许多不同频率的简谐振动的叠加. 在电工学上，这种展开称为谐波分析，其中常数项 A_0 称为 $f(t)$ 的直流分量，$A_1\sin(\omega t+\varphi_1)$ 称为一次谐波(又叫作基波)，$A_2\sin(2\omega t+\varphi_2)$，$A_3\sin(3\omega t+\varphi_3)$，$\cdots$ 依次称为二次谐波，三次谐波，等等. 为了以后讨论方便起见，将正弦函数 $A_n\sin(n\omega t+\varphi_n)$ 按三角公式变形，得

$$A_n\sin(n\omega t+\varphi_n)=A_n\sin\varphi_n\cos(n\omega t)+A_n\cos\varphi_n\sin(n\omega t)$$

并且令 $\frac{a_0}{2}=A_0$，$a_n=A_n\sin\varphi_n$，$b_n=A_n\cos\varphi_n$，$\omega=\frac{\pi}{l}$(即 $T=2l$)，则式(12.6.1)等号右端可以看成

$$\frac{a_0}{2}+\sum_{n=1}^{\infty}\left(a_n\cos\frac{n\pi t}{l}+b_n\sin\frac{n\pi t}{l}\right)$$

上式叫作三角级数，其中 a_0，a_n，$b_n(n=1, 2, 3, \cdots)$ 都是常数. 令 $\frac{\pi t}{l}=x$，则上式可写成

$$\frac{a_0}{2}+\sum_{n=1}^{\infty}(a_n\cos nx+b_n\sin nx)$$

这就把以 $2l$ 为周期的三角级数转换成以 2π 为周期的三角级数. 下面讨论以 2π 为周期的三角级数.

如同讨论幂级数时一样，必须讨论三角级数的收敛问题，以及给定周期为 2π 的周期函数如何把它展开成三角级数. 为此，首先介绍三角函数系的正交性.

三角函数系是指下面的函数列

$$1, \cos x, \sin x, \cos 2x, \sin 2x, \cdots, \cos nx, \sin nx, \cdots$$

由于三角函数系中任何两个不同函数的乘积在区间$[-\pi, \pi]$上的积分等于零，即

$$\int_{-\pi}^{\pi} \cos nx \, dx = 0 \quad (n = 1, 2, 3, \cdots)$$

$$\int_{-\pi}^{\pi} \sin nx \, dx = 0 \quad (n = 1, 2, 3, \cdots)$$

$$\int_{-\pi}^{\pi} \sin kx \cos nx \, dx = 0 \quad (k, n = 1, 2, 3, \cdots)$$

$$\int_{-\pi}^{\pi} \cos kx \cos nx \, dx = 0 \quad (k, n = 1, 2, 3, \cdots, k \neq n)$$

$$\int_{-\pi}^{\pi} \sin kx \sin nx \, dx = 0 \quad (k, n = 1, 2, 3, \cdots, k \neq n)$$

这个性质称为三角函数系在区间$[-\pi, \pi]$上**正交**. 以上五个等式都可以通过计算定积分来验证，例如，对于第四式，利用三角函数中积化和差的公式有

$$\cos kx \cos nx = \frac{1}{2}[\cos(k+n)x + \cos(k-n)x]$$

当$k \neq n$时，有

$$\begin{aligned}\int_{-\pi}^{\pi} \cos kx \cos nx \, dx &= \frac{1}{2}\int_{-\pi}^{\pi} [\cos(k+n)x + \cos(k-n)x] \, dx \\ &= \frac{1}{2}\left[\frac{\sin(k+n)x}{k+n} + \frac{\sin(k-n)x}{k-n}\right]_{-\pi}^{\pi} \\ &= 0 \quad (k, n = 1, 2, 3, \cdots, k \neq n)\end{aligned}$$

在三角函数系中，两个相同函数的乘积在区间$[-\pi, \pi]$上的积分不为零，即

$$\int_{-\pi}^{\pi} 1^2 \, dx = 2\pi$$

$$\int_{-\pi}^{\pi} \sin^2 nx \, dx = \pi \ (n = 1, 2, 3, \cdots)$$

$$\int_{-\pi}^{\pi} \cos^2 nx \, dx = \pi \ (n = 1, 2, 3, \cdots)$$

12.6.2 函数展开成傅里叶级数

设$f(x)$是周期为2π的周期函数，且能展开成三角级数

$$f(x) = \frac{a_0}{2} + \sum_{k=1}^{\infty} (a_k \cos kx + b_k \sin kx) \qquad (12.6.2)$$

那么，系数a_0，a_1，a_2，b_1，b_2，$\cdots$与函数$f(x)$之间存在着怎样的关系？换句话说，如何利用$f(x)$把a_0，a_1，a_2，b_1，b_2，$\cdots$表达出来？为此，需进一步假设上式右端的级数可以逐项积分.

先求a_0. 对式(12.6.2)在$[-\pi, \pi]$上积分，有

$$\int_{-\pi}^{\pi} f(x) \, dx = \int_{-\pi}^{\pi} \frac{a_0}{2} \, dx + \sum_{k=1}^{\infty} \left[a_k \int_{-\pi}^{\pi} \cos kx \, dx + b_k \int_{-\pi}^{\pi} \sin kx \, dx\right]$$

由三角函数系的正交性，等式右端除第一项外，其余各项均为零，所以

$$\int_{-\pi}^{\pi} f(x) \, dx = \frac{a_0}{2} \cdot 2\pi \Rightarrow a_0 = \frac{1}{\pi}\int_{-\pi}^{\pi} f(x) \, dx$$

再求 a_n. 用 $\cos nx$ 乘式(12.6.2)的两端，再在$[-\pi,\pi]$上积分，得

$$\int_{-\pi}^{\pi} f(x)\cos nx\,\mathrm{d}x=\frac{a_0}{2}\int_{-\pi}^{\pi}\cos nx\,\mathrm{d}x+\sum_{k=1}^{\infty}\left(a_k\int_{-\pi}^{\pi}\cos kx\cos nx\,\mathrm{d}x+b_k\int_{-\pi}^{\pi}\sin kx\cos nx\,\mathrm{d}x\right)$$

由三角函数系的正交性，等式右端除 $k=n$ 的一项外，其余各项均为零，所以

$$\int_{-\pi}^{\pi} f(x)\cos nx\,\mathrm{d}x=a_n\int_{-\pi}^{\pi}\cos^2 nx\,\mathrm{d}x=a_n\pi$$

于是得

$$a_n=\frac{1}{\pi}\int_{-\pi}^{\pi} f(x)\cos nx\,\mathrm{d}x\quad(n=1,2,3,\cdots)$$

类似地，用 $\sin nx$ 乘式(12.6.2)的两端，再在$[-\pi,\pi]$上积分，可得

$$b_n=\frac{1}{\pi}\int_{-\pi}^{\pi} f(x)\sin nx\,\mathrm{d}x\quad(n=1,2,3,\cdots)$$

由于当 $n=0$ 时，a_n 的表达式正好给出 a_0，因此，已得结果可以合并写成

$$a_n=\frac{1}{\pi}\int_{-\pi}^{\pi} f(x)\cos nx\,\mathrm{d}x\quad(n=0,1,2,3,\cdots)$$

$$b_n=\frac{1}{\pi}\int_{-\pi}^{\pi} f(x)\sin nx\,\mathrm{d}x\quad(n=1,2,3,\cdots)$$

如果上述公式中的积分都存在，这时它们所确定的系数 a_0，a_1，a_2，b_1，b_2，… 叫作函数 $f(x)$ 的傅里叶(Fourier)系数，由这些系数确定的三角级数

$$\frac{a_0}{2}+\sum_{n=1}^{\infty}(a_n\cos nx+b_n\sin nx)$$

叫作函数 $f(x)$ 的**傅里叶**(Fourier)**级数**.

一个定义在$(-\infty,+\infty)$上周期为 2π 的函数 $f(x)$，如果它在一个周期上可积，那么一定可以写出 $f(x)$ 的傅里叶级数. 然而，函数 $f(x)$ 的傅里叶级数是否一定收敛？如果它收敛，它是否一定收敛于函数 $f(x)$？

一般说来，这两个问题的答案都不是肯定的. 那么，$f(x)$ 在怎样的条件下，它的傅里叶级数不仅收敛，而且收敛于 $f(x)$？也就是说，$f(x)$ 满足什么条件可以展开成傅里叶级数？下面不加证明地给出收敛定理.

定理 12.6.1(狄利克雷收敛定理) 设 $f(x)$ 是周期为 2π 的周期函数，如果满足：

(1) 在一个周期内连续或只有有限个第一类间断点；

(2) 在一个周期内至多只有有限个极值点，

那么 $f(x)$ 的傅里叶级数收敛，并且有：

当 x 是 $f(x)$ 的连续点时，级数收敛于 $f(x)$；

当 x 是 $f(x)$ 的间断点时，级数收敛于$\frac{1}{2}[f(x^-)+f(x^+)]$.

收敛定理表明，只要函数在$[-\pi,\pi]$上至多有有限个第一类间断点，并且不作无限次振动，函数的傅里叶级数在连续点处就收敛于该点的函数值，在间断点处收敛于该点左极限与右极限的算术平均值. 可见，函数展开成傅里叶级数的条件比展开成幂级数的条件低得多.

记 $C=\left\{x\,\middle|\,f(x)=\frac{1}{2}[f(x^-)+f(x^+)]\right\}$，在 C 上就成立 $f(x)$ 的傅里叶级数展开式

$$f(x)=\frac{a_0}{2}+\sum_{n=1}^{\infty}(a_n\cos nx+b_n\sin nx),\ x\in C$$

例 12.6.1　如图 12.6.1 所示，设 $f(x)$ 是周期为 2π 的周期函数，它在 $[-\pi,\pi)$ 上的表达式为

$$f(x)=\begin{cases}-1, & -\pi\leqslant x<0\\ 1, & 0\leqslant x<\pi\end{cases}$$

将 $f(x)$ 展开成傅里叶级数，并画出级数的和函数的图形.

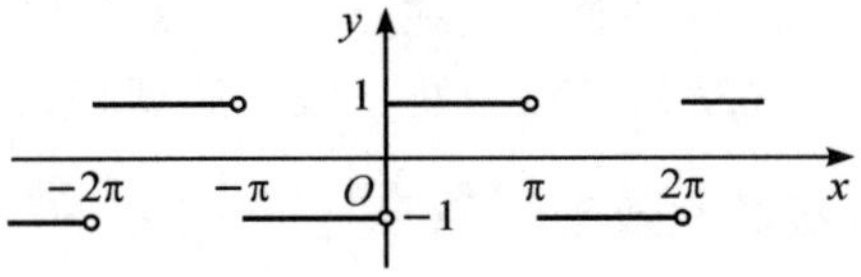

图 12.6.1

解　所给函数满足收敛定理的条件，它在点 $x=k\pi(k=0,\pm1,\pm2,\cdots)$ 处不连续，在其他点处连续，从而由收敛定理知道 $f(x)$ 的傅里叶级数收敛，并且当 $x=k\pi$ 时，级数收敛于 $\frac{-1+1}{2}=\frac{1+(-1)}{2}=0$，当 $x\neq k\pi$ 时，级数收敛于 $f(x)$.

其傅里叶系数为

$$a_n=\frac{1}{\pi}\int_{-\pi}^{\pi}f(x)\cos nx\,\mathrm{d}x=\frac{1}{\pi}\int_{-\pi}^{0}(-1)\cos nx\,\mathrm{d}x+\frac{1}{\pi}\int_{0}^{\pi}1\cdot\cos nx\,\mathrm{d}x=0\quad(n=0,1,2,\cdots)$$

$$\begin{aligned}b_n&=\frac{1}{\pi}\int_{-\pi}^{\pi}f(x)\sin nx\,\mathrm{d}x=\frac{1}{\pi}\int_{-\pi}^{0}(-1)\sin nx\,\mathrm{d}x+\frac{1}{\pi}\int_{0}^{\pi}1\cdot\sin nx\,\mathrm{d}x\\&=\frac{1}{\pi}\left[\frac{\cos nx}{n}\right]_{-\pi}^{0}+\frac{1}{\pi}\left[-\frac{\cos nx}{n}\right]_{0}^{\pi}=\frac{1}{n\pi}(1-\cos n\pi-\cos n\pi+1)\\&=\frac{2}{n\pi}[1-(-1)^n]\\&=\begin{cases}\frac{4}{n\pi}, & n=1,3,5,\cdots\\ 0, & n=2,4,6,\cdots\end{cases}\end{aligned}$$

将求得的系数代入三角级数表达式，得 $f(x)$ 的傅里叶级数展开式为

$$\begin{aligned}f(x)&=\frac{4}{\pi}\left[\sin x+\frac{1}{3}\sin 3x+\cdots+\frac{1}{2k-1}\sin(2k-1)x+\cdots\right]\\&=\frac{4}{\pi}\sum_{k=1}^{\infty}\frac{1}{2k-1}\sin(2k-1)x\quad(-\infty<x<+\infty;\ x\neq0,\pm\pi,\pm2\pi,\cdots)\end{aligned}$$

级数的和函数的图形如图 12.6.2 所示.

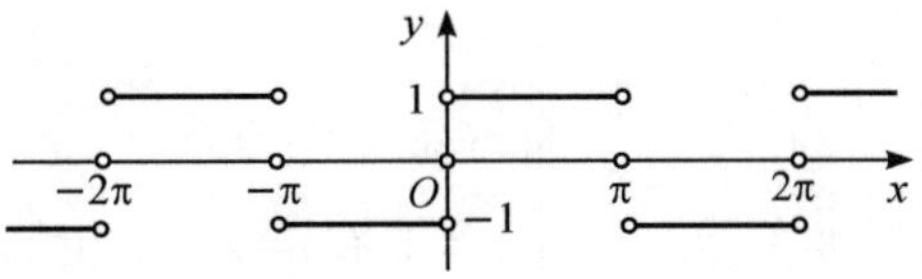

图 12.6.2

如果把例 12.6.1 中的函数理解为矩形波的波形函数(周期 $T=2\pi$，振幅 $E=1$，自变量 x 表示时间)，那么上面所得到的展开式表明，矩形波是由一系列不同频率的正弦波叠加而成的，这些正弦波的频率依次为基波频率的奇数倍.

例 12.6.2 将 $f(x)$ 展开成傅里叶级数，并作出级数的和函数的图形. 其中 $f(x)$ 是周期为 2π 的周期函数，它在 $[-\pi,\pi)$ 上的表达式为

$$f(x)=\begin{cases}x, & -\pi\leqslant x<0\\ 0, & 0\leqslant x<\pi\end{cases}$$

解 所给函数满足收敛定理的条件，它在点 $x=(2k+1)\pi(k=0,\pm1,\pm2,\cdots)$ 处不连续. 因此，在连续点 $x(x\neq(2k+1)\pi)$ 处 $f(x)$ 的傅里叶级数收敛于 $f(x)$；在 $x=(2k+1)\pi$ 处 $f(x)$ 的傅里叶级数收敛于 $\dfrac{f(\pi^-)+f(-\pi^+)}{2}=\dfrac{0-\pi}{2}=-\dfrac{\pi}{2}$. 傅里叶系数为

$$a_n=\frac{1}{\pi}\int_{-\pi}^{\pi}f(x)\cos nx\,\mathrm{d}x=\frac{1}{\pi}\int_{-\pi}^{0}x\cos nx\,\mathrm{d}x=\frac{1}{\pi}\left[\frac{x\sin nx}{n}+\frac{\cos nx}{n^2}\right]_{-\pi}^{0}$$

$$=\frac{1}{n^2\pi}(1-\cos n\pi)=\begin{cases}\dfrac{2}{n^2\pi}, & n=1,3,5,\cdots\\ 0, & n=2,4,6,\cdots\end{cases}$$

$$a_0=\frac{1}{\pi}\int_{-\pi}^{\pi}f(x)\mathrm{d}x=\frac{1}{\pi}\int_{-\pi}^{0}x\,\mathrm{d}x=\frac{1}{\pi}\left[\frac{x^2}{2}\right]_{-\pi}^{0}=-\frac{\pi}{2}$$

$$b_n=\frac{1}{\pi}\int_{-\pi}^{\pi}f(x)\sin nx\,\mathrm{d}x=\frac{1}{\pi}\int_{-\pi}^{0}x\sin nx\,\mathrm{d}x=\frac{1}{\pi}\left[-\frac{x\cos nx}{n}+\frac{\sin nx}{n^2}\right]_{-\pi}^{0}$$

$$=-\frac{\cos n\pi}{n}=\frac{(-1)^{n+1}}{n}\quad(n=1,2,3,\cdots)$$

得 $f(x)$ 的傅里叶级数展开式为

$$f(x)=-\frac{\pi}{4}+\left(\frac{2}{\pi}\cos x+\sin x\right)-\frac{1}{2}\sin 2x+\left(\frac{2}{3^2\pi}\cos 3x+\frac{1}{3}\sin 3x\right)$$

$$-\frac{1}{4}\sin 4x+\left(\frac{2}{5^2\pi}\cos 5x+\frac{1}{5}\sin 5x\right)-\cdots$$

$$=-\frac{\pi}{4}+\frac{2}{\pi}\sum_{k=1}^{\infty}\frac{1}{(2k-1)^2}\cos(2k-1)x+\sum_{n=1}^{\infty}\frac{(-1)^{n-1}}{n}\sin nx$$

$$(-\infty<x<+\infty;\ x\neq\pm\pi,\pm3\pi,\cdots)$$

级数和函数如图 12.6.3 所示.

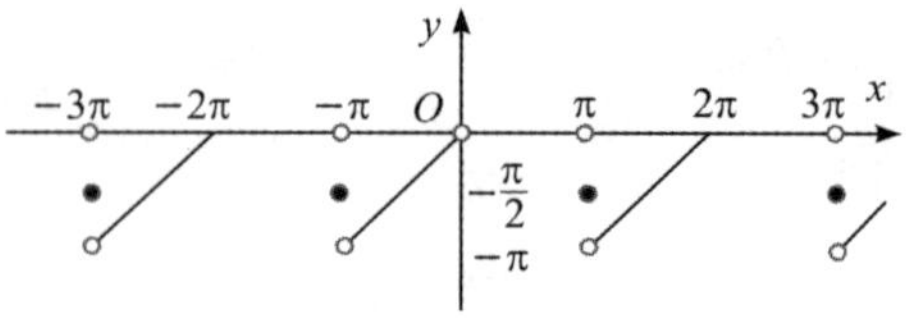

图 12.6.3

应该注意，如果函数 $f(x)$ 只在 $[-\pi,\pi]$ 上有定义，并且满足收敛定理的条件，那么 $f(x)$ 也可以展开成傅里叶级数. 事实上，可在 $[-\pi,\pi)$ 或 $(-\pi,\pi]$ 外补充函数 $f(x)$ 的定义，使它拓广成周期为 2π 的周期函数 $F(x)$. 按这种方式拓广函数的定义域的过程称为周

期延拓．再将 $F(x)$ 展开成傅里叶级数．最后限制 x 在$(-\pi,\pi)$内，此时 $F(x)\equiv f(x)$，这样便得到 $f(x)$ 的傅里叶级数展开式．根据收敛定理，这级数在区间端点 $x=\pm\pi$ 处收敛于$\dfrac{f(\pi^-)+f(-\pi^+)}{2}$.

例 12.6.3　将函数 $u(t)=E\left|\sin\dfrac{t}{2}\right|(-\pi\leqslant t\leqslant\pi)$展开成傅里叶级数，其中 E 是正常数.

解　所给函数在区间$[-\pi,\pi]$上满足收敛定理的条件，并且拓广为周期函数时，它在每一点 x 处都连续，因此拓广的周期函数的傅里叶级数在$[-\pi,\pi]$上收敛于 $u(t)$．因为 $u(t)$ 为偶函数，所以傅里叶系数为

$$
\begin{aligned}
a_n&=\frac{1}{\pi}\int_{-\pi}^{\pi}u(t)\cos nt\,\mathrm{d}t=\frac{E}{\pi}\int_{-\pi}^{\pi}\left|\sin\frac{t}{2}\right|\cos nt\,\mathrm{d}t=\frac{2E}{\pi}\int_{0}^{\pi}\sin\frac{t}{2}\cos nt\,\mathrm{d}t\\
&=\frac{E}{\pi}\int_{0}^{\pi}\left[\sin\left(n+\frac{1}{2}\right)t-\sin\left(n-\frac{1}{2}\right)t\right]\mathrm{d}t\\
&=\frac{E}{\pi}\left[-\frac{\cos\left(n+\frac{1}{2}\right)t}{n+\frac{1}{2}}+\frac{\cos\left(n-\frac{1}{2}\right)t}{n-\frac{1}{2}}\right]_{0}^{\pi}\\
&=\frac{E}{\pi}\left(\frac{1}{n+\frac{1}{2}}-\frac{1}{n-\frac{1}{2}}\right)=-\frac{4E}{(4n^2-1)\pi}\quad(n=0,1,2,\cdots)
\end{aligned}
$$

而 $u(t)\sin nt$ 是$[-\pi,\pi]$上的奇函数，则有

$$
b_n=\frac{E}{\pi}\int_{-\pi}^{\pi}\left|\sin\frac{t}{2}\right|\sin nt\,\mathrm{d}t=0\quad(n=1,2,\cdots)
$$

得 $u(t)$ 的傅里叶级数展开式为

$$
u(t)=\frac{4E}{\pi}\left(\frac{1}{2}-\sum_{n=1}^{\infty}\frac{1}{4n^2-1}\cos nt\right)\quad(-\pi\leqslant t\leqslant\pi)
$$

12.6.3　正弦级数和余弦级数

正如上述几例，通常一个函数的傅里叶级数既含有正弦项，又含有余弦项．但是，也有一些函数的傅里叶级数只含有正弦项或者只含有常数项和余弦项．这是什么原因呢？实际上，这些情况是与所给函数 $f(x)$ 的奇偶性有密切关系的．对于周期为 2π 的函数 $f(x)$，它的傅里叶系数计算公式为

$$
a_n=\frac{1}{\pi}\int_{-\pi}^{\pi}f(x)\cos nx\,\mathrm{d}x\quad(n=0,1,2,\cdots)
$$

$$
b_n=\frac{1}{\pi}\int_{-\pi}^{\pi}f(x)\sin nx\,\mathrm{d}x\quad(n=1,2,3,\cdots)
$$

由于奇函数在对称区间上的积分为零，偶函数在对称区间上的积分等于半区间上积分的两倍，因此，当 $f(x)$ 为奇函数时，$f(x)\cos nx$ 是奇函数，$f(x)\sin nx$ 是偶函数，故

$$
a_n=0\quad(n=0,1,2,\cdots)
$$

$$
b_n=\frac{2}{\pi}\int_{0}^{\pi}f(x)\sin nx\,\mathrm{d}x\quad(n=1,2,3,\cdots)
$$

即知奇函数的傅里叶级数是只含有正弦项的正弦级数 $\sum_{n=1}^{\infty} b_n \sin nx$. 当 $f(x)$ 为偶函数时，$f(x)\cos nx$ 是偶函数，$f(x)\sin nx$ 是奇函数，故

$$a_n = \frac{2}{\pi}\int_0^{\pi} f(x)\cos nx\,dx \quad (n=0,\ 1,\ 2,\ \cdots)$$

$$b_n = 0 \quad (n=1,\ 2,\ 3,\ \cdots)$$

即知偶函数的傅里叶级数是只含常数项和余弦项的余弦级数 $\frac{a_0}{2} + \sum_{n=1}^{\infty} a_n \cos nx$.

例 12.6.4 设 $f(x)$ 是周期为 2π 的周期函数，它在 $[-\pi,\ \pi)$ 上的表达式为 $f(x)=x$，将 $f(x)$ 展开成傅里叶级数.

解 所给函数满足收敛定理的条件，它在点 $x=(2k+1)\pi(k=0,\ \pm1,\ \pm2,\ \cdots)$ 处不连续，因此 $f(x)$ 的傅里叶级数在点 $x=(2k+1)\pi$ 处收敛于 $\frac{f(\pi^-)+f(-\pi^+)}{2} = \frac{\pi+(-\pi)}{2} = 0$，在连续点 $x(x\neq(2k+1)\pi)$ 处收敛于 $f(x)$. 若不计 $x=(2k+1)\pi(k=0,\ \pm1,\ \pm2,\ \cdots)$，则 $f(x)$ 是周期为 2π 的奇函数. 此时 $a_n=0(n=0,\ 1,\ 2,\ \cdots)$，而

$$\begin{aligned} b_n &= \frac{2}{\pi}\int_0^{\pi} f(x)\sin nx\,dx = \frac{2}{\pi}\int_0^{\pi} x\sin nx\,dx = \frac{2}{\pi}\left[-\frac{x\cos nx}{n} + \frac{\sin nx}{n^2}\right]_0^{\pi} \\ &= -\frac{2}{n}\cos n\pi = \frac{2}{n}(-1)^{n+1} \quad (n=1,\ 2,\ 3,\ \cdots) \end{aligned}$$

于是，$f(x)$ 的傅里叶级数展开式为

$$\begin{aligned} f(x) &= 2\left[\sin x - \frac{1}{2}\sin 2x + \frac{1}{3}\sin 3x - \cdots + \frac{(-1)^{n+1}}{n}\sin nx + \cdots\right] \\ &= 2\sum_{n=1}^{\infty} \frac{(-1)^{n+1}}{n}\sin nx \quad (-\infty < x < +\infty;\ x\neq\pm\pi,\ \pm3\pi,\ \cdots) \end{aligned}$$

例 12.6.5 设 $f(x)$ 是周期为 2π 的周期函数，它在 $[-\pi,\ \pi)$ 上的表达式为 $f(x)=|x|$，将 $f(x)$ 展开成傅里叶级数.

解 所给函数满足收敛定理的条件，它在整个数轴上连续，因此 $f(x)$ 的傅里叶级数处处收敛于 $f(x)$. 因为 $f(x)$ 是偶函数，所以有 $b_n=0(n=1,\ 2,\ 3,\ \cdots)$，而

$$\begin{aligned} a_n &= \frac{2}{\pi}\int_0^{\pi} f(x)\cos nx\,dx = \frac{2}{\pi}\int_0^{\pi} x\cos nx\,dx = \frac{2}{\pi}\left[\frac{x\sin nx}{n} + \frac{\cos nx}{n^2}\right]_0^{\pi} \\ &= \frac{2}{\pi n^2}(\cos n\pi - 1) = \begin{cases} -\dfrac{4}{\pi n^2}, & n=1,\ 3,\ 5,\ \cdots \\ 0, & n=2,\ 4,\ 6,\ \cdots \end{cases} \end{aligned}$$

$$a_0 = \frac{2}{\pi}\int_0^{\pi} f(x)\,dx = \frac{2}{\pi}\int_0^{\pi} x\,dx = \pi$$

得 $f(x)$ 的傅里叶级数展开式为

$$\begin{aligned} f(x) &= \frac{\pi}{2} - \frac{4}{\pi}\left[\cos x + \frac{1}{3^2}\cos 3x + \frac{1}{5^2}\cos 5x + \cdots + \frac{1}{(2k-1)^2}\cos(2k-1)x + \cdots\right] \\ &= \frac{\pi}{2} - \frac{4}{\pi}\sum_{k=1}^{\infty} \frac{1}{(2k-1)^2}\cos(2k-1)x \quad (-\infty < x < +\infty) \end{aligned}$$

在实际应用中，有时还需要把定义在 $[0,\ \pi]$ 上的函数 $f(x)$ 展开成正弦级数或余弦级

数. 设函数 $f(x)$ 在区间$[0, \pi]$上满足收敛定理的条件，在开区间$(-\pi, 0)$内补充函数 $f(x)$ 的定义，得到定义在$(-\pi, \pi]$上的函数 $F(x)$，使它在$(-\pi, \pi)$上成为奇函数(偶函数)，此时，若 $f(0)\neq 0$，可重新定义 $F(0)=0$. 按这种方式拓广函数定义域的过程称为奇延拓(偶延拓). 然后将奇延拓(偶延拓)后的函数展开成傅里叶级数，这个级数必定是正弦级数(余弦级数). 再限制 x 在$(0, \pi]$上，此时 $F(x)\equiv f(x)$，这样便得到 $f(x)$ 的正弦级数(余弦级数)展开式. 例如将函数 $\varphi(x)=x(0\leqslant x\leqslant\pi)$ 作奇延拓，再作周期延拓，便成例 12.6.4 中的函数，结果为

$$x=2\sum_{n=1}^{\infty}\frac{(-1)^{n+1}}{n}\sin nx \quad (0\leqslant x<\pi)$$

将 $\varphi(x)$ 作偶延拓，再作周期延拓，便成例 12.6.5 中的函数，结果为

$$x=\frac{\pi}{2}-\frac{4}{\pi}\sum_{k=1}^{\infty}\frac{1}{(2k-1)^2}\cos(2k-1)x \quad (0\leqslant x\leqslant\pi)$$

例 12.6.6 将函数 $f(x)=\begin{cases}\cos x, & 0\leqslant x<\dfrac{\pi}{2}\\ 0, & \dfrac{\pi}{2}\leqslant x\leqslant\pi\end{cases}$ 分别展开成正弦级数和余弦级数.

解 先展开成正弦级数. 为此对函数 $f(x)$ 作奇延拓，如图 12.6.4 所示.

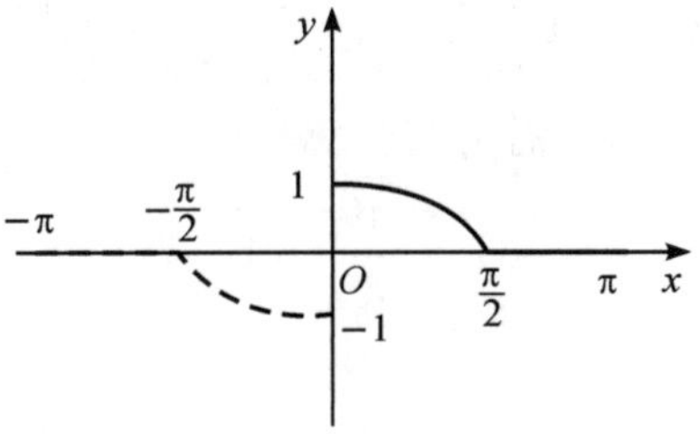

图 12.6.4

$$\begin{aligned}b_n&=\frac{2}{\pi}\int_0^{\pi}f(x)\sin nx\,\mathrm{d}x=\frac{2}{\pi}\int_0^{\frac{\pi}{2}}\cos x\sin nx\,\mathrm{d}x\\&=\frac{1}{\pi}\int_0^{\frac{\pi}{2}}[\sin(n-1)x+\sin(n+1)x]\,\mathrm{d}x\\&=\frac{1}{\pi}\left[-\frac{1}{n-1}\cos(n-1)x-\frac{1}{n+1}\cos(n+1)x\right]_0^{\frac{\pi}{2}}\\&=\frac{1}{\pi}\left(\frac{1}{n-1}+\frac{1}{n+1}-\frac{1}{n-1}\cos\frac{n-1}{2}\pi-\frac{1}{n+1}\cos\frac{n+1}{2}\pi\right)\\&=\frac{1}{\pi}\left(\frac{2n}{n^2-1}-\frac{1}{n-1}\sin\frac{n\pi}{2}+\frac{1}{n+1}\sin\frac{n\pi}{2}\right)\\&=\frac{2}{\pi(n^2-1)}\left(n-\sin\frac{n\pi}{2}\right)\end{aligned}$$

显然，以上计算对 $n=1$ 不成立，b_1 需另行计算

$$b_1=\frac{2}{\pi}\int_0^{\pi}f(x)\sin x\,\mathrm{d}x=\frac{2}{\pi}\int_0^{\frac{\pi}{2}}\cos x\sin x\,\mathrm{d}x=\frac{1}{\pi}$$

得 $f(x)$ 的正弦级数展开式为

$$f(x)=\frac{1}{\pi}\left[\sin x+2\sum_{n=2}^{\infty}\frac{1}{n^2-1}\left(n-\sin\frac{n\pi}{2}\right)\sin nx\right]\quad(0<x\leqslant\pi)$$

在端点 $x=0$ 处级数收敛于零，它不等于 $f(0)$.

再展开成余弦级数. 为此对函数 $f(x)$ 作偶延拓，如图 12.6.5 所示.

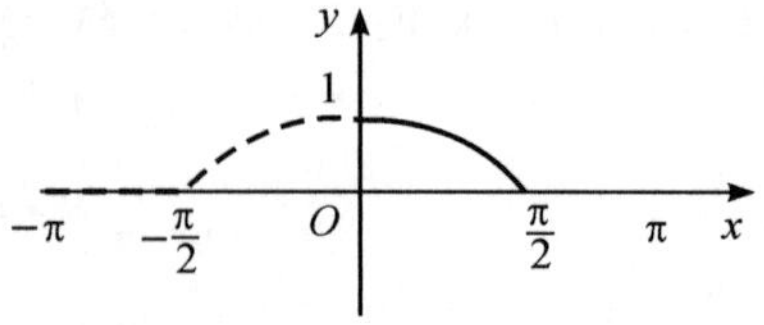

图 12.6.5

$$\begin{aligned}a_n&=\frac{2}{\pi}\int_0^{\pi}f(x)\cos nx\,dx=\frac{2}{\pi}\int_0^{\frac{\pi}{2}}\cos x\cos nx\,dx\\&=\frac{1}{\pi}\int_0^{\frac{\pi}{2}}[\cos(n-1)x+\cos(n+1)x]\,dx\\&=\frac{1}{\pi}\left(\frac{1}{n-1}\sin\frac{n-1}{2}\pi+\frac{1}{n+1}\sin\frac{n+1}{2}\pi\right)\\&=\frac{2}{\pi(n^2-1)}\sin\frac{n-1}{2}\pi=\begin{cases}0, & n=2k-1\\ \dfrac{2(-1)^{k-1}}{\pi(4k^2-1)}, & n=2k\end{cases}\end{aligned}$$

显然，以上计算对 $n=1$ 不成立，a_1 需另行计算

$$a_1=\frac{2}{\pi}\int_0^{\frac{\pi}{2}}\cos^2x\,dx=\frac{1}{\pi}\int_0^{\frac{\pi}{2}}(1+\cos 2x)\,dx=\frac{1}{2}$$

得 $f(x)$ 的余弦级数展开式为

$$f(x)=\frac{1}{\pi}+\frac{1}{2}\cos x+\frac{2}{\pi}\sum_{k=1}^{\infty}\frac{(-1)^{k-1}}{4k^2-1}\cos 2kx\quad(0\leqslant x\leqslant\pi)$$

利用函数的傅里叶级数展开式，有时可得一些特殊级数的和，例如按例 12.6.5 的结果，有

$$|x|=\frac{\pi}{2}-\frac{4}{\pi}\sum_{k=1}^{\infty}\frac{1}{(2k-1)^2}\cos(2k-1)x\quad(-\pi\leqslant x\leqslant\pi)$$

在上式中令 $x=0$，便得

$$\sum_{k=1}^{\infty}\frac{1}{(2k-1)^2}=\frac{\pi^2}{8}$$

设

$$\sigma=1+\frac{1}{2^2}+\frac{1}{3^2}+\frac{1}{4^2}+\cdots+\frac{1}{n^2}+\cdots$$

$$\sigma_1=1+\frac{1}{3^2}+\frac{1}{5^2}+\cdots+\frac{1}{(2n-1)^2}+\cdots\quad\left(\sigma_1=\frac{\pi^2}{8}\right)$$

$$\sigma_2=\frac{1}{2^2}+\frac{1}{4^2}+\frac{1}{6^2}+\cdots+\frac{1}{(2n)^2}+\cdots$$

$$\sigma_3=1-\frac{1}{2^2}+\frac{1}{3^2}-\frac{1}{4^2}+\cdots+(-1)^{n-1}\frac{1}{n^2}+\cdots$$

因为

$$\sigma_2=\frac{\sigma}{4}=\frac{\sigma_1+\sigma_2}{4}$$

所以

$$\sigma_2=\frac{\sigma_1}{3}=\frac{\pi^2}{24},\ \sigma=\sigma_1+\sigma_2=\frac{\pi^2}{8}+\frac{\pi^2}{24}=\frac{\pi^2}{6}$$

同时也有

$$\sigma_3=2\sigma_1-\sigma=\frac{\pi^2}{4}-\frac{\pi^2}{6}=\frac{\pi^2}{12}$$

12.6.4 一般周期函数的傅里叶级数

上节所讨论的周期函数都是以 2π 为周期，但是实际问题中所遇到的周期函数，它的周期不一定是 2π. 对于周期为 $2l$ 的周期函数，可根据上节讨论的结果，经过自变量的变量代换，可得下面的定理.

定理 12.6.2 设周期为 $2l$ 的周期函数 $f(x)$ 满足收敛定理条件，则其傅里叶级数展开式为

$$f(x)=\frac{a_0}{2}+\sum_{n=1}^{\infty}\left(a_n\cos\frac{n\pi x}{l}+b_n\sin\frac{n\pi x}{l}\right)\quad x\in C$$

其中 $C=\left\{x\ \middle|\ f(x)=\frac{1}{2}[f(x^-)+f(x^+)]\right\}$. 系数分别为

$$a_n=\frac{1}{l}\int_{-l}^{l}f(x)\cos\frac{n\pi x}{l}\mathrm{d}x\quad(n=0,1,2,\cdots)$$

$$b_n=\frac{1}{l}\int_{-l}^{l}f(x)\sin\frac{n\pi x}{l}\mathrm{d}x\quad(n=1,2,3,\cdots)$$

当 $f(x)$ 为奇函数时

$$f(x)=\sum_{n=1}^{\infty}b_n\sin\frac{n\pi x}{l}\quad x\in C$$

其中

$$b_n=\frac{2}{l}\int_{0}^{l}f(x)\sin\frac{n\pi x}{l}\mathrm{d}x\quad(n=1,2,3,\cdots)$$

当 $f(x)$ 为偶函数时

$$f(x)=\frac{a_0}{2}+\sum_{n=1}^{\infty}a_n\cos\frac{n\pi x}{l}\quad x\in C$$

其中

$$a_n=\frac{2}{l}\int_{0}^{l}f(x)\cos\frac{n\pi x}{l}\mathrm{d}x\quad(n=0,1,2,\cdots)$$

证 作变量代换 $z=\frac{\pi x}{l}$，于是区间 $-l\leqslant x\leqslant l$ 就变换成 $-\pi\leqslant z\leqslant\pi$. 设函数 $f(x)=f\left(\frac{lz}{\pi}\right)=F(z)$，从而 $F(z)$ 是周期为 2π 的周期函数，并且它满足收敛定理的条件，将 $F(z)$ 展开成傅里叶级数

$$F(z)=\frac{a_0}{2}+\sum_{n=1}^{\infty}(a_n\cos nz+b_n\sin nz)$$

其中

$$a_n=\frac{1}{\pi}\int_{-\pi}^{\pi}F(z)\cos nz\,dz$$

$$b_n=\frac{1}{\pi}\int_{-\pi}^{\pi}F(z)\sin nz\,dz$$

在以上式子中令 $z=\frac{\pi x}{l}$，并注意到 $F(z)=f(x)$，于是有

$$f(x)=\frac{a_0}{2}+\sum_{n=1}^{\infty}\left(a_n\cos\frac{n\pi x}{l}+b_n\sin\frac{n\pi x}{l}\right)$$

$$a_n=\frac{1}{l}\int_{-l}^{l}f(x)\cos\frac{n\pi x}{l}dx$$

$$b_n=\frac{1}{l}\int_{-l}^{l}f(x)\sin\frac{n\pi x}{l}dx$$

类似地，可以证明定理的其余部分.

例 12.6.7 设 $f(x)$ 是周期为 4 的函数，它在$[-2, 2)$上的表达式为

$$f(x)=\begin{cases}0, & -2\leqslant x<0\\ h, & 0\leqslant x<2\end{cases}\quad(\text{常数 } h\neq 0)$$

将 $f(x)$ 展开成傅里叶级数.

解 这里 $l=2$，有

$$a_n=\frac{1}{2}\int_0^2 h\cos\frac{n\pi x}{2}dx=\left[\frac{h}{n\pi}\sin\frac{n\pi x}{2}\right]_0^2=0\quad(n\neq 0)$$

$$a_0=\frac{1}{2}\int_{-2}^{0}0\,dx+\frac{1}{2}\int_0^2 h\,dx=h$$

$$b_n=\frac{1}{2}\int_0^2 h\sin\frac{n\pi x}{2}dx=\left[-\frac{h}{n\pi}\cos\frac{n\pi x}{2}\right]_0^2$$

$$=\frac{h}{n\pi}(1-\cos n\pi)=\begin{cases}\dfrac{2h}{n\pi}, & n=1, 3, 5, \cdots\\ 0, & n=2, 4, 6, \cdots\end{cases}$$

得

$$f(x)=\frac{h}{2}+\frac{2h}{\pi}\left[\sin\frac{\pi x}{2}+\frac{1}{3}\sin\frac{3\pi x}{2}+\frac{1}{5}\sin\frac{5\pi x}{2}+\cdots+\frac{1}{2n-1}\sin\frac{(2n-1)\pi x}{2}+\cdots\right]$$

$$(-\infty<x<+\infty;\ x\neq 0, \pm 2, \pm 4, \cdots)$$

例 12.6.8 将函数 $M(x)=\begin{cases}\dfrac{px}{2}, & 0\leqslant x<\dfrac{l}{2}\\ \dfrac{p(l-x)}{2}, & \dfrac{l}{2}\leqslant x\leqslant l\end{cases}$ 分别展开成正弦级数和余弦级数.

解 $M(x)$ 是定义在$[0, l]$上的函数，要将它展开成正弦级数，必须对 $M(x)$ 进行奇延拓. 延拓后的函数的傅里叶系数

$$b_n=\frac{2}{l}\int_0^l M(x)\sin\frac{n\pi x}{l}\mathrm{d}x=\frac{2}{l}\left[\int_0^{\frac{l}{2}}\frac{px}{2}\sin\frac{n\pi x}{l}\mathrm{d}x+\int_{\frac{l}{2}}^{l}\frac{p(l-x)}{2}\sin\frac{n\pi x}{l}\mathrm{d}x\right]$$

上式右端第二项中，令 $t=l-x$，则

$$\begin{aligned}b_n&=\frac{p}{l}\left[\int_0^{\frac{l}{2}}x\sin\frac{n\pi x}{l}\mathrm{d}x+\int_{\frac{l}{2}}^{0}t\sin\frac{n\pi(l-t)}{l}(-\mathrm{d}t)\right]\\&=\frac{p}{l}\left[\int_0^{\frac{l}{2}}x\sin\frac{n\pi x}{l}\mathrm{d}x+(-1)^{n+1}\int_0^{\frac{l}{2}}t\sin\frac{n\pi t}{l}\mathrm{d}t\right]\end{aligned}$$

当 $n=2k$ 为偶数时，$b_{2k}=0$；

当 $n=2k-1$ 为奇数时，

$$b_{2k-1}=\frac{2p}{l}\int_0^{\frac{l}{2}}x\sin\frac{(2k-1)\pi x}{l}\mathrm{d}x=\frac{2pl}{(2k-1)^2\pi^2}\sin\frac{2k-1}{2}\pi=\frac{2pl(-1)^{k-1}}{(2k-1)^2\pi^2}$$

得 $M(x)$ 的正弦级数展开式为

$$M(x)=\frac{2pl}{\pi^2}\sum_{k=1}^{\infty}\frac{(-1)^{k-1}}{(2k-1)^2}\sin\frac{(2k-1)\pi x}{l}\quad(0\leqslant x\leqslant l)$$

再求 $M(x)$ 的余弦级数展开式. 为此对 $M(x)$ 作偶延拓，再作周期延拓. 注意到延拓所得周期函数的周期为 l，知 $M(x)$ 可展开成周期为 l 的余弦级数. 傅里叶系数为

$$\begin{aligned}a_n&=\frac{4}{l}\int_0^{\frac{l}{2}}M(x)\cos\frac{2n\pi x}{l}\mathrm{d}x=\frac{4}{l}\int_0^{\frac{l}{2}}\frac{px}{2}\cos\frac{2n\pi x}{l}\mathrm{d}x\\&=\frac{2p}{l}\left[\frac{l}{2n\pi}x\sin\frac{2n\pi x}{l}+\left(\frac{l}{2n\pi}\right)^2\cos\frac{2n\pi x}{l}\right]_0^{\frac{l}{2}}\\&=\frac{pl}{2n^2\pi^2}(\cos n\pi-1)=\begin{cases}-\dfrac{pl}{n^2\pi^2}, & n=1,3,5,\cdots\\0, & n=2,4,6,\cdots\end{cases}\end{aligned}$$

$$a_0=\frac{4}{l}\int_0^{\frac{l}{2}}\frac{px}{2}\mathrm{d}x=\frac{pl}{4}$$

则余弦级数为

$$M(x)=\frac{pl}{8}-\frac{pl}{\pi^2}\sum_{k=1}^{\infty}\frac{1}{(2k-1)^2}\cos\frac{2(2k-1)\pi x}{l}\quad(0\leqslant x\leqslant l)$$

习题 12.6

1. 将函数 $f(x)$ 展开成傅里叶级数，其中 $f(x)$ 是周期为 2π 的周期函数，且在 $[-\pi,\pi)$ 上的表达式为

(1) $f(x)=3x^2+1(-\pi\leqslant x<\pi)$；(2) $f(x)=e^{2x}(-\pi\leqslant x<\pi)$.

2. 将下列函数 $f(x)$ 展开成傅里叶级数.

(1) $f(x)=2\sin\dfrac{x}{3}(-\pi\leqslant x\leqslant\pi)$；(2) $f(x)=\begin{cases}e^x, & -\pi\leqslant x<0\\1, & 0\leqslant x\leqslant\pi\end{cases}$.

3. 将函数 $f(x)=\cos\dfrac{x}{2}(-\pi\leqslant x\leqslant\pi)$ 展开成傅里叶级数.

4. 将 $f(x)$ 展开成傅里叶级数，其中 $f(x)$ 是周期为 2π 的函数，在 $[-\pi,\pi)$ 上的表达式为

$$f(x)=\begin{cases}-\dfrac{\pi}{2}, & -\pi\leqslant x<-\dfrac{\pi}{2}\\ x, & -\dfrac{\pi}{2}\leqslant x<\dfrac{\pi}{2}\\ \dfrac{\pi}{2}, & \dfrac{\pi}{2}\leqslant x<\pi\end{cases}$$

5. 将函数 $f(x)=\dfrac{\pi-x}{2}(0\leqslant x\leqslant\pi)$ 展开成正弦级数.

6. 将函数 $f(x)=2x^2(0\leqslant x\leqslant\pi)$ 分别展开成正弦级数和余弦级数.

7. 下列为函数 $f(x)$ 在一个周期内的表达式，将周期函数展开成傅里叶级数.

(1) $f(x)=1-x^2\left(-\dfrac{1}{2}\leqslant x<\dfrac{1}{2}\right)$；

(2) $f(x)=\begin{cases}2x+1, & -3\leqslant x<0\\ 1, & 0\leqslant x<3\end{cases}$；

(3) $f(x)=\begin{cases}x, & -1\leqslant x<0\\ 1, & 0\leqslant x<\dfrac{1}{2}\\ -1, & \dfrac{1}{2}\leqslant x<1\end{cases}$.

8. 将下列函数分别展开成正弦级数和余弦级数.

(1) $f(x)=\begin{cases}x, & 0\leqslant x<\dfrac{l}{2}\\ l-x, & \dfrac{l}{2}\leqslant x\leqslant l\end{cases}$；

(2) $f(x)=x^2(0\leqslant x\leqslant 2)$.

12.7 巩固与提高▲

恩格斯指出：“在数学上，为了达到不确定的无限的东西，必须从确定的有限的东西出发”. 所谓无穷级数就是无穷多个函数之和的一种形式，我们只要利用有限与无限的辩证关系，通过极限方法，就能确切地理解它的含义.

无穷级数将“无限”与“有限”辩证地统一起来，体现了对立统一的规律. 无穷级数几乎与微积分同时诞生，牛顿就把二项式级数作为研究微积分的工具. 为了解决微积分创建初期混乱的逻辑基础，拉格朗日也试图用无穷级数重建微积分，但他与 18 世纪同时代的数学家一样，对无穷级数的认识还是粗糙的. 无穷级数因其与无穷之间有不可割裂的关系，使得人们对其认识和理解相对困难. 无穷的概念随着变量而产生，在常量数学时期，数学家们尽量回避无限，直至 19 世纪中叶，当描述变量无限变化的极限理论建立后，柯西等人才建立了无穷级数的严格理论.

数学来源于实践又服务于实践，这是辩证唯物主义的观点. 傅里叶级数的产生、发展就充分体现了这种观点. 在对某些偏微分方程如弦振动方程、热运动方程的求解过程中产生了用三角级数表示任意函数的问题，这便产生了傅里叶级数. 傅里叶级数理论一经形成就对整个数学产生了深刻的影响，它不仅推动了偏微分方程理论的发展，而且改变了数学家们对函数概念的认识局限，标志着数学分析从解析函数或可展为泰勒级数的函数圈子里解放出来. 傅里叶的学说促进了对经典分析严密化、完备化的研究，与这一时期诞生的非欧几何和近世代数等，掀起了 19 世纪初数学发展的高潮. 除了在数学上取得的辉煌成就外，自傅里叶级数建立一百多年来，随着电力、电子、计算机技术的迅速发展，傅里叶变换及其分析方法不仅应用于电力、通信、雷达、声呐和控制等领域，而且还在力学、光学、量子物理和各种线性系统分析等领域中得到广泛的应用，尤其是现代控制技术、现代通信技术和数字信号处理技术的发展和应用都离不开傅里叶变换. 通常所说的傅里叶变换是将信号从时域分析变换到频域分析. 所以傅里叶级数是高等数学课程的重要组成部分，它对培养学生的数学素质，训练和提高学生的抽象思维能力与逻辑推理能力有重要作用，而且是工科学生学习后继课程的基础.

12.7.1　知识图谱

本章知识图谱如图 12.7.1 所示.

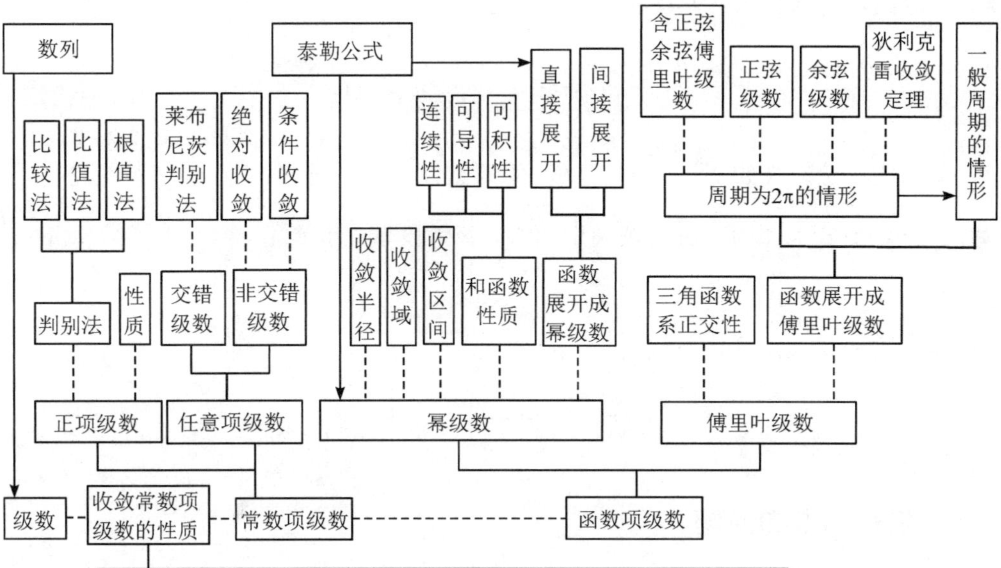

图 12.7.1

12.7.2　常用于比较判别法的级数

常用于比较判别法的级数有：

(1) 几何级数：$\sum_{n=1}^{\infty} q^n$，当 $|q|<1$ 时收敛，当 $|q|\geqslant 1$ 时发散；

(2) p 级数：$\sum_{n=1}^{\infty} \frac{1}{n^p}$，当 $p>1$ 时收敛，当 $p\leqslant 1$ 时发散；

(3) $\sum_{n=2}^{\infty}\frac{1}{n(\ln n)^{p}}$, $\sum_{n=2}^{\infty}\frac{1}{n\ln n(\ln\ln n)^{p}}$，当 $p>1$ 时收敛，当 $p\leqslant 1$ 时发散.

例 12.7.1 判别级数 $\sum_{n=1}^{\infty}\left[\mathrm{e}-\left(1+\frac{1}{1!}+\frac{1}{2!}+\cdots+\frac{1}{n!}\right)\right]$ 是否收敛.

解 由比较判别法知，级数收敛. 事实上，

$$
\begin{aligned}
0<\mathrm{e}-\left(1+\frac{1}{1!}+\frac{1}{2!}+\cdots+\frac{1}{n!}\right)&=\frac{1}{(n+1)!}+\frac{1}{(n+2)!}+\cdots\\
&=\frac{1}{n!}\left[\frac{1}{n+1}+\frac{1}{(n+1)(n+2)}+\frac{1}{(n+1)(n+2)(n+3)}+\cdots\right]\\
&<\frac{1}{n!}\left[\frac{1}{n+1}+\frac{1}{(n+1)(n+2)}+\frac{1}{(n+2)(n+3)}+\cdots\right]\\
&=\frac{2}{(n+1)!}<\frac{2}{n^{2}}
\end{aligned}
$$

例 12.7.2 讨论级数 $\sum_{n=1}^{\infty}\frac{1}{\int_{0}^{n}\sqrt[4]{1+x^{4}}\,\mathrm{d}x}$ 的敛散性.

解 由比较判别法知，级数收敛. 事实上，

$$
0<a_{n}=\frac{1}{\int_{0}^{n}\sqrt[4]{1+x^{4}}\,\mathrm{d}x}\leqslant\frac{1}{\int_{0}^{n}x\,\mathrm{d}x}=\frac{2}{n^{2}}
$$

例 12.7.3 讨论级数 $\sum_{n=3}^{\infty}\frac{\ln n}{n^{p}}(p>0)$ 的敛散性.

解 当 $0<p\leqslant 1$ 时，由比较判别法知，级数发散. 事实上，

$$
\frac{\ln n}{n^{p}}\geqslant\frac{1}{n}\quad(n>3)
$$

当 $p>1$ 时，级数收敛. 事实上，

$$
\frac{\ln n}{n^{p}}=\frac{1}{n^{1+\frac{p-1}{2}}}\cdot\frac{\ln n}{n^{\frac{p-1}{2}}}<\frac{1}{n^{1+\frac{p-1}{2}}}
$$

12.7.3 级数的求和问题

1. 利用已知级数求和

例 12.7.4 求级数 $\sum_{n=1}^{\infty}n\mathrm{e}^{-nx}(x>0)$ 的和.

解 当 $n\to\infty$ 时，

$$
\begin{aligned}
(1-\mathrm{e}^{-x})s_{n}&=\sum_{k=1}^{n}\left[k\mathrm{e}^{-kx}-k\mathrm{e}^{-(k+1)x}\right]=\mathrm{e}^{-x}-\mathrm{e}^{-2x}+\cdots+n\mathrm{e}^{-nx}-n\mathrm{e}^{-(n+1)x}\\
&=\frac{\mathrm{e}^{-x}-\mathrm{e}^{-(n+1)x}}{1-\mathrm{e}^{-x}}-\frac{n}{\mathrm{e}^{(n+1)x}}\to\frac{1}{(\mathrm{e}^{x}-1)}\\
&\Rightarrow\sum_{n=1}^{\infty}n\mathrm{e}^{-nx}=\frac{\mathrm{e}^{x}}{(\mathrm{e}^{x}-1)^{2}}
\end{aligned}
$$

2. 连锁消去法求和

例 12.7.5 设 $x_0=0$，$x_n=\sum\limits_{k=1}^{n}a_k$，$n\geqslant 1$，$x_n\to b(n\to\infty)$. 求级数 $\sum\limits_{n=1}^{\infty}a_n(x_n+x_{n-1})$ 的和.

解 $n\geqslant 1$ 时，$a_n=x_n-x_{n-1}$.

$$\sum_{n=1}^{\infty}a_n(x_n+x_{n-1})=\lim_{k\to\infty}\sum_{n=1}^{k}(x_n-x_{n-1})(x_n+x_{n-1})=\lim_{k\to\infty}\sum_{n=1}^{k}(x_n^2-x_{n-1}^2)=b^2$$

例 12.7.6 求级数 $\sum\limits_{n=1}^{\infty}\arctan\dfrac{1}{2n^2}$ 的和.

解 对于反正切函数，有

$$\arctan x-\arctan y=\arctan\frac{x-y}{1+xy}$$

则

$$\arctan\frac{1}{2k^2}=\arctan\frac{(2k+1)-(2k-1)}{(2k-1)(2k+1)+1}=\arctan\frac{\dfrac{1}{2k-1}-\dfrac{1}{2k+1}}{1+\dfrac{1}{2k-1}\cdot\dfrac{1}{2k+1}}$$

$$=\arctan\frac{1}{2k-1}-\arctan\frac{1}{2k+1}$$

当 $n\to\infty$ 时，

$$s_n=\sum_{k=1}^{n}\arctan\frac{1}{2k^2}=\sum_{k=1}^{n}\left(\arctan\frac{1}{2k-1}-\arctan\frac{1}{2k+1}\right)$$

$$=\arctan 1-\arctan\frac{1}{2n+1}\to\frac{\pi}{4}$$

3. 方程式法求和

例 12.7.7 计算 $q\cos\alpha+q^2\cos 2\alpha+\cdots+q^n\cos n\alpha+\cdots$，$|q|<1$.

解 由 $|q|<1$ 知级数收敛. 记级数部分和为 s_n，级数和为 s.

$$2q\cos\alpha\cdot s_n=\sum_{k=1}^{n}2q^{k+1}\cos\alpha\cos k\alpha=\sum_{k=1}^{n}q^{k+1}[\cos(k+1)\alpha+\cos(k-1)\alpha]$$

$$=q^{n+1}\cos(n+1)\alpha+s_n-q\cos\alpha+q^2+q^2 s_n-q^{n+2}\cos n\alpha$$

取 $n\to\infty$ 的极限，有

$$2q\cos\alpha\cdot s=s-q\cos\alpha+q^2+q^2 s\Rightarrow s=\frac{q\cos\alpha-q^2}{1-2q\cos\alpha+q^2}$$

4. 利用幂级数分析性质求幂级数和

例 12.7.8 求级数 $\sum\limits_{n=1}^{\infty}\dfrac{x^{2n+3}}{n(n+1)}$ 的和.

解法一 设级数和函数为 $s(x)$，可求得级数的收敛域为 $[-1,1]$，当 $x\in(-1,1)$ 时，

$$s(x)=\sum_{n=1}^{\infty}\frac{x^{2n+3}}{n(n+1)}=\sum_{n=1}^{\infty}\frac{x^{2n+3}}{n}-\sum_{n=1}^{\infty}\frac{x^{2n+3}}{n+1}=x^3\sum_{n=1}^{\infty}\frac{x^{2n}}{n}-x\sum_{n=1}^{\infty}\frac{x^{2(n+1)}}{n+1}$$

$$=x^3\sum_{n=1}^{\infty}\frac{x^{2n}}{n}-x\sum_{n=2}^{\infty}\frac{x^{2n}}{n}=x^3\sum_{n=1}^{\infty}\frac{x^{2n}}{n}-x\sum_{n=1}^{\infty}\frac{x^{2n}}{n}+x^3$$

$$=(x^3-x)\sum_{n=1}^{\infty}\frac{(x^2)^n}{n}+x^3=(x-x^3)\ln(1-x^2)+x^3$$

由幂级数和函数的连续性，有

$$s(-1)=\lim_{x\to-1}(x-x^3)\ln(1-x^2)+x^3=-1$$

$$s(1)=\lim_{x\to1}(x-x^3)\ln(1-x^2)+x^3=1$$

$$\Rightarrow s(x)=\begin{cases}-1, & x=-1\\ (x-x^3)\ln(1-x^2)+x^3, & x\in(-1,1)\\ 1, & x=1\end{cases}$$

解法二 设级数和函数为 $s(x)$，可求得级数的收敛域为 $[-1, 1]$，当 $x\in(-1, 1)$ 时，

$$s(x)=\sum_{n=1}^{\infty}\frac{x^{2n+3}}{n(n+1)}=4x\sum_{n=1}^{\infty}\frac{x^{2n+2}}{2n(2n+2)}=4x\int_0^x\left\{\sum_{n=1}^{\infty}\left[\frac{x^{2n+2}}{2n(2n+2)}\right]'\right\}dx$$

$$=4x\int_0^x\left(\sum_{n=1}^{\infty}\frac{x^{2n+1}}{2n}\right)dx=4x\int_0^x\left\{x\int_0^x\left[\sum_{n=1}^{\infty}\left(\frac{x^{2n}}{2n}\right)'\right]dx\right\}dx$$

$$=4x\int_0^x\left[x\int_0^x\left(\sum_{n=1}^{\infty}x^{2n-1}\right)dx\right]dx=4x\int_0^x\left(x\int_0^x\frac{x}{1-x^2}dx\right)dx$$

$$=-2x\int_0^x x\ln(1-x^2)\,dx=x\left[(1-x^2)\ln(1-x^2)+x^2\right]$$

$$=(x-x^3)\ln(1-x^2)+x^3$$

下同解法一.

12.7.4 杂例

例 12.7.9 讨论级数 $\sum_{n=1}^{\infty}\sin(\pi\sqrt{n^2+a^2})$ 的敛散性. 若收敛，是条件收敛还是绝对收敛?

解
$$\sum_{n=1}^{\infty}\sin(\pi\sqrt{n^2+a^2})=\sum_{n=1}^{\infty}(-1)^{n-1}\sin(\pi\sqrt{n^2+a^2}-\pi n)$$

$$=\sum_{n=1}^{\infty}(-1)^{n-1}\sin\frac{\pi a^2}{\sqrt{n^2+a^2}+n}$$

显然数列 $\left\{\sin\frac{\pi a^2}{\sqrt{n^2+a^2}+n}\right\}$ 单调递减且趋于 0 . 故原级数收敛.

此外，因

$$\lim_{n\to\infty}n\cdot\left|\sin\frac{\pi a^2}{\sqrt{n^2+a^2}+n}\right|=\lim_{n\to\infty}n\cdot\left|\frac{\pi a^2}{\sqrt{n^2+a^2}+n}\right|=\frac{\pi a^2}{2}$$

故级数不绝对收敛. 原级数条件收敛.

例 12.7.10 若级数 $\sum_{n=1}^{\infty}(a_n)^2$ 收敛，讨论级数 $\sum_{n=1}^{\infty}\frac{a_n}{n}$ 是否绝对收敛.

解 因$\sum\limits_{n=1}^{\infty}(a_n)^2$收敛，$\sum\limits_{n=1}^{\infty}n^{-2}$收敛，又$\dfrac{|a_n|}{n}\leqslant\dfrac{1}{2}\left(a_n^2+\dfrac{1}{n^2}\right)$，知$\sum\limits_{n=1}^{\infty}|a_n|n^{-1}$收敛.
故 $\sum\limits_{n=1}^{\infty}a_n n^{-1}$ 绝对收敛.

例 12.7.11 讨论级数$\sum\limits_{n=1}^{\infty}a^{-n}n^{-p}$是绝对收敛，条件收敛，还是发散.

解 记$x_n=\dfrac{1}{a^n n^p}$，由于$\lim\limits_{n\to\infty}\left|\dfrac{x_{n+1}}{x_n}\right|=\dfrac{1}{|a|}$，

当$|a|>1$时，原级数绝对收敛；

当$0<|a|<1$时，原级数发散；

当$a=1$时，若$p>1$，原级数绝对收敛；若$p\leqslant 1$，原级数发散；

当$a=-1$时，若$p>1$，原级数绝对收敛；若$0<p<1$，原级数条件收敛；若$p\leqslant 0$，原级数发散.

例 12.7.12 设数列$\{u_n\}$单调递增且有界，讨论下列级数的敛散性.

(1) $\sum\limits_{n=1}^{\infty}\dfrac{u_n}{n}$； (2) $\sum\limits_{n=1}^{\infty}\dfrac{(-1)^n}{u_n}$； (3) $\sum\limits_{n=1}^{\infty}\left(1-\dfrac{u_n}{u_{n+1}}\right)$； (4) $\sum\limits_{n=1}^{\infty}(u_{n+1}^2-u_n^2)$.

解 (1)、(2)、(3) 均发散，(4) 收敛.

(1)、(2) 的反例如$u_n=\dfrac{n}{n+1}$；(3) 的反例如$u_n=-\dfrac{1}{n}$；(4) 的证明如下：

因$\{u_n\}$单调递增且有界，故存在极限，不妨设极限$a\geqslant 0$，且$|u_n|\leqslant M$. 由保号性知，$\exists N>0$，使得$u_n\geqslant 0$. 因级数的敛散性与前面有限项无关，故只需考虑级数$\sum\limits_{n=N+1}^{\infty}(u_{n+1}^2-u_n^2)$，该级数为收敛的正项级数. 事实上，有

$$
\begin{aligned}
s_n&=\sum_{k=N+1}^{n}(u_{k+1}^2-u_k^2)=\sum_{k=N+1}^{n}(u_{k+1}-u_k)(u_{k+1}+u_k)\leqslant 2M\sum_{k=N+1}^{n}(u_{k+1}-u_k)\\
&=2M(u_{N+2}-u_{N+1}+u_{N+3}-u_{N+2}+\cdots+u_{n+1}-u_n)\\
&=2M(u_{n+1}-u_{N+1})\leqslant 2M(a-u_{N+1})
\end{aligned}
$$

习题 12.7

1. 单项选择题.

(1) 设$\{u_n\}$是单调增加的有界数列，则下列级数中收敛的是( ).

A. $\sum\limits_{n=1}^{\infty}\dfrac{u_n}{n}$ B. $\sum\limits_{n=1}^{\infty}(-1)^n\dfrac{1}{u_n}$

C. $\sum\limits_{n=1}^{\infty}\left(1-\dfrac{u_n}{u_{n+1}}\right)$ D. $\sum\limits_{n=1}^{\infty}(u_{n+1}^2-u_n^2)$

(2) 若级数$\sum\limits_{n=1}^{\infty}nu_n$ 绝对收敛，级数$\sum\limits_{n=1}^{\infty}\dfrac{v_n}{n}$ 条件收敛，则( ).

A. $\sum\limits_{n=1}^{\infty}u_n v_n$ 条件收敛 B. $\sum\limits_{n=1}^{\infty}u_n v_n$ 绝对收敛

C. $\sum_{n=1}^{\infty}(u_n+v_n)$ 收敛　　D. $\sum_{n=1}^{\infty}(u_n+v_n)$ 发散

(3) 下列级数中发散的是(　　).

A. $\sum_{n=1}^{\infty}\frac{n}{3^n}$　　B. $\sum_{n=1}^{\infty}\frac{1}{\sqrt{n}}\ln\left(1+\frac{1}{n}\right)$

C. $\sum_{n=2}^{\infty}\frac{(-1)^n+1}{\ln n}$　　D. $\sum_{n=1}^{\infty}\frac{n!}{n^n}$

(4) 级数 $\sum_{n=1}^{\infty}a_n$ 条件收敛，则 $x=\sqrt{3}$ 与 $x=3$ 依次为幂级数 $\sum_{n=1}^{\infty}na_n(x-1)^n$ 的(　　).

A. 收敛点，收敛点　　B. 收敛点，发散点

C. 发散点，收敛点　　D. 发散点，发散点

(5) 设 $f(x)=\left|x-\frac{1}{2}\right|$，$b_n=2\int_0^1 f(x)\sin n\pi x\,dx\,(n=1, 2, \cdots)$，令 $s(x)=\sum_{n=1}^{\infty}b_n\sin n\pi x$，则 $s\left(-\frac{9}{4}\right)=$(　　).

A. $\frac{3}{4}$　　B. $\frac{1}{4}$　　C. $-\frac{1}{4}$　　D. $-\frac{3}{4}$

(6) 设级数 $\sum_{n=1}^{\infty}\frac{(\sqrt{n+1}-\sqrt{n})^p}{n}$ 绝对收敛，积分 $\int_2^{+\infty}\frac{dx}{x(\ln x)^p}$ 发散，则(　　).

A. $0<p<1$　　B. $0<p\leqslant 1$

C. $\frac{1}{2}<p\leqslant 1$　　D. $\frac{1}{2}\leqslant p<1$

2. 填空题.

(1) 幂级数 $\sum_{n=0}^{\infty}\frac{(-1)^n}{(2n)!}x^n$ 在区间 $(0,+\infty)$ 内的和函数 $s(x)=$________.

(2) 幂级数 $\sum_{n=1}^{\infty}(-1)^{n-1}nx^{n-1}$ 在区间 $(-1, 1)$ 内的和函数 $s(x)=$________.

(3) 幂级数 $\sum_{n=1}^{\infty}\frac{e^n-(-1)^n}{n^2}x^n$ 的收敛半径为________.

(4) 已知幂级数 $\sum_{n=0}^{\infty}a_n(x+2)^n$ 在 $x=0$ 处收敛，在 $x=-4$ 处发散，则幂级数 $\sum_{n=0}^{\infty}a_n(x-3)^n$ 的收敛域为________.

(5) 设 $x^2=\sum_{n=0}^{\infty}a_n\cos nx\,(-\pi\leqslant x\leqslant\pi)$，则 $a_2=$________.

3. 判定下列级数的敛散性.

(1) $\sum_{n=1}^{\infty}\frac{1}{n\sqrt[n]{n}}$；　　(2) $\sum_{n=1}^{\infty}\frac{(n!)^2}{2n^2}$；　　(3) $\sum_{n=1}^{\infty}\frac{n\cos^2\frac{n\pi}{3}}{2^n}$；

(4) $\sum_{n=2}^{\infty}\frac{1}{\ln^{10}n}$；　　(5) $\sum_{n=1}^{\infty}\frac{\left(1+\frac{1}{n}\right)^n}{e^n}$；　　(6) $\sum_{n=1}^{\infty}\frac{x^n}{n^2}$；

(7) $\sum\limits_{n=1}^{\infty} \frac{n^2+1}{(2n^2-1)\cdot 2^n}$；(8) $\sum\limits_{n=1}^{\infty} \frac{n+1}{n^k+2}(k \in \mathbf{N}^+)$；(9) $\sum\limits_{n=1}^{\infty} \frac{a^n}{n^s}(a>0, s>0)$.

4. 设级数 $\sum\limits_{n=0}^{\infty} u_n$ 收敛，且 $\lim\limits_{n\to\infty} \frac{v_n}{u_n}=1$. 问级数 $\sum\limits_{n=0}^{\infty} v_n$ 是否也收敛？ 说明理由.

5. 利用级数收敛的必要条件证明 $\lim\limits_{n\to\infty} \frac{n^n}{(n!)^2}=0$.

6. 判别下列级数的敛散性，如果收敛，求出其和.

(1) $\sum\limits_{n=1}^{\infty} \left[\frac{1}{3^n}+(-1)^{n-1}\frac{3}{2^{n-1}}\right]$；

(2) $\sum\limits_{n=1}^{\infty} \left[\frac{3}{(n+1)(n+2)}+\left(1+\frac{1}{n}\right)^{-n}\right]$.

7. 已知 $\sum\limits_{n=1}^{\infty}(-1)^{n-1}a_n=2$，$\sum\limits_{n=1}^{\infty} a_{2n-1}=5$，求级数 $\sum\limits_{n=1}^{\infty} a_n$ 的和.

8. 设有两条抛物线 $y=nx^2+\frac{1}{n}$ 和 $y=(n+1)x^2+\frac{1}{n+1}$，并设它们交点的横坐标的绝对值为 a_n.

(1) 求这两条抛物线所围成的平面图形的面积 S_n；

(2) 求级数 $\sum\limits_{n=1}^{\infty} \frac{S_n}{a_n}$ 的和.

9. 设 $a_n=\int_0^{\frac{\pi}{4}} \tan^n x\,\mathrm{d}x$.

(1) 求 $\sum\limits_{n=1}^{\infty} \frac{1}{n}(a_n+a_{n+2})$ 的值；

(2) 试证对任意的常数 $\lambda>0$，级数 $\sum\limits_{n=1}^{\infty} \frac{a_n}{n^\lambda}$ 收敛.

10. 讨论下列级数的绝对收敛性与条件收敛性.

(1) $\sum\limits_{n=1}^{\infty}(-1)^n \frac{1}{n^p}$；　　(2) $\sum\limits_{n=1}^{\infty}(-1)^{n+1} \frac{\sin\frac{\pi}{n+1}}{\pi^{n+1}}$；

(3) $\sum\limits_{n=1}^{\infty}(-1)^n \ln\frac{n+1}{n}$；　　(4) $\sum\limits_{n=1}^{\infty}(-1)^n \frac{(n+1)!}{n^{n+1}}$.

11. 求下列极限.

(1) $\lim\limits_{n\to\infty} \frac{1}{n}\sum\limits_{k=1}^{n} \frac{1}{3^k}\left(1+\frac{1}{k}\right)^{k^2}$；　　(2) $\lim\limits_{n\to\infty}\left[2^{\frac{1}{3}}\cdot 4^{\frac{1}{9}}\cdot 8^{\frac{1}{27}}\cdot\cdots\cdot(2^n)^{\frac{1}{3^n}}\right]$.

12. 求下列幂级数的收敛区间.

(1) $\sum\limits_{n=1}^{\infty} \frac{3^n+5^n}{n}x^n$；　　(2) $\sum\limits_{n=1}^{\infty}\left(1+\frac{1}{n}\right)^{n^2} x^n$；

(3) $\sum\limits_{n=1}^{\infty} n(x+1)^n$；　　(4) $\sum\limits_{n=1}^{\infty} \frac{n}{2^n}x^{2n}$.

13. 求下列幂级数的收敛域.

(1) $\sum_{n=0}^{\infty}\frac{x^n}{(2n)!!}$； (2) $\sum_{n=1}^{\infty}\frac{3^n+(-2)^n}{n}(x+1)^n$.

14. 求下列幂级数的和函数.

(1) $\sum_{n=1}^{\infty}\frac{2n-1}{2^n}x^{2(n-1)}$； (2) $\sum_{n=1}^{\infty}\frac{(-1)^{n-1}}{2n-1}x^{2n-1}$；

(3) $\sum_{n=1}^{\infty}n(x-1)^n$； (4) $\sum_{n=1}^{\infty}\frac{x^n}{n(n+1)}$.

15. 求下列数项级数的和.

(1) $\sum_{n=1}^{\infty}\frac{n^2}{n!}$； (2) $\sum_{n=0}^{\infty}(-1)^n\frac{n+1}{(2n+1)!}$；

(3) $\sum_{n=1}^{\infty}n\left(\frac{1}{2}\right)^{n-1}$； (4) $\sum_{n=0}^{\infty}\frac{(-1)^n(n^2-n+1)}{2^n}$.

16. 将下列函数展开成 x 的幂级数.

(1) $\ln\left(x+\sqrt{x^2+1}\right)$； (2) $\frac{1}{(2-x)^2}$.

17. 求下列幂级数的收敛域及和函数.

(1) $\sum_{n=1}^{\infty}\frac{x^n}{n(n+1)}$； (2) $\sum_{n=1}^{\infty}\frac{2n-1}{2^n}x^{2n-2}$；

(3) $\sum_{n=0}^{\infty}\frac{(-1)^{n-1}}{2n-1}x^{2n}$； (4) $\sum_{n=0}^{\infty}\frac{n^2+1}{2^n n!}x^n$；

(5) $\sum_{n=0}^{\infty}(-1)^n\frac{n+1}{(2n+1)!}x^{2n-1}$.

18. 函数 $f(x)$ 可导，$f(0)=1$，$0<f'(x)<\frac{1}{2}$，数列 $\{x_n\}$ 满足 $x_{n+1}=f(x_n)$ $(n=1,2,\cdots)$，证明：

(1) 级数 $\sum_{n=1}^{\infty}(x_{n+1}-x_n)$ 绝对收敛；

(2) $\lim_{n\to\infty}x_n$ 存在，且 $0<\lim_{n\to\infty}x_n<2$.

19. 数列 $\{a_n\}$，$\{b_n\}$ 满足 $0<a_n<\frac{\pi}{2}$，$0<b_n<\frac{\pi}{2}$，$\cos a_n-a_n=\cos b_n$，级数 $\sum_{n=1}^{\infty}b_n$ 收敛. 证明：

(1) $\lim_{n\to\infty}a_n=0$；

(2) 级数 $\sum_{n=1}^{\infty}\frac{a_n}{b_n}$ 收敛.

20. 设数列 $\{a_n\}$ 满足条件 $a_0=3$，$a_1=1$，$a_{n-2}=n(n-1)a_n$ $(n\geqslant 2)$，求幂级数 $\sum_{n=0}^{\infty}a_n x^n$ 的和函数 $s(x)$ 的表达式.

21. 求幂级数 $1+\sum_{n=1}^{\infty}(-1)^n\frac{x^{2n}}{2n}$ $(|x|<1)$ 的和函数 $f(x)$ 及其极值.

22. 求幂级数$\sum_{n=1}^{\infty}(-1)^{n+1}\frac{x^{2n-1}}{2n-1}(x\in[-1,1])$的和函数，并求级数$\sum_{n=1}^{\infty}\frac{(-1)^n}{2n-1}\left(\frac{1}{3}\right)^n$的和.

23. 验证函数$y(x)=1+\frac{x^3}{3!}+\frac{x^6}{6!}+\cdots+\frac{x^{3n}}{(3n)!}+\cdots(x\in\mathbf{R})$满足微分方程$y''+y'+y=\mathrm{e}^x$，并利用此结果求幂级数$\sum_{n=0}^{\infty}\frac{x^{3n}}{(3n)!}$的和函数.

24. 设y由隐函数方程$\int_0^x \mathrm{e}^{-t^2}\mathrm{d}t=y\mathrm{e}^{-x^2}$确定.

(1) 证明y满足微分方程$y'-2xy=1$；

(2) 把y展开成x的幂级数.

25. 若$a_0=1$，$a_1=0$，$a_{n+1}=\frac{1}{n+1}(na_n+a_{n-1})$ $(n=1, 2, 3, \cdots)$，$s(x)$为幂级数$\sum_{n=0}^{\infty}a_nx^n$的和函数.

(1) 证明$\sum_{n=0}^{\infty}a_nx^n$的收敛半径不小于1；

(2) 证明$(1-x)s'(x)-xs(x)=0(x\in(-1,1))$，并求$s(x)$的表达式.

26. 求幂级数$\sum_{n=0}^{\infty}\frac{x^{2n+2}}{(n+1)(2n+1)}$的收敛域和和函数.

27. 求幂级数$\sum_{n=0}^{\infty}(n+1)(n+3)x^n$的收敛域和和函数.

28. 设数列$\{a_n\}$满足条件$a_0=3$，$a_1=1$，$a_{n-2}-n(n-1)a_n=0(n\geqslant 2)$，$s(x)$是幂级数$\sum_{n=0}^{\infty}a_nx^n$的和函数.

(1) 证明$s''(x)-s(x)=0$；

(2) 求$s(x)$的表达式.

29. 设$a_0=1$，$a_{n+1}=-\left(1+\frac{1}{n+1}\right)a_n(n\geqslant 0)$.

(1) 证明当$|x|<1$时，幂级数$\sum_{n=0}^{\infty}a_nx^n$收敛；

(2) 求幂级数$\sum_{n=0}^{\infty}a_nx^n$的和函数.

30. 将函数$f(x)=1-x^2(0\leqslant x\leqslant \pi)$展开成余弦级数，并求$\sum_{n=1}^{\infty}\frac{(-1)^{n-1}}{n^2}$的和.

31. 设$f(x)$是以2π为周期的函数，且在$[-\pi,\pi)$上的表达式为$|x|$，判断下列关于$f(x)$的傅里叶级数哪些是正确的.

(1) $\frac{\pi}{2}-\frac{4}{\pi}\left[\cos x+\frac{1}{3^2}\cos 3x+\frac{1}{5^2}\cos 5x+\cdots+\frac{1}{(2n-1)^2}\cos(2n-1)x+\cdots\right]$；

(2) $\frac{2}{\pi}\left[\frac{1}{2^2}\sin 2x+\frac{1}{4^2}\sin 4x+\frac{1}{6^2}\sin 6x+\cdots+\frac{1}{(2n)^2}\sin 2nx+\cdots\right]$；

(3) $\frac{4}{\pi}\left[\cos x+\frac{1}{3^2}\cos 3x+\frac{1}{5^2}\cos 5x+\cdots+\frac{1}{(2n-1)^2}\cos(2n-1)x+\cdots\right]$;

(4) $\frac{1}{\pi}\left[\frac{1}{2^2}\cos 2x+\frac{1}{4^2}\cos 4x+\frac{1}{6^2}\cos 6x+\cdots+\frac{1}{(2n)^2}\cos 2nx+\cdots\right]$.

32. 设 $f(x)$ 是周期为 2π 的函数，它在$[-\pi, \pi)$ 上的表达式为

$$f(x)=\begin{cases}0, & x\in[-\pi, 0)\\ e^x, & x\in[0, \pi)\end{cases}$$

将 $f(x)$ 展开成傅里叶级数.

33. 将函数 $f(x)=\begin{cases}1, & 0\leqslant x\leqslant h\\ 0, & h<x\leqslant\pi\end{cases}$ 分别展开成正弦级数和余弦级数.

34. 将函数 $f(x)=2+|x|(-1\leqslant x\leqslant 1)$ 展开成以 2 为周期的傅里叶级数，并由此求级数 $\sum_{n=1}^{\infty}\frac{1}{n^2}$ 的和.

35. 将函数 $f(x)=e^x$ 在$(-\pi, \pi)$ 内展开成傅里叶级数，并由此求级数 $\sum_{n=1}^{\infty}\frac{1}{1+n^2}$ 的和.

参考答案

习题 8.1

1. A：Ⅳ；B：Ⅴ；C：Ⅷ；D：Ⅲ .
2. A：在 xOy 面上；B：在 yOz 面上；C：在 x 轴正半轴上；D：在 y 轴负半轴上.
3. (1) $(a, b, -c)$，$(-a, b, c)$，$(a, -b, c)$；
   (2) $(a, -b, -c)$，$(-a, b, -c)$，$(-a, -b, c)$；
   (3) $(-a, -b, -c)$.

习题 8.2

1. $\overrightarrow{M_1M_2}=\{-3, -3, 1\}$；$-2\overrightarrow{M_1M_2}=\{6, 6, -2\}$.
2. $\boldsymbol{a}-\boldsymbol{b}=\boldsymbol{i}+4\boldsymbol{j}-12\boldsymbol{k}$；$3\boldsymbol{a}+2\boldsymbol{b}=13\boldsymbol{i}+17\boldsymbol{j}+4\boldsymbol{k}$.
3. 合力 $\boldsymbol{F}$ 的大小为 5；方向余弦：$\cos\alpha=\dfrac{3}{5}$，$\cos\beta=\dfrac{4}{5}$，$\cos\gamma=0$.
4. $\left\{\dfrac{6}{11}, \dfrac{7}{11}, -\dfrac{6}{11}\right\}$或$\left\{-\dfrac{6}{11}, -\dfrac{7}{11}, \dfrac{6}{11}\right\}$.
5. $M\left(0, \dfrac{1}{2}, 0\right)$.
6. 略.
7. 2.
8. $|\overrightarrow{M_1M_2}|=2$；$\cos\alpha=-\dfrac{1}{2}$，$\cos\beta=-\dfrac{\sqrt{2}}{2}$，$\cos\gamma=\dfrac{1}{2}$；$\alpha=\dfrac{2\pi}{3}$，$\beta=\dfrac{3\pi}{4}$，$\gamma=\dfrac{\pi}{3}$.
9. $\boldsymbol{a}=\{3\sqrt{3}, 3, \pm 3\}$.

习题 8.3

1. (1) 3； (2) $5\boldsymbol{i}+\boldsymbol{j}+7\boldsymbol{k}$； (3) -18； (4) $10\boldsymbol{i}+2\boldsymbol{j}+14\boldsymbol{k}$.
2. $m=-\dfrac{4}{3}$.
3. $\sin\theta=\sqrt{\dfrac{11}{12}}$，$\cos\theta=\dfrac{1}{2\sqrt{3}}$.
4. 2.
5. 5880 J.
6. $\sqrt{14}$.
7. (1) $-\boldsymbol{j}-\boldsymbol{k}$； (2) 2.
8. 36.

9～10. 略.

■ 习题 8.4

1. $2x+2y-3z=0$.
2. $3x-7y+5z-4=0$.
3. $x+\sqrt{26}y+3z-3=0$ 或 $x-\sqrt{26}y+3z-3=0$.
4. $y-3z=0$.
5. $x+5y-4z+1=0$.
6. $\frac{1}{3}$, $\frac{2}{3}$, $-\frac{2}{3}$.
7. $2x-6y+2z-7=0$.
8. (1) 平行于 x 轴的平面；(2) yOz 面；(3) 通过 y 轴的平面；(4) 平行于 z 轴的平面.
9. (1) $y+5=0$； (2) $9y-z-2=0$.

■ 习题 8.5

1. 对称式方程：$\frac{x-1}{-2}=\frac{y-1}{1}=\frac{z-1}{3}$；参数方程：$\begin{cases}x=1-2t\\y=1+t\\z=1+3t\end{cases}$ (t 为任意常数).
2. $16x-14y-11z-65=0$.
3. $\theta=\frac{\pi}{3}$.
4. $\theta=0$.
5. (1) 平行； (2) 直线在平面上.
6. $\frac{x-2}{2}=\frac{y-1}{-1}=\frac{z-3}{4}$.
7. $\frac{x+1}{16}=\frac{y}{19}=\frac{z-4}{28}$.
8. $2x-3y-z+10=0$.
9. $8x-9y-22z-59=0$.
10. $x-2y+z=0$.
11. $\left(-\frac{5}{2}, \frac{2}{3}, \frac{2}{3}\right)$.
12. $\frac{3\sqrt{2}}{2}$.

■ 习题 8.6

1. $x^2+y^2+z^2-2x-6y+4z=0$.
2. 以点$(1, -2, -1)$为球心，半径为$\sqrt{6}$的球面.
3. (1) $y^2+z^2=5x$；
   (2) $x^2+y^2+z^2=9$；
   (3) $4x^2-9(y^2+z^2)=36$，$4(x^2+z^2)-9y^2=36$.

4. (1) 平行于 xOy 面的平面；　(2) 平行于 z 轴的平面；

(3) 母线平行于 z 轴的圆柱面；　(4) 母线平行于 z 轴的双曲柱面.

5. (1) xOy 平面上的椭圆 $\frac{x^2}{4}+\frac{y^2}{9}=1$ 绕 x 轴旋转一周；

(2) xOy 平面上双曲线 $x^2-\frac{y^2}{4}=1$ 绕 y 轴旋转一周；

(3) xOy 平面上双曲线 $x^2-y^2=1$ 绕 x 轴旋转一周.

6. (1)

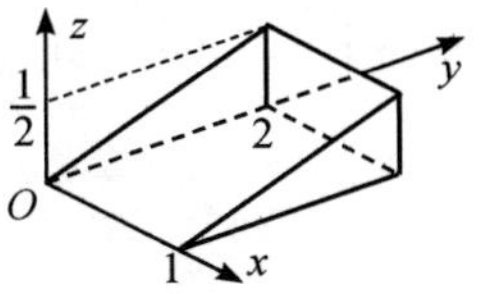

(2)

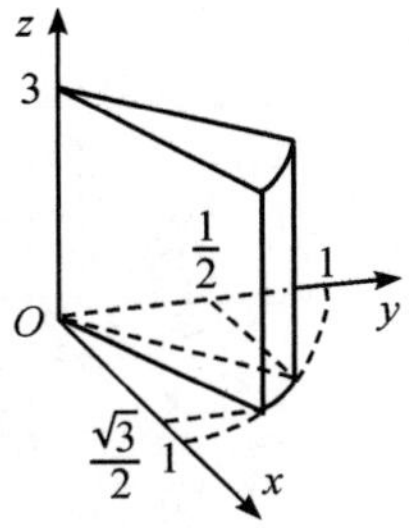

■ 习题 8.7

1. (1)

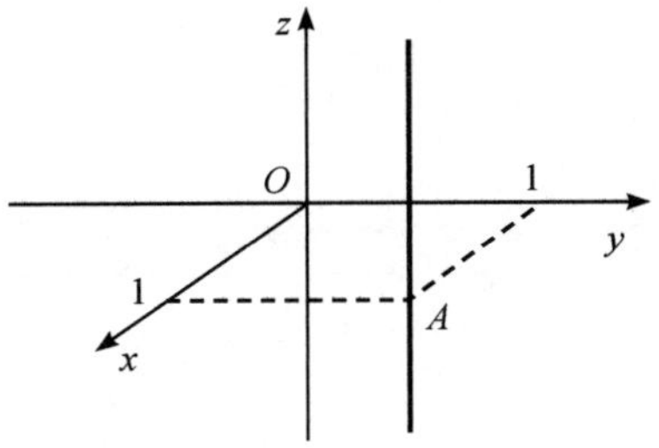

(2)

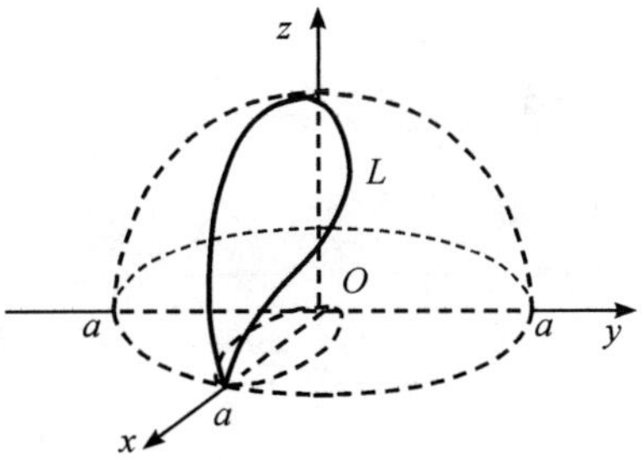

2. (1) xOy 面投影曲线 $\begin{cases}x^2+y^2+x+y-1=0\\ z=0\end{cases}$；

(2) xOz 面投影曲线 $\begin{cases}2x^2+z^2+2xz-2x-2z+1=0\\ y=0\end{cases}$；

(3) yOz 面投影曲线 $\begin{cases}2y^2+z^2+2yz-2y-2z+1=0\\ x=0\end{cases}$.

3. $3y^2-z^2=16$，$3x^2+2z^2=16$.

4. $\begin{cases}2x^2+y^2-2x=8\\ z=0\end{cases}$.

5. (1) $\begin{cases}x=\frac{3\sqrt{2}}{2}\cos\theta\\ y=\frac{3\sqrt{2}}{2}\cos\theta\\ z=3\sin\theta\end{cases}$；　(2) $\begin{cases}x=1+\sqrt{3}\cos\theta\\ y=\sqrt{3}\sin\theta\\ z=0\end{cases}$.

6. $\begin{cases}x^2+y^2=a^2\\ z=0\end{cases}$；　$\begin{cases}x=a\cos\frac{z}{b}\\ y=0\end{cases}$；　$\begin{cases}y=a\sin\frac{z}{b}\\ x=0\end{cases}$.

7. $x^2+y^2\leqslant ax\,(a>0)$，$0\leqslant z\leqslant\sqrt{a^2-ax}\,(a>0)$.

8. $\begin{cases}x^2+y^2\leqslant 4\\ z=0\end{cases}$; $\begin{cases}x^2\leqslant z\leqslant 4\\ y=0\end{cases}$; $\begin{cases}y^2\leqslant z\leqslant 4\\ x=0\end{cases}$.

9. $\begin{cases}(x-1)^2+y^2\leqslant 1\\ z=0\end{cases}$; $\begin{cases}x\leqslant z\leqslant \sqrt{2x}\\ y=0\end{cases}$; $\begin{cases}\left(\dfrac{z^2}{2}-1\right)^2+y^2\leqslant 1,\ z\geqslant 0\\ x=0\end{cases}$.

■ 习题 8.8

1. (1) C; (2) B; (3) C; (4) B.

2. (1) $\sqrt{2}$; (2) $x-y+z=0$; (3) $x-3y-z+4=0$;
   (4) $x-3y+z+2=0$; (5) 4.

3. $\arccos\dfrac{2}{\sqrt{7}}$.

4. $\dfrac{\pi}{3}$.

5. $z=-4$, $\theta_{\min}=\dfrac{\pi}{4}$.

6. 30.

7. $\{14, 10, 2\}$

8. $\boldsymbol{c}=5\boldsymbol{a}+\boldsymbol{b}$.

9. (1, 2, 2).

10. $\dfrac{x-2}{2}=\dfrac{y-1}{-1}=\dfrac{z-3}{4}$.

11. $\dfrac{x+1}{-2}=\dfrac{y-1}{1}=\dfrac{z}{1}$.

12. $4(z-1)=(x-1)^2+(y-1)^2$.

13. (1) $\begin{cases}x=0\\ z=2y^2\end{cases}$, z 轴; (2) $\begin{cases}x=0\\ \dfrac{y^2}{9}+\dfrac{z^2}{36}=1\end{cases}$, y 轴; (3) $\begin{cases}x=0\\ z=3y\end{cases}$, z 轴;

    (4) $\begin{cases}z=0\\ x^2-\dfrac{y^2}{4}=1\end{cases}$, x 轴.

14. $x+\sqrt{26}y+3z-3=0$ .OR. $x-\sqrt{26}y+3z-3=0$.

15. $x+2y+1=0$.

16. $\dfrac{x+1}{16}=\dfrac{y}{19}=\dfrac{z-4}{28}$.

17. $\left(0, 0, \dfrac{1}{5}\right)$.

18. $\begin{cases}z=0\\ x^2+y^2=x+y\end{cases}$; $\begin{cases}x=0\\ 2y^2+2yz+z^2-4y-3z+2=0\end{cases}$;

    $\begin{cases}y=0\\ 2x^2+2xz+z^2-4x-3z+2=0\end{cases}$.

19. L_0：$\begin{cases}x-y+2z-1=0\\x-3y-2z+1=0\end{cases}$.

L_0 绕 y 轴旋转一周所成曲面的方程为 $4x^2-17y^2+4z^2+2y-1=0$.

20. $x^2+y^2=2z$；$\begin{cases}x^2+y^2\leqslant 16\\z=0\end{cases}$.

21. $\begin{cases}x^2+y^2=2z\\z=0\end{cases}$.

22. $\begin{cases}x+2y-z=0\\3x-y+z-1=0\end{cases}$.

23. $x^2+y^2-2z^2+2z-1=0$.

24. (1) S_1：$\dfrac{x^2}{4}+\dfrac{y^2+z^2}{3}=1$；$S_2$：$(x-4)^2-4y^2-4z^2=0$；　(2) $V=\pi$.

■ 习题 9.1

1. (1) $D=\{(x,y)\mid 0<x^2+y^2<1,\ y^2\leqslant 4x\}$；

(2) $D=\left\{(x,y)\mid x<y\leqslant\sqrt{1-x^2},\ 0\leqslant x\leqslant 1\right\}$；

(3) $D=\left\{(x,y,z)\ \middle|\ |z|\leqslant\sqrt{x^2+y^2},\ x^2+y^2\neq 0\right\}$；

(4) $D=\left\{(x,y)\mid x\geqslant\sqrt{y},\ y>0\right\}$；

(5) $D=\{(x,y,z)\mid r^2<x^2+y^2+z^2\leqslant R^2\}$.

2. $f(x+y,x^2y)=(x+y)^{x^2y}$，$f\left(\dfrac{1}{y},x-y\right)=y^{y-x}$.

3. $f(x,y)=\dfrac{x^2(1-y)}{1+y}$.

4. (1) $\ln 2$；　(2) 2；　(3) 0；　(4) 2；　(5) $+\infty$；　(6) 1.

5～6. 略.

■ 习题 9.2

1. (1) $\left.\dfrac{\partial z}{\partial x}\right|_{(1,0)}=1$，$\left.\dfrac{\partial z}{\partial y}\right|_{(1,0)}=-2$；(2) $\left.\dfrac{\partial z}{\partial x}\right|_{(1,2)}=\dfrac{4}{9}$，$\left.\dfrac{\partial z}{\partial y}\right|_{(1,2)}=\dfrac{1}{9}$.

2. (1) $\dfrac{\partial z}{\partial x}=2xy-\dfrac{y}{2x^2}$，$\dfrac{\partial z}{\partial y}=x^2+\dfrac{1}{2x}$；

(2) $\dfrac{\partial z}{\partial x}=y^2(1+xy)^{y-1}$，$\dfrac{\partial z}{\partial y}=(1+xy)^y\left[\ln(1+xy)+\dfrac{xy}{1+xy}\right]$；

(3) $\dfrac{\partial z}{\partial x}=y[\cos(xy)-\sin(2xy)]$，$\dfrac{\partial z}{\partial y}=x[\cos(xy)-\sin(2xy)]$；

(4) $\dfrac{\partial z}{\partial x}=\dfrac{1}{\sqrt{1-(x+y)^2}}$，$\dfrac{\partial z}{\partial y}=\dfrac{1}{\sqrt{1-(x+y)^2}}$；

(5) $\dfrac{\partial z}{\partial x}=\dfrac{1}{2x\sqrt{\ln(xy)}}$，$\dfrac{\partial z}{\partial y}=\dfrac{1}{2y\sqrt{\ln(xy)}}$；

(6) $\dfrac{\partial u}{\partial x}=\dfrac{y}{z}x^{\frac{y}{z}-1}$，$\dfrac{\partial u}{\partial y}=\dfrac{1}{z}x^{\frac{y}{z}}\ln x$，$\dfrac{\partial u}{\partial z}=-\dfrac{y}{z^2}x^{\frac{y}{z}}\ln x$.

3～4. 略.

5. $f_x(0,0)=0$，$f_y(0,0)$ 不存在.

6. (1) $\dfrac{\partial^2 z}{\partial x^2}=\dfrac{2xy}{(x^2+y^2)^2}$，$\dfrac{\partial^2 z}{\partial x\partial y}=\dfrac{\partial^2 z}{\partial y\partial x}=\dfrac{y^2-x^2}{(x^2+y^2)^2}$，$\dfrac{\partial^2 z}{\partial y^2}=\dfrac{-2xy}{(x^2+y^2)^2}$；

(2) $\dfrac{\partial^2 z}{\partial x^2}=\dfrac{-y}{(x+y)^2}$，$\dfrac{\partial^2 z}{\partial x\partial y}=\dfrac{\partial^2 z}{\partial y\partial x}=\dfrac{x}{(x+y)^2}$，$\dfrac{\partial^2 z}{\partial y^2}=\dfrac{2x+y}{(x+y)^2}$；

(3) $\dfrac{\partial^2 z}{\partial x^2}=6xy^2+\dfrac{1}{y}$，$\dfrac{\partial^2 z}{\partial x\partial y}=\dfrac{\partial^2 z}{\partial y\partial x}=6x^2y-\dfrac{x}{y^2}$，$\dfrac{\partial^2 z}{\partial y^2}=2x^3+\dfrac{x^2}{y^3}$；

(4) $\dfrac{\partial^2 z}{\partial x^2}=\dfrac{1}{x}$，$\dfrac{\partial^2 z}{\partial x\partial y}=\dfrac{\partial^2 z}{\partial y\partial x}=\dfrac{2}{y}$，$\dfrac{\partial^2 z}{\partial y^2}=-\dfrac{2x}{y^2}$.

7. (1) $dz=(\sin y+y^2e^{xy})dx+(x\cos y+e^{xy}+xye^{xy})dy$；

(2) $dz=\dfrac{1}{\sqrt{(x^2-y^2)^3}}(-xy\,dx+x^2dy)$；

(3) $dz=e^x\arcsin y\,dx+\dfrac{e^x}{\sqrt{1-y^2}}dy$；

(4) $du=yzx^{yz-1}dx+zx^{yz}\ln x\,dy+yx^{yz}\ln x\,dz$；

(5) $du=e^{xy+2z}[(1+xy)dx+x^2dy+2x\,dz]$.

8. $f_x(0,0)=0$，$f_y(0,0)=0$，不可微.

9～10. 略.

■ 习题 9.3

1. (1) $\dfrac{dz}{dt}=2\sin 2t+1$；(2) $\dfrac{dz}{dt}=4t^3+3t^2+2t$；

(3) $\dfrac{\partial z}{\partial x}=\dfrac{2x}{\sqrt{1-(x^2+y^2)^2}}$，$\dfrac{\partial z}{\partial y}=\dfrac{2y}{\sqrt{1-(x^2+y^2)^2}}$；

(4) $\dfrac{\partial z}{\partial x}=2xf_1+ye^{xy}f_2$，$\dfrac{\partial z}{\partial y}=-2yf_1+xe^{xy}f_2$；

(5) $\dfrac{\partial u}{\partial x}=\dfrac{1}{y}f_1$，$\dfrac{\partial u}{\partial y}=-\dfrac{x}{y^2}f_1+\dfrac{1}{z}f_2$，$\dfrac{\partial u}{\partial z}=-\dfrac{y}{z^2}f_2$.

2. (1) $dz=(2x\cos x^2f_1+f_2)dx+2yf_2dy$；

(2) $dz=(f_1+yf_2+yzf_3)dx+(xf_2+xzf_3)dy+xyf_3dz$.

3. 略.

4. (1) $\dfrac{\partial^2 z}{\partial x^2}=-\dfrac{1}{x^2}f_1+\dfrac{1}{x^2}f_{11}+\dfrac{2y}{x}f_{12}+y^2f_{22}$，$\dfrac{\partial^2 z}{\partial x\partial y}=-\dfrac{1}{xy}f_{11}+xyf_{22}+f_2$；

(2) $\dfrac{\partial^2 z}{\partial x\partial y}=yf_{11}+xy(x+2y)f_{12}+2x^3y^2f_{22}+f_1+4xyf_2$，

$\dfrac{\partial^2 z}{\partial y^2}=yf_{11}+2x^2yf_{12}+x^4yf_{22}+2f_1+2x^2f_2$；

(3) $\dfrac{\partial^2 u}{\partial x^2}=4x^2f''+2f'$，$\dfrac{\partial^2 u}{\partial z^2}=4z^2f''+2f'$，$\dfrac{\partial^2 u}{\partial x\partial y}=4xyf''$.

5. 略.

■ 习题 9.4

1. (1) $\frac{dy}{dx}=-\frac{x^2-ay}{y^2-ax}(y^2-ax\neq 0)$；

(2) $\frac{\partial z}{\partial x}=-\frac{2x+e^{-(x+y+z)}}{2z+e^{-(x+y+z)}}$，$\frac{\partial z}{\partial y}=-\frac{2y+e^{-(x+y+z)}}{2z+e^{-(x+y+z)}}$；

(3) $\frac{\partial z}{\partial x}=\frac{10x}{1-3yz^2}$，$\frac{\partial z}{\partial y}=\frac{z^3}{1-3yz^2}$；

(4) $\frac{dy}{dx}=\frac{x+y}{x-y}$，$\frac{d^2y}{dx^2}=\frac{2(x^2+y^2)}{(x-y)^3}$；

(5) $\frac{\partial^2 z}{\partial x^2}=\frac{z[2(z-1)-z^2]}{y^2(z-1)^3}$，$\frac{\partial^2 z}{\partial y^2}=\frac{z[2(z-1)-z^2]}{y^2(z-1)^3}$，$\frac{\partial^2 z}{\partial x\partial y}=\frac{-z}{xy(z-1)^3}$.

2. (1) $\frac{dx}{dz}=\frac{y-z}{x-y}$，$\frac{dy}{dz}=\frac{z-x}{x-y}$；

(2) $\frac{\partial u}{\partial x}=\frac{2xuf_1(2yvg_2-1)+f_2g_1}{(1-x^2f_1)(2yvg_2-1)+2f_2g_1}$，

$\frac{\partial v}{\partial x}=\frac{(1-x^2f_1)-4xuf_1g_1}{(1-x^2f_1)(2yvg_2-1)+2f_2g_1}$.

3. 略.

4. $dz=\frac{2xf_1dx+(zf_1\cos y+2yf_2)dy}{-f_1\sin y+f_2\sin z}$.

■ 习题 9.5

1. (1) $x-\frac{\pi}{2}+1=y-1=\frac{z-2\sqrt{2}}{\sqrt{2}}$，$x+y+\sqrt{2}z-4-\frac{\pi}{2}=0$；

(2) $\frac{x-1}{16}=\frac{y-1}{9}=\frac{z-1}{-1}$，$16x+9y-z=24$；

(3) $\frac{x-1}{-3}=\frac{y-1}{-3}=\frac{z-3}{1}$，$3x+3y+z-3=0$.

2. (1) $x+2y-4=0$，$\begin{cases}\frac{x-2}{1}=\frac{y-1}{2}\\ z=0\end{cases}$；

(2) $2x+4y-z-5=0$，$\frac{x-1}{2}=\frac{y-2}{4}=\frac{z-5}{-1}$；

3. $(-1, 1, -1)$，$\left(-\frac{1}{3}, \frac{1}{9}, -\frac{1}{27}\right)$.

4. $x-y+2z=\pm\sqrt{\frac{11}{2}}$.

5. $\cos\varphi=\frac{3}{\sqrt{22}}$.

6. $(1, 1, 2)$.

7. $a=-5$，$b=-2$.

习题 9.6

1. $1+2\sqrt{3}$.

2. $\frac{\sqrt{2}}{3}$.

3. $\frac{1}{ab}\sqrt{2(a^2+b^2)}$.

4. 5.

5. $\frac{6}{7}\sqrt{14}$.

6. $x_0+y_0+z_0$.

7. $\mathbf{grad}f(0,0,0)=3\boldsymbol{i}-2\boldsymbol{j}-6\boldsymbol{k}$，$\mathbf{grad}f(1,1,1)=6\boldsymbol{i}+3\boldsymbol{j}$.

8. $\mathbf{grad}u=2\boldsymbol{i}-4\boldsymbol{j}+\boldsymbol{k}$，$|\mathbf{grad}u|=\sqrt{21}$.

习题 9.7

1. (1) 极小值 $f(1,1)=-1$；　(2) 极小值 $f\left(\frac{1}{2},-1\right)=-\frac{\mathrm{e}}{2}$；

(3) 极大值 $z\left(\frac{16}{7},0\right)=-\frac{8}{7}$，极小值 $z(-2,0)=1$.

2. (1) 最小值 $f(0,0)=0$，最大值 $f\left(\frac{1}{2},\frac{1}{2}\right)=\frac{1}{4}$；　(2) 最小值 $\mathrm{e}^{-\frac{1}{4}}$，最大值 $\mathrm{e}^{\frac{1}{4}}$；

(3) 最小值 $f(4,2)=-64$，最大值 $f(2,1)=4$；

(4) 最小值 $f(-1,-1)=-5$，最大值 $f(2,-1)=13$.

3. 6，6，6.

4. 边长分别为$\frac{p}{2}$，$\frac{3p}{4}$，$\frac{3p}{4}$，且绕边长为$\frac{p}{2}$的边旋转而得的旋转体体积最大.

习题 9.8

1. (1) A；　(2) C；　(3) D；　(4) D；　(5) A；　(6) C；　(7) A.

2. (1) $xf_{12}+f_2+xyf_{22}$；　(2) 0；　(3) $2-2\ln 2$；　(4) $\frac{x}{\cos y}+\frac{y}{\cos x}$；　(5) 4.

3. $f_x(x,y)=\begin{cases}\dfrac{2xy^3}{(x^2+y^2)^2}, & x^2+y^2\neq 0\\ 0, & x^2+y^2=0\end{cases}$；

$f_y(x,y)=\begin{cases}\dfrac{x^2(x^2-y^2)}{(x^2+y^2)^2}, & x^2+y^2\neq 0\\ 0, & x^2+y^2=0\end{cases}$.

4. 略.

5. $\frac{\mathrm{d}u}{\mathrm{d}t}=yx^{y-1}\cdot\varphi'(t)+x^y\ln x\cdot\psi'(t)$.

6. $\frac{\partial r}{\partial x}=-\frac{\partial r}{\partial v}+\frac{\partial r}{\partial w}$，$\frac{\partial r}{\partial y}=\frac{\partial r}{\partial u}-\frac{\partial r}{\partial w}$，$\frac{\partial r}{\partial z}=-\frac{\partial r}{\partial u}+\frac{\partial r}{\partial v}$.

7. $\frac{\partial^2 z}{\partial x\partial y}=x\mathrm{e}^{2y}f_{uu}+\mathrm{e}^y f_{uy}+x\mathrm{e}^y f_{xu}+f_{xy}+\mathrm{e}^y f_u$.

8. $dz=(f_1+f_2+yf_3)dx+(f_1-f_2+xf_3)dy$,

$\frac{\partial^2 z}{\partial x\partial y}=f_{11}+(x+y)f_{13}-f_{22}+(x-y)f_{23}+xyf_{33}+f_3$.

9. $\left.\frac{dy}{dx}\right|_{x=0}=f_1(1,1)$, $\left.\frac{d^2y}{dx^2}\right|_{x=0}=f_1(1,1)-f_2(1,1)+f_{11}(1,1)$.

10. $\frac{\partial z}{\partial x}=(v\cos v-u\sin v)e^{-u}$, $\frac{\partial z}{\partial y}=(u\cos v+v\sin v)e^{-u}$.

11. 切线方程$\begin{cases}x=a\\ by-az=0\end{cases}$；法平面方程 $ay+bz=0$.

12. $(-3,-1,3)$, $\frac{x+3}{1}=\frac{y+1}{3}=\frac{z-3}{1}$.

13. $\frac{\partial f}{\partial l}=\cos\theta+\sin\theta$, (1)$\theta=\frac{\pi}{4}$, (2)$\theta=\frac{5\pi}{4}$, (3)$\theta=\frac{3\pi}{4}$, $\frac{7\pi}{4}$.

14. $\frac{\partial u}{\partial n}=\frac{2}{\sqrt{\frac{x_0^2}{a^4}+\frac{y_0^2}{b^4}+\frac{z_0^2}{c^4}}}$.

15. $\left(\frac{4}{5},\frac{3}{5},\frac{35}{12}\right)$.

16. 切点$\left(\frac{a}{\sqrt{3}},\frac{b}{\sqrt{3}},\frac{c}{\sqrt{3}}\right)$, $V_{\min}=\frac{\sqrt{3}}{2}abc$.

17. $f_{11}(2,2)+f_{12}(1,1)f_2(2,2)$.

18. 极小值 $f\left(\frac{1}{6},\frac{1}{12}\right)=-\frac{1}{216}$.

19. 最小值$\frac{1}{\pi+4+3\sqrt{3}}$.

20. $p_1=80$, $p_2=120$；最大利润为 995.

21. (1) $\mathbf{grad}f=(y_0-2x_0)\boldsymbol{i}+(x_0-2y_0)\boldsymbol{j}$ 是(x_0, y_0)点处方向导数最大的方向，最大导数值为$|\mathbf{grad}f|=\sqrt{5x_0^2-8x_0y_0+5y_0^2}$；

(2) $(5,-5)$, $(-5,5)$, $(5\sqrt{5}, 5\sqrt{5})$, $(-5\sqrt{5},-5\sqrt{5})$.

22. 最长距离为$\sqrt{2}$，最短距离为 1.

■ 习题 10.1

1. (1) $I=0$； (2) $I\leqslant 0$； (3) $I>0$； (4) $I\leqslant 0$.

2. (1) $I_1<I_2$； (2) $I_1>I_2$.

3. (1) $\frac{\sqrt{2}}{4}\pi^2\leqslant I\leqslant\frac{1}{2}\pi^2$；(2) $10\leqslant I\leqslant 16$；(3) $0\leqslant I\leqslant 64$；(4) $30\pi\leqslant I\leqslant 75\pi$.

4. (1) 4π； (2) $\frac{2}{3}\pi R^3$.

■ 习题 10.2

1. (1) $\iint_D f(x,y)\mathrm{d}x\mathrm{d}y=\int_{-2}^{2}\mathrm{d}x\int_{-\sqrt{4-x^2}}^{\sqrt{4-x^2}}f(x,y)\mathrm{d}y=\int_{-2}^{2}\mathrm{d}y\int_{-\sqrt{4-y^2}}^{\sqrt{4-y^2}}f(x,y)\mathrm{d}x$;

(2) $\iint_D f(x,y)\mathrm{d}x\mathrm{d}y=\int_{-1}^{0}\mathrm{d}x\int_{-1-x}^{1+x}f(x,y)\mathrm{d}y+\int_{0}^{1}\mathrm{d}x\int_{x-1}^{1-x}f(x,y)\mathrm{d}y$,

或 $\iint_D f(x,y)\mathrm{d}x\mathrm{d}y=\int_{-1}^{0}\mathrm{d}y\int_{-1-y}^{1+y}f(x,y)\mathrm{d}x+\int_{0}^{1}\mathrm{d}y\int_{y-1}^{1-y}f(x,y)\mathrm{d}x$.

2. (1) $\frac{6}{55}$; (2) $\frac{9}{4}$; (3) $\frac{1}{48}$; (4) $\frac{13}{6}$; (5) $\frac{\mathrm{e}}{2}-1$; (6) $\frac{4}{\pi^3}(2+\pi)$; (7) $\frac{13}{6}$; (8) $\frac{5}{3}+\frac{\pi}{2}$;

(9) $-\frac{2}{5}$; (10) $3\arctan 3-\frac{3\pi}{4}-\frac{1}{2}\ln 5$.

3. (1) $\int_{0}^{1}\mathrm{d}x\int_{-\sqrt{x}}^{\sqrt{x}}f(x,y)\mathrm{d}y+\int_{1}^{4}\mathrm{d}x\int_{-\sqrt{x}}^{1}f(x,y)\mathrm{d}y$;

(2) $\int_{0}^{1}\mathrm{d}y\int_{\mathrm{e}^y}^{\mathrm{e}}f(x,y)\mathrm{d}x$;

(3) $\int_{-1}^{0}\mathrm{d}y\int_{-\sqrt{1-y^2}}^{\sqrt{1-y^2}}f(x,y)\mathrm{d}x+\int_{0}^{1}\mathrm{d}y\int_{-\sqrt{1-y}}^{\sqrt{1-y}}f(x,y)\mathrm{d}x$;

(4) $\int_{0}^{2}\mathrm{d}x\int_{\frac{x}{2}}^{3-x}f(x,y)\mathrm{d}y$.

4. (1) $\int_{-\frac{\pi}{2}}^{\frac{\pi}{2}}\mathrm{d}\theta\int_{0}^{2\cos\theta}f(r\cos\theta,r\sin\theta)r\mathrm{d}r$;

(2) $\int_{0}^{\frac{\pi}{2}}\mathrm{d}\theta\int_{0}^{\frac{1}{\cos\theta+\sin\theta}}f(r\cos\theta,r\sin\theta)r\mathrm{d}r$.

5. (1) $\int_{-\frac{\pi}{2}}^{\frac{\pi}{2}}\mathrm{d}\theta\int_{0}^{2a\cos\theta}f(\rho\cos\theta,\rho\sin\theta)\rho\mathrm{d}\rho$; (2) $\int_{\frac{\pi}{4}}^{\frac{\pi}{3}}\mathrm{d}\theta\int_{0}^{\frac{2}{\cos\theta}}f(\rho)\rho\mathrm{d}\rho$;

(3) $\int_{0}^{\frac{\pi}{2}}\mathrm{d}\theta\int_{2\cos\theta}^{4\cos\theta}f(\rho\cos\theta,\rho\sin\theta)\rho\mathrm{d}\rho$.

6. (1) $\frac{a^3}{6}\left[\sqrt{2}+\ln(\sqrt{2}+1)\right]$; (2) $\frac{\pi}{8}a^4$; (3) $\frac{\pi}{2}(1-\mathrm{e}^{-1})$; (4) $\sqrt{2}-1$.

7. (1) $2-\frac{\pi}{2}$; (2) 4π; (3) $\frac{1}{12}$; (4) $\frac{\pi}{2}$; (5) $\frac{\pi R^4}{4}\left(\frac{1}{a^2}+\frac{1}{b^2}\right)$; (6) $\frac{3\pi^2}{64}$; (7) 9π.

8. (1) $4-\frac{\pi}{2}$; (2) $\frac{2}{5}$.

9. (1) $\frac{\pi(a+b)}{4}$; (2) $\mathrm{e}-1$.

10. $\frac{\pi}{6}$.

11. (1) $\frac{5}{6}$; (2) $\frac{3\pi a^2}{2}$; (3) $4\pi a^4$; (4) $\frac{\pi a^2}{2}$.

12. (1) $\frac{17}{6}$; (2) $\frac{\pi}{2}a^4$; (3) 6π; (4) $\frac{\pi}{3}(2-\sqrt{2})$.

■ 习题 10.3

1. (1) $\int_1^2 dx\int_0^x dy\int_0^y f(x, y, z)dz$;

(2) $\int_{-1}^1 dx\int_{-\sqrt{1-x^2}}^{\sqrt{1-x^2}} dy\int_{x^2+2y^2}^{2-x^2} f(x, y, z)dz$;

(3) $\int_{-1}^1 dx\int_{x^2}^1 dy\int_0^{x^2+y^2} f(x, y, z)dz$;

(4) $\int_{-1}^1 dx\int_0^{\sqrt{1-x^2}} dy\int_0^y f(x, y, z)dz$;

(5) $\int_0^1 dx\int_0^{1-x} dy\int_0^{xy} f(x, y, z)dz$;

(6) $\int_0^1 dx\int_0^x dy\int_0^{xy} f(x, y, z)dz$;

(7) $\int_0^a dx\int_0^{b\sqrt{1-\frac{x^2}{a^2}}} dy\int_0^{\frac{xy}{c}} f(x, y, z)dz+\int_{-a}^0 dx\int_0^{b\sqrt{1-\frac{x^2}{a^2}}} dy\int_{\frac{xy}{c}}^0 f(x, y, z)dz+$

$\int_{-a}^0 dx\int_{-b\sqrt{1-\frac{x^2}{a^2}}}^0 dy\int_0^{\frac{xy}{c}} f(x, y, z)dz+\int_0^a dx\int_{-b\sqrt{1-\frac{x^2}{a^2}}}^0 dy\int_{\frac{xy}{c}}^0 f(x, y, z)dz$.

2. (1) $3-e$; (2) 0; (3) $3\pi(e^2-1)$; (4) $\frac{\pi}{6}$; (5) $\frac{430\pi}{21}$; (6) $\frac{28}{45}$.

3. (1) $\frac{15}{8}$; (2) 32π; (3) $\frac{4\pi}{15}(b^5-a^5)$.

4. (1) $\left(\frac{8\sqrt{2}}{15}-\frac{13}{60}\right)\pi$; (2) $\left(\frac{8\sqrt{2}}{15}+\frac{15}{8}\right)\pi$.

5. (1) $2\pi e^2$; (2) $\frac{7\pi}{3}$.

6. (1) $\frac{8}{9}a^3$; (2) $\frac{32\pi}{3}$; (3) $\pi a(1-e^{-a^2})$; (4) $\frac{\pi}{4}[(1+4a)\ln(1+4a)-4a]$;

(5) $\frac{\pi a^4}{8}$; (6) $\frac{\pi a^4}{2}(1-\sqrt{3})$.

7. (1) $\frac{1}{5}\pi R^5(2-\sqrt{2})$; (2) $\frac{128\pi}{5}$; (3) $\frac{2\pi}{15}(b^5-a^5)$.

8. (1) $\frac{\pi}{10}$; (2) $\pi(\cos 1-\cos 2)$.

9. (1) $\frac{32\pi}{3}$; (2) $\frac{\pi a^3}{3}$; (3) $\frac{1}{4}$; (4) 6π.

10. (1) $\frac{a^4}{2}$; (2) $\left(\frac{1}{2}-\frac{\sqrt{2}}{3}\right)\pi$.

■ 习题 10.4

1. $2a^2(\pi-2)$.

2. $\sqrt{2}\pi$.

3. $16R^2$.

4. (1) $\bar{x}=\frac{3}{5}x_0$, $\bar{y}=\frac{3}{8}y_0$; (2) $\bar{x}=0$, $\bar{y}=\frac{4b}{3\pi}$; (3) $\bar{x}=\frac{a^2+ab+b^2}{2(a+b)}$, $\bar{y}=0$.

5. $\bar{x}=\frac{35}{48}$, $\bar{y}=\frac{35}{54}$.

6. $\bar{x}=\bar{y}=\frac{2}{5}a$.

7. (1) $\left(0, 0, \frac{3}{4}\right)$; (2) $\left(0, 0, \frac{3(A^4-a^4)}{8(A^3-a^3)}\right)$; (3) $\left(\frac{2}{5}a, \frac{2}{5}a, \frac{7}{30}a^2\right)$.

8. $\left(0, 0, \frac{5}{4}R\right)$.

9. (1) $I_x=\frac{1}{4}\pi ab^3$, $I_y=\frac{1}{4}\pi a^3b$; (2) $I_x=\frac{72}{5}$, $I_y=\frac{96}{7}$; (3) $I_x=\frac{1}{3}ab^3$, $I_y=\frac{1}{3}ba^3$.

10. $\frac{1}{12}bh^3\mu$, $\frac{1}{12}b^3h\mu$.

11. (1) $\frac{8}{3}a^4$; (2) $\bar{x}=\bar{y}=0$, $\bar{z}=\frac{7}{15}a^2$; (3) $\frac{112}{45}a^6\rho$.

12. $\frac{1}{2}\pi a^3h\rho$.

13. $F_x=2G\mu\left(\ln\frac{R_2+\sqrt{R_2^2+a^2}}{R_1+\sqrt{R_1^2+a^2}}-\frac{R_2}{\sqrt{R_2^2+a^2}}+\frac{R_1}{\sqrt{R_1^2+a^2}}\right)$, $F_y=0$,

$F_z=\pi Ga\mu\left(\frac{1}{\sqrt{R_2^2+a^2}}-\frac{1}{\sqrt{R_1^2+a^2}}\right)$.

14. $F_x=F_y=0$, $F_z=-2\pi G\rho\left(\sqrt{(h-a)^2+R^2}-\sqrt{R^2+a^2}+h\right)$.

■ 习题 10.5

1. (1) C; (2) A; (3) B; (4) A; (5) C; (6) B; (7) A; (8) C; (9) D.

2. (1) $\frac{1}{4}$; (2) $-\ln\cos1$; (3) $\frac{4}{15}\pi$; (4) $\frac{1}{12}\pi$; (5) $\frac{7}{12}$.

3. $\frac{1}{2}(1-e^{-4})$.

4. $\frac{\pi}{12}a^2$.

5. -4.

6. $15\left(\frac{\pi}{4}-\frac{\sqrt{3}}{8}\right)$.

7. (1) $\frac{3}{2}+\sin1-2\sin2+\cos2-\cos1$; (2) $\pi^2-\frac{40}{9}$; (3) $\frac{2\pi}{3}R^3$; (4) $9\pi R^2+\frac{\pi}{4}R^4$.

8. $\frac{1}{3}-2\sqrt{2}\ln(3-2\sqrt{2})$.

9. (1) $\int_{-2}^{0}dx\int_{2x+4}^{4-x^2}f(x, y)dy$; (2) $\int_0^1dy\int_0^{y^2}f(x, y)dx+\int_1^2dy\int_0^{\sqrt{2y-y^2}}f(x, y)dx$;

(3) $\int_0^2 dx\int_{\frac{x}{2}}^{3-x} f(x, y)dy$.

10. 略.

11. $\int_0^{\frac{\pi}{4}} d\theta\int_0^{\tan\theta} f(r\cos\theta, r\sin\theta)rdr + \int_{\frac{\pi}{4}}^{\frac{3\pi}{4}} d\theta\int_0^{\cos\theta} f(r\cos\theta, r\sin\theta)rdr +$
$\int_{\frac{3\pi}{4}}^{\pi} d\theta\int_0^{-\tan\theta} f(r\cos\theta, r\sin\theta)rdr$.

12. $f(x, y)=\sqrt{1-x^2-y^2}-\frac{1}{9}$.

13. $\frac{43\sqrt{2}}{120}$.

14. $5\pi+3\pi^2$.

15. $\frac{3}{4}\left[\sqrt{2}+\ln(1+\sqrt{2})\right]$.

16. $\frac{3}{128}\pi^2$.

17. (1) $\frac{7}{3}\ln 2$; (2) $\frac{1}{2}\pi ab$.

18. $\frac{1}{2}A^2$.

19. a.

20. $\int_{-1}^1 dx\int_{x^2}^1 dy\int_0^{x^2+y^2} f(x, y, z)dz$.

21. (1) $\frac{59}{480}\pi R^5$; (2) 0; (3) $\frac{250}{3}\pi$.

22. (1) $F(t)$ 单调递增；(2) 略.

23. $\frac{1}{2}\sqrt{a^2b^2+b^2c^2+c^2a^2}$.

24. π. 提示：应用二重积分中值定理.

25. (1) 8π; (2) $\frac{1}{18}$.

26. 2π.

27. $a^2(3-e)$.

28. (1) π; (2) $\frac{1}{2}(e-1)$.

29. $\frac{\pi}{2}$.

30. $16R^2$.

31. $\left(0, \frac{1}{4}, \frac{1}{4}\right)$.

32. (1) $\frac{8}{3}$; (2) $\left(0, 0, \frac{56}{45}\right)$; (3) $\frac{112}{45}\rho$.

33. $\boldsymbol{F}=\left\{0,0,\frac{2}{3}\pi G\rho\{[R^2-(h-a)^2]^{\frac{3}{2}}-(R^2-a^2)^{\frac{3}{2}}-(h-a)^3+a^3\}\right\}$.

■ 习题 11.1

1. (1) $\frac{5\sqrt{5}-1}{2}$; (2) $1+\sqrt{2}$; (3) $e^a\left(2+\frac{\pi a}{4}\right)-2$; (4) 7π; (5) $\frac{\sqrt{3}}{2}(1-e^{-2})$;

 (6) 9; (7) $6\sqrt{2}\pi$.

2. $\frac{a}{3}(2\sqrt{2}-1)$.

■ 习题 11.2

1. 略.

2. (1) π; (2) $\frac{4}{3}$; (3) $-\pi a^2$; (4) 13; (5) $\frac{1}{2}$; (6) $\sin 1+\cos 1-\frac{6}{5}$.

3. (1) $-4R^3$; (2) 0.

4. (1) 11; (2) $\frac{34}{3}$; (3) 14; (4) $\frac{32}{3}$.

5. (1) 18π; (2) 8.

6. $\frac{\pi}{2}$.

7. $\int_L\left[\sqrt{2x-x^2}P(x,y)+(1-x)Q(x,y)\right]ds$.

■ 习题 11.3

1. (1) $-2\pi ab$; (2) $-\frac{19}{3}$; (3) 6; (4) $-\frac{\pi}{2}$; (5) $\frac{\pi}{2}$.

2. (1) $\frac{3\pi a^2}{8}$; (2) a^2.

3. (1) 5; (2) 9.

4. (1) $-a^2$; (2) $\frac{\pi^2}{4}$; (3) $\frac{\pi m a^2}{8}$.

5. (1) $y^2\sin x+x^2\cos y+C$; (2) x^2y+C; (3) $-\cos 2x\sin 3y+C$; (4) $\frac{1}{2}x^2y^2+C$.

■ 习题 11.4

1. 略.

2. (1) $\frac{3-\sqrt{3}}{2}+(\sqrt{3}-1)\ln 2$; (2) $\pi a(a^2-h^2)$; (3) $\frac{125\sqrt{5}-1}{420}$; (4) $4\sqrt{61}$;

 (5) $2\pi\arctan\frac{h}{R}$.

3. $\frac{2\sqrt{2}}{3}$.

4. $\sqrt{2}\pi$.

5. $\frac{\sqrt{2}}{6}$.

■ 习题 11.5

1. 略.

2. (1) $\frac{2\pi R^7}{105}$；(2) $2\pi a^3$；(3) 8π；(4) 24；(5) $-\frac{\pi}{4}h^4$；(6) $\frac{4\pi abc}{3}$.

3. $\iint_{\Sigma}\frac{2xP+2yQ+R}{\sqrt{1+4x^2+4y^2}}\mathrm{d}S$.

■ 习题 11.6

1. (1) $3a^4$；(2) -6π；(3) $\frac{\pi h^4}{2}$；(4) $\frac{\pi}{2}$；(5) $\frac{29\pi a^5}{20}$.

2. 34π.

3. (1) 0；(2) $a^3\left(2-\frac{a^2}{6}\right)$；(3) 108π.

4. (1) $\mathrm{div}\boldsymbol{A}=2x+2y+2z$；　(2) $\mathrm{div}\boldsymbol{A}=y\mathrm{e}^{xy}-x\sin(xy)-2xz\sin(xz^2)$；
   (3) $\mathrm{div}\boldsymbol{A}=2x$.

■ 习题 11.7

1. (1) $-\sqrt{3}\pi a^2$；(2) $-2\pi a(a+b)$；(3) -20π；(4) 9π.

2. (1) 0；(2) -13.

3. (1) $\mathrm{rot}\boldsymbol{A}=2\boldsymbol{i}+4\boldsymbol{j}+6\boldsymbol{k}$；(2) $\mathrm{rot}\boldsymbol{A}=\boldsymbol{i}+\boldsymbol{j}$；
   (3) $\mathrm{rot}\boldsymbol{A}=[x\sin(\cos z)-xy^2\cos(xz)]\boldsymbol{i}-y\sin(\cos z)\boldsymbol{j}+[y^2z\cos(xz)-x^2\cos y]\boldsymbol{k}$.

4. (1) 0；　(2) -4.

5. (1) 2π；　(2) 12π.

■ 习题 11.8

1. (1) B；　(2) C；　(3) A；　(4) C；　(5) C；　(6) D；　(7) B；　(8) D；　(9) D.

2. (1) $\frac{3}{2}\pi$；　(2) 0；　(3) π；　(4) $\frac{4}{3}\sqrt{3}$；　(5) $(2-\sqrt{2})\pi R^3$；　(6) $\frac{\pi}{2}a\mathrm{e}^a$；
   (7) $12a$；　(8) $\frac{56}{15}$；　(9) $2\pi a$；　(10) 0.

3. (1) $2a^2$；　(2) $\frac{(2+t_0^2)^{\frac{3}{2}}-2\sqrt{2}}{3}$；　(3) $-2\pi a^2$；　(4) $\frac{1}{35}$；　(5) πa^2；　(6) $\frac{\sqrt{2}}{16}\pi$.

4. $\frac{1}{2}\ln(x^2+y^2)$.

5. 略.

6～8. 略.

9. $\left(x+\frac{1}{2}\right)\mathrm{e}^x$.

10. 6 .

11. $-\frac{\pi^2}{2}$.

12. $\frac{\pi}{2}-4$.

13. 0.

14. -24.

15. (1) $2\pi\arctan\frac{H}{R}$；　(2) $-\frac{\pi}{4}h^4$；　(3) $2\pi R^3$；　(4) $\frac{2}{15}$；　(5) 2π.

16. $\frac{1}{6}$.

17. π.

18. 4π.

19. $-\pi$.

20 ～ 21. 略.

22. $\left(0, 0, \frac{a}{4}\right)$.

23. 3.

24. $\frac{3}{2}$.

25. 0.

26. $\mathbf{0}$(向量).

27. $\{0, 16z+4xz^2, 3x^2y\}$.

28. 2π.

29. $\frac{\pi}{2}a^4$.

■ 习题 12.1

1. $u_1=-\frac{1}{4}$，$u_2=\frac{5}{16}$，$u_n=\frac{9-2^n}{4^n}$，$s=0$.

2. (1) 收敛，$s=\frac{1}{6}$；　(2) 发散.

3. 略.

4. (1) 发散；　(2) 收敛；　(3) 发散.

5. (1) 收敛，$s=3$；　(2) 发散；　(3) 发散.

6. (1) 收敛；　(2) 发散；　(3) 发散；　(4) 发散.

7. (1) 收敛；　(2) 收敛；　(3) 发散.

■ 习题 12.2

1. (1) 发散；　(2) 发散；　(3) 收敛；　(4) 发散；　(5) 收敛；　(6) 发散；
   (7) 收敛；　(8) 发散；　(9) 收敛；　(10) 收敛.

2. (1) 收敛；　(2) 发散；　(3) 收敛；　(4) 发散；　(5) 收敛；　(6) 发散；
   (7) 收敛；　(8) 为 $0<x\leqslant\frac{1}{2}$ 时收敛，当 $x>\frac{1}{2}$ 时发散；　(9) 收敛；
   (10) 发散；　(11) 收敛；　(12) 收敛；　(13) 发散；　(14) 收敛；　(15) 收敛.

3. (1) 发散； (2) 发散； (3) 收敛； (4) 发散； (5) 收敛；
(6) 当 $0 < p \leqslant 1$ 时发散，当 $p > 1$ 时收敛.

■ 习题 12.3

1. (1) 收敛； (2) 发散； (3) 收敛； (4) 收敛； (5) 发散.
2. (1) 条件收敛； (2) 绝对收敛； (3) 绝对收敛； (4) 条件收敛； (5) 条件收敛；
(6) 绝对收敛； (7) 绝对收敛； (8) 绝对收敛； (9) 绝对收敛.
3. (1) 发散； (2) 发散； (3) 绝对收敛； (4) 条件收敛.

■ 习题 12.4

1. (1) D； (2) B.
2. (1) $(-4, 2)$； (2) $(-5, -3]$.
3. (1) 不能确定； (2) 收敛； (3) 收敛； (4) 不能确定.
4. (1) $\left(-\frac{1}{2}, \frac{1}{2}\right)$； (2) $(-1, 1)$； (3) $(-1, 3)$； (4) $(-\sqrt{2}, \sqrt{2})$；
(5) $(-\infty, +\infty)$； (6) $\left(-\frac{1}{2}, \frac{1}{2}\right)$； (7) $\{0\}$； (8) $(-\sqrt{3}, \sqrt{3})$.
5. (1) $(-\infty, +\infty)$； (2) $[-1, 1]$； (3) $[-1, 0)$； (4) $(4, 6)$；
(5) $[-1, 1)$； (6) $\left(-\frac{1}{3}, \frac{1}{3}\right]$.
6. (1) $s(x)=\dfrac{1}{(1-x)^2}$, $x \in (-1, 1)$；
(2) $s(x)=\ln\left|1-\dfrac{x}{4}\right|$, $x \in [-4, 4)$；
(3) $s(x)=\dfrac{3x-x^2}{(1-x)^2}$, $x \in (-1, 1)$；
(4) $s(x)=\dfrac{x}{1-x^2}+\dfrac{1}{2}\ln\dfrac{1+x}{1-x}$, $x \in (-1, 1)$；
(5) $s(x)=\ln(1+x)$, $x \in (-1, 1]$；
(6) $s(x)=e^{\frac{x}{2}}$, $x \in (-\infty, +\infty)$；
(7) $s(x)=-x+\dfrac{1}{2}\ln\dfrac{1+x}{1-x}$, $x \in (-1, 1)$；
(8) $s(x)=\dfrac{2x}{(1-x)^3}$, $x \in (-1, 1)$.
7. $(-\sqrt{2}, \sqrt{2})$, $s(x)=\dfrac{6x-4}{(2x-x^3)^2}$, $\sum\limits_{n=0}^{\infty}\dfrac{2n-1}{2^n}=s(1)=2$.

■ 习题 12.5

1. (1) $f(x)=x^2 \cdot \dfrac{1}{1+x}=x^2\sum\limits_{n=0}^{\infty}(-x)^n=\sum\limits_{n=0}^{\infty}(-1)^n x^{n+2}$, $x \in (-1, 1)$；
(2) $f(x)=2\ln 2+\sum\limits_{n=0}^{\infty}\dfrac{1}{n+1}\left(\dfrac{3}{4}x\right)^{n+1}$, $x \in \left[-\dfrac{4}{3}, \dfrac{4}{3}\right)$.
2. $\sum\limits_{n=1}^{\infty}n(n-1)x^{n-1}$, $x \in (-\infty, +\infty)$.

3. (1) $\sum_{n=0}^{\infty}(-1)^n\frac{x^{2n+1}}{n!}$, $x\in(-\infty, +\infty)$;

(2) $\sum_{n=1}^{\infty}(-1)^{n-1}\frac{2^{2n-1}}{(2n)!}x^{2n}$, $x\in(-\infty, +\infty)$;

(3) $\sum_{n=0}^{\infty}x^{2n+3}$, $x\in(-1, 1)$;

(4) $1+\sum_{n=1}^{\infty}\frac{1\cdot3\cdot5\cdot\cdots\cdot(2n-1)}{2\cdot4\cdot6\cdot\cdots\cdot(2n)}x^{2n}$, $x\in(-1, 1)$.

4. $\frac{1}{3-x}=\sum_{n=0}^{+\infty}\frac{1}{2^{n+1}}(x-1)^n$, $x\in(-1, 3)$; $\frac{1}{3-x}=\sum_{n=0}^{+\infty}(x-2)^n$, $x\in(1, 3)$.

5. $\frac{1}{x^2+3x+2}=\sum_{n=0}^{\infty}\left(\frac{1}{2^{n+1}}-\frac{1}{3^{n+1}}\right)(x+4)^n$, $x\in(-6, -2)$.

6. $\frac{1}{4}\ln\frac{1+x}{1-x}+\frac{1}{2}\arctan x-x=\sum_{n=1}^{+\infty}\frac{1}{4n+1}x^{4n+1}$, $x\in(-1, 1)$.

7. $\arctan\frac{1-2x}{1+2x}=\frac{\pi}{4}+\sum_{n=1}^{+\infty}(-1)^n\frac{2^{2n-1}}{2n-1}x^{2n-1}$, $x\in\left[-\frac{1}{2}, \frac{1}{2}\right]$;

$\sum_{n=1}^{\infty}\frac{(-1)^{n-1}}{2n-1}=\frac{\pi}{4}-\arctan\frac{1-2x}{1+2x}\Big|_{x=\frac{1}{2}}=\frac{\pi}{4}$.

8. $\arccos x=\frac{\pi}{2}-\sum_{n=1}^{+\infty}\frac{(2n-1)!!}{(2n+1)(2n)!!}x^{2n+1}$;收敛区间:$[-1, 1)$;

$\frac{\pi}{2}=\sum_{n=1}^{+\infty}\frac{(2n-1)!!}{(2n+1)(2n)!!}$.

■ 习题 12.6

1. (1) $f(x)=\pi^2+1+12\sum_{n=0}^{\infty}\frac{(-1)^n}{n^2}\cos nx$, $x\in(-\infty, +\infty)$;

(2) $f(x)=\frac{e^{2\pi}-e^{-2\pi}}{\pi}\left[\frac{1}{4}+\sum_{n=1}^{\infty}\frac{(-1)^n}{n^2+4}(2\cos nx-n\sin nx)\right]$,

$x\neq(2n+1)\pi$, $n=0, \pm1, \pm2, \cdots$.

2. (1) $2\sin\frac{x}{3}=\frac{18\sqrt{3}}{\pi}\sum_{n=1}^{\infty}(-1)^{n-1}\frac{n\sin nx}{9n^2-1}$, $x\in(-\pi, \pi)$;

(2) $f(x)=\frac{1+\pi-e^{-\pi}}{2\pi}+\frac{1}{\pi}\sum_{n=1}^{\infty}\left\{\frac{1-(-1)^n e^{-\pi}}{1+n^2}\cos nx+\left[\frac{(-1)^n n e^{-\pi}-n}{1+n^2}+\frac{1-(-1)^n}{n}\right]\sin nx\right\}$, $x\in(-\pi, \pi)$.

3. $\cos\frac{x}{2}=\frac{2}{\pi}+\frac{4}{\pi}\sum_{n=1}^{\infty}\frac{(-1)^{n-1}}{4n^2-1}\cos nx$, $x\in[-\pi, \pi]$.

4. $f(x)=\frac{2}{\pi}\sum_{n=1}^{\infty}\left[\frac{1}{n^2}\sin\frac{n\pi}{2}+(-1)^{n+1}\frac{\pi}{2n}\right]\sin nx$, $x\neq(2n+1)\pi$, $n=0, \pm1, \pm2, \cdots$.

5. $\frac{\pi-x}{2}=\sum_{n=1}^{\infty}\frac{1}{n}\sin nx$, $x\in(0, \pi]$.

6. $2x^2=\frac{4}{\pi}\sum_{n=1}^{\infty}\left[-\frac{2}{n^3}+(-1)^n\left(\frac{2}{n^3}-\frac{\pi^2}{n}\right)\right]\sin nx$, $x\in[0,\pi)$;

$2x^2=\frac{2}{3}\pi^2+8\sum_{n=1}^{\infty}\frac{(-1)^n}{n^2}\cos nx$, $x\in[0,\pi]$.

7. (1) $f(x)=\frac{11}{12}+\frac{1}{\pi^2}\sum_{n=1}^{\infty}\frac{(-1)^{n+1}}{n^2}\cos 2n\pi x$, $x\in(-\infty,+\infty)$;

(2) $f(x)=-\frac{1}{2}+\sum_{n=1}^{\infty}\left\{\frac{6}{n^2\pi^2}[1-(-1)^n]\cos\frac{n\pi x}{3}+\frac{6}{n\pi}(-1)^{n+1}\sin\frac{n\pi x}{3}\right\}$,

$x\neq 3(2k+1)$, $k=0,\pm1,\pm2,\cdots$;

(3) $f(x)=-\frac{1}{4}+\sum_{n=1}^{\infty}\left\{\left[\frac{1-(-1)^n}{n^2\pi^2}+\frac{2\sin\frac{n\pi}{2}}{n\pi}\right]\cos n\pi x+\frac{1-2\cos\frac{n\pi}{2}}{n\pi}\sin n\pi x\right\}$,

$x\neq 2k$, $2k+\frac{1}{2}$, $k=0,\pm1,\pm2,\cdots$.

8. (1) $f(x)=\frac{4l}{\pi^2}\sum_{k=1}^{\infty}\frac{(-1)^{k-1}}{(2k-1)^2}\sin\frac{(2k-1)\pi x}{l}$, $x\in[0,l]$;

$f(x)=\frac{l}{4}-\frac{2l}{\pi^2}\sum_{k=1}^{\infty}\frac{1}{(2k-1)^2}\cos\frac{2(2k-1)\pi x}{l}$, $x\in[0,l]$.

(2) $f(x)=\frac{8}{\pi}\sum_{n=1}^{\infty}\left\{\frac{(-1)^{n+1}}{n}+\frac{2[(-1)^n-1]}{n^3\pi^2}\right\}\sin\frac{n\pi x}{2}$, $x\in[0,2)$;

$f(x)=\frac{4}{3}+\frac{16}{\pi^2}\sum_{n=1}^{\infty}\frac{(-1)^n}{n^2}\cos\frac{n\pi x}{2}$, $x\in[0,2]$.

■ 习题 12.7

1. (1) D; (2) B; (3) C; (4) B; (5) C; (6) B.

2. (1) $\cos\sqrt{x}$; (2) $\frac{1}{(1+x)^2}$; (3) e^{-1}; (4) $(1,5]$; (5) 1.

3. (1) 发散; (2) 发散; (3) 收敛; (4) 发散; (5) 收敛; (6) $|x|<1$ 时收敛，$x>1$ 时发散; (7) 收敛; (8) $k\geqslant 3$ 时收敛，$k=1$，$k=2$ 时发散; (9) $a<1$ 时收敛，$a>1$ 时发散; $a=1$ 时，$s>1$ 收敛，$s\leqslant 1$ 发散.

4. 不一定收敛. 考虑级数 $\sum_{n=1}^{\infty}(-1)^n\frac{1}{\sqrt{n}}$ 及 $\sum_{n=1}^{\infty}\left[(-1)^n\frac{1}{\sqrt{n}}+\frac{1}{n}\right]$.

5. 略.

6. (1) 收敛，$s=\frac{5}{2}$; (2) 发散.

7. 8.

8. (1) $S_n=\frac{4}{3}\cdot\frac{1}{\sqrt{n^3(n+1)^3}}$; (2) $\frac{4}{3}$.

9. (1) 1; (2) 略.

10. (1) $p>1$ 时绝对收敛，$0<p\leqslant 1$ 时条件收敛，$p\leqslant 0$ 时发散; (2) 绝对收敛; (3) 条件收敛; (4) 绝对收敛.

11. (1) 0;　(2) $\sqrt[4]{8}$. 提示：化成 $2^{\frac{1}{3}+\frac{2}{3^2}+\cdots+\frac{n}{3^n}+\cdots}$.

12. (1) $\left[-\frac{1}{5}, \frac{1}{5}\right)$;　(2) $\left(-\frac{1}{e}, \frac{1}{e}\right)$;　(3) $(-2, 0)$;　(4) $(-\sqrt{2}, \sqrt{2})$.

13. (1) $(-\infty, +\infty)$;　(2) $\left[-\frac{4}{3}, -\frac{2}{3}\right)$.

14. (1) $s(x)=\frac{2+x^2}{(2-x^2)^2}$, $x \in (-\sqrt{2}, \sqrt{2})$;

(2) $s(x)=\arctan x$, $x \in [-1, 1]$;

(3) $s(x)=\frac{x-1}{(2-x)^2}$, $x \in (0, 2)$;

(4) $s(x)=\begin{cases} 1+\left(\frac{1}{x}-1\right)\ln(1-x), & x \in [-1, 0] \cup (0, 1) \\ 0, & x=0 \\ 1, & x=1 \end{cases}$.

15. (1) 2e; (2) $\frac{1}{2}(\cos 1+\sin 1)$, 提示：利用 cos1 和 sin1 的展开式；(3) 4；(4) $\frac{22}{27}$.

16. (1) $\ln(x+\sqrt{x^2+1})=x+\sum_{n=1}^{\infty}(-1)^n \frac{(2n-1)!!!}{(2n)!!} \frac{x^{2n+1}}{2n+1}$, $x \in [-1, 1]$,

提示：利用积分$\int_0^x \frac{dt}{\sqrt{t^2+1}}$;

(2) $\frac{1}{(2-x)^2}=\sum_{n=1}^{\infty} \frac{n}{2^{n+1}} x^{n-1}$, $x \in (-2, 2)$.

17. (1) $[-1, 1]$, $s(x)=\begin{cases} \ln(1-x)-\frac{1}{x}\ln(1-x)+1, & x \in [-1, 0) \cup (0, 1] \\ 0, & x=0 \end{cases}$;

(2) $(-\sqrt{2}, \sqrt{2})$, $s(x)=\frac{2+x^2}{(2-x^2)^2}$;

(3) $[-1, 1]$, $s(x)=1+x\arctan x$;

(4) $(-\infty, +\infty)$, $s(x)=e^{\frac{x}{2}}\left(\frac{x^2}{4}+\frac{x}{2}+1\right)$;

(5) $(-\infty, +\infty)$, $s(x)=\begin{cases} \frac{x\cos x+\sin x}{2x^2}, & x \neq 0 \\ 0, & x=0 \end{cases}$.

18 ~ 19. 略.

20. $s(x)=2e^x-e^{-x}$. 提示：$s(x)$ 满足 $s''(x)=s(x)$.

21. $f(x)=1-\frac{1}{2}\ln(1+x^2)$, $f_{\max}(0)=1$.

22. $s(x)=\frac{1}{2}\ln\left|\frac{1+x}{1-x}\right|$; $\sum_{n=1}^{\infty} \frac{(-1)^n}{2n-1}\left(\frac{1}{3}\right)^n=-\frac{1}{2\sqrt{3}}\ln 2$.

23. $y=e^{-\frac{1}{2}x}\cos\frac{\sqrt{3}}{2}x+\frac{1}{3}e^x$.

24. (1) 略；(2) $y=\sum_{n=0}^{\infty}\frac{2^n x^{2n+1}}{(2n+1)!!}$.

25. (1) 略；(2) $s(x)=\frac{e^{-x}}{1-x}$，$x\in(-1,1)$.

26. $[-1,1]$，$s(x)=(1+x)\ln(1+x)+\ln(1-x)\ln(1-x)$，$x\in[-1,1]$.

27. $(-1,1)$，$s(x)=\frac{3-x}{(1-x)^3}$，$x\in(-1,1)$.

28. (1) 略；(2) $s(x)=e^{-x}+2e^x$.

29. (1) 略；(2) $s(x)=\frac{1}{(1+x)^2}$.

30. $f(x)=1-\frac{\pi^2}{3}+4\sum_{n=1}^{\infty}\frac{(-1)^{n-1}}{n^2}\cos nx\ (0\leqslant x\leqslant\pi)$；$\frac{\pi^2}{12}$.

31. (1) 对；　(2) 错；　(3) 错；　(4) 错.

32. $f(x)=\frac{e^\pi-1}{2\pi}+\frac{1}{\pi}\sum_{n=1}^{\infty}\left\{\frac{(-1)^n e^\pi-1}{n^2+1}\cos nx+\frac{n[(-1)^{n+1}e^\pi+1]}{n^2+1}\sin nx\right\}$，

$-\infty<x<+\infty$，$x\neq n\pi$，$n=0,\pm1,\pm2,\cdots$.

33. $f(x)=\frac{2}{\pi}\sum_{n=1}^{\infty}\frac{1-\cos n}{n}\sin nx$，$x\in(0,h)\cup(h,\pi]$；

$f(x)=\frac{h}{\pi}+\frac{2}{\pi}\sum_{n=1}^{\infty}\frac{\sin n}{n}\cos nx$，$x\in[0,h)\cup(h,\pi]$.

34. $f(x)=2+|x|=\frac{5}{2}-\sum_{n=1}^{\infty}\frac{[(-1)^n-1]^2}{n^2\pi^2}\cos n\pi x$；$\sum_{n=1}^{\infty}\frac{1}{n^2}=\frac{\pi^2}{6}$.

35. $e^x=\frac{(e^\pi-e^{-\pi})}{\pi}\left\{\frac{1}{2}+\sum_{n=1}^{\infty}\left[\frac{(-1)^n}{n^2+1}\cos nx+\frac{(-1)^{n+1}n}{n^2+1}\sin nx\right]\right\}$；

$\sum_{n=1}^{\infty}\frac{1}{1+n^2}=\frac{\pi}{2}\cdot\frac{e^\pi+e^{-\pi}}{e^\pi+e^{-\pi}}-\frac{1}{2}$.

参考文献

[1] 同济大学数学系. 高等数学. 7 版. 北京：高等教育出版社，2014.
[2] 张天德，王玮. 高等数学. 北京：人民邮电出版社，2020.
[3] 华东师范大学数学科学学院. 数学分析. 5 版. 北京：高等教育出版社，2019.
[4] 朱来义. 微积分. 2 版. 北京：高等教育出版社，2004.
[5] 吴赣昌. 高等数学. 5 版. 北京：中国人民大学出版社，2017.